水质分析方法与技术

主　编　马春香　边喜龙
副主编　周平英　周岩枫　史永纯
主　审　赵淑敏

哈尔滨工业大学出版社

内容简介

本书结合最新水质分析标准和给排水行业水质分析的实际应用现状,全面介绍了水质分析方法和实用技术。全书共分 9 章,对水资源、水污染和水质指标作了简要的叙述,专门介绍了水质分析程序与质量保证、质量控制,强调分析数据的可靠性。阐述了常规化学分析、分光光度、原子光谱、色谱、电化学分析和流动注射、水微生物基础与检验和在线监测与便携式分析方法、技术及其操作实例。

本书可作为高职高专类学校市政工程、环境工程、环境科学及相关专业教学用书,还可供从事水行业的科研人员和技术人员参考。

图书在版编目(CIP)数据

水质分析方法与技术/马春香,边喜龙主编.—哈尔滨:
哈尔滨工业大学出版社,2007.8(2021.8 重印)
ISBN 978-7-5603-2587-3

Ⅰ.水… Ⅱ.①马…②边… Ⅲ.水质分析 Ⅳ.0661.1

中国版本图书馆 CIP 数据核字(2007)第 130058 号

策划编辑　贾学斌
责任编辑　张　瑞
封面设计　卞秉利
出版发行　哈尔滨工业大学出版社
社　　址　哈尔滨市南岗区复华四道街 10 号　邮编 150006
传　　真　0451—86414749
网　　址　http://hitpress.hit.edu.cn
印　　刷　哈尔滨圣铂印刷有限公司
开　　本　787mm×1092mm　1/16　印张 18.25　字数 444 千字
版　　次　2008 年 1 月第 1 版　2021 年 8 月第 4 次印刷
书　　号　ISBN 978-7-5603-2587-3
定　　价　48.00 元

前　言

目前,水资源短缺和浪费现象仍十分严重,水质安全已经得到全社会的广泛关注,它直接关系到人体的健康、社会的安定和经济的发展。大部分城镇相继建成污水处理厂,不断开发新水源,满足各类用水水质要求,水质分析技术得到了迅速发展和广泛应用。职业能力培养和训练已成为学校教育最关键的环节,因此,为满足水质分析教学与实际工作岗位的需要,编者在多年教学和工程实践的基础上,编写了此书,作为高等学校给排水及相关专业教学用书,也可供水质分析工作人员参考。

书中对水资源、水污染和水质指标作了简要的叙述,专门介绍了水质分析程序与质量保证、质量控制,强调分析数据的可靠性。水质分析技术部分结合给排水行业实际应用现状安排了常规化学分析、分光光度、原子光谱、色谱、电化学分析和流动注射分析、水微生物基础与检验、在线监测与便携式分析等内容。色谱作为持久性污染物和"三致物质"、环境内分泌干扰物等有毒有害有机污染物的主要测定方法占据了较大的篇幅,其中包括毛细管色谱、气-质联用、高效液相色谱、毛细管电泳、超临界流体色谱及其实例。

本书集理论与实践为一体,体现最新分析技术和水质标准,具有可操作性和实用性。各章编写分工为:第1、8章由边喜龙编写;第2、6章、附录由马春香编写;第3章由周平英编写;第4章由周岩枫编写;第5章由史永纯编写;第7、9章由李宏罡、刘际洲编写。本书由马春香、边喜龙任主编,周平英、周岩枫、史永纯任副主编,赵淑敏任主审。

由于编者知识水平有限,书中不妥之处在所难免,敬请广大师生和专业人员批评指正。

编　者
2007.7

目 录

第1章　水资源和水污染

水是人类赖以生存和发展的物质基础。水资源、水质安全问题得到了全社会的广泛关注,它直接关系到人体的健康、社会的安定和经济的发展,已成为全球关注的重大战略性问题。饮水污染严重地威胁着人类的生命,水资源短缺已成为大多数城市所面临的现实。

1.1　水　资　源

据统计,淡水占全球水总储量的2.53%,可利用的淡水包括河流、淡水湖泊和浅层地下水,仅占淡水总量的0.34%。我国淡水资源总量为2.7~2.8万亿 m^3,居世界第六位,占全球水资源的6%。人均径流2 632 m^3,仅为世界平均水平的1/4,低于人均径流3 000 m^3 的轻度缺水标准,属全球13个人均水资源最贫乏的国家之一。世界水资源最丰富的国家径流资源见表1.1。

表 1.1　世界上水资源最丰富的国家径流资源比较

国家	径流/亿 m^3	占世界总量百分数/%	人均径流/m^3
巴西	51 912	11.0	43 700
俄罗斯	40 000	8.5	27 000
加拿大	31 220	6.7	129 600
美国	29 702	6.3	12 920
印尼	28 113	6.0	19 000
中国	27 115	5.8	2 632
印度	17 800	3.7	2 450
世界	468 700	100	10 340

据资料显示,现在我国年淡水取用量为5 497亿 m^3,大约占世界年淡水取用量的13%。预测到2030年,我国人口增至16亿时,年淡水取用量将达7 000~8 000亿 m^3,要求供水能力比现在增长1 500~2 500亿 m^3,全国实际利用水量接近合理利用上限,水资源开发难度极大。

我国地域辽阔,水资源分布非常不均衡。占全国人口46%的北方,水资源只有19%,是资源性缺水地区。南方有些地区有水不能用,造成水质性缺水。空间上不均匀的水资源需要由水库来调节,水库建设投资回报率不高,难以吸引更多资金,由工程滞后造成的工程性缺水在中部和西部地区尤为显著。季节性缺水、年降水量不均衡等状况普遍存在。地表水量的不足,使各地区地下水超采严重,平原地区浅层地下水水位下降,漏斗区面积不断扩大。

联合国环境规划署提醒公众关注全球共有20亿人缺水的严酷现实,呼唤人类关注日益严重的水危机。缺水将导致森林、植物不复存在,地球上出现无边的沙漠,生命的迹象消失。

1.2　水　污　染

水是生命赖以生存的载体,它孕育了地球上的一切生物。然而,人类的活动却使水遭受了严重的污染。水体污染,是指一定量的污水、废水、各种废弃物等污染物质进入水域,超出了水体的自净和纳污能力,导致水体及其底泥的物理、化学性质和生物群落组成发生不良变化,破坏了水体的功能和水中固有的生态系统,从而降低水体的使用价值。

20世纪中后期,水污染问题受到了各国的重视,各国相继立法,针对生活污水、工业废水等提出了排放前的处理要求,并规范了排放标准,在一些发达国家遏制了水污染继续恶化的趋势。但是,全球范围内的水污染状况仍不容乐观。21世纪初,位于多瑙河流域的几个巴尔干国家经历了一场劫难。2000年1月30日,罗马尼亚境内一处金矿污水沉淀池,因积水暴涨发生漫坝,10多万升含有大量氰化物、铜和铅等重金属的污水冲泄到多瑙河支流蒂萨河,并顺流南下,迅速汇入多瑙河向下游扩散。造成河鱼大量死亡,河水不能饮用,这起水污染事件引发了国际诉讼。我国某些生产氯苯胺、对氯苯胺、对氨基苯酚等工业原料及医用原料的化工厂,废水没有充分处理,排放口的污水泛着绿色,带有刺鼻的气味。随着工业的进步和社会的发展,水污染日趋严重。据世界卫生组织调查,世界上有70%的人喝不到安全卫生的饮用水,每天有2.5万人由于饮用了受污染的水而得病。

十多年来,我国结合经济结构调整,依法关闭和淘汰了一批技术落后、浪费资源、污染严重的小企业,积极推行清洁生产,加快城市污水处理厂建设。已引进推广并开发了多种污水处理工艺,污水处理市场化、产业化进程加快,取得了明显的效果。重点流域水污染防治取得了阶段性成果。但目前我国水环境仍然面临三大难题:首先,主要污染物排放量远远超过水环境容量。据专家测算,2002年我国水主要有机物污染指标化学需氧量COD排放量超过环境容量的70%。其次,江河湖泊普遍遭受污染。全国七大江河水系741个监测断面中,41%的监测断面水质劣于V类标准,水体已经失去使用功能。其中污染最为严重的是海河、辽河、黄河和淮河。2004年,淮河污染反弹,主要水质污染指标已达到或超过历史最高水平,流域约60%为劣V类水质,污染由地上波及地下,直接影响1.3亿居民生活。全国75%的湖泊出现不同程度的富营养化,总氮、总磷含量大幅上升,重金属污染十分突出。湖泊中污染比较严重的有滇池、巢湖和太湖。国家环境保护总局2002年中国环境状况公报表明,2002年,太湖Ⅲ类水质占5%,Ⅳ类水质占35%,Ⅴ类和劣Ⅴ类水质比例为60%,呈轻度富营养状态。滇池外海为Ⅴ类水质,草海为劣Ⅴ类水质,全湖呈重度富营养状态。巢湖总氮和总磷污染严重,Ⅴ类、劣Ⅴ类水质各占一半。杭州西湖、武汉东湖和济南大明湖水质均为劣Ⅴ类。其他大型湖泊中,兴凯湖水质良好,湖体水质达到Ⅱ类水质标准;洞庭湖和镜泊湖水质达到Ⅲ类水质标准;达赉湖、博斯腾湖、洱海和洪泽湖水质为Ⅳ类水质标准;南四湖污染较重,水质为劣Ⅴ类标准。在大型水库中,密云水库、石门水库和千岛湖水库水质较好,达到Ⅲ类水质标准。再次,生态用水缺乏,水环境恶化加剧。辽河、淮河、黄河地表水资源利用率已远远超过国际上公认的40%河流开发利用率上限,海河水资源开发利用率更接近90%。一些北方河流呈现出"有水皆污、有河皆干"的局面,生态功能几近丧失。我国地表水源因受氮肥与生活污水污染,水源中氨氮含量普遍偏高。城市水域受污染率高达90%以上,很多城市供水水源受到威胁。

渤海,一个近乎封闭的浅海,纳污能力较差,仅占我国四个海区总面积的 1.6%,承受污水总量却占 36%,污染物占 47%。渤海沿岸有 57 个排污口,黄河、海河整个流域的污染物都排进了渤海。渤海的三大海湾——辽东湾、渤海湾和莱州湾成为污染最为严重的海域。1983~1993 年的 10 年间,渤海鱼类群落多样性指数从 3.61(85 种)降到 2.52 (74 种),经济鱼类向短周期、低质化和低龄化演化。1997 年,渤海无机氮超标 66%,无机磷超标 68%,油类超标 63%。1992 年,渤海受污染水域面积仅占整个海域的 25%,而今天已接近 60%。一些海底已没有生物,成了海底沙漠。由于渤海是内海,水体交换、自净能力很差,一旦被污染,难以净化。最近 7 年间,渤海共发生赤潮近 20 次,造成经济损失 3 亿多元。

1999 年以来,我国国土资源部启动了东部典型地区地下水污染调查评价试点项目。微量有机污染物普遍检出,致癌、致畸变、致突变的"三致"物质不同程度检出。工业发达国家已将水体有机污染列为"环境三大问题"之首。地下水污染呈区域性发展趋势,据调查,全国 2/3 的城市地下水水质下降,数以千计的供水井报废。2004 年,一位日本专家估计,全日本污染重点场地达 40 万处之多,如果全部进行处理,需要 10 兆日元以上,从经济角度考虑,这样做的可能性基本为零。因污染地下水及土壤而被美国环保署勒令整治的美国无线电公司,虽然已关闭多年,但最近却发现离职员工至少有 20 人患有癌症,他们中绝大部分长期饮用公司的水,而公司的水则来自受污染的地下水源。

水污染物主要是由人类活动而产生的,其污染源主要包括工业、农业和生活污染三大部分。

工业废水为水域的重要污染源,具有量大、面广、成分复杂、毒性大、不易净化、难处理等特点。据 1998 年我国水资源公报资料显示:这一年,全国废水排放总量共 593 亿吨(不包括火电直流冷却水),其中工业废水排放量达 409 亿吨,占 69%。实际上,排放总量远远超过这个数,因为许多乡镇企业工业污水排放量难以统计。

在全球范围内,农村面源污染正在成为水体污染的主要原因,在各类环境污染中的比重已占到 30%~60%,其中污水 COD 排放量已超过城市和工业源的排放总量。由于污染物控制、收集困难,给防治带来极大的难度。

农业污水中,牲畜粪便有机质、病原微生物、农药、化肥含量较高。我国目前还没有开展农业污染面上监测。有关资料显示,在 1 亿公顷耕地和 220 万公顷草原上,每年使用农药110.49 万吨。我国是世界上水土流失最严重的国家之一,每年表土流失量约 50 亿吨,致使大量农药、化肥随表土流入江、河、湖、库,造成面源污染,随之流失氮、磷、钾营养元素,使湖泊受到不同程度富营养化污染的危害,造成藻类以及其他生物异常繁殖,引起水体透明度和溶解氧变化,致使水质恶化。

生活污染源主要是城市生活中使用的各种洗涤剂和污水、垃圾、粪便等,含氮、磷、硫多,致病细菌多。

我国有 82% 的人饮用浅井和江河水,其中细菌污染超过卫生标准的占 75%,受到有机物污染的饮水人口约 1.6 亿。一项调查显示,全世界自来水中,测出的化学污染物有 2 221种之多,其中有些确认为致癌物或促癌物。自来水加氯可有效杀除病菌,同时也会产生较多的卤代烃化合物,这些氯有机物的含量成倍增加,是引起人类患各种胃肠癌的最大根源。

自来水的二次污染非常严重,尤其是来自输水管道内壁钢筋混凝土物质的锈蚀、脱落。二次加压目前已成为城市大多数小区及所有高层建筑的普遍供水方式,生活用水量一般较小,水在水池里停留,大肠杆菌大量繁殖,藻类大量滋生,长时间影响水质。如果饮用这种水,将可能严重危害身体健康。

1.3　水质指标

水中杂质的具体衡量尺度称为水质指标。各种水质指标表示水中杂质和数量,通过分析水质指标值来评价水环境质量和水体功能。

水质指标一般分为物理指标、化学指标和生物指标。

1.3.1　物理指标

表示污水物理性质的主要指标有水温、臭和味、色度、浊度和总固体电导率、肉眼可见物等。

1.3.1.1　温度

温度是常用的水质物理指标之一,水的物理特性、水中化学变化和生物化学反应都与温度有关,温度变化,对水质将产生影响。污水的水温过低(如低于 5 ℃)或过高(如高于 40 ℃)都会影响物理化学特性和生物处理过程。发电站的冷却水是热污染的主要来源,大量热水排入水体,使水温增高,水体溶解氧减少,影响鱼类的生存与繁殖。

1.3.1.2　臭和味

清洁的水没有任何异臭和异味。无色无味的水虽然不能保证是安全的,但有利于饮用者对水质的信任。检验臭和味也是评价水处理和追踪污染源的一种手段,测定臭和味一般用定性描述法。对于饮用水和水源水,取 100 mL 水样,置于 250 mL 锥形瓶中,振摇后从瓶口嗅水的气味,用适当文字描述其强度。与此同时,取少量水样放入口中(此水样应对人体无害),不要咽下,品尝水的味道,按六级记录强度。将上述锥形瓶内水样加热至开始沸腾,立即取下锥形瓶,稍冷后按上法嗅气和尝味,用适当文字加以描述,并按六级记录原水煮沸后的臭和味的强度。如臭和味的强度等级为明显,表示已能明显察觉,用户不可以接受,不加处理,不能饮用。天然水中溶有少量的杂质,可用苦或咸等来描述。天然水的臭味来源于绿藻、微生物、原生动物的活动、化学物质的分解和矿物质(如铁、硫的化合物)等。放线菌类生物产生强烈霉味,桶装纯净水的臭味主要是由于微生物污染,生活污水的臭味产生于有机物腐败,工业废水的臭味来自挥发性化合物,如鱼腥臭主要由甲胺、二甲胺及三甲胺等物质产生,腐甘蓝臭由有机硫化物产生。氯化消毒产物次氯酸以及副产物氯胺、氯酚等都会使水带有异味或异臭。评价水的臭和味可由感官分析作出,感官分析往往比仪器更灵敏,通过感官分析水样的臭和味,可为水中污染物的鉴别提供信息。

1.3.1.3　色度

天然水经常呈现出各种颜色,江、河、湖、海常呈黄棕色或黄绿色,这是由悬浮泥沙、不溶解性的矿物质、腐殖质、球藻、硅藻等的繁殖产生的。生活污水的颜色常呈灰色,但当污水中的溶解氧降低至零时,污水所含有机物腐烂,水色转呈黑褐色并有臭味。生产污水都有各自的特殊颜色。

水的颜色是指改变透射可见光光谱组成的光学性质,分为"真色"和"表色"。水中悬浮物质完全脱除后,仅由溶解性物质产生的颜色称为"真色"。故在测定前需先用澄清、离心沉降或经 0.45 μm 滤膜过滤的方法除去水中的悬浮物,但不能用滤纸过滤,因滤纸能吸收部分颜色。有些水样含有颗粒太细的有机物或无机物质,不易离心分离,只能测定"表色",这时需要在结果报告上注明。在清洁或浑浊度很低的水样中,水的"表色"与"真色"几乎完全相同。测定方法一般用铂、钴比色法。

铂、钴比色法适用于清洁水、轻度污染并略带黄色调的水的色度测定,如比较清洁的地面水、地下水和饮用水等。色度的标准单位为度,规定 1 mg/L 铂(以 $PtCl_6^{2-}$ 形式存在)所具有的颜色作为 1 个色度单位,称为 1 度。色度为 500 度的铂 – 钴标准溶液配制方法为:称取 1.246 g 氯铂酸钾(K_2PtCl_6)和 1.000 g 干燥的氯化钴($CoCl_2 \cdot 6H_2O$),溶于 100 mL 纯水中,加入 100 mL 浓盐酸,用纯水定容至 1 000 mL,此标准溶液的色度为 500 度。用铂 – 钴标准溶液配制色度为 5、10、15、20、25、30、35、40、45、50 的标准色列,可长期使用。即使轻微的浑浊度也干扰测定,浑浊水样测定时需先离心使之清澈。将水样与铂 – 钴标准色列比较,如水样与标准色列的色调不一致,即为异色,可用文字描述。

工业废水的污染常使水色变得十分复杂。测定时,首先用文字描述水样颜色的性质,如蓝色、黄色、灰色等,然后将废水水样用无色水稀释至将近无色,装入比色管中,水柱高 10 cm,在白色背景上与同样高的蒸馏水比较,一直稀释至不能觉察出颜色为止。这个刚能觉察有色的最大稀释倍数,即为该水样的稀释倍数。用稀释倍数表示水样颜色的深浅,单位为倍。

1.3.1.4　浊度

浊度是指水中悬浮物、胶体物质使穿过其中的光发生散射或吸收的光学特性的表征。产生浊度的物质主要有泥沙、黏土、无机物、有机物、浮游生物和其他微生物等。

在相同条件下用福尔马肼标准混悬液散射光强度和水样散射光的强度进行比较来测定浊度。散射光强度越大,表示浑浊度越大。环六亚甲基四胺 – 硫酸肼配制的福尔马肼浊度标准重现性较好,注意硫酸肼有致癌性,避免吸入、摄入和皮肤接触。

配制 100 g/L 的环六亚甲基四胺水溶液 100 mL 和 10 g/L 的硫酸肼 100 mL,从中取出 5.00 mL 环六亚甲基四胺和硫酸肼溶液 5.00 mL 于 100 mL 容量瓶内,混匀,在 25 ± 3 ℃ 环境中放置 4 h 后,加入纯水至刻度,混匀。此标准混悬液浑浊度为 400 NTU,可使用一个月。将此溶液用纯水稀释 10 倍,浑浊度为 40 NTU,使用时再根据需要适当稀释。

浊度用浊度计来测定。表面散射式测定方法为:浊度计发出光线,使之穿过一段样品,并从与入射光成 90° 的方向上检测有多少光被水中的颗粒物所散射,这种测定散射光强度的方法称为散射法,适用于低浊度水的测量。透过散射测定法是同时测定散射光和透射光,浊度用散射光与透射光(或散射光 + 透射光)的比值表示,具有较高的灵敏度和重现性,适用于高浊度水的测量。仪器显示的浊度是散射浊度单位 NTU。按仪器使用说明书进行操作,浑浊度超过 40 NTU 时,可用纯水稀释后测定。根据仪器测定时所显示的浑浊度读数乘以稀释倍数即是计算结果。

1.3.1.5　总固体

总固体(TS)包括悬浮的、胶体的和溶解的三种。把一定量水样在 105～110 ℃ 烘箱中烘干至恒重,所得的重量即为 TS。悬浮固体(SS)一般为 0.1 μm 以上的颗粒粒径,把水样用滤纸或滤膜过滤后,对被截留的滤渣进行同样的烘干恒重,所得的重量称为悬浮固体。把悬浮固体在马福炉中燃烧(温度为 600 ℃),失去的重量称为挥发性悬浮固体(VSS)。滤液中存在的固体即为胶体(0.001 ~ 0.1 μm)和溶解固体(DS)。在一定温度下烘干,所得的固体残渣称为溶解性总固体(TDS),包括不易挥发的可溶性盐类、有机物及能通过滤器的不溶性微粒等。烘干温度一般采用 105 ± 3 ℃,但 105 ℃的烘干温度不能彻底除去高矿化水样中盐类所含的结晶水,采用 180 ± 3 ℃的烘干温度,可得到较为准确的结果。溶解性固体的浓度与成分对污水处理方法的选择及处理效果产生直接的影响。

1.3.1.6　电导率

电导率是用数字来表示的水溶液传导电流的能力,它与水中矿物质有密切的关系,可用于检测生活饮用水及其水源水中溶解性矿物质浓度的变化和估计水中离子化合物的数量,间接推测水中离子成分的总浓度。

纯水电导率很小,当水中含无机酸、碱或盐时,电导率增加。水的电导率与电解质浓度成正比,具有线性关系。但是有机物不离解或离解极微弱,因此用电导率是不能反映这类污染因素的。一般天然水的电导率在 50 ~ 1 500 $\mu S/cm$ 之间,含无机盐高的水可达 1 000 $\mu S/cm$ 以上。水中溶解的电解质特性、浓度和水温与电导率的测定有密切关系。因此,严格控制试验条件和电导仪电极的选择及安装可以提高测量的精密度和准确度。

1.3.1.7　肉眼可见物

生活饮用水肉眼可见物可通过直接观察法测定。将水样摇匀,在光线明亮处迎光直接观察,记录所观察到的肉眼可见物。

1.3.2　化学指标

表示污水化学性质的主要指标有无机物指标、有机污染综合指标、有机污染物指标、放射性指标。

1.3.2.1　无机物指标

无机物指标一般包括酸碱度、溶解性气体、钙、镁、铁、锰、铝、氮和磷、硫酸盐、氯化物、氟化物、硫化物及剧毒污染物氰化物、砷化物、重金属、无机消毒剂和消毒副产物等。

清洁地表水溶解氧一般接近饱和。由于藻类的生长,溶解氧可能过饱和。水中蛋白质、碳水化合物、尿素等有机物进行生物氧化时消耗水中溶解氧,若有机污染物含量高,耗氧速度超过从空气中补充的溶氧速度,则水中溶解氧量将减少,以至趋近于零,水中有机物产生厌氧消化,生成甲烷、硫化氢等,使水体出现臭味,危害水生生物的生存。根据水中溶解氧的多少,可间接判断水体受有机物污染的程度。

生活饮用水中有些微量元素是生命活动不可缺少的,如硒、铜、铁、锌、锰、铬等是人体必需元素,缺少这些元素会引起机体反应,但过量又对人体有害。而饮用水中砷、铅、镉、银、铝则是有害元素,特别是汞、镉、铅、铬、砷及其化合物,称为"五毒"。它们来源于采矿和冶炼过程、工业废弃物、制革废水、纺织厂废水、生活垃圾。重金属可以沉积在河底、海湾,通过水生食物链进入人体,降低酶类活性,引起急慢性中毒,致使细胞畸变或引发癌变,甚至死亡。

重金属和氰化物是优先监测污染物。

1.3.2.2 有机污染综合指标

有机物的共同特点是:进行生物氧化分解消耗水中的溶解氧,而在缺氧条件下会腐败发酵、恶化水质,水中有机物多,使细菌繁殖,影响水质安全。根据有机物可以被氧化的共同特性,用氧化过程所消耗的氧或氧化剂量作为有机物总量的控制指标,即有机污染综合指标。按氧化方式不同可分生物化学需氧量、化学需氧量、耗氧量、总有机碳和总需氧量等。

利用微生物作用下的生化反应进行有机物测定的指标是生物化学需氧量(BOD);利用强氧化剂重铬酸钾在一定条件下进行有机物氧化测定的指标为化学需氧量(COD_{Cr});耗氧量(COD_{Mn})是使用高锰酸钾氧化有机物的指标;总有机碳(TOC),利用高温催化氧化测定总有机物;总需氧量(TOD),间接表示水体总有机物。

1.3.2.3 有机污染物指标

水体中有机污染物石油、动植物油类、挥发酚、阴离子表面活性剂的污染浓度较大。

一些可生物降解有机物,如碳水化合物、蛋白质、尿素、挥发酚、有机酸、有机碱、LAS 型表面活性剂,污染浓度较小时,能够降解、净化。难降解有机物如脂肪、矿物油(倾倒和漏油)、不挥发酚(炼油、石化、焦化、合成树脂、合成纤维废水)、ABS 型表面活性剂、有机农药、取代苯类化合物(如染料中芳香胺、炸药中硝基苯)、有机消毒副产物等有机物毒性大,在自然界或生物体内不断积累,具生物累积性。电器、塑料等行业排水中含多氯联苯(PCB)、联苯氨、稠环芳烃(PAH)等多达 20 种"三致"物质。

持久性有机污染物(POPs)对人体健康和自然环境特别有害。2001 年 5 月签署的《关于持久性有机污染物的斯德哥尔摩公约》,禁止或限制使用 12 种 POPs。它们分别是艾氏剂、氯丹、滴滴涕(DDT)、狄氏剂、异狄氏剂、七氯、灭蚁灵、毒杀芬等 8 种杀虫剂以及 PCB、六氯苯、二噁英和呋喃。

人们把潜在危险大、在环境中出现频率高、高残留、检测方法成熟的化学物质实施优先监测,我国优先监测污染物共 68 种,其中有机物占 58 种,它们分属 12 个类别:卤代烃(氯消毒副产物等)、苯系物、氯代苯、多氯联苯、酚、硝基苯、苯胺、多环芳烃、酞酸酯、农药、丙烯腈、亚硝胺。

环境激素/荷尔蒙(EEDs)是指存在于环境中并干扰体内天然激素的合成、分泌、运输、结合、代谢或消除的外源性化学物质,通过干扰机体的内分泌功能,引起中毒或在较低的接触水平对人体器官产生危害,通过改变人的内分泌系统而致病。环境内分泌干扰物主要来自含氯有机化合物中的杂质和生产过程中的副产品,如各种雌激素、PCB、烷基酚、双酚等。干扰甲状腺素的化学物质有二硫代氨基甲酸酯类(DCS)、多卤芳烃等。

1.3.2.4 放射性指标

天然地下水或地表水中,可能含有某些放射性同位素,如 ^{238}U,^{235}U,^{226}Ra,^{222}Rn,^{232}Th,^{40}K,^{60}Co 等,通常放射性很弱,只有约 0.1～0.01 Bq/L(贝克[勒尔]每升,放射性物质的浓度),对生物没有危害。若各种放射性废物未经完善控制处理,容易造成附近水域放射性污染。如生产和使用放射性物质的核企业排出的放射性废水以及冲刷放射性污染物的用水,核武器试验时产生的沉降物,放射性废水注入地下含水层或放射性废物埋入地下等造成地表水和地下水的放射性物质含量提高。放射性物质通过水和食物进入人体,对人产生内照射,继续放出 α,β 和 γ 等射线,伤害人体组织,而且可以蓄积在人体内部造成长期危害,致癌、诱发造血机能障碍等。

总 α 放射性的检测是将水样酸化，蒸发浓缩，转化为硫酸盐，于 350 ℃ 条件下灼烧，残渣转移至样品盘中制成样品源，在低本底 α、β 测定系统的 α 道测量 α 计数。生活饮用水中总 α 放射性体积活度的检测有三种方法可供选择：用电镀源测定测量系统的仪器计数效率，再用试验测定有效厚度的厚样法；通过待测样品源与含已知量标准物质的标准源在相同条件下制样测量的比较测量法；用已知 α 质量活度的标准物质粉末制备成一系列不同质量厚度的标准源，测量给出标准源的计数效率与标准源质量厚度的关系，绘制 α 计数效率曲线的标准曲线法。

总 β 放射性测定是将水样酸化，蒸发浓缩，转化为硫酸盐，蒸发至硫酸冒烟完毕，然后于 350 ℃ 条件下灼烧，残渣转移到样品盘中制成样品源，在低本底 α、β 测定系统的 β 道测量 β 计数。用已知 β 质量活度的标准物质粉末，制备成一系列不同质量厚度的标准源，测量给出标准源的计数效率与质量厚度关系，绘制 β 计数效率曲线。由水残渣制成的样品源在相同几何条件下作相对测量，由样品源的质量厚度在计数效率曲线上查出对应的计数效率值，计算水样的总 β 放射性体积活度。

1.3.3　生物指标

生物指标包括菌落总数、总大肠菌群、耐热大肠菌群、大肠埃希氏菌、粪型链球菌、病毒、蓝氏贾第鞭毛虫和隐孢子虫等。

生活污水、医院污水、畜禽饲养场污水等常含有病原体，如病菌、病毒和病原原生动物。这类污水如不经过适当的净化处理，流入水体后，通过各种渠道引起痢疾、伤寒、传染性肝炎等疾病。粪便污染指示菌一般指如有该菌存在于水体中，即表示水体曾有过粪便污染，也就有可能存在肠道病原微生物，该水质在卫生学上是不安全的。因此，利用上述生物指标作为水卫生学和水处理例行检验，已在解释水污染程度和水的环境卫生学质量方面显示出重要的意义。蓝氏贾第鞭毛虫、隐孢子虫已经列入 2005 年城市供水水质标准和 2006 年生活饮用水卫生标准非常规检验指标。

思考题

1. 查阅水资源与水污染有关资料并讨论我国水资源概况与水污染现状。
2. 水质指标主要分为哪几类？各类中主要水质指标是什么？

第 2 章　水质分析程序与质量保证

水质分析时,不可能也没必要对全部水体进行测定,只能取水体中的很少一部分进行分析,用来反映水体水质状况,这部分水就是水样。将水样从水体中分离出来的过程就是采样。采样后需采取一定的保护措施,以防止污染物的状态和含量发生变化。水样的组成是相当复杂的,并且多数污染组分含量低、存在形态各异,所以在分析测定之前,需要进行适当的预处理,以得到欲测组分适于测定方法要求的形态、浓度和消除共存组分干扰的水样体系。根据分析对象的性质、含量范围及测定要求等因素来选择适宜的分析方法和技术,对得到的数据进行科学的计算和处理,按照要求的形式在检验报告中表达出来。因此水质分析过程主要包括:水样的采集、保存和预处理,分析方法的选择和设计、操作、数据记录与处理以及进行综合评价等。

为了使分析数据能够反映水质现状,水样分析实行全过程质量管理和控制,把分析工作中的误差减小到一定限度,以获得准确可靠的测试结果。分析质量控制,发现分析过程中产生误差的来源,采取控制和减小误差措施,保证分析质量。分析质量管理包括:分析准备、分析程序各环节及质量控制、实验室安全等。

2.1　分析准备

2.1.1　试验用水的选择

水质分析时,仪器的洗涤、溶液的配制、样品的处理等都需要使用纯水,否则会对分析结果产生影响。

试验用纯水分为三个等级:

①一级水基本上不含有溶解或胶态离子杂质及有机物,它可用二级水经进一步处理来制备。其方法是将二级水经过再蒸馏、离子交换混合床、0.2 μm 滤膜过滤等处理,或用石英蒸馏装置作进一步蒸馏。一级水用于制备标准水样或超痕量物质的分析。

②二级水含有微量的无机、有机或胶态杂质。可用三级水进行再蒸馏或离子交换等方法制备。

③三级水用于实验室一般的试验工作。可用蒸馏、电渗析或离子交换等方法制备。

根据 GB 6682—2000 中国实验室用水国家标准,一级水的电阻率为 10 MΩ·cm(25 ℃),二级水的可溶性硅(以 SiO_2 计)为 0.02 mg/L,三级水的可氧化物质为 0.40 mg/L。各级用水均使用密闭的专用聚乙烯容器。在贮存期间,其沾污的主要来源是容器可溶成分的溶解、空气中的二氧化碳和其他杂质。因此,一级水不可贮存,应使用前制备。二、三级水可适量制备,分别贮存在预先经同级水清洗过的相应容器中。各级用水在运输过程中应避免沾污。

蒸馏水是实验室最常用的一种纯水,虽设备便宜,但极其耗能和费水,且制备速度慢,应用会逐渐减少。蒸馏能去除自来水内大部分的污染物,但挥发性的杂质无法去除,如二氧化碳、氨、二氧化硅以及一些有机物。新鲜的蒸馏水是无菌的,但贮存后细菌易繁殖。蒸馏水尽量不要用塑料容器装,会降解。

去离子水应用离子交换树脂去除水中的阴离子和阳离子,但水中仍然存在可溶性有机物,污染离子交换柱,从而降低其功效,去离子水存放后也容易引起细菌繁殖。

反渗水生成的原理是水分子在压力的作用下,通过反渗透膜成为纯水,水中的杂质被反渗透膜截留排出。反渗水克服了蒸馏水和去离子水的许多缺点,利用反渗透技术可以有效地去除水中的溶解盐、胶体、细菌、病毒、细菌内毒素和大部分有机物等杂质,但不同厂家生产的反渗透膜对反渗水的质量影响很大。

随着纯水制备设备的发展以及高精度仪器的广泛使用,对水质分析实验用水的要求越来越严格,超纯水已成为水质现代仪器分析中不可缺少的实验用水,超纯水电阻率可达 $18.2\ M\Omega\cdot cm(25\ ℃)$。但超纯水在总有机碳(TOC)、细菌等指标方面并不相同,要根据实验的要求来确定。

还有一些特殊要求的实验用水,需要用专门的方法进行制备。如不含氯、二氧化碳、氨、酚、砷、铅及有机物的水等。

2.1.2　化学试剂规格和选择

化学试剂的质量及选择恰当与否直接影响到分析结果的成败。因此,对试剂的规格和性质应有充分的了解,以免因试剂选择不当而影响分析效果。

化学试剂通常分为四级,我国常见的各类化学试剂的等级标志和符号列于表 2.1 中。

表 2.1　各类化学试剂的等级标志和符号

质量次序	1	2	3	4	5
级别	一级品	二级品	三级品	四级品	
中文标志	优级纯	分析纯	化学纯	试验试剂	生物试剂
符号	GR	AR	CP	LR	BR 或 CR
瓶签颜色	绿色	红色	蓝色	棕色	黄色

其中,一级品纯度最高,称为保证试剂,适用于精密分析;二级品纯度次之,称为分析试剂,适用于比较精密的分析;三级品的纯度和二级品的纯度相差较大,其价格亦有较大差别,适用于一般分析,称为化学纯试剂;四级品纯度较低,价格也较低廉,称为试验试剂,常用做辅助试剂。另外还有光谱纯试剂、色谱纯试剂和基准试剂等。光谱纯试剂的含杂质量用光谱分析法已测不出或者杂质的含量低于某一限度,这种试剂主要做光谱分析中的标准物质。基准试剂相当于保证试剂,通常用于直接配制标准溶液或标定其他标准溶液。

2.1.3　溶液配制

2.1.3.1　标准溶液配制

标准溶液是已知准确浓度的溶液。在水质分析中根据标准溶液的浓度和用量来计算待测组分的含量。因此,正确地配制标准溶液,准确确定标准溶液的浓度并很好地加以保存,是保证分析准确度的首要条件。

配制标准溶液,通常有下列两种方法。

1.直接法

准确称取一定量基准物质,用适量水溶解后,在容量瓶内稀释到一定体积,然后算出该溶液的准确浓度。基准物质必须具备下列条件:纯度足够高,主成分含量大于 99.9%,杂质含量应少到不影响分析结果的准确度,一般用分析纯和优级纯试剂;物质组成与化学式相符,若含结晶水,其含量应与化学式同,如草酸($H_2C_2O_4 \cdot 2H_2O$);性质稳定,不易吸收水分和 CO_2,不易被空气氧化;试剂最好有较大的摩尔质量,这样可以减小称量误差。凡符合上述条件的物质称为基准物质或基准试剂。基准试剂均可直接配制标准溶液,如 $K_2Cr_2O_7$ 试剂纯度高,杂质含量少,性质稳定,在空气中不易发生化学反应而变质,能长久保存,所以可以直接配制。

若需要配制 1 L 0.100 0 mol/L 的 $K_2Cr_2O_7$(摩尔质量为 294.2 g/mol)标准溶液,则称量其质量为 29.420 0 g(预先在 120 ℃的条件下烘干 2 h),用适量水溶解后,在容量瓶内稀释至 1 L,摇匀,转移至试剂瓶保存即可。

但大多数物质不能满足以上要求,如 NaOH 极易吸收空气中的水分和 CO_2,称得的质量不能代表纯的 NaOH,因此不能用直接法配制标准溶液,而要用间接法配制。

2.间接法

先粗略地称取一定质量物质或量取一定体积的溶液,配制成接近于所需要浓度的溶液,然后用基准物质或另一种物质的标准溶液来测定其浓度,这种确定浓度的操作称为标定。如配制 0.025 mol/L 的 HCl 标准溶液 1 000 mL,需要量取浓盐酸($\rho = 1.19$ g/mL)2.1 mL 放入适量的水中,稀释至 1 000 mL,摇匀,转移至试剂瓶中,此溶液浓度约为 0.025 mol/L。然后称取无水碳酸钠(Na_2CO_3)1.324 9 g(于 250 ℃条件下烘干 4 h)基准试剂,溶于少量无 CO_2 水中,移入 1 000 mL 容量瓶中,用水稀释至标线,摇匀,贮于聚乙烯瓶中,保存时间不超过一周。取 Na_2CO_3 25.00 mL,加入甲基橙指示剂,用盐酸标准溶液滴定,消耗 HCl 25.00 mL,则 HCl 标准溶液的浓度为 0.025 mol/L。

2.1.3.2　标准溶液系列配制

标准溶液系列是在精密分析中用标准溶液按浓度大小配制的一个系列溶液,用仪器分别测定不同的响应信号,其浓度与信号成直线关系,利用直线方程可求得水样污染物浓度。

标准溶液系列中的标准溶液浓度一般用质量浓度 mg/mL 或 μg/mL 表示,如称取 3.819 g 经 100 ℃条件下干燥过的优级纯 NH_4Cl 溶于水中,移入 1 000 mL 容量瓶中,稀释至标线。此溶液质量浓度为每毫升含 1.00 mg 氨氮,使用时稀释至每毫升含 0.010 mg 氨氮,依次移取此溶液 0 mL、0.50 mL、1.00 mL、3.00 mL、5.00 mL、7.00 mL 和 10.0 mL 放入 50 mL 容量瓶或比色管中,加水至标线,加 1.0 mL 酒石酸钾钠溶液,混匀,再加 1.5 mL 纳氏试剂,混匀。配制成质量分别为 0 mg、0.005 mg、0.01 mg、0.03 mg、0.05 mg、0.07 mg 和 0.10 mg,浓度由小到大的标准溶液系列。

2.1.3.3　缓冲溶液配制

具有维持溶液 pH 值不变功能的溶液称为缓冲溶液。根据酸碱平衡,弱酸及弱酸盐、弱碱及弱碱盐、不同碱度的酸式盐在一定浓度下按 1:10 ~ 10:1 的比例配制的溶液具有缓冲能力。

如 $NH_3 \cdot H_2O - NH_4Cl$ 体系存在平衡

$$NH_3 \cdot H_2O \Longrightarrow NH_4^+ + OH^-$$

在 $NH_3 \cdot H_2O$ 与 NH_4Cl 浓度不太小且两浓度相差不大的情况下,增加或减少少量的酸或碱以及稀释对平衡的影响不大,因此,可以保持溶液 pH 值不变。但若增加大量的酸或碱,将不再具有缓冲功能。

在 $NH_3 \cdot H_2O$ 的平衡体系中,电离常数

$$k_b = \frac{[NH_4^+][OH^-]}{[NH_3 \cdot H_2O]}$$

配制 pH 值为 10 的缓冲溶液,若使 NH_4Cl 的浓度即 NH_4^+ 的浓度为 1.264 mol/L 左右,则可以计算出所需 $NH_3 \cdot H_2O$ 的浓度。

已知 $k_b = 1.8 \times 10^{-5}$,则

$$c(NH_3 \cdot H_2O)/(mol \cdot L^{-1}) \approx [NH_3 \cdot H_2O] = \frac{[NH_4^+][OH^-]}{k_b} = \frac{1.26 \times 10^{-4}}{1.8 \times 10^{-5}} = 7.0$$

因此若配制 250 mL 的缓冲溶液,需称取 NH_4Cl 约 16.9 g,用水溶解后,量取浓 $NH_3 \cdot H_2O$(13.4 mol/L)约 143 mL,两者混合后,用水稀释至 250 mL。

2.1.3.4　普通溶液浓度配制

在分析中使用的标准溶液以外的溶液称为普通溶液。

如配制质量浓度为 10 g/L 的盐酸羟胺溶液,需要称取 10 g 盐酸羟胺溶于水后,稀释至 1 000 mL。市售浓盐酸 37% 的 HCl 表示 HCl 质量分数为 37%(亦可表示为 $w(HCl) = 37\%$)百分浓度单位。(1 + 1)HCl 表示浓盐酸与水的体积比为 1:1。

2.1.4　仪器设备、器皿的维护和校准

凡对分析准确性和有效性有影响的测量及检验仪器、设备,在投入使用前必须进行校准和检定。遵照仪器说明书的技术规定调试和检验,按仪器的要求制定严格的操作规程,并定期对其基本性能指标进行检验,对所有仪器设备进行正常维护,以确保功能正常,保持仪器应有的精度,并有维护程序。如果一台设备有过载或错误操作、或显示结果可疑、或通过检定等方式表明有缺陷时,应立即停止使用,并加以明显标识,如可能应将其贮存在规定地方直至修复,修复的仪器设备必须经校准、检定或检验证明其功能指标已恢复。应该检查由于这种缺陷对过去进行的检验所造成的影响,应保存每一台仪器设备的档案,并保存所有供应商的信息记录。

2.1.5　试验环境与设施

能源、照明、采暖和通风等检验所处的环境不应影响结果的有效性或对其所要求的准确度产生不利的影响,在非固定场所检验时尤为注意。对影响检验的因素,如生物灭菌、灰尘、电磁干扰、湿度、电源电压、温度、噪声和振动水平等应予以重视,应配置停电、停水、防火等应急的安全设施,以免影响检验工作质量。相邻区域内的工作相互之间有不利影响时,应采取有效的隔离措施,进入和使用有影响工作质量的区域应有明确的限制和控制。

实验室空气中往往含有细微的灰尘以及液体气溶胶等物质,对于一些常规项目的监测

不会造成太大的影响,但对痕量分析和超痕量分析会造成较大的误差。因此,在进行痕量和超痕量分析以及需要使用某些高灵敏度的仪器时,对实验室空气的清洁度就有较高的要求。实验室空气清洁度分为三个级别:100 号、10000 号和 100000 号,它是根据室内悬浮固体颗粒的大小和数量多少来分类的,见表 2.2。

表 2.2　空气清洁度与颗粒物数量关系

清洁度	颗粒直径/μm	工作面上最大污染颗粒数/(个·m^{-2})
100	≥0.5	100
	≥5.0	0
10 000	≥0.5	10 000
	≥5.0	65
100 000	≥0.5	100 000
	≥5.0	700

要达到清洁度为 100 号标准,空气进口必须用高效过滤器过滤。超净实验室一般较小,约 12 m^2,并有缓冲室,四壁涂环氧树脂油漆,桌面用聚四氟乙烯膜,地板用整块塑料地板,门窗密闭,采用空调,室内略带正压,通风柜用层流。

2.2　采　　样

采集的水样必须具有代表性,否则,以后的任何操作都是徒劳的。代表性是指在具有代表性的时间、地点,并按规定的采样要求采集有效水样,使水样分析数据真实代表某污染物在水中存在的状态和水质状况。

采样前应根据水质检验的目的和任务制定采样计划,内容包括:采样目的、检验指标、采样时间、采样地点、采样方法、采样频率、采样容器与清洗、采样体积、样品保存方法、样品标签、现场测定项目、采样质量控制、运输工具和条件等。

应根据待测组分的特性选择合适的采样容器。容器的材质应化学稳定性强,且不与水样中组分发生反应,容器壁不吸收或吸附待测组分。采样容器的大小、形状和质量应适宜,能严密封口,并容易打开,且易清洗。应尽量选用细口容器,容器的盖和塞的材料应与容器材料统一。在特殊情况下需用软木塞或橡胶塞时,应用稳定的金属箔或聚乙烯薄膜包裹,最好用蜡封。有机物和某些微生物检测用的样品容器不能用橡胶塞,碱性的液体样品不能用玻璃塞。测定无机物和放射性元素时应使用有机材质的采样容器,如聚乙烯容器等。测定有机物和微生物学指标时应使用玻璃材质的采样容器。测定特殊项目时可选用其他化学惰性材质的容器。如热敏物质应选用热吸收玻璃容器;温度高、压力大的样品或含痕量有机物的样品应选用不锈钢容器;生物(含藻类)样品应选用不透明的非活性玻璃容器,并存放阴暗处;光敏性物质应选用棕色或深色的容器。

将容器用水和洗涤剂清洗,除去灰尘、油垢后用自来水冲洗干净,然后用质量分数为 10% 的硝酸(或盐酸)浸泡 8 h,取出沥干后用自来水冲洗 3 次,并用蒸馏水充分淋洗干净。测定有机物指标采样容器用重铬酸钾洗液浸泡 24 h,然后用自来水冲洗干净,用蒸馏水淋洗且置烘箱内 180 ℃条件下烘 4 h,冷却后再用纯化过的己烷、石油醚冲洗数次。测定微生物学指标采样容器应用自来水和洗涤剂洗涤,并用自来水彻底冲洗后用质量分数为 10% 的盐酸溶液浸泡过夜,然后依次用自来水、蒸馏水洗净,洗涤干净后进行灭菌。

2.2.1　给水系统水样的采集

供水公司主要对供水源水、各功能性水处理段以及出厂水、给水管网等取水点水质进行分析,采样点应设在水源取水口、水厂出水口、居民经常用水点及管网末梢,各功能水处理段应根据制水工艺,选择相应的采样方法。

采样前应先用水样荡洗采样器、容器和塞子 2～3 次。同一水源、同一时间采集几类检测指标的水样时,应先采集供微生物学指标检测的水样。采样时应直接采集,不得用水样涮洗已灭菌的采样瓶,并避免手指和其他物品对瓶口的沾污。

地表水作为供水水源时,水源取水口处应设置扇形或弧形采样断面。采集水样前,应该用水样冲洗采样瓶 2～3 次,然后将水样收集于水样瓶中,水面距离瓶塞应不少于 2 cm,以防温度变化时,瓶塞被挤掉。采样时,应将水样瓶浸入到水面下 20～50 cm 处,使水缓缓流入水样瓶。采集深处水样时,应用深水采样瓶。

在河流、湖泊可以直接汲水的场合,可用适当的容器(如水桶)采样。从桥上等地方采样时,可将系着绳子的桶或带有坠子的采样瓶投入水中汲水。注意不能混入漂浮于水面上的物质。

在湖泊、水库等地采集具有一定深度的水时,可用直立式采水器。这类装置是在下沉过程中,水从采样器中流过。当达到预定深度时容器能自动闭合而汲取水样。在河水流动缓慢的情况下,使用上述方法时最好在采样器下系上适宜重量的坠子,当水深流急时要系上相应重量的铅鱼,并配备绞车。

采集井水时,应将井中的已有静止地下水抽干,以保证所采集的地下水新鲜,采样时放下与提升采样器的动作要轻,避免搅动井水及底部沉积物。用机井泵采样时,应待管道中的积水排净后再采样,对于自喷的泉水,可在泉涌处直接采集水样,采集不自喷的泉水时,先将积留在抽水管的水汲出,新水更替之后,用水桶取样或直接用水样瓶采集。

净化构筑物出水、出厂水可利用自动采样器或连续自动定时采样器采集,在一个生产周期内,按时间程序将一定量的水样分别采集在不同的容器中。自动混合采样时,采样器可定时连续地将一定量的水样或按流量比采集的水样汇集于一个容器中。出厂水的采样点应设在出厂进入输送管道以前处。

给水管网是封闭管道,采样时采样器探头或采样管应妥善地放在进水的下游,采样管不能靠近管壁。湍流部位,例如在“T”形管、弯头、阀门的后部,可充分混合,一般作为最佳采样点。给水管网系统中采样点常设在供水企业接入管网时的结点处、污染物有可能进入管网处和管网末梢处。管网末梢处,即用户终端采集自来水水样时,应先将水龙头完全打开,放水 3～5 min,使留在水管中的陈旧水排出,再采集水样。采集用于微生物学指标检验的样品前,应对水龙头进行消毒。二次供水采集应包括水箱(或蓄水池)进水、出水及末梢水。分散式供水的采集应根据实际使用情况确定。

管网的水质检验采样点数,一般应按供水人口每两万人设一个采样点计算。

采样时不能搅动水底沉积物。采集测定油类水样时,应在水面至水面下 300 mm 采集柱状水样,全部用于测定,不能用采集的水样冲洗采样器。测定溶解氧、生化需氧量和有机污染物等项目时的水样,必须注满容器,上部不留空间,并采用水封。含有可沉降性固体(如泥沙等)的水样,应分离除去沉积物。分离方法为:将所采水样摇匀后倒入筒形玻璃容器(如量筒),静置 30 min,将已不含沉降性固体但含有悬浮性固体的水样移入采样容器并加入保存剂,测定总悬浮物和油类的水样除外。需要分别测定悬浮物和水中所含组分时,应在现场经 0.45 μm 膜过滤后,分别加入固定剂保存。测定油类、溶解氧、BOD$_5$、硫化物、微生物、放射性等项目要单独采样。完成现场测定的水样,不能带回实验室供其他指标测定使用。

2.2.2　污水及污水处理系统水样的采集

2.2.2.1　工业废水样品采集

测定一类污染物时,应在车间或车间设备出口处布点采样。测定二类污染物时,一般在工厂总排污口处布点采样,但由于某些二类污染物的检测方法尚不成熟,在总排污口处布点采样因干扰物质多而会影响检测结果。这时,应将采样点移至车间排污口,按废水排放量的比例折算成总排污口废水中的浓度。有处理设施的工厂应在处理设施的排出口布点。为了解废水的处理效果,可在进水口和出水口同时布点采样。在排污渠道上,采样点应设在渠道较直、水量稳定、上游没有污水汇入处。

2.2.2.2　生活污水和医院污水

城镇污水处理厂取样在污水处理厂进水口、处理工艺末端排放口。采样位置应在采样断面的中心。当水深大于 1 m 时,应在表层下 1/4 深度处采样;水深小于或等于 1 m 时,在表层下 1/2 深度处采样。在排放口应设污水水量自动计量装置、自动比例采样装置,对 pH 值、水温、COD 等主要指标应安装在线监测装置。

我国目前对 COD$_{Cr}$,石油类,Cr^{6+},Pb,Cd,Hg,As 和氰化物实施排污总量控制,而流量测量是排污总量控制的关键。

排水系统中,流量仪表数量多,与工艺操作很密切。超声波流量计适于含腐蚀性化学物质、悬浮物和油脂存在的污水流量计量,也适于特大口径管道的流量计量。

当被测介质全部通过巴歇尔槽形成自由流时,通过测量水位的高度再进行一系列换算,就可以得出相应的瞬时流量,流量对时间的积分即为总流量。

其他测量流量的方法有管道式排放所使用的电磁式流量计等,应定期进行计量检测。

要注意采样的安全防护。采样时存在污水管道系统中的爆炸性气体混合引起爆炸,毒性气体硫化氢、一氧化碳等引起中毒,缺氧引起窒息,在险梯、平台滑脚造成摔伤、溺水、掉物砸伤等危险。

采样时认真填写采样记录表,字迹应端正、清晰,项目完整,保证采样按时、准确和安全。采样结束前,如有错误或遗漏,应立即补采或重采。

2.3　水样的保存、管理与运输

2.3.1　水样的保存和运输

因化学反应、生物代谢和物理作用等使水质变化很快。水样采集后,某些项目须现场测定,如水温、pH值、游离余氯、溶解氧等。若受条件限制,除水温外其他项目,送达实验室后须首先测定。浊度、色度、臭、低铁及高铁、锰、耗氧量、硫酸盐、余氯、酚类、微生物、硝酸盐尽量当天测定完毕或低温(0~4 ℃)冷藏,短暂避光保存,但不能长期保存水样。对于水样中的金属离子,常加硝酸调节水样的 pH 值≤2,污水往往需加入酸达到1%,才能防止金属离子水解沉淀或被容器材料吸附。而卤化物、硫化物和氰化物在酸性条件下形成易挥发的 HX、H_2S 和 HCN,导致这些组分的挥发损失和毒性,因此必须在碱性条件下保存含有上述待测组分的水样。冷冻(−20 ℃)一般能延长贮存期,抑制生物活动,减缓物理挥发作用和化学反应速度,但需要掌握熔融和冻结的技术,以使样品在融解时能迅速地、均匀地恢复原始状态。水样结冰时,体积膨胀,一般都选用塑料容器。因此,水样保存方法一般可归纳为:冷藏、冷冻、控制 pH 值、加入适当的保存剂、贮存于暗处等,以减缓水样的生物化学作用、氧化还原作用、被测组分的挥发损失,避免沉淀、吸附等引起的组分变化。加入的保存剂有可能影响待测组分的初始浓度,在计算结果时应予以考虑。加入的保存剂不能干扰以后的测定,最好是优级纯的,还应做相应的结果校正。保存剂可预先加入采样器中,也可在采样后立即加入,易变质的保存剂不能预先添加。用适当孔径的滤器可以有效地除去藻类和细菌,滤后的样品稳定性更好。国内外采用以水样是否能够通过孔径为 0.45 μm 滤膜作为区分可过滤态与不可过滤态的条件,能够通过 0.45 μm 微孔滤膜的部分称为"可过滤态"部分,通不过的称为"不可过滤态"部分。欲测定可滤态组分,应在采样后立即用 0.45 μm 的滤膜过滤,暂时无 0.45 μm 滤膜时,泥沙性水样可用离心方法分离。含有机物多的水样可用滤纸(或砂芯漏斗)过滤。一般来讲,阻留悬浮性颗粒物的能力大体为:滤膜 > 离心 > 滤纸 > 砂芯漏斗。加压过滤或真空过滤也是通常使用的两种水样前处理方法。加压过滤速度较快,适用于过滤含大量沉积物的河水水样,加压过滤通常使用超滤膜。需要注意的是,如果要测定全组分含量,采样后应立即加入保护剂,分析测定时应充分摇匀后取样。在滤器的选择上,要注意可能的吸附损失,如测有机项目时,一般选用砂芯漏斗和玻璃纤维过滤,而在测定无机项目时常用 0.45 μm 的滤膜过滤。

水样的保存期限主要取决于待测物的浓度、化学组成和物理化学性质。水样保存没有通用的原则,由于水样的组分、浓度和性质不同,同样的保存条件不能保证适用于所有类型的样品,在采样前应根据样品的性质、组成和环境条件来选择适宜的保存方法和保存剂。

现场测试样品应严格记录现场检测结果并妥善保管。实验室测试样品,应认真填写采样记录或标签,并粘贴在采样容器上,注明水样编号、采样者、日期、时间及地点等相关信息。在采样时还应记录所有野外调查及采样情况,包括采样目的、地点、样品种类、编号、数量、样品保存方法及采样时的气候条件等。

水样的运输:在样品瓶壁贴上填好的标签,根据采样记录和样品登记表清点样品,防止搞错;塞紧采样容器瓶口,或用封口胶封口;待测油类的水样不能用石蜡封口。需要冷藏的样品,应配备专门的隔热容器,并放入制冷剂。为防止样品在运输过程中因震动、碰撞而导致损失或沾污,最好将样品装箱运送,箱中要有衬里、隔板和膜盖,并使箱盖适度压住样品瓶。冬季应采取保暖措施,以免冻裂样品瓶。样品箱应有"切勿倒置"和"易碎物品"的明显标识。接收者与送样者双方应在样品登记表上签名。

2.3.2 水样的预处理

2.3.2.1 水样的消解

当测定含有机物水样中的无机元素时,需进行消解处理。消解的目的是破坏有机物,溶解悬浮性固体,将各种价态的欲测元素氧化成单一高价态或转变成易于分离的无机化合物,并使被测元素形成可溶盐,消解后的水样应清澈、透明、无沉淀。消解水样的方法有湿式消解法、干式分解法(干灰化法)和微波消解法。

2.3.2.2 水样的富集与分离

当水样中的欲测组分含量低于分析方法的检测限时,就必须进行富集或浓缩,当有共存干扰组分时,就必须采取分离或掩蔽措施。富集和分离往往是不可分割、同时进行的。常用的方法有:挥发和蒸发、蒸馏、溶剂萃取、固相萃取以及微波萃取法等,要结合具体情况选用。

2.4 分析方法与技术

水质分析按照原理和检测对象不同分为化学分析法和仪器分析法。

2.4.1 化学分析法

化学分析法是以化学反应为基础的分析方法,主要有重量分析法和滴定分析法。化学分析法的特点是:简便、分析成本较低而且方法容易掌握,较准确、精密,适于测定水样中较高含量的组分。

重量分析法是将待测组分与其他组分分离,转化为一定的称量形式,用称量的方法测定组分的含量。重量分析法主要用于废水中悬浮固体、残渣、油类等项目的测定。

滴定分析方法是将标准溶液滴加到含有被测组分的水样中,根据化学计量关系定量反应完全时消耗标准溶液的体积和浓度,计算出被测组分的含量。标准溶液与被测组分的物质的量之间,恰好符合滴定反应式所表示的化学计量关系时,反应到达"化学计量点",化学计量点通常借助指示剂的变色来确定,以便终止滴定,指示剂所指示的反应终点称为滴定终点。滴定终点与化学计量点不一定恰好吻合,由此造成的分析误差称为"滴定误差"。因此,必须选择适当的指示剂才能使滴定终点尽可能地接近化学计量点。

适合滴定分析的反应必须按一定的反应式进行,即必须具有确定的化学计量关系,反应完成的程度达到99.9%以上,反应定量进行;反应必须迅速完成,对于速度较慢的反应能够采取加热、使用催化剂等措施提高反应速度;必须有适当的方法确定反应的终点和去除干扰。

根据化学反应类型不同,滴定分析法又分为酸碱滴定法、配位滴定法、沉淀滴定法和氧化还原滴定法。滴定分析法用于水中硬度、氨氮、化学需氧量、溶解氧等多项指标的测定。

2.4.2 仪器分析法

仪器分析法是利用被测物质的物理或物理化学性质来进行分析的方法,这类方法一般都要有较精密的仪器,此法有很高的灵敏度和很低的检出限,适于测定水样中微量或痕量组分。仪器分析法主要分为光学分析法、电化学分析法、色谱分析法、流动注射分析法等。

2.4.3　分析方法选择

分析方法的选择需要考虑许多因素。首先,必须考虑方法的灵敏度,即了解被测组分的含量范围,选择相应的方法;其次是方法的准确度和精密度。还有分析速度、操作的难易程度、抗干扰能力、所用试剂有无毒性及仪器的费用等。一般选用国家或国际标准方法,这是一种较经典、准确度较高的方法。有些水质指标的检测方法尚不够成熟,但又急需检验,因此,经过研究可作为统一方法予以推广,在使用中积累经验,不断完善,为上升为国家标准方法创造条件。等效方法与国家标准方法和统一方法在灵敏度、精密度、准确度方面具有可比性,这些方法是一些新技术,很有发展前途,鼓励有条件的单位先用起来,推动水质分析技术的进步。这类新方法使用前,必须经过方法验证和对比试验,证明其与标准方法的作用是等效的。

2.4.4　水样的测试分析

利用现行有效的仪器设备,使用操作指导书以及样品处置和分析工作指导书、标准、手册等使水样测试按规定方法进行。对选定方法,要了解特性,正确掌握试验条件,必要时,应带已知样品进行方法操作练习,直到熟悉和掌握为止。

2.5　分析方法的适用性检验

分析人员在承担新的监测项目和分析方法时,应对该项目的分析方法进行适用性检验,包括空白值测定、分析方法检出限的估算、校准曲线的绘制及检验、方法的误差预测,如精密度、准确度及干扰因素等,以了解和掌握分析方法的原理、条件和特性。

2.5.1　空白值测定

以试验用水代替水样,其分析步骤及所加试液与水样测定完全相同,此过程所测得的值称为空白值。从水样分析值中去掉"空白值"后得到水样分析值的校正值。影响空白值的因素有:试验用水的质量、试剂纯度、试液配制质量、器皿的洁净程度、计量仪器性能及环境条件、分析人员的操作水平和经验等。一个实验室在严格的操作条件下,对某个分析方法的空白值测定通常在很小的范围内波动。

"空白"有现场空白和实验室空白。现场空白:将纯水与样品进行同样的所有步骤处理,包括采样、样品保存、输送和分析前的处理。目的在于,确认水样采集或输送过程中操作步骤和环境条件对样品质量影响的状况。现场空白所用的纯水要用洁净的专用容器,由采样人员带到采样现场,运输过程中应注意防止沾污。实验室空白:以纯水为空白基体,将其按照与样品一样的步骤消解、测定,并且使用同样的玻璃仪器、设备、试剂。实验室空白用于确定本方法使用的试剂、设备或者实验室环境是否会对测量结果产生干扰。如发现现场空白显著大于实验室空白,表明采样过程可能有意外污染,在查明原因后方能做出本批采样是否有效以及分析数据能否接受的决定。

空白值的测定方法是每批做平行双样测定,分别在一段时间内(隔天)重复测定一批,共

测定 5 ~ 6 批。空白平均值计算式为

$$\bar{b} = \frac{\sum x_b}{pn} \tag{2.1}$$

式中　$\bar{b}$——空白平均值;

　　　x_b——空白测定值;

　　　p——批数;

　　　n——平行份数。

空白平行测定标准偏差计算式为

$$s_{wb} = \sqrt{\frac{\sum\limits_{i=1}^{p}\sum\limits_{j=1}^{n} x_{ij}^2 - \frac{1}{n}\sum\limits_{i=1}^{p}(\sum\limits_{j=1}^{n} x_{ij})^2}{p(n-1)}} \tag{2.2}$$

式中　s_{wb}——空白平行测定(批内)标准偏差;

　　　x_{ij}——各批所包含的各个测定值;

　　　i——批;

　　　j——同一批内各个测定值;

　　　p——批数;

　　　n——平行份数。

标准系列的空白试验,应按照与标准系列分析程序相同的操作进行。空白值的大小和重复性,影响方法的检出限和测定结果的准确度。如果检测到的空白值高于方法检出限,需要暂停分析,直到污染源被消除。

2.5.2　检出限估算

检出限为某特定分析方法在给定的置信度(通常为 95%)内,可从样品中检出待测物质的最小浓度。所谓"检出"是指定性检出,即判定样品中存有浓度高于空白的待测物质。检出限受仪器的灵敏度和稳定性、全程序空白试验值及其波动性的影响。

当空白测定次数 $n \geqslant 20$ 时,检出限为

$$DL = 4.6\sigma_{wb} \tag{2.3}$$

式中　σ_{wb}——空白平行测定(批内)标准偏差。

当空白测定次数 $n < 20$ 时,检出限为

$$DL = 2t_f\sqrt{2}\, s_{wb} \tag{2.4}$$

式中　t_f——显著性水平为 0.05(单侧)、自由度为 f 的 t 值,可查表;

　　　s_{wb}——空白平行测定(批内)标准偏差($n < 20$);

　　　f——批内自由度,$f = p(n-1)$,p 为批数,n 为每批平行测定个数。

各种光学分析方法中可测量的最小分析信号 x_L 为

$$x_L = \bar{x}_b + Ks_b \tag{2.5}$$

式中　x_b——空白多次测量平均值;

　　　s_b——空白多次测量的标准偏差;

　　　K——根据一定置信水平确定的系数,当置信水平约为 90% 时,$K = 3$。

与 $x_L - \overline{x}_b$(即 Ks_b)相应的浓度或量即为检出限 DL,即

$$DL = (x_L - \overline{x}_b)/S = 3s_b/S \tag{2.6}$$

式中　　S—— 方法的灵敏度,指某方法对单位浓度或单位量待测物质所产生响应量的变化程度。灵敏度可因试验条件的改变而变化,但在一定试验条件下,灵敏度具有相对的稳定性。

为了评估 $\overline{x}_b$ 和 s_b,空白测定次数应足够多,最好为 20 次。当遇到某些仪器的分析方法空白值测定结果接近于 0.000 时,可配制接近零浓度的标准溶液来代替纯水进行空白值测定,以获得有实际意义的数据。

某些分光光度法是以吸光度(扣除空白)为 0.010 所对应的浓度值为检出限。色谱法是检测器恰能产生与基线噪声相区别的响应信号时,所需进入色谱柱的物质最小量为检出限,一般为基线噪声的两倍。离子选择电极法中当校准曲线的直线部分外延的延长线与通过空白电位且平行于浓度轴的直线相交时,其交点所对应的浓度值即为离子选择电极法的检出限。

当检出限估算值小于或等于方法规定值时为合格;当估算值大于方法规定值时,应检查原因,直至合格为止。通过检出限估算可以验证检出被测物的能力。

2.5.3　测定下限

测定下限又称为检测限、测量限,在限定误差能满足预定要求的前提下,用特定方法能够准确定量测定被测物质的最低浓度或含量,称为该方法的测定下限。测定下限可用最低检测质量和最低检测质量浓度表示。最低检测质量是该方法能够准确测定的最低质量;最低检测质量浓度是最低检测质量所对应的浓度。测定下限在分光光度法中是净吸光度 0.02 所对应的含量或质量浓度。

2.5.4　校准曲线和回归

校准曲线是描述待测物质浓度或量与检测仪器响应值或指示量之间的定量关系曲线,分为"工作曲线"(标准溶液处理程序及分析步骤与样品完全相同)和"标准曲线"(标准溶液处理程序较样品有所省略,如样品预处理)。一般绘制校准曲线时通常未考虑基体效应,然而,这对某些分析方法却至关重要。水质分析常用校准曲线的直线部分和最佳测量范围,不得任意外延,制作准确而有效的校准曲线是获得可靠结果的重要前提。一般的制作方法是在测量范围内,配制标准溶液系列,系列的浓度值应较均匀地分布在测量范围内,已知浓度点 $\geqslant 6$ 个(含空白浓度),根据浓度值与响应值绘制校准曲线,必要时还应考虑基体的影响,使用含有与实际样品类似基体的标准溶液系列进行校准曲线的绘制。

校准曲线应与批样测定同时进行。在校正系统误差之后,校准曲线用最小二乘法对测试结果进行回归处理。校准曲线的相关系数(r)绝对值一般应大于或等于 0.999,否则需从分析方法、仪器、量器及操作等因素查找原因,改进后重新制作。

理想情况下用校准曲线测定一批样品时,仪器的响应在测定期间是不变的(不漂移)。实际上,由于仪器本身存在漂移,需要经常进行再校准,如间隔分析已知浓度的标准样或样品校正。

也可以应用校准溶液的测量值和"真值"浓度的差别,确定接受或控制的范围。每 10 个

样品或每个分析批次,检测一个中间浓度的标准以校验曲线,百分回收率计算方法为

$$回收率 = \frac{D}{K} \times 100\% \qquad (2.7)$$

式中　　D——曲线标准中分析物的测定浓度;

　　　　K——曲线标准中分析物的实际浓度。

如果回收率超过 $\pm 10\%$,可认为分析系统失去控制,立即确认问题并改正,然后重新分析样品。

[**例 2.1**]　　使用 500 μg CN$^-$/L 的标准溶液,利用校正曲线求得值 492.38 μg CN$^-$/L,求回收率。

[**解**]　　根据式(2.7),回收率 $= \frac{492.38}{500} \times 100\% = 98.48\%$,在可接受范围内。

[**例 2.2**]　　原子吸收法测定铜的结果见表 2.3,求相关系数及校准曲线。

表 2.3　铜量与吸光度值

铜量 x/mg	0.005	0.01	0.02	0.03	0.04	0.05
吸光度 y	0.020	0.046	0.100	0.120	0.140	0.180

[**解**]　　利用 excel 软件得直线回归方程 $y = 3.3567x + 0.0143$,相关系数 $r = 0.9836$。

2.5.5　精密度检验

精密度是指使用特定的分析程序,在受控条件下重复测定均一样品来获得测定值之间的一致程度。

多次平行测定结果相对偏差的计算方法为

$$\eta = \frac{x_i - \overline{x}}{\overline{x}} \times 100\% \qquad (2.8)$$

式中　　η——相对偏差;

　　　　x_i——某一测量值;

　　　　$\overline{x}$——多次测量值的平均值。

一组测量值的精密度常用标准偏差或相对标准偏差表示。标准偏差值越小,精密度越好。精密度也可用重复性或再现性表示,重复性是同一操作者在相同条件下,获得一系列结果之间的一致程度。再现性是指不同操作者在不同条件下,用相同方法获得的单个结果之间的一致程度。只有在保证分析结果精密度的基础上,才能进一步提高分析结果的准确度。

标准偏差又称为均方偏差,以 s 表示,计算式为

$$s = \sqrt{\frac{\sum\limits_{i=1}^{n}(x_i - \overline{x})^2}{n-1}} = \sqrt{\frac{\sum\limits_{i=1}^{n} x_i^2 - \frac{\left(\sum\limits_{i=1}^{n} x_i\right)^2}{n}}{n-1}} \qquad (2.9)$$

式中　　$n-1$——n 个测量值中具有独立偏差的数目,又称为自由度;

　　　　x_i——某一测量值;

　　　　$\overline{x}$——一组测量值的平均值。

相对标准偏差以 RSD 表示为

$$RSD = \frac{s}{\overline{x}} \times 100\%$$

检验分析方法精密度时,通常以空白溶液(纯水)、标准溶液(浓度可选在校准曲线上限浓度值的 0.1 和 0.9 倍)、实际水样和水样加标等几种分析样品,求得批内、批间标准偏差和总标准偏差,各类偏差值应等于或小于方法规定的值。如使用 125 μg CN$^-$ /L 的标准溶液得到 $\overline{x}$ = 124.05 μg CN$^-$ /L,s = 2.55 μg CN$^-$ /L,RSD = 2.05%。

2.5.6　准确度检验

准确度是反映方法系统误差和随机误差的综合指标。使用标准物质进行分析,比较测定值与保证值,其绝对误差或相对误差应符合方法规定的要求。测定加标回收率(向实际水样中加入标准物质,加标量一般为样品含量的 0.5 ~ 2 倍,且加标后的总浓度不应超过方法的测定上限浓度值),回收率应符合方法规定的要求。对同一样品用不同原理的分析方法测试比对。

2.5.7　干扰试验

通过干扰试验,检验实际水样中可能存在的共存物是否对测定有干扰,了解共存物的最大允许浓度,干扰可能导致正或负的系统误差,干扰作用大小与待测物浓度和共存物浓度大小有关,应选择两个(或多个)待测物浓度值和不同浓度水平的共存物溶液进行干扰试验确定。

2.6　分析质量控制方法与要求

2.6.1　质量控制图法

质量控制图是保证分析质量的有效措施,能及时发现分析误差的异常变化,进行日常分析数据的有效性检验,从而采取必要的措施加以纠正,尽量避免分析质量出现恶化甚至失控状态。质量控制图是根据分析结果之间存在着变异,且这种变异是按正态分布的原理进行编制的。一组连续测定结果,从概率意义上来说,有 99.7% 的几率落在 $\overline{x} \pm 3 s$ 内;95.4% 的几率落在 $\overline{x} \pm 2 s$ 内;68.3% 的几率落在 $\overline{x} \pm s$ 内。

质量控制图是根据质控样品的精确分析结果而绘制的。质控样品的浓度和组成要与测试样品的组成和浓度相近,且性质稳定而均匀,由同种纯物质加到纯水中配制而成,或者在一定的测试样品中加入一定的、与测试物质相同的纯物质混合均匀而成。要注意与国家标准物质比对,但不得使用与绘制校准曲线相同的标准溶液,必须另行配制。质量控制图中应用较多的是均值控制图。编制时,要求对质控样品用与测试物质相同的方法分析 20 次以上,而且每次平行分析两份,不得将 20 多次的重复试验同时进行,则每次均值为

$$\overline{x} = \frac{x_i + x'_i}{2}$$

总体均值

$$\bar{\bar{x}} = \frac{\sum \bar{x}_i}{n}$$

标准偏差

$$s = \sqrt{\frac{\sum_{i=1}^{n} \bar{x}_i^2 - \frac{(\sum_{i=1}^{n} \bar{x}_i)^2}{n}}{n-1}}$$

作有关控制线,如图 2.1 所示。其中,中心线(CL)以总体均值 $\bar{\bar{x}}$ 绘制;上、下辅助线(UAL、LAL)按 $\bar{\bar{x}} \pm s$ 绘制;上、下警告线(UWL、LWL)按 $\bar{\bar{x}} \pm 2s$ 绘制;上、下控制线(UCL、LCL)按 $\bar{\bar{x}} \pm 3s$ 绘制。按测定顺序将相对应的各次均值在图上植点,用直线连接各点,即成所需的质量控制图。落在 $\bar{\bar{x}} \pm s$ 范围内的点数应约占总

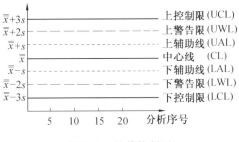

图 2.1　均值控制图

点数的68%,如果少于50%,则说明分布不合适;若按测定顺序7点位于中心线的同一侧,则表示工作中已出现系统误差,所得数据不是充分随机的,应立即中止试验,查明原因,重新制作质量控制图。当积累了新的 20 批数据后,应绘制新的质量控制图,作为下一阶段的控制依据。

均值控制图的使用:根据日常工作中项目的分析频率和分析人员的技术水平,每间隔适当时间,取两份平行的控制样品与测试样品同时测定,对操作技术较低和测定频率低的项目,每次都应测定控制样品,将控制样品的测定结果依次点在控制图上,然后根据下列规则,检验分析测定过程是否处于受控状态。如果一个测量值超出控制限,立即重新分析。如果重新测量的结果在控制限内,则可以连续进行分析工作;如果重新测量的结果超出控制限,则停止分析工作并查找原因予以纠正。如果3个连续点有2个超过警告限,分析另一个样品。如果下一个点在警告限内,则可以继续进行分析工作;如果下一个点超出警告限,则需要评价潜在的偏差并查找原因予以纠正。

[**例 2.3**]　累积双硫腙法测汞的加标回收率数据 20 个,计算总体均值及标准偏差,列于表 2.4,并绘制质量控制图,如图 2.2 所示。

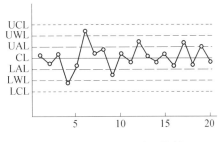

图 2.2　加标回收质量控制图

表 2.4　汞加标回收率

测定次序	回收率 /%	测定次序	回收率 /%
1	100.0	11	99.2
2	98.2	12	104.5
3	100.8	13	100.0
4	92.5	14	99.2
5	97.5	15	100.8
6	107.4	16	97.5
7	101.0	17	104.0
8	102.5	18	98.1
9	95.0	19	103.0
10	101.0	20	99.4
$\bar{\bar{x}}$	100.1	s	3.34

一般情况下,质控样品的分析值应在上、下警告限之间的区域(93.42 ~ 106.78)内,操作过程处于受控状态,待测样品分析值有效。若在上、下控制限之间的区域(90.08 ~ 110.12)内,则表明分析质量开始变差,可能存在"失控"倾向,应进行初步检查,并采取相应的校正措施。

[**例 2.4**]　累积二乙氨基二硫代甲酸银法测砷的空白试验值 20 个,其平均空白值及标准偏差见表 2.5,绘成空白试验值控制图,如图 2.3 所示。

表 2.5　测得的空白试验值　　　　　　　　　　　　单位:mg/L

测定次序	空白值	测定次序	空白值
1	0.060	11	0.012
2	0.015	12	0.015
3	0.010	13	0.012
4	0.015	14	0.014
5	0.011	15	0.010
6	0.010	16	0.005
7	0.005	17	0.010
8	0.010	18	0.012
9	0.013	19	0.006
10	0.015	20	0.005
$\bar{\bar{x}}$	0.010	s	0.004

图中,UCL = 0.022;UAL = 0.014;UWL = 0.018;CL = 0.01。对于空白试验而言,空白值越低越好,故图 2.3 中无需计算 LAL、LWL 及 LCL。另外,由于空白试验值只对痕量分析有严重影响,故在高浓度的废水分析中没有必要应用此控制图。

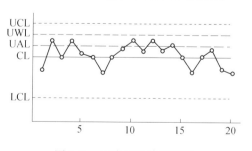

图 2.3　空白试验值控制图

2.6.2　平行双样法

平行样分析是指对同一样品的两份或多份子样在完全相同的条件下进行同步分析。一般做平行双样,对测定进行最低限度的精密度检查。每批测试样品随机抽取 10% ~ 20% 进行平行双样测定。若样品数量较少时,应增加平行双样测定比例。平行双样可采用密码或明码编入。平行双样测试结果的相对偏差应满足现行实验室可接受的判据,最终结果以双样测试结果的平均值报出。

平行双样相对偏差的计算方法为

$$相对偏差 = \frac{\mid x_1 - x_2 \mid}{(x_1 + x_2)/2} \times 100 \qquad (2.10)$$

式中　　x_1, x_2——同一水样两次平行测定的结果。

平行双样测试结果超出规定允许偏差时,在样品允许保存期内,再加测一次,取相对偏差符合规定质控指标的两个测定值报出。若仍然不能满足判据,可认为分析系统失去控制,立即找出原因并改正,然后重新分析样品。

平行双样测定结果的相对偏差不应大于标准方法或统一方法所列相对标准偏差的2.83倍。

对未列相对标准偏差的方法,当样品的均匀性和稳定性较好时,亦可参阅表 2.6 的规定。

表 2.6　平行双样分析相对差允许值

分析结果的质量浓度水平 /$(mg \cdot L^{-1})$	100	10	1	0.1	0.01	0.001	0.000 1
相对偏差最大允许值 /%	1	2.5	5	10	20	30	50

现场平行样是指在同等采样条件下,采集平行双样送实验室分析,测定结果可反映采样与实验室测定的精密度。当实验室精密度受控时,主要反映采样过程的精密度变化状况。现场平行样要注意控制采样操作和条件的一致。对水质中非均相物质或分布不均匀的污染物,在样品灌装时摇动采样器,使样品保持均匀。现场平行样占样品总量的 10% 以上,一般每批样品采集两组平行样。

2.6.3　加标回收分析

测定水样时,于同一样品中加入一定量的标准物质进行测定,将测定结果扣除水样的测定值,计算加标回收率,加标回收率在一定程度上能反映测试结果的准确度。

按照水样分析程序分析水样,以确定原水样测定值 μ_b,用符合规定量的标准溶液添加到另一份水样并分析,加标水样测定值为 μ_a,每个溶液中分析物的百分回收率(P) 按下式计算

$$P = \frac{(\mu_a - \mu_b)}{m} \times 100\% \qquad (2.11)$$

式中　　P——回收率,% ;

　　　　m——加入标准溶液的质量。

若分析结果的精密度和标准溶液回收率处于现行实验室可接受的判据之内,但加标结

果不能满足可接受的判据和质量控制标准的回收率时,分析人员必须重复测试,查找原因。若干扰来自采样,必须重新取样,评价样品分析物的现场加标样,以确认采样和样品运输技术的精密度和准确度。

现场加标样是取一组现场平行样,将实验室配制的一定浓度的被测物质的标准溶液,加入到其中一份已知体积的水样中,另一份不加标样,然后按样品要求进行处理,送实验室分析。将测定结果与实验室加标样对比,掌握测定对象在采样、运输过程中的准确度变化情况。现场加标除加标在采样现场进行外,其他要求应与实验室加标样一致。现场使用的标准溶液与实验室使用的为同一标准溶液。现场质控样分析是指将与样品基体组分接近的标准控制样带到采样现场,按样品要求处理后与样品一起送实验室分析。现场加标样或质控样的数量,一般控制在样品总量的 10% 左右,每批样品不少于 2 个。

当加标回收率令人满意时,也不能肯定测定准确度没有问题。加标回收率只能在一定程度上反映测定结果的准确度,因为公式中的差值有可能把一些误差抵消掉。另外,加标量的多少及标样与水样中待测物质在价态或形态上的差异、样本的基体等,往往会影响回收率。

2.6.4　标准参考物(或质控样) 对比分析

标准物质是经权威部门(或一定范围的实验室) 定值,有准确测定值(保证值) 的样品,是一种或多种经确定了高稳定度的物理、化学和计量学特性,并经正式批准可作为标准使用的物质,以便用来校准测量器具、评价分析方法、评价测量方法和测量结果的准确度。采用标准参考物和样品同步进行测试,将测试结果与标准样品保证值相比较,保证其准确度和检查试验(或个人) 是否存在系统误差。若实验室自行配制质控样,使用质控样品进行系统误差确定时,可在分析质量处于受控状态下,与标准物质进行对比,当其浓度值可靠后,作为该实验室的质量控制样品。

根据标准物质的测定结果,以相对误差表示时的计算式为

$$E = \frac{x_i - \mu}{\mu} \times 100\% \qquad (2.12)$$

式中　　E——相对误差;

x_i——测定值;

μ——保证值。

也可以用 t 检验法来检验分析结果或分析方法是否存在系统误差。

t 检验法:采用已知其保证值为 μ 的标样进行 n 次分析,测得平均值为 $\bar{x}$,标准偏差为 s,计算 $t_{计}$ 值,即

$$t_{计} = \frac{|\bar{x} - \mu|}{s} \sqrt{n} \qquad (2.13)$$

并将 $t_{计}$ 值与表2.7中相应测定次数及相关置信水平下的 t 值进行比较。若 $t_{计} > t$,则存在显著性差异,即分析方法、操作过程或仪器存在较大的系统误差,否则不存在显著性差异。

表 2.7　t 值表

自由度	测定次数	置信度(p)		
		0.90	0.95	0.99
1	2	6.31	12.71	63.66
2	3	2.92	4.30	9.92
3	4	2.35	3.18	5.84
4	5	2.13	2.78	4.60
5	6	2.02	2.57	4.03
6	7	1.94	2.45	3.71
7	8	1.90	2.36	3.50
8	9	1.86	2.31	3.36
9	10	1.83	2.26	3.25
10	11	1.81	2.23	3.17
∞	∞	1.64	1.96	2.58

[例 2.5]　　已知某标准样品中某离子质量浓度 $\mu = 9.67$ mg/L,用某方法重复测定 9 次,平均值 $\bar{x} = 9.97$ mg/L,标准偏差 $s = 0.140$ mg/L,若置信度水平取 $p = 0.95$,试判断该方法中是否存在系统误差。

[解]　　根据式(2.13)计算得

$$t_{计} = \frac{|\bar{x} - \mu|}{s}\sqrt{n} = \frac{|9.97 - 9.67|}{0.140} \times \sqrt{9} = 6.43$$

由表 2.7 查得 $t_{0.95} = 2.31$,由于 $t_{计} = 6.43 > t_{0.95} = 2.31$,所以在置信度 $p = 0.95$ 时,该方法存在严重的系统误差。

2.7　水质分析记录

原始记录使用墨水笔在记录表格或专用记录本上按规定格式,对各栏目认真填写,记录表(本)应有统一编号。分析人员对各项记录负责,及时记录,不得以回忆方式填写。试验记录应包括参与试验的全过程,对于实验室完成的每一项或每一系列检验的结果,均应按照检验方法中的规定,准确、清晰、明确、客观地在检验证书或报告中表述,应采用法定计量单位。报告中还应包括为说明检验结果所必需的各种信息及采用方法所要求的全部信息,报告编制要合理,记录和报告应妥善保管。记录更改应按适当程序进行,原始记录上数据有误而要改正时,应在错误的数据上画以斜线;如需改正的数据成片,亦可将其画以框线,并添加"作废"两字,再在错误的上方写上正确的数字,并在右下方签名(或盖章),不得在原始记录上涂改或撕页,原始记录不得在非分析场合随身携带,不得随意复制、外借。

2.8 数据的整理、修约与统计处理

测量结果的记录、运算和报告,必须用有效数字。有效数字用于表示测量数字的有效意义,指测量中实际能测得的数字,由有效数字构成的数值,其倒数第二位以上的数字应该是可靠的(确定的),只有末位数字是可疑的(不确定的)。对有效数字的位数不能任意增删。

2.8.1 有效数字的位数

一个分析结果的有效数字的位数,主要取决于原始数据的正确记录和数值的正确计算。如下列有效数字 0.049 8、0.005、5.008 5、5.850 0、0.390%、5.85×10^4、$5.850\ 0 \times 10^4$ 的位数分别为三位、一位、五位、五位、三位、三位、五位。

在记录测量值时,要同时考虑到计量器具的精密度和准确度,以及测量仪器的读数误差。对检定合格的计量器具,有效位数可以记录到最小分度值,最多保留一位不确定数字(估计值)。以实验室最常用的计量器具为例:用电子分析天平进行称量时,有效数字可以记录到小数点后面第四位。用玻璃量器量取体积的有效数字位数是根据量器的容量允许差和读数误差来确定的。如单标线 A 级 50 mL 容量瓶,准确容积为 50.00 mL;单标线 A 级 10 mL 移液管,准确容积为 10.00 mL,有效数字均为四位;用分度移液管或滴定管,其读数的有效数字可达到其最小分度后一位,保留一位不确定数字。分光光度计最小分度值为 0.005,因此,吸光度一般可记到小数点后第三位,有效数字位数最多只有三位。带有计算机处理系统的分析仪器,往往根据计算机自身的设定,打印或显示结果,可以有很多位数,但这并不增加仪器的精度和可读的有效位数。在一系列操作中,使用多种计量仪器时,有效数字以最少的一种计量仪器的位数表示。

表示精密度通常只取一位有效数字,最多只取两位;在数值计算中,某些倍数、分数、不连续物理量的数值以及不经测量而完全根据理论计算或定义得到的数值,其有效数字的位数可视为无限,这类数值在计算中需要几位就定几位。分析结果有效数字所能达到的位数,不能超过方法检出限的有效数字所能达到的位数,例如,一个方法的最低检出浓度为 0.02 mg/L,则分析结果报 0.088 mg/L 就不合理,应报 0.09 mg/L。以一元线性回归方程计算时,校准曲线斜率 b 的有效位数,应与自变量 x_i 的有效数字位数相等,或最多比 x_i 多保留一位。截距 a 的最后一位数,则和因变量 y_i 数值的最后一位取齐,或最多比 y_i 多保留一位。

2.8.2 数值修约规则

进舍规则:四舍六入五单双,不得连续修约。

拟舍弃数字的最左一位数字小于 5 时,则舍去,如将 12.145 8 修约到一位小数,为12.1。拟舍弃数字的最左一位数字大于或等于 5,后面数字并非全部为 0 时,则进 1,如将 1 268 修约到百位时,为 13×10^2,进行一次修约。拟舍弃数字的最左一位数字是 5,后面数字全部为 0 时,若保留的末位数字为奇数,则进 1,为偶数,则舍弃,如将 1.050 修约到一位小数为 1.0,0.350 修约到一位小数时为 0.4。校准曲线的相关系数只舍不入,保留到小数点后出现非 9 的一位,如 0.999 89→0.999 8。如果小数点后都是 9 时,最多保留 4 位。校准曲线的斜率和

截距有时小数点后位数很多,最多保留 3 位有效数字,并以幂表示,如 0.000 023 4 →
2.34×10^{-5}。

2.8.3　近似计算规则

由有效数字构成的测定值必然是近似值,因此,测定值的运算应按近似计算规则进行。

①几个近似数相加减时,其和或差的有效数字位数,与小数点后位数最少者相同,可以多保留一位小数。如 0.021 2、2.03、1.507 8 三数相加时,应以 2.03 为准,各数小数点后应保留两位有效数字,即 0.02 + 2.03 + 1.51 = 3.56。当两个很接近的近似数值相减时,其差的有效数字位数会有很多损失。因此,如有可能,应把计算程序组织好,使其尽量避免损失。

②几个数值相乘除时,所得积或商的有效数字位数决定于各数值中有效数字最少者(相对误差最大)。先将各近似值修约至比有效数字位数最少者多保留一位有效数字,再进行计算。例如 0.067 6 × 70.19 × 6.502 3 = 0.067 6 × 70.19 × 6.502 = 30.850 975 688 = 30.9

③几个数值乘方或开方,计算结果有效数字与原近似值位数相同。例如 $6.54^2 = 42.771 6 = 42.8, 7.39^{1/2} = 2.718 45 = 2.72$

④对数结果中小数点后的位数(不包括整数)应与真数的有效数字位数相同。如 pH 值 = 3.20,$[H^+] = 6.3 \times 10^{-4}$

⑤求平均值时可增加一位有效数字,如 (3.77 + 3.70 + 3.79 + 3.80 + 3.82)/5 = 3.756。

2.8.4　异常值判断和处理

对同一试样进行多次测定时,常常有个别的数值与其他数值相差较大,这一数据称为可疑值。若这是由于操作过失造成的,如滴定时加入了过量的滴定剂、处理水样时有溶液溅出,这一数据必须舍去,否则可疑值不能随意取舍,应按随机误差的分布规律决定取舍。可疑值的取舍方法很多,从统计学的观点考虑,比较严格而又方便的是 Dixon 检验法。当测定次数 $n = 3 \sim 10$ 时,根据所要求的置信度(如 0.90 或 0.95 等),按下列步骤单侧检验可疑值是否可以弃去。

将各数据按递增的顺序排列:$x_1, x_2, x_3, \cdots, x_n$;求出最大和最小数之差 $x_n - x_1$;求出可疑数与最临近数之间的差 $x_n - x_{n-1}$ 或 $x_2 - x_1$;检验异常值 $D = \dfrac{x_n - x_{n-1}}{x_n - x_1}$ 或异常值 $D' = \dfrac{x_2 - x_1}{x_n - x_1}$。

根据测定次数 n 和要求的置信度查表 2.8,若 D(或 D')$\geqslant D_{0.9}$(或其他可信度 D 值),则弃去可疑值,否则应保留。

表 2.8　不同置信度下,取舍可疑数据的 D 值

测定次数 n	3	4	5	6	7	8	9	10
$D_{0.9}$	0.94	0.76	0.64	0.56	0.51	0.47	0.44	0.41
$D_{0.95}$	0.98	0.85	0.73	0.64	0.59	0.54	0.51	0.48
$D_{0.99}$	0.99	0.93	0.82	0.74	0.68	0.63	0.60	0.57

[**例 2.6**]   某实验室对同一样品进行十次测定,其测量值从小到大顺序排列为 4.46、4.49、4.50、4.50、4.64、4.75、4.81、4.95、5.00、5.39,试根据 Dixon 检验法计算当置信度(p)分别取 90%、95% 时,最大值 5.39 是否为离散值?

[**解**]   根据 D 检验法公式计算,即

$$D = \frac{x_n - x_{n-1}}{x_n - x_1} = \frac{5.39 - 5.00}{5.39 - 4.46} = 0.42$$

当 $p = 0.95$,$n = 10$ 时,查表 2.8 得 $D_{0.95} = 0.48$,由计算所得 $D < D_{0.95} = 0.48$,故最大值 5.39 不是离散值,当 $p = 0.90$,$n = 10$ 时,查表 2.8 得 $D_{0.90} = 0.41$,由计算所得 $D > D_{0.90}$,故最大值 5.39 是离散值,应将其舍弃。

2.9   测定结果报告

测定结果的计量单位应采用中华人民共和国法定计量单位。

在水质分析中,项目指标不同或采用的分析方法不同,分析结果的表示方法也不同。对于一些物理性检测项目,测试方法中所涉及的物理原理不同,因此对应分析结果的单位表示差异较大。例如,电导率以西 / 米(S/m)或毫西 / 米(mS/m)表示,臭与味则要求用适当的描述性文字表示,浊度以 NTU 表示,总 α 放射性和总 β 放射性物质浓度以 Bq/L 表示等。

对于化学指标,由于水中所含的污染物质或元素的量通常都处于微量或痕量级,因此水质分析的结果一般都不像普通物质那样用质量分数(%)或物质的量浓度(mol/L)来表示,而是采用毫克/升(mg/L)或微克/升(μg/L)等常用单位来表示。毫克/升是每升水中所含待测组分的质量(毫克),它不仅适用于水中离子状态的物质,也可用于非离解的分子状态或胶体状态的物质乃至溶解于水中的气体,对于一些极微量的组分则可用每升水中所含被测物质的质量(微克)来表示,即微克/升。底质分析结果用 mg/kg(干基)或 μg/kg(干基)表示。总硬度用 $CaCO_3$ mg/L 表示。

2.10   实验室安全

2.10.1   化学危险品使用管理

剧毒试剂如氰化物、三氧化二砷应放在毒品库内,有条件的要设置报警装置。使用时要有审批手续,施行"双人保管、双人收发、双人领料、双锁、双账"的"五双"保管制度。氰化物与皮肤接触经伤口或误食进入人体,引起中毒,或者与酸作用生成氢氰酸气体,经呼吸道被人体吸收而中毒,氰化物和含氰化物的试液不能接触酸,使用时,应戴口罩和橡皮手套,其废液不得随便倒入下水道,应倒入碱性亚铁盐溶液中,使其转化为亚铁氰化物,或先加氢氧化钠调 pH 值为 8~10 后,加几克高锰酸钾氧化分解 CN^-,也可以用碱性氯化法处理,在 pH 值 >10 后,加入漂白粉,使 CN^- 氧化为氰酸盐,并进一步分解为二氧化碳和氮气。

汞及其化合物(有机及无机物)均具有毒性,一般有机汞的毒性高于无机汞。汞在体内蓄积,引起慢性中毒,误服汞盐或吸入高浓度汞蒸气能引起急性汞中毒,急性汞中毒早期可用饱和碳酸氢钠溶液洗胃,或立即饮浓茶、牛奶、蛋清,立即送医院救治。贮汞瓶应用蒸馏水

掩盖。含汞废液应调 pH 值为 8~10 后,加适当过量的硫化钠,生成硫化汞沉淀,再加硫酸亚铁生成硫化亚铁沉淀,从而吸附硫化汞沉淀下来。静置后分离、过滤,清液含汞量降到 0.02 mg/L 以下,排放。

砷和砷的化合物都有毒性,特别是有机砷化物,可引起肺癌和皮肤癌。吸入大量砷化物蒸气会引起急性中毒,中毒者应立即离开现场,吸入新鲜空气或含 5% 二氧化碳的氧气,送医院救治。因此,操作砷化合物时要做好防护,避免吸入或接触。

易燃易爆品必须专库贮存、专车运输,贮存在阴凉通风处,易燃物品应与氧、氯、氧化剂等分别贮存,这类危险品须轻拿轻放,严禁摔、滚、翻、掷、抛、拖、摩擦或撞击,以防引起爆炸或燃烧。易燃易爆物质不得直接在火上加热,蒸发、蒸馏或回流易燃易爆物品时,分析人员不得擅自离开,并加强通风。

废酸液应专门收集于废酸缸中,可先用耐酸塑料网纱或玻璃纤维过滤,滤液中加碱中和,调 pH 值为 6~8 后排出。

取用挥发性较强的酸或碱以及有机试剂时需在通风橱内进行,使用挥发性较强的有机试剂时要远离明火,决不能用明火加热,用完后要盖紧瓶塞,存放于阴凉处。在倾注浓酸、浓碱时,要注意防护。稀释时应将它们慢慢倒入水中,以避免迸溅。氢氟酸具有剧毒、强腐蚀性,因此,使用氢氟酸时要戴橡胶手套,操作必须在通风橱内进行。

在不了解其化学性质的情况下,严禁任意混合化学物质,严禁使用无标签试剂。

2.10.2　压缩气体或液化气体的使用

为了便于使用、贮存和运输,通常将气体压缩成为压缩气体或液化气体,灌入耐压钢瓶内,使用钢瓶的危险是当钢瓶受到撞击或受热时可能发生爆炸。还有一些气体具有剧毒或能使人窒息,一旦泄漏后果严重。因此,高压气瓶应分类保管,远离热源,不得曝晒和强烈振动。使用中的高压气瓶应固定牢靠,减压器专用,安装时紧固螺口,不得漏气。开启高压气瓶时应在接口的侧面操作,避免气流直冲人体。如有漏气,立即修好。不得对在用气瓶进行补、修、焊。瓶内气体不得用尽。气瓶应定期进行检验,有严重腐蚀、损伤或对其安全可靠性有怀疑时,应提前进行检验。在可能造成回流的情况下使用时,所用设备必须配置防止倒灌装置,如单向阀、止回阀、缓冲罐等。

2.10.3　实验室防火、防触电

凡仪器说明书要求接地或接零的设备,都应做好可靠的"保护接地",并应定期检查其完好性。不要在同一线路上安装过多的仪器设备,不得使电气设备超负荷运转。严禁使用裸线、残损的电闸和开关。电线接头应严密绝缘。接通或切断 380 V 以上电源时,必须佩戴胶皮绝缘手套。切不可用湿手去开启电闸和电器开关,漏电的设备严禁使用。仪器用完后,除关闭电源外,还应拔下插头,以防长期带电损伤仪器,造成触电。电气设备发生故障时,必须首先切断电源,请专业电工修理。室内电线或电气设备起火时,应先切断电源,避免用水灭火。

实验室不得存放大量易燃、易挥发性物质;不能用敞口容器加热和放置易燃、易挥发的化学药品。蒸馏低沸点液体时,应采用水浴,不能直接加热。易燃、易挥发的废物,不得倒入废液缸和垃圾桶中,应专门回收处理。一旦发生着火,应沉着镇静,及时采取措施,控制事故的扩大,根据易燃物的性质和火势采取适当的方法进行扑救。与水发生作用的物质着火时,不能用水灭火,可用防火砂覆盖。溶于水或稍溶于水的易燃及可燃物质,数量不大时可用雾状水、化学泡沫、皂化泡沫、二氧化碳或干粉灭火器灭火。不溶于水、密度小于水的易燃及可燃物质,不得用水灭火,可用化学泡沫灭火器灭火。火势不大时,可用二氧化碳或化学干粉灭火器灭火。不溶于水、密度大于水的易燃或可燃物质,可用水扑救,水能在液面上将空气隔绝,也可用防火砂、二氧化碳泡沫灭火器灭火,不得用四氯化碳来灭火。电器设备着火时,先用四氯化碳灭火器灭火,切断电源后才能用水扑救。未切断电源前,严禁用水或泡沫灭火器灭火。敞口容器发生燃烧时,应立即切断加热源设法盖住器皿隔绝空气。

思考题及习题

1. 简述水质分析主要程序。

2. 分析用水分为哪几级? 超纯水的电阻率可达多少?

3. 我国化学试剂分为哪几级? 如何理解光谱纯试剂和基准试剂?

4. 标准溶液的配制方法有哪两种? 普通试剂的浓度怎样表示?

5. 缓冲溶液具有何种功能?

6. 供水和污水处理系统怎样采集水样?

7. 一般怎样保存水样?

8. 简述水样预处理的方法。

9. 水质分析方法按照测定原理主要分为哪两类? 怎样选择分析方法?

10. 分析方法的适用性检验方法有哪些?

11. 怎样制备质量控制水样和使用质量控制图?

12. 如何控制分析质量?

13. 水质分析记录有哪些要求?

14. 讨论有效数字及其修约和近似计算规则。

15. 计算

(1)测定水样中铁的含量(mg/L),6 次平行测定其数据为 1.52、1.46、1.54、1.60、1.50、1.83,问这些数据中有无可疑值? 求平均值和标准偏差($p = 90\%$)。

(2)今有一标样,其标准值为 0.123%,用一新方法测定,得 4 次数据为(%):0.112、0.118、0.115、0.119,试判断新方法是否存在系统误差($p = 99\%$)。

(3)用二苯碳酰二肼分光光度法测定水样中铬的含量,校准曲线的试验数据见表 2.9,试用该试验数据求吸光度对含铬量的直线回归方程和相关系数,说明其相关性并绘制标准曲线。

表 2.9　铬量与吸光度

铬量/μg	20	40	60	80	100	140
吸光度	0.044	0.091	0.179	0.269	0.355	0.518

(4)某一含铅的控制水样,累积测定 20 个平行样,其结果列入表 2.10 中,试作该水样的均值控制图。

表 2.10　控制水样铅含量

序号	$\overline{x}$	序号	$\overline{x}$
1	0.251	11	0.229
2	0.250	12	0.250
3	0.250	13	0.263
4	0.263	14	0.300
5	0.235	15	0.262
6	0.240	16	0.270
7	0.260	17	0.225
8	0.290	18	0.250
9	0.262	19	0.256
10	0.234	20	0.250

(5)用分光光度法测定水样中总铬,所得校准曲线的数据见表 2.11。

表 2.11　铬量与吸光度

铬量/μg	0	0.2	0.5	1.0	2.0	4.0	6.0	8.0	10.0
吸光度	0.007	0.017	0.027	0.050	0.097	0.190	0.275	0.358	0.448

水样的吸光度为 0.095 ,在同一水样中加入 4.00 mL 铬标准溶液(1.0 μg/mL)。其吸光度为 0.267,计算加标回收率(不考虑加标体积的影响)。

第3章　水质化学分析法

3.1　常规仪器操作

3.1.1　玻璃器皿的洗涤方法

烧杯、锥形瓶、量筒等一般玻璃器皿,可用毛刷蘸取合成洗涤剂洗,再用自来水冲洗干净,然后用蒸馏水或去离子水淋洗 2~3 次(少量多次)。滴定分析容器主要有滴定管、容量瓶、移液管及吸量管等。滴定管、容量瓶、吸量管具有精密刻度,视其弄脏的程度,可将合成洗涤剂配成 0.1%~0.5%(m/V)的洗涤溶液或用液体洗涤剂,取少量洗涤液倒入容器中,摇动几分钟,倒出。用自来水冲洗干净后,再用蒸馏水或去离子水润洗几次。也可选用其他几种洗涤液,如高锰酸钾碱性溶液洗涤,移液管和吸量管一般采用橡皮洗耳球吸取洗液洗涤,将洗液慢慢吸至移液管的 1/3 容积处,用食指按住管口,使移液管呈近水平状态进行涮洗,然后将洗涤液放回原来瓶中。也可以放在高型玻璃筒内用洗液浸泡,取出放尽洗液后,用自来水冲洗,再用蒸馏水洗涤干净。淋洗的水应从管尖放出。

某些测量痕量金属的分析要求洗去 μg 级的杂质离子,洗净的仪器还要浸泡至 1:1 盐酸或 1:1 硝酸中数小时至 24 h,以免吸附无机离子,然后用纯水冲洗干净。

3.1.2　滴定分析仪器

3.1.2.1　滴定管

滴定管是滴定时准确测量标准溶液或基准溶液体积的量器。最小刻度为 0.1 mL,读数可估计到 0.01 mL。

滴定管分为两种,一种是下端带有玻璃活塞开关的酸式滴定管,用来装酸性溶液和氧化性溶液,不宜盛装碱性溶液,因为碱性溶液能腐蚀磨口玻璃活塞。另一种是下端连接一橡皮管的碱式滴定管,管内有玻璃珠以控制溶液的流出,橡皮管下端再连一尖嘴玻璃管(滴嘴)。凡是能与橡皮管起反应的氧化性溶液,如高锰酸钾、碘和硝酸银溶液等,不能装在碱性滴定管中。

滴定管的准备:酸式滴定管使用前应先洗涤干净并检查活塞转动是否灵活,然后检查是否漏水。因为很少一点油污即可使液滴附着在内壁上,以致影响测量的准确度。在定量分析中一般要求洗涤到容器内的水放出后,其内壁只有一层均匀的水膜,而不挂水珠为止。酸式滴定管试漏的方法是:先将活塞关闭,在滴定管内充满水,将滴定管夹在滴定管架上,放置 2 min,观察管口及活塞两端是否有水渗出;将活塞转动 180°,再放置 2 min,看是否有水渗出。若前后两次均无水渗出,活塞转动也灵活,即可使用。否则应将活塞取出,重新涂凡士林油后再使用。碱式滴定管应选择大小合适的玻璃珠,并检查橡皮管是否老化,放出液滴能否灵活控制。如不符合要求,则应重新装配。

涂凡士林油的方法:将活塞取出,用滤纸或干净布将活塞及活塞槽内的水擦干净,用手指蘸少许凡士林油,在活塞的两端涂上薄薄的一层,在靠近活塞孔的地方应少涂或不涂,以免凡士林油堵住活塞孔,或者分别在活塞槽粗的一端和活塞槽细的一端内壁涂一薄层凡士林油,将活塞直接插入活塞槽中,然后向同一方向转动活塞,直至活塞中油膜均匀透明。如发现涂得太多,应把活塞槽和活塞擦干净后,重新涂凡士林油。涂好后,用橡皮圈将活塞缠好,以防活塞脱落。

标准溶液的装入:为了避免装入后的标准溶液被稀释,应先用此种标准溶液淌洗滴定管3 次,每次 5~10 mL。操作时,两手平端滴定管,慢慢转动,使标准溶液滴遍全管,并使溶液从滴定管下端流净,以除去管内残留水分。在装入标准滴定溶液时,应直接注入,不要借用其他器皿,以免标准溶液浓度改变或造成污染。装好标准溶液后,注意检查滴定管尖嘴内有无气泡,否则在滴定过程中气泡逸出,影响溶液体积的准确测量。对于酸式滴定管,可迅速转动活塞,使少量溶液快速冲出,将气泡带走。对于碱式滴定管,可把橡皮管向上弯曲,捏挤玻璃珠,使少量溶液冲出将气泡带走。滴定管排除气泡后,继续装入标准溶液,使之在“0”刻度以上,再调节液面至 0.00 mL 刻度处备用。如果液面在 0.00 mL 刻度以下,则应记下初始读数。每次滴定前都应将液面调在同样的位置上,可避免由于滴定管刻度不均匀而引起的误差。

滴定管的读数:滴定管读数不准确而引起的误差,常常是滴定分析误差的主要来源之一,因此在开始使用滴定管前,应进行滴定管读数的练习。

读数时,可将滴定管从滴定管架取下,用手拿着滴定管上部无刻度处,使滴定管保持自然垂直状态。由于水的附着力和内聚力的作用,溶液在滴定管内的液面呈弧形。对于无色或浅色溶液,读数时应读取与弧形液面最低处相切之点,眼睛必须与弧形液面处于同一水平面,否则将引起误差,对于有色溶液,读数应读取液面的最上缘。为了使读数准确,在装满溶液或放出溶液后,必须等 1~2 min,待附着在内壁的溶液流下来后,再读取数据。

滴定操作:滴定时滴定反应通常在锥形瓶或烧杯内进行。

在锥形瓶中进行时,将酸式滴定管夹在滴定管架上,用右手的拇指、食指和中指拿住锥形瓶,其余两指辅助在下侧,使瓶底离滴定台高约 2~3 cm,使滴定管下端伸入瓶口内约2 cm。用左手控制活塞,拇指在前,中指和食指在后,轻轻捏着活塞柄,无名指和小指向手心弯曲。转动活塞时,要注意勿使手心顶着活塞,以防手心把活塞顶出,造成漏水。如用碱式滴定管,则用左手轻捏玻璃珠近旁的橡皮管使溶液从旁边的空隙流出。须注意不要使玻璃珠上下移动,更不要捏玻璃珠下部的橡皮管,以免空气进入而形成气泡,影响准确读数。滴定时,左手握住滴定管滴加溶液,同时用右手摇动锥形瓶。摇瓶时应微动腕关节,使溶液向同一方向旋转,使瓶内溶液混合均匀。不能前后振动,以免溶液溅出。不要因摇动使瓶口碰在管口上,摇动时,一定要使溶液旋转出现有一漩涡,因此,要求有一定速度,不能摇得太慢,影响化学反应的进行。开始滴定时,滴定速度可稍快,呈“见滴成线”,滴定速度约3~4 滴/s左右,而不要滴成“水线”,这样滴定速度太快。滴定时,要观察滴落点周围颜色的变化。不要去看滴定管的体积,而不顾滴定反应的进行。在接近终点时,滴定速度要尽量放慢,以防滴定过量,每次加入一滴或半滴溶液,并不断摇动,最后是每加半滴,摇几下锥形瓶,直至溶液出现明显的颜色变化达到终点,准确读出滴定管上的终点读数。

在烧杯中滴定时,将烧杯放在滴定台上,调节滴定管的高度,使其下端伸入烧杯内约

2 cm。而滴定管下端应在烧杯中心的左后方处,不要离杯壁过近。左手滴加溶液,右手持玻璃棒搅拌溶液。搅拌应作圆周搅动,不要碰到烧杯壁和底部。当滴定接近终点只加半滴溶液时,用搅棒下端承接此悬挂的半滴溶液于烧杯中,但要注意,搅棒只能接触液滴,不能接触管尖。其他操作同前所述。

半滴溶液的加入方法:酸式滴定管,可轻轻转动活塞,使溶液悬挂在出口管嘴上,形成半滴,用锥形瓶内壁将之沾落,再用洗瓶吹洗。对碱式滴定管,加半滴溶液时,应先松开拇指与食指,将悬挂的半滴溶液沾在锥形瓶内壁上,再放开无名指和小指,这样可避免出口管尖出现气泡。

滴定结束后,滴定管内的溶液应弃去,不要倒回原瓶中,以免沾污操作溶液。随后,洗净滴定管,备用。

3.1.2.2　容量瓶

容量瓶是用来配制标准溶液,或稀释一定量溶液到一定体积的一种常用容量仪器。它是一个细长颈、梨形平底瓶,带有磨口玻璃塞或塑料塞。在其颈上有一标线,在指定温度下,当溶液充满至弯月面与标线相切时,所容纳的溶液体积等于瓶上标示的体积。

容量瓶使用前必须检查瓶塞是否漏水,标度线位置距离瓶口是否太近。如果漏水或标线离瓶口太近,则不宜使用。

检查瓶塞是否漏水的方法如下:加自来水至标线附近,盖好瓶塞后,左手用食指按住塞子,其余手指拿住瓶颈标线以上部分,右手指尖托住瓶底边缘,将瓶倒立 2 min,如不漏水,转动瓶塞180°后再倒立 2 min,观察有无漏水,如不漏水方可使用。使用容量瓶时,不要将其玻璃磨口随便取下放在桌面上。

溶液的配制:如果用固体物质配制标准溶液,先将准确称取的固体物质于烧杯中溶解后,再将溶液定量转移到预先洗净的容量瓶中。转移溶液的方法:操作时一手拿着玻璃棒,并将其伸入瓶中,一手拿烧杯,让烧杯嘴贴紧玻璃棒慢慢倾斜烧杯,使溶液沿玻璃棒慢慢流入。玻璃棒的下端要紧靠内壁,但不要太靠近瓶口,以免溶液溢出。待溶液流完后,将烧杯沿玻璃棒慢慢提起,并使烧杯直立,使附在玻璃棒和烧杯嘴之间的液滴回到烧杯中,再将玻璃棒放回烧杯,然后用洗瓶吹洗玻璃棒和烧杯 3 ~ 4 次,以保证转移完全。然后用蒸馏水稀释,在稀释到接近标线时,改用滴管加水,直至弧形液面的下缘与标线相切,盖上瓶盖,一手压住瓶盖,另一手指尖托住瓶底边缘,将容量瓶倒转并摇荡,混匀溶液,再将瓶直立,如此反复多次,使溶液充分混匀。

如用容量瓶稀释溶液,则用移液管吸取一定体积的浓溶液移入容量瓶中,然后按前述方法用蒸馏水稀释至标线,摇匀。

热溶液应冷至室温后,再稀释至标线,否则会造成体积误差。需避光的溶液应以棕色容量瓶配制。不要用容量瓶长期存放溶液,配好的溶液应转移到试剂瓶中保存,试剂瓶要用配好的溶液淌洗 2 ~ 3 次,保证转移过程中浓度不变。

容量瓶用毕后,应立即用水冲洗干净。如长期不用,磨口处应洗净擦干,并用滤纸将磨口隔开,以防下次用时塞子打不开。

3.1.2.3　移液管和吸量管

移液管和吸量管都是准确移取一定体积溶液的容量器皿。

移液管是一细长而中间膨大的玻璃管,在管的上端有一环形标线,管上标有容积和标定时的温度。当第一次用洗净的移液管吸取溶液时,应先用滤纸将管尖端内外的水吸净,否则会因水滴引入而改变溶液的浓度。然后,用所要移取的溶液将移液管润洗 2~3 次,以保证移取溶液的浓度不变。用移液管移取溶液时,右手拇指及中指拿住管颈标线以上的地方,将移液管插入待吸溶液的液面下 1~2 cm 处,左手拿洗耳球,先将洗耳球内空气压出,然后把吸耳球对准移液管上口,按紧,勿使漏气。慢慢松开洗耳球使移液管液面慢慢上升,待液面上升到标线以上时,迅速移去洗耳球,并用右手食指按住移液管上口,将移液管提离液面,使出口尖端靠着另一容器壁(如烧杯),稍稍松动食指并用拇指和中指轻轻转动移液管,使溶液缓缓流出,到弧形液面的下缘与标线相切时,立刻用食指压紧管口,使溶液不再流出。将移液管移入接受容器中,使出口尖端靠着接受容器的内壁,容器稍倾斜,移液管保持垂直。松开食指,让管内溶液自然地沿容器壁流下,待移液管内液面不再下降时,再等 15 s,然后取出移液管。这时尚可见管尖部仍留有少量液体,注意不要将其吹下,因为在校正移液管时已经考虑了末端所保留溶液的体积。

吸量管是带有刻度的玻璃管,用以吸取不同体积的液体。使用吸量管时,通常是使液面从吸量管的最高刻度降到另一刻度,两刻度之间的体积恰为所需的体积。在同一试验中,尽可能使用同一吸量管的同一部位,而且尽可能地使用上面的部分。

3.1.3　电子分析天平

电子分析天平是用以准确称量试样或基准物质等质量的精密仪器。FA 系列电子天平结构如图 3.1 所示。操作方法如下:

1. 调节水平

调节天平后部的两只水平调节脚,将天平框罩前方水平仪气泡调到水平中央。

2. 接通电源

请在接通电源适配器之前,检查适配器所标识的电压是否与您使用的电源电压相符。将分流电源适配器插头一端插入天平后部电源插座,另一端接通外部电源,天平预热。电源应符合下列要求:功率≥20 W,交流电压 220 V,频率 50 Hz,有良好接地。因为在干燥的环境中,天平外壳有可能带静电。

图 3.1　FA 电子分析天平

3. 校准天平

在天平进行任何操作前,都必须进行调校,使之符合当地的重力加速度,确保获得最准确的称量结果。如首次使用前、定期的称量、改变放置后和环境温度强烈变化后都应调校。

轻按"ON"开机键,显示器亮,显示 0.000 0 g;

轻按"OFF"关机键,显示器熄灭;

轻按"TAR"键,天平清零;

轻按"CAL"自动校准键,当显示器出现"CAL"时即松手,天平显示"CAL - 200"且"200"不断闪动表示需要 200 g 标准砝码。将 200 g 校准砝码置于秤盘中央,关上玻璃门约 30 s 后,显示校准砝码值,听到"嘟"一声后,取出校准砝码,天平校准完毕。

4.称量

基本称重:按"TAR"键,清零,等待天平显示零,在秤盘上放置所称物体。称重稳定后,即可读取重量读数。

使用容器称重:如需用容器装待测物进行称重(不包括容器的重量)时,先将空容器放在秤盘上,按"TAR"键,清零,等待天平显示零。将待测物体放入容器中,称重稳定后,即可读取重量读数。

差减法称量:所称量的药品容易吸水、氧化或易与二氧化碳发生反应时,一般使用差减法称量,避免称量过程中吸湿或发生化学反应。将适量样品装入洁净的干燥称量瓶内,置于天平盘中称取质量,记录或打印。然后,用左手以纸条套住称量瓶,将它从天平盘上取下,置于准备盛放试样的容器上方,并使称量瓶倾斜过来。右手用小纸片捏住称量瓶盖的尖端,打开瓶盖,并用它轻轻敲击瓶口,使试样慢慢落入容器内,注意不要撒在容器外,当倾出的试样接近所要称取的质量时,把称量瓶慢慢竖起,同时用称量瓶盖继续轻轻敲瓶口上部,使黏附在瓶口上的试样落下,然后盖好瓶盖,再将称量瓶放回天平盘上称量,记录或打印,两次称量之差即为样品质量。

5.打印输出

按一下"PRT"打印模式,有选择地进行打印。

关机:按住"OFF"键直到出现"OFF"字样,松开该键,显屏上不再有任何指示符。

6.维护与清洁

在称量完化学样品后,建议您清洁秤盘和底板,虽然所有材料都是采用高等级材料,如果腐蚀性物质长期沉积在铬钢表面,可能会腐蚀天平秤盘等,所以请注意秤盘清洁。

最后将天平门关好,罩上保护罩,切断电源。

7.注意事项

①称量时应轻拿轻放,并尽可能放于秤盘中心。使用手机时应远离天平 1 m 以外。有时身上会带有强静电,操作天平前摸一下台面以去除静电。

②保证良好的使用环境。温度:15 ~ 25 ℃,并且变化缓慢;湿度:50% ~ 75% RH,超出此范围应增湿或去湿;电源电压正常:220 V 50 Hz,若电网的温度过高,应使用稳压电源单独对天平供电,否则天平电源部件、元器件很容易损坏;没有振动和晃动;无强电磁干扰;无强气流干扰;室内无腐蚀性气体。

3.2　滴定分析计算

3.2.1　基本单元的确定

酸碱反应:根据质子转移数确定,以转移一个质子的特定组合作为反应物的基本单元,如酸碱反应

$$2NaOH + H_2SO_4 \rightarrow Na_2SO_4 + 2H_2O$$

反应中,H_2SO_4 转移 2 个质子,所以选取 1/2 H_2SO_4 作基本单元,NaOH 接受 1 个质子,选取 NaOH 作基本单元。

氧化还原反应:以转移一个电子的特定组合作为反应物的基本单元。如氧化还原反应

$$2MnO_4^- + 5C_2O_4^{2-} + 16H^+ \rightarrow 2Mn^{2+} + 10CO_2 + 8H_2O$$

反应中，MnO_4^- 得到 5 个电子，所以选取 $1/5\ MnO_4^-$ 作基本单元，$C_2O_4^{2-}$ 失去 2 个电子，选取 $1/2\ C_2O_4^{2-}$ 作基本单元。

3.2.2　等物质量的反应规则

根据确定的基本单元和物质的量的概念，由上例，基本单元的物质的量为

$$n(1/5\ MnO_4^-) = \frac{m}{\dfrac{1}{5}M} = 5n(MnO_4^-)$$

$$n(1/2\ C_2O_4^{2-}) = \frac{m}{\dfrac{1}{2}M} = 2n(C_2O_4^{2-})$$

由于

$$5n(MnO_4^-) = 2n(C_2O_4^{2-})$$

所以

$$n(1/5\ MnO_4^-) = n(1/2\ C_2O_4^{2-})$$

由上所述，对于一化学反应，选定适当的基本单元，在任何时刻所消耗的反应物质的量均相等，即等物质量的反应规则。

又如反应

$$Cr_2O_7^{2-} + 6Fe^{2+} + 14H^+ \rightarrow 2Cr^{3+} + 6Fe^{3+} + 7H_2O$$

反应基本单元分别为 $1/6\ Cr_2O_7^{2-}$ 和 Fe^{2+}，根据等物质量的反应规则，有

$$n(1/6\ Cr_2O_7^{2-}) = n(Fe^{2+})$$

3.2.3　利用等物质量的反应规则计算

3.2.3.1　配制基准溶液浓度的计算

[例 3.1]　配制 $c(1/2\ Na_2CO_3) = 0.025\ 0$ mol/L 的溶液 1 000 mL，需称取无水碳酸钠多少克？

[解]　$n(1/2\ Na_2CO_3) = \dfrac{m}{\dfrac{1}{2}M}$，$c(1/2\ Na_2CO_3) = \dfrac{n(1/2\ Na_2CO_3)}{V}$

$$m/g = n(1/2\ Na_2CO_3) \cdot \frac{1}{2}M = c(1/2\ Na_2CO_3)V \cdot \frac{1}{2}M = 0.025\ 0 \times 1 \times \frac{106.0}{2} = 1.325\ 0$$

[例 3.2]　称取 12.258 0 g $K_2Cr_2O_7$，用少量水溶解，移入 1 000 mL 容量瓶中，求 $c(1/6\ Cr_2O_7^{2-})$。

[解]　$n(1/6\ Cr_2O_7^{2-})/mol = \dfrac{m}{\dfrac{1}{6}M} = \dfrac{12.258\ 0}{\dfrac{1}{6} \times 294.2} = 0.250\ 0$

$$c(1/6\ Cr_2O_7^{2-})/(mol \cdot L^{-1}) = \frac{n(1/6\ Cr_2O_7^{2-})}{V} = 0.250\ 0$$

3.2.3.2　标准溶液浓度标定计算

[例 3.3]　吸取 2.1 mL 浓盐酸（$\rho = 1.19$ g/mL），用蒸馏水稀释至 1 000 mL，用上述浓度的无水碳酸钠标定此 HCl 标准溶液，取无水碳酸钠溶液 20.00 mL，用盐酸滴定，反应完成时消耗 HCl 溶液 21.95 mL，求 $c(HCl)$。

[**解**]　无水碳酸钠与盐酸反应

$$Na_2CO_3 + 2HCl \rightarrow 2NaCl + CO_2 + H_2O$$

根据等物质量的反应规则, $n(1/2\ Na_2CO_3) = n(HCl)$

$$c(1/2\ Na_2CO_3)V(Na_2CO_3) = c(HCl)V(HCl)$$

$$c(HCl)/(mol \cdot L^{-1}) = \frac{c(1/2\ Na_2CO_3)V(Na_2CO_3)}{V(HCl)} = \frac{0.025\ 0 \times 20.00}{21.95} = 0.022\ 78$$

[**例 3.4**]　称取 39.2 g 纯 $(NH_4)_2Fe(SO_4)_2 \cdot 6H_2O$ 溶于水中,加入 20.00 mL 浓硫酸,冷却后移入 1 000 mL 容量瓶中,用水稀释至标线。用 $c(1/6\ Cr_2O_7^{2-})$ 为 0.250 0 mol/L 的 $K_2Cr_2O_7$ 标定此浓度,取此溶液 10.00 mL 于锥形瓶中,加水稀释,在酸性介质中加入指示剂,用 $(NH_4)_2Fe(SO_4)_2 \cdot 6H_2O$ 标准溶液滴定,反应完时,消耗体积 25.10 mL,求 $c(Fe^{2+})$。

[**解**]　根据等物质量的反应规则, $n(1/6\ Cr_2O_7^{2-}) = n(Fe^{2+})$

$$c(1/6\ Cr_2O_7^{2-})V(Cr_2O_7^{2-}) = c(Fe^{2+})V(Fe^{2+})$$

$$c(Fe^{2+})/(mol \cdot L^{-1}) = \frac{c(1/6\ Cr_2O_7^{2-})V(Cr_2O_7^{2-})}{V(Fe^{2+})} = \frac{0.250\ 0 \times 10.00}{25.10} = 0.099\ 60$$

[**例 3.5**]　取 0.010 00 mol/L 的 $c(1/2\ Na_2C_2O_4)$ 10.00 mL 标定 $c(1/5\ KMnO_4)$ 标准溶液,反应完成时消耗高锰酸钾溶液 9.80 mL,求 $c(1/5\ KMnO_4)$,配制此浓度的高锰酸钾溶液 1 000 mL,需称取高锰酸钾多少克?

[**解**]　根据等物质量的反应规则, $n(1/5\ MnO_4^-) = n(1/2\ C_2O_4^{2-})$

$$c(1/5\ KMnO_4)V(KMnO_4) = c(1/2\ Na_2C_2O_4)V(Na_2C_2O_4)$$

$$c(1/5\ KMnO_4)/(mol \cdot L^{-1}) = \frac{c(1/2\ Na_2C_2O_4)V(Na_2C_2O_4)}{V(KMnO_4)} = \frac{0.010\ 00 \times 10.00}{9.80} = 0.010\ 20$$

$$m/g = c(1/5\ KMnO_4)V(KMnO_4) \cdot \frac{M}{5} = 0.010\ 20 \times 1 \times \frac{158.0}{5} = 0.322\ 3$$

3.3　酸碱滴定法

　　酸碱滴定法是以酸碱反应为基础的滴定分析方法。利用该方法可以测定一些具有酸碱性的物质,也可以用来测定某些能与酸碱作用的物质。有许多不具有酸碱性的物质,也可通过化学反应产生酸碱,并用酸碱滴定法测定其含量。水质分析中常利用酸碱滴定法测定碱度、酸度等。

3.3.1　酸碱滴定基本原理

3.3.1.1　酸碱指示剂

　　能够用来指示酸碱滴定终点的指示剂称为酸碱指示剂。酸碱指示剂一般是有机弱酸或有机弱碱,有机弱酸和有机弱碱在水中均可离解,由于离解产物与原酸或碱具有不同的结构,呈不同的颜色,随溶液 pH 值的变化,在水中的离解平衡发生移动,指示剂的颜色发生变化,以此来指示溶液的颜色变化。

　　例如:酚酞是一种有机弱酸,在酸性和中性溶液中无色,溶液中存在如下平衡

$$无色离子 \Longleftrightarrow 红色离子 + H^+$$

　　随溶液 pH 值的增加,平衡向右移动,变为红色离子。两种离子分别具有不同的结构,

其红色离子含有醌式结构如下

甲基橙是一种有机弱碱,在碱性溶液中呈黄色,溶液中存在如下平衡

$$黄色离子 + H^+ \rightleftharpoons 红色离子$$

随溶液 pH 值减小,平衡向右移动,变为红色离子。两种离子分别具有不同的结构,黄色离子含有偶氮式(—N=N—)结构,红色离子含有醌式结构。

指示剂颜色随 pH 值的变化是一个渐变过程。通常,指示剂颜色发生明显改变需要经历一个 pH 值范围,不同指示剂由于在水中的离解程度不同和温度不同,变化范围也不同,指示剂发生颜色改变的 pH 值范围,称作指示剂的变色范围。表 3.1 列出了一些常见酸碱指示剂的变色范围和颜色变化情况。如酚酞的 pH 值变色范围为 8.0 ~ 10.0,在 pH 值 < 8.0 时为无色,在 pH 值 > 10 时为红色,在 pH 值为 8.0 ~ 10.0 之间为过渡颜色粉红色。而甲基橙的 pH 值变色范围为 3.1 ~ 4.4,在 pH 值 < 3.1 时为红色,pH 值 > 4.4 时为黄色,在 pH 值为 3.1 ~ 4.4 之间为橙色。

表 3.1　常用酸碱指示剂

指示剂	pH 值变色范围	颜色变化	指示剂溶液配制
百里酚蓝	1.2 ~ 2.8	红 ~ 黄	0.1% 的 20% 乙醇溶液
甲基橙	3.1 ~ 4.4	红 ~ 黄	0.05% 的水溶液
溴酚蓝	3.0 ~ 4.6	黄 ~ 紫蓝	0.1% 的 20% 乙醇溶液或其钠盐水溶液
甲基红	4.4 ~ 6.2	红 ~ 黄	0.1% 的 60% 乙醇溶液或其钠盐水溶液
溴甲酚绿	4.0 ~ 5.6	黄 ~ 蓝	0.1% 的 20% 乙醇溶液或其钠盐水溶液
溴百里酚蓝	6.2 ~ 7.6	黄 ~ 蓝	0.1% 的 20% 乙醇溶液或其钠盐水溶液
中性红	6.8 ~ 8.0	红 ~ 黄橙	0.1% 的 60% 乙醇溶液
苯酚红	6.8 ~ 8.4	黄 ~ 红	0.1% 的 60% 乙醇溶液或其钠盐水溶液
甲酚红	7.2 ~ 8.8	黄 ~ 红	0.1% 的 20% 乙醇溶液或其钠盐水溶液
酚酞	8.0 ~ 10.0	无 ~ 红	0.1% 的 90% 乙醇溶液
百里酚蓝	8.0 ~ 9.6	黄 ~ 蓝	0.1% 的 20% 乙醇溶液
百里酚酞	9.4 ~ 10.6	无 ~ 蓝	0.1% 的 90% 乙醇溶液

指示剂的变色范围越窄越好,因为 pH 值稍有改变,指示剂就可立即由一种颜色变成另一种颜色,指示剂变色敏锐,有利于提高测定结果的准确度。表 3.1 列的指示剂都是单一指示剂,变色范围一般都较宽,变色过程中有过渡颜色,不易于辨别颜色的变化。混合指示剂则具有变色范围窄,变色明显等优点。

例如,溴甲酚绿和甲基红两种指示剂所组成的混合指示剂,变色范围接近,颜色互补,在滴定过程中随溶液 H^+ 浓度变化而发生如下颜色变化 pH 值 < 4 时为橙红色,pH 值 > 6.2 时为绿色。

在水质氨氮测定中,弱碱性的 NH_3(或 NH_4^+)用 H_2SO_4 滴定,化学计量点附近 pH 值有较大变化,滴定终点时用溴甲酚绿－甲基红混合指示剂指示滴定终点,颜色由绿色转变成橙红色。也可用其他较敏锐的混合指示剂来指示,如甲基红－亚甲蓝等。

pH 值试纸的制作是利用混合指示剂颜色互补,且变化敏锐的原理。

3.3.1.2 酸碱滴定曲线及指示剂的选择

强碱强酸、强碱弱酸、强酸弱碱等很多反应体系在滴定的化学计量点附近,溶液的 pH 值会发生突变,如图 3.2 表示 0.100 0 mol/L 的 NaOH 滴定 20.00 mL 0.100 0 mol/L 的 HCl 的 pH 值的变化情况,在化学计量点附近滴定百分数为 99.9 ~ 100.1 时形成 pH 值突跃范围。而在这个 pH 值的变化过程中,指示剂的颜色若发生明显的变化,滴定误差在 ± 0.1% 之内,指示剂便可用来指示终点。

由图 3.2 看出,酚酞和甲基橙都可用来指示终点,选择指示剂的基本原则是:指示剂变色范围应全部或部分在滴定曲线突跃范围之内。

同样地可以计算其他类型的滴定曲线并选择指示剂:强碱滴定弱酸突跃范围在碱性范围,选择酚酞指示;强酸滴定弱碱突跃范围在酸性范围内,可选择甲基红为指示剂;天然水碳酸盐和重碳酸盐碱度测定可使用酚酞、甲基橙作指示剂。

由于极弱的酸或碱在化学计量点附近 pH 值没有明显的突变,指示剂法会造成一定的误差,所以酸碱滴定法不适用于某些极弱酸或碱的测定。

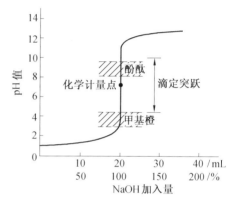

图 3.2　0.100 0 mol/L 的 NaOH 滴定 20.00 mL 0.100 0 mol/L 的 HCl 的滴定曲线

3.3.2 碱度测定

3.3.2.1 碱度的组成

产生碱度的离子主要是 OH^-,CO_3^{2-},HCO_3^-,因 HCO_3^- 和 OH^- 能发生酸碱反应,不能共存,所以水质的碱度可能有五种情况:单独的 OH^-,CO_3^{2-},HCO_3^- 产生的三种碱度以及 OH^- 和 CO_3^{2-},CO_3^{2-} 和 HCO_3^- 两种组合产生的碱度。

造纸厂排出的生产废水含有大量的强碱,pH 值较大,碱度主要是 OH^-。经纯碱软化的锅炉用水 pH 值也较大,有 OH^- – CO_3^{2-} 碱度。pH 值略高于 8.3 的天然水或生活污水,以 CO_3^{2-} 和 HCO_3^- 为碱度。pH 值低于 8.3 的常见的天然水,以 HCO_3^- 为碱度。

工业废水由于产生碱度的物质复杂,一般只测定总碱度,而不区分是哪一种碱度。

3.3.2.2 碱度测定意义

碱度测定在水处理工作中有着重要的意义。如水的混凝处理、工业循环冷却水处理、水的软化处理等碱度的大小是重要的影响因素。高碱度的工业废水,危害极大,在排入水体之前必须进行酸中和处理。

3.3.2.3 碱度测定原理

水的碱度测定采用酸碱滴定法,用 HCl 或 H_2SO_4 作为标准溶液进行测定。

滴定中的酸碱反应

$$OH^- + H^+ \Longrightarrow H_2O \qquad pH\ 值 = 7.0 \qquad (1)$$

$$CO_3^{2-} + H^+ \Longrightarrow HCO_3^- \qquad pH\ 值 = 8.3 \qquad (2)$$

$$HCO_3^- + H^+ \Longrightarrow H_2CO_3 \qquad pH\ 值 = 3.9 \qquad (3)$$

根据化学计量点的 pH 值,选择指示剂指示终点,求得碱度。

3.3.2.4　连续滴定法测定

反应按碱性由强到弱的顺序进行,即按式(1)、(2)、(3)依次进行。用酚酞作为指示剂,溶液颜色由红变为无色时反应(1)、(2)进行完全,OH^- 完全被中和,CO_3^{2-} 只中和了一半,标准溶液 HCl 的用量以 V_1 表示;继续以甲基橙为指示剂,滴至溶液颜色由黄色变为橙红色时,反应(3)进行完全。水中的 HCO_3^- 以及由 CO_3^{2-} 滴定产生的 HCO_3^- 全部反应完全,标准溶液 HCl 的用量以 V_2 表示。

几种碱度在滴定中 V_1 和 V_2 有如下变化规律:

1. 单独 OH^- 碱度

用酚酞作指示剂时,消耗酸体积为 V_1,当加入甲基橙指示剂时,溶液已成为红色,不需要再滴定,$V_2 = 0$。

2. $OH^- - CO_3^{2-}$ 碱度

用酚酞作指示剂时,消耗酸体积为 V_1,此时 OH^- 全部与酸反应,CO_3^{2-} 反应一半,继续用甲基橙指示,变色时消耗酸体积为 V_2,则 $2V_2$ 的酸用于和 CO_3^{2-} 反应,和 OH^- 反应的酸为 $V_1 - V_2$。

3. 单独 CO_3^{2-} 碱度

用酚酞作指示剂时消耗体积为 V_1,与用甲基橙作指示剂时消耗体积 V_2 相等,则用于和 CO_3^{2-} 反应酸的量为 $2V_1$ 或 $2V_2$。

4. $CO_3^{2-} - HCO_3^-$ 碱度

用酚酞作指示剂时,消耗酸体积为 V_1,CO_3^{2-} 反应一半,用甲基橙作指示剂时,剩余的一半和水样原 HCO_3^- 与酸反应,消耗体积为 V_2,用于和 CO_3^{2-} 反应的酸为 $2V_1$,用于和 HCO_3^- 反应的酸为 $V_2 - V_1$。

5. 单独 HCO_3^- 碱度

用酚酞作指示剂时,$V_1 = 0$,溶液已经无色,用甲基橙作指示剂时,消耗酸体积为 V_2。

碱度组成及消耗的酸量见表 3.2。

表 3.2　碱度组成判断与表示

滴定体积	碱度表示		
	OH^-	CO_3^{2-}	HCO_3^-
$V_1 > 0, V_2 = 0$	V_1		
$V_1 > V_2$	$V_1 - V_2$	$2V_2$	
$V_1 = V_2$		$2V_1$	
$V_1 < V_2$		$2V_1$	$V_2 - V_1$
$V_2 > 0, V_1 = 0$			V_2

一般工业废水,测定总碱度时直接用甲基橙为指示剂,根据终点时总酸消耗量按 $V_1 + V_2$ 来计算。

3.3.2.5　仪器与试剂

酸式滴定管,25 mL;锥形瓶,250 mL。

无二氧化碳水,用于制备标准溶液及稀释用的蒸馏水或去离子水,临用前煮沸 15 min,冷却至室温。pH 值应大于 6.0,电导率小于 2 μS/cm。

酚酞指示液,称取 0.1 g 酚酞溶于 50 mL 95% 乙醇中,用水稀释至 100 mL。

甲基橙指示剂,称取 0.05 g 甲基橙溶于 100 mL 蒸馏水中。

碳酸钠标准溶液 $c(1/2\ Na_2CO_3)$ 0.025 0 mol/L:称取 1.324 9 g(于 250 ℃ 条件下烘干 4 h)的基准试剂无水碳酸钠(Na_2CO_3),溶于少量无二氧化碳水中,移入 1 000 mL 容量瓶中,用水稀释至标线,摇匀。贮于聚乙烯瓶中,保存时间不要超过一周。

盐酸标准溶液(0.025 mol/L):用分度吸管吸取 2.1 mL 浓盐酸($\rho = 1.19$ g/mL),并用蒸馏水稀释至 1 000 mL。此溶液浓度约为 0.025 mol/L。其准确浓度按下法标定:

用无分度吸管吸取 25.00 mL 碳酸钠标准溶液于 250 mL 锥形瓶中,加无二氧化碳水稀释至约 100 mL,加入 3 滴甲基橙指示液,用盐酸标准溶液滴定至由黄色刚变成红色,记录盐酸标准溶液用量。按下式计算其准确浓度

$$c = \frac{25.00 \times 0.025}{V}$$

式中　c——盐酸标准溶液浓度,mol/L;

　　　V——盐酸标准溶液用量,mL。

3.3.2.6　操作步骤

分取 100 mL 水样于 250 mL 锥形瓶中,加入 4 滴酚酞指示剂,摇匀。当溶液呈红色时,用盐酸标准溶液滴定至刚刚褪至无色,记录盐酸标准溶液用量。若加酚酞指示剂后溶液无色,则不需用盐酸标准溶液滴定,并接着进行下述操作。向上述锥形瓶中加入 3 滴甲基橙指示剂,摇匀,继续用盐酸标准溶液滴定至溶液由黄色刚刚变为红色为止。记录盐酸标准溶液用量。各碱度组成按表中公式计算,总碱度按下式计算

$$总碱度(以\ CaO\ 计)/(mg \cdot L^{-1}) = \frac{c_{HCl}(V_1 + V_2) \times 28.04}{V_{水}} \times 1\ 000$$

$$总碱度(以\ CaCO_3\ 计)/(mg \cdot L^{-1}) = \frac{c_{HCl}(V_1 + V_2) \times 50.05}{V_{水}} \times 1\ 000$$

3.3.2.7　注意事项

①若水样中含有游离二氧化碳,则不存在碳酸盐,可直接以甲基橙作指示剂进行滴定。

②当水样中总碱度小于 20 mg/L 时,可改用 0.01 mol/L 盐酸标准溶液滴定,或改用 10 mL 容量的微量滴定管,以提高测定精度。

3.3.3　氨氮测定

3.3.3.1　方法原理

污水厂和废水处理站氨氮的测定用常规的蒸馏和滴定法。由于污水氨氮属于常量,所

以用化学反应滴定可以定量检测。

蒸馏处理水样,可以避免污水中其他成分的干扰,又能起到增浓富集的作用。为转化成游离氨挥发出来,调节水样 pH 值至 6.0 ~ 7.4,加入适量氧化镁使呈微碱性,蒸馏出的氨以硼酸吸收。

为测定弱碱性物质氨的含量,可以选择强酸硫酸与之进行酸碱中和滴定反应,根据两者准确的计量关系由标准溶液硫酸的准确浓度和消耗量来测定水样氨。

强酸滴定弱碱的化学计量点为弱酸性,可以选择在酸性范围内变色的指示剂。用混合指示剂效果更好,可以消除过渡范围。因此,当用稀硫酸标准溶液滴定氨时可以选择甲基红 – 亚甲蓝混合指示剂,甲基红 pH 值变色范围为 4.4 ~ 6.2,pH 值 < 4.4 时为红色,pH 值 > 6.2 时为黄色,与亚甲蓝(蓝色,不随 pH 值改变颜色)混合时,pH 值 < 4.4 时为紫色,pH 值 > 6.2 时为绿色,因此,化学计量点时 pH 值由碱性往酸性变时,终点由绿色变为紫色,非常敏锐,没有过渡颜色。蒸馏出的尿素或其他挥发性胺类有干扰,结果偏高。

3.3.3.2　仪器与试剂

蒸馏装置如图 4.8 所示。水样稀释及试剂配制均用无氨水。

蒸馏法制备无氨水:每升蒸馏水中加 0.1 mL 硫酸(ρ = 1.84 g/mL),在全玻璃蒸馏器中重蒸馏,弃去 50 mL 初馏液,接取其余馏出液于具塞磨口瓶,密塞保存。每升馏出液加 10 g 强酸型阳离子交换树脂,进一步交换铵离子除铵(酸性液中,NH_3 转化为 NH_4^+)。

离子交换法制备:使蒸馏水通过强酸性阳离子交换树脂柱,将馏出液收集在带有磨口玻璃塞的玻璃瓶内。每升馏出液加 10 g 同样的树脂,以利用于保存。

1 mol/L 盐酸溶液;1 mol/L 氢氧化钠溶液;轻质氧化镁(MgO):将氧化镁在 500 ℃下加热,以除去碳酸盐;0.05% 溴百里酚蓝指示液(pH 值为 6.0 ~ 7.6);防沫剂,如石蜡碎片;吸收液:称取 20 g 硼酸溶于水,稀释至 1 L;0.05% 甲基橙指示液。

混合指示液:称取 200 mg 甲基红溶于 100 mL 95% 乙醇溶液;另称取 100 mg 亚甲蓝(methylene blue)溶于 50 mL 95% 乙醇溶液。以两份甲基红溶液和一份亚甲蓝溶液混合后供使用(可使用一个月)。注:为使滴定终点明显,必要时添加少量甲基红溶液或亚甲蓝溶液于混合指示液中,以调节二者的比例至合适为止。

硫酸标准溶液 $c(1/2\ H_2SO_4)$ = 0.020 mol/L:分取 5.6 mL(1 + 9)硫酸溶液于 1 000 mL 容量瓶中,稀释至标线,混匀,按下述操作进行标定。

称取经 180 ℃条件下干燥 2 h 的基准试剂无水碳酸钠(Na_2CO_3)约 0.5 g(称准至 0.000 1 g),溶于新煮沸放冷的水中,移入 500 mL 容量瓶中,稀释至标线,求出 $c(1/2\ Na_2CO_3)$。移取 25.00 mL 碳酸钠溶液于 150 mL 锥形瓶中,加 25 mL 水,加 1 滴 0.05% 甲基橙指示液,用硫酸溶液滴定至淡橙色为止。记录用量,用下式计算硫酸溶液的浓度为

$$c(1/2\ H_2SO_4) = \frac{c(1/2\ Na_2CO_3) \times V(Na_2CO_3)}{V(H_2SO_4)}$$

3.3.3.3　操作步骤

蒸馏装置的预处理:加 250 mL 水样于凯氏烧瓶中,加 0.25 g 轻质氧化镁和数粒玻璃珠,加热蒸馏至馏出液不含氨为止,弃去瓶内残液。

蒸馏操作:分取 250 mL 水样(如氨氮含量较高,可分取适量并加水至 250 mL,使氨氮含

量不超过 2.5 mg),移入凯氏烧瓶中,加数滴溴百里酚蓝指示液,用氢氧化钠溶液或盐酸溶液调节至 pH 值 = 7 左右。加入 0.25 g 轻质氧化镁和数粒玻璃珠,立即连接氮球和冷凝管,以 50 mL 硼酸溶液为吸收液,导管下端插入吸收液液面下。加热蒸馏,至馏出液达 200 mL 时,停止蒸馏,定容至 250 mL。

水样的测定:于全部经蒸馏预处理、以硼酸溶液为吸收液的馏出液中,加 2 滴混合指示液,用 0.020 mol/L 硫酸溶液滴定至绿色转变为淡紫色为止,记录硫酸溶液的用量。

空白试验:以无氨水代替水样,同水样处理及滴定的全程序步骤进行测定。

3.3.3.4 结果计算

$$氨氮(N)/(mg \cdot L^{-1}) = \frac{c(1/2\ H_2SO_4)(V_1 - V_0) \times 14}{V_水} \times 1\ 000$$

式中　$c(1/2\ H_2SO_4)$——标准溶液硫酸的浓度,mol/L;

V_1——滴定水样时消耗硫酸溶液体积,mL;

V_0——空白试验消耗硫酸溶液体积,mL;

$V_水$——水样体积,mL;

14——氨氮(N)摩尔质量。

3.4　配位滴定法

以配位反应为基础的滴定分析法称作配位滴定法,在水质分析中主要应用有机配位剂与金属离子形成稳定的配合物来测定金属离子的含量。

3.4.1　EDTA 的结构与性质

常用的有机配位剂是乙二胺四乙酸,简称 EDTA,化学式

$$\begin{matrix} HOOCH_2C \\ \\ HOOCH_2C \end{matrix} \!\!\!> NCH_2CH_2N <\!\!\! \begin{matrix} CH_2COOH \\ \\ CH_2COOH \end{matrix}$$

EDTA 可以简写为 H_4Y,是弱的有机酸,由于EDTA在水中的溶解度很小(1 L 水中仅溶解 0.2 g),在实际应用时通常用它的含两个结晶水的二钠盐(溶解度约为 0.3 mol/L),称为乙二胺四乙酸二钠,或 EDTA 二钠盐,简记作 $Na_2H_2Y \cdot 2H_2O$。EDTA 二钠盐溶解在水中,其中的两个 Na^+ 可以电离,与金属离子反应的化学性质与 EDTA 酸相同。通常,EDTA二钠盐与 EDTA 酸都称为 EDTA。

EDTA 由于其两个氨基氮和四个羧基氧上都有孤对电子,可以与金属离子 Ca^{2+} 形成 1:1 的环状配合物,结构如图 3.3 所示,这种配合物也称螯合物。

EDTA 与金属离子的反应可以表示为

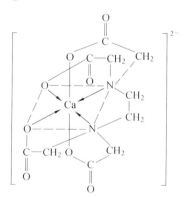

图 3.3　EDTA 与 Ca 螯合物的立体结构

$$M^{n+} + Y^{4-} \rightleftharpoons MY^{n-4}$$

或

$$M^{n+} + H_2Y^{2-} \rightleftharpoons MY^{n-4} + 2H^+$$

式中　Y^{4-}——四个质子全部电离后游离的酸根离子；

　　　H_2Y^{2-}——EDTA 二钠盐阴离子；

　　　M^{n+}——游离的金属离子；

　　　MY^{n-4}——螯合物。

反应平衡常数 K 较大，螯合物稳定，所以平衡常数 K 又称螯合物的稳定常数，其对数值 $\lg K$ 一般为 $7.3 \sim 36$，从表 3.3 中看出，大多数金属离子能与 EDTA 形成稳定螯合物。

表 3.3　一些金属离子 – EDTA 配合物的 $\lg K_{MY}$

M	$\lg K_{MY}$	M	$\lg K_{MY}$	M	$\lg K_{MY}$	M	$\lg K_{MY}$
Ag^+	7.3	Fe^{2+}	14.33	Y^{3+}	18.09	Cr^{3+}	23
Ba^{2+}	7.76	Ce^{3+}	15.98	Ni^{2+}	18.67	Th^{4+}	23.2
Sr^{2+}	8.63	Al^{3+}	16.1	Cu^{2+}	18.8	Fe^{3+}	25.1
Mg^{2+}	8.69	Co^{2+}	16.31	Re^{3+}	$15.5 \sim 19.9$	V^{3+}	25.9
Be^{2+}	9.8	Cd^{2+}	16.46	Tl^{3+}	21.5	Bi^{3+}	27.94
Ca^{2+}	10.69	Zn^{2+}	16.5	Hg^{2+}	21.8	Zr^{4+}	29.5
Mn^{2+}	13.87	Pb^{2+}	18.04	Sn^{2+}	22.1	Co^{3+}	36

注：Re^{3+} 为稀土元素离子。

3.4.2　外界条件对 EDTA – 金属螯合物稳定性的影响

金属离子与 EDTA 的配位反应受酸的影响，溶液酸性较强时，Y^{4-} 或 H_2Y^{2-} 有继续结合 H^+ 形成弱酸的趋势，使 EDTA 和金属离子生成螯合物能力下降，这种现象称为 EDTA 的酸效应。对于 EDTA 酸效应而言，pH 值越大，酸效应越弱，Y^{4-} 越大，MY 的稳定性越大，对滴定越有利；pH 值越小，酸效应越强，Y^{4-} 越小，MY 的稳定性越小，对滴定越不利；用酸效应系数 $\alpha_{Y(H)}$ 表示酸效应的强弱，$\lg \alpha_{Y(H)}$ 与 pH 值的对应关系见表 3.4。

表 3.4　EDTA 在不同 pH 值下的 $\lg \alpha_{Y(H)}$

pH 值	0	1	2	3	4	5	6	7	8	9	10	11	12
$\lg \alpha_{Y(H)}$	21.18	17.20	13.52	10.60	8.44	6.45	4.65	3.32	2.26	1.28	0.45	0.07	0.00

用 $\lg K_{MY} - \lg \alpha_{Y(H)}$ 可以表示酸度对反应影响后螯合物的实际稳定程度或反应的完全程度，此值不小于 8 时，可认为在该酸度下，EDTA 与金属离子反应完全。即在满足 $\lg K_{MY} - \lg \alpha_{Y(H)} \geq 8$ 时，有

$$\lg \alpha_{Y(H)} \leq \lg K_{MY} - 8$$

因此，对于不同的金属离子，可以求出与 EDTA 反应完全所需的最小 pH 值。

[例 3.6]　对于 Mg^{2+}，Ca^{2+} 和 Fe^{3+}，求所需的最大酸效应系数对数及最小 pH 值。

[解]　查表 3.3 知：$\lg K_{MgY}$，$\lg K_{CaY}$，$\lg K_{FeY}$ 分别为 8.7、10.7 和 25.1，$\lg \alpha_{Y(H)}$ 的最大值分别为 0.7、2.7 和 17.1，所允许的 pH_{min} 值分别为 10、7.5 和 1.5。

因此测定水中 Mg^{2+}, Ca^{2+} 总量时, pH 值应为 10。

实际水样中有 Fe^{3+} 存在, Fe^{3+} 与 EDTA 在 pH 值 $\geqslant 1.5$ 时能形成稳定的螯合物, 所以干扰测定, Al^{3+} 存在也同样影响, 所以加入三乙醇胺与 Fe^{3+}, Al^{3+} 反应生成螯合物掩蔽两种离子, 使之不干扰测定。

若单独测定 Ca^{2+}, 可加入 KOH 调溶液的 pH 值为 12.8, 使 Mg^{2+} 完全沉淀除去。

[例 3.7] 若溶液中有 Fe^{3+} 和 Bi^{3+} 共存, 单独测定 Bi^{3+}, Fe^{3+} 是否有干扰, 如何除去?

[解] 由于两种离子与 EDTA 形成的螯合物的稳定常数对数分别为 $\lg K_{FeY} = 25.1$ 和 $\lg K_{BiY} = 27.9$, 相差很小, 在 Bi^{3+} 允许的 $pH_{min} = 0.5$ 下用 EDTA 测定, Fe^{3+} 也有部分参与反应, 因此用抗坏血酸 VC 将 Fe^{3+} 还原为 Fe^{2+}, 而 Fe^{2+} 由于 $\lg K_{FeY}$ 的值小, 在 pH_{min} 值 $= 0.5$ 时加入 EDTA 时, Fe^{2+} 不能与 EDTA 反应, 而除去 Fe^{3+} 干扰。

对金属离子而言, 则 pH 值越大, 越易水解, M^{n+} 的浓度越低, MY 的稳定性越小, 对滴定越不利。因此, 在实际滴定控制 pH 值时, 要综合考虑这两种效应。同时, 溶液中辅助配位剂的存在, 会与金属生成其他络合物, 也影响金属离子与 EDTA 螯合物的稳定性。此外, 络合滴定用指示剂颜色也受酸碱影响, 所以金属离子测定都有一合适的 pH 值范围。

3.4.3　金属指示剂

配位滴定法使用的指示剂也是一种配位剂, 这种配位剂能与金属离子形成配合物, 在一定的 pH 值范围内, 游离态的配位剂与配位剂 – 金属配合物的颜色有明显差异, 滴定反应达到平衡时, EDTA 置换出金属指示剂, 溶液颜色可由金属 – 指示剂配合物的颜色变为游离态指示剂的颜色或者相反, 用来指示金属离子浓度的变化, 因此这种指示剂称作金属指示剂。使用时注意防止指示剂的封闭、僵化及氧化变质现象。封闭现象发生时, 金属指示剂与金属离子形成的配合物稳定性较强, 终点时, EDTA 不能置换出金属指示剂, 不呈现应有的颜色转变, 或其他干扰离子能与指示剂作用, 终点时指示剂不能游离出来, 可以通过除去干扰离子以消除封闭现象; 僵化现象发生时, 终点若隐若现, 不容易判断溶液颜色变化, 可通过加热、加有机溶剂等消除。指示剂是一种有机染料, 容易发生氧化变质现象, 要注意保存。

3.4.4　硬度测定

3.4.4.1　方法原理

水质分析中, 硬度利用 EDTA 配位滴定法来测定。一般控制 pH 值 $= 10$, 用三乙醇胺掩蔽 Fe^{3+}, Al^{3+}。

在 pH 值为 10 的氨性缓冲溶液中, 用 EDTA 溶液滴定 Ca^{2+} 和 Mg^{2+}。铬黑 T 作指示剂, 与 Ca^{2+} 和 Mg^{2+} 生成紫红色或紫色溶液。滴定中, 游离的 Ca^{2+} 和 Mg^{2+} 首先与 EDTA 反应, 与指示剂络合的 Ca^{2+}, Mg^{2+} 随后与 EDTA 反应, 到达终点 EDTA 把指示剂置换出, 此时溶液的颜色由紫色变为天蓝色。

如果在 pH 值 > 12 时, Mg^{2+} 以 $Mg(OH)_2$ 沉淀形式被掩蔽, 加钙指示剂, 用 EDTA 标准溶液滴定至溶液由红色变为蓝色, 即为终点。根据 EDTA 的浓度和用量求出钙硬度。

由于 Ca^{2+} 与铬黑 T 显色的灵敏度低, 所以当水样中 Mg^{2+} 的含量较低或单独测定 Ca^{2+} 时先加入预先配制好的 MgY^{2-} (Mg^{2+} 与 Y^{4-} 是等摩尔的)溶液, 由于 Ca^{2+} 与 Y^{4-} 的螯合能力

比 Mg^{2+} 离子强,所以发生下列转换反应,Ca^{2+} 转化为等量的 Mg^{2+}。

$$MgY^{2-} + Ca^{2+} \rightleftharpoons Mg^{2+} + CaY^{2-}$$

此时加入指示剂铬黑 T,就与溶液中 Mg^{2+} 反应生成 $MgIn^-$ 螯合物,溶液呈现紫红色,Mg^{2+} 转化为等量的 $MgIn^-$,非常敏锐。

$$Mg^{2+} + HIn^{2-} \rightleftharpoons MgIn^- + H^+$$

然后用 EDTA 标准溶液滴定,滴定反应

$$Mg^{2+} + H_2Y^{2-} \rightleftharpoons MgY^{2-} + 2H^+$$

$$Ca^{2+} + H_2Y^{2-} \rightleftharpoons CaY^{2-} + 2H^+$$

上述反应完毕,EDTA 将把 $MgIn^-$ 中的指示剂置换出去,显示指示剂的纯蓝色,而且原先加入的 MgY^{2-} 又被等量生成,完成了作用之后又得到恢复,反应式如下

$$H_2Y^{2-} + MgIn^- \rightleftharpoons MgY^{2-} + HIn^{2-} + H^+$$

方法的适用范围:本方法用于测定地下水和地表水中钙和镁的总量。不适用于含盐量高的水,如海水。方法测定的最低浓度为 $0.05\ mmol/L$。

干扰及消除:如试样含 $Fe^{3+} \leqslant 30\ mg/L$,可在临滴定前加入 $250\ mg$ 氰化钠或数毫升三乙醇胺掩蔽,氰化物使锌、铜、钴的干扰减至最小,三乙醇胺能减少铝的干扰。加氰化钠前必须保证溶液呈碱性。试样含正磷酸盐超出 $1\ mg/L$,在滴定的 pH 值条件下可使钙生成沉淀。如滴定速度太慢,或钙含量超出 $100\ mg/L$ 会析出磷酸钙沉淀。如上述干扰未能消除,或存在铝、钡、铅、锰等离子干扰时,需改用火焰原子吸收法或等离子发射光谱法测定。

3.4.4.2　仪器与试剂

$250\ mL$ 锥形瓶 2 个;$50\ mL$ 酸式滴定管 1 支;$50\ mL$ 移液管 1 支;$10\ mL$ 量筒 2 个。

缓冲溶液(pH 值为 10):称取 $1.25\ g$ EDTA 二钠镁($C_{10}H_{12}N_2O_8Na_2Mg$ 或 Na_2MgY)和 $16.9\ g$ 氯化铵(NH_4Cl)溶于 $143\ mL$ 浓氨水中,用水稀释至 $250\ mL$。如无 EDTA 二钠镁,可先将 $16.9\ g$ 氯化铵溶于 $143\ mL$ 氨水中。另取 $0.78\ g$ 硫酸镁($MgSO_4 \cdot 7H_2O$)和 $1.179\ g$ EDTA 二钠二水合物($C_{10}H_{14}N_2O_8Na_2 \cdot 2H_2O$ 或 $Na_2H_2Y \cdot 2H_2O$)溶于 $50\ mL$ 水,加入 $2\ mL$ 配好的氯化铵、氨水溶液和 $0.2\ g$ 左右铬黑 T 指示剂干粉。此时溶液应显紫红色,如出现天蓝色,应再加入极少量硫酸镁使之变为紫红色。逐滴加入 EDTA 二钠溶液直至溶液由紫红转变为天蓝色为止。将两溶液合并,加蒸馏水定容至 $250\ mL$。如果合并后,溶液又转为紫色,在计算结果时应减去试剂空白。

$10\ mmol/L$ 钙标准溶液:将一份碳酸钙($CaCO_3$)在 $150\ ℃$ 条件下干燥 $2\ h$,取出放在干燥器中冷至室温,称取 $1.000\ g$ $CaCO_3$ 于 $50\ mL$ 锥形瓶中,用水润湿。逐滴加入 $4\ mol/L$ 盐酸至碳酸钙全部溶解,避免滴入过量酸。加 $200\ mL$ 水,煮沸数分钟赶除二氧化碳,冷至室温,加入数滴甲基红指示剂溶液($0.1\ g$ 溶于 $100\ mL$ 60% 乙醇),逐滴加入 $3\ mol/L$ 氨水至变为橙色,在容量瓶中定容至 $1\ 000\ mL$。此溶液 $1.00\ mL$ 含 $0.400\ 8\ mg$ 钙。

$10\ mmol/L$ EDTA 二钠标准溶液($M = 372.2\ g/mol$):将一份 EDTA 二钠二水合物在 $80\ ℃$ 条件下干燥 $2\ h$ 后,放入干燥器中冷却至室温,称取 $3.725\ g$ 溶于水,在容量瓶中定容至 $1\ 000\ mL$,盛放在聚乙烯瓶中,定期校对其浓度。标定:取 $20.00\ mL$ 钙标准溶液稀释至 $50\ mL$ 后滴定和测定步骤一样进行。

铬黑 T 指示剂:将 $0.5\ g$ 铬黑 T 溶于 $100\ mL$ 三乙醇胺($N(CH_2CH_2OH)_3$),可最多用 $25\ mL$

乙醇代替三乙醇胺以减少溶液的黏性,稀释至 100 mL,盛放在棕色瓶中。或者配成铬黑 T 干粉,称取 0.1 g 铬黑 T 与 10 g 氯化钠充分混合,研磨后通过 40～50 目筛,盛放在棕色瓶中,塞紧。

2 mol/L 氢氧化钠溶液:将 8 g 氢氧化钠溶于 100 mL 新鲜蒸馏水中。盛放在聚乙烯瓶中,避免空气中二氧化碳的污染。

氰化钠:氰化钠是剧毒品,取用和处置时必须十分谨慎小心,采取必要的防护措施。含氰化钠的溶液不可酸化。

3.4.4.3　步骤

1.试样的制备

一般样品不需预处理。可样品中存在大量微小颗粒物,需在采样后尽快经 0.45 μm 孔径滤膜过滤。样品经过滤,可能有少量钙和镁被滤除。

试样中钙和镁总量超出 3.6 mmol/L 时,应稀释至低于此浓度,记录稀释因子 F。

如试样经过酸化保存,可用计算量的氢氧化钠溶液中和。计算结果时,应把样品或试样由于加酸或碱的稀释考虑在内。

2.测定

用移液管吸取 50.0 mL 试样于 250 mL 锥形瓶中,加 4 mL 缓冲溶液和 3 滴铬黑 T 指示剂溶液或约 50～100 mg 指示剂干粉,此时溶液应呈紫红或紫色,其 pH 值应为 10.0±0.1。

为防止产生沉淀,应立即在不断振摇下,自滴定管加入 EDTA 二钠溶液,开始滴定时速度宜稍快,接近终点时应稍慢,并充分振摇,最好每滴间隔 2～3 s,溶液的颜色由紫红或紫色逐渐变为蓝色,在最后一点紫色调消失,刚出现天蓝色时即为终点,整个滴定过程应在 5 min 内完成。

在临滴定前加入 250 mg 氰化钠或 1 mL 三乙醇胺掩蔽 Fe^{3+}、Al^{3+},使干扰减至最小。加氰化物前必须保证溶液呈碱性。

3.计算

钙和镁总量 c(mmol/L)用下式计算

$$c = \frac{c_1 V_1}{V_0}$$

式中　c_1——EDTA 二钠溶液浓度,mmol/L;

　　　V_1——滴定中消耗 EDTA 二钠溶液的体积, mL;

　　　V_0——水样体积, mL。

如试样经过稀释,采用稀释因子 F 修正计算。

1 mmol/L 的钙镁总量相当于 100.1 mg/L 以 $CaCO_3$ 表示的硬度,可以换算为 mg/L。

3.5　氧化还原滴定法

3.5.1　氧化还原反应与电极电位

以氧化还原反应为基础的滴定分析法称为氧化还原滴定法,主要用于测定氧化性、还原性物质以及能与氧化还原性物质发生反应的物质的含量。

在水质分析中用氧化还原滴定法测定的指标有 COD_{Mn}、COD_{Cr}、溶解氧、BOD、余氯等。按照氧化剂的不同分为高锰酸钾法、重铬酸钾法、碘量法等。

由原电池知识,当两极电位差有一定值时,原电池可以使用,发生电池反应,此反应为氧化还原反应类型,氧化还原反应和电极电位有关。一般锌电极电位较低,主要由于锌容易失去电子,还原性强,所以氧化还原性的强弱与电极电位有关。如氧化还原反应

$$2Fe^{3+} + Sn^{2+} \Longrightarrow 2Fe^{2+} + Sn^{4+}$$

反应由两个半反应组成,半反应式为

$$Fe^{3+} + e \Longrightarrow Fe^{2+}$$

$$Sn^{2+} - 2e \Longrightarrow Sn^{4+}$$

为了利用电极电位判断氧化还原反应的方向,把两个半反应写成统一的电极反应形式

$$Fe^{3+} + e \Longrightarrow Fe^{2+}$$

$$Sn^{4+} + 2e \Longrightarrow Sn^{2+}$$

电极反应的左侧是氧化型,右侧是还原型。同一元素的高价态与低价态之比称氧化还原电对,一个氧化还原反应含有两个电对,有各自对应的电极电位。上述氧化还原反应的发生是由于标准电极电位 $\varphi^0(Fe^{3+}/Fe^{2+}) = 0.771\ V > \varphi^0(Sn^{4+}/Sn^{2+}) = 0.15\ V$,$Fe^{3+}$ 的氧化性强,Sn^{2+} 的还原性强的缘故。

电对的电位越低,还原型还原性越强,电对的电位越高,其氧化型氧化性越强,氧化还原反应发生在强氧化剂和强还原剂之间。

又如,$\varphi^0(I_2/I^-) = 0.535\ V < \varphi^0(Fe^{3+}/Fe^{2+}) = 0.771\ V$,因此,还原型 I^- 与 Fe^{2+} 比较,I^- 的还原性强,氧化型 I_2 与 Fe^{3+} 比较,Fe^{3+} 的氧化性强,发生如下反应

$$2Fe^{3+} + 2I^- \Longrightarrow 2Fe^{2+} + I_2$$

上述反应是根据标准电极电位值的大小进行氧化还原反应方向判断的。标准电极电位是在 25 ℃、有关离子浓度为 1 mol/L 时电极与标准氢电极所组成的原电池的电动势。这是在特定条件下测得的。但实际上,一定温度下,当溶液中有大量电解质离子存在、酸度改变、与氧化型或还原型生成沉淀、络合物的物质的存在等都会对电位产生影响,一定条件下,在氧化型和还原型离子浓度均为 1 mol/L 时,实际测定的电极电位为条件电极电位。任意浓度条件下的电位用能斯特方程来表示

$$\varphi = \varphi^{0'} + \frac{RT}{nF}\ \lg\frac{c_{Ox}}{c_{Red}} \tag{3.1}$$

式中　　φ——指定浓度下的电极电位,V;

　　　　$\varphi^{0'}$——条件电极电位,V;

　　　　R——气体常数,$R = 8.314\ J/(mol \cdot K)$;

　　　　T——绝对温度,K;

　　　　n——半反应中电子转移数;

　　　　F——法拉第常数,$F = 96\ 487\ C/mol$;

　　　　c_{Ox},c_{Red}——分别是氧化型和还原型的浓度。

当温度为 25 ℃时,能斯特方程式可写为

$$\varphi = \varphi^0 + \frac{0.059}{n} \lg \frac{c_{Ox}}{c_{Red}}$$

当反应条件改变,氧化型和还原型浓度改变时,电极电位会升高或降低,从而影响其氧化还原性,甚至改变反应方向。

氧化还原反应的平衡常数也与电极电位有关,一般两电对的电位差越大,平衡常数越大。在氧化还原反应中有时通过加热、增大反应物的浓度或加入催化剂等加快反应速度。

氧化还原法用指示剂分为三种类型,主要为氧化还原指示剂,这种指示剂自身具有氧化性或还原性,在化学计量点时与过量还原剂或氧化剂作用,由氧化型(还原型)变为还原型(氧化型),氧化型与还原型结构、颜色不同,因而可以指示终点。另外,还有自身指示剂,如高锰酸钾利用自身的颜色指示,称为自身指示剂。淀粉遇碘变为蓝色,也可以作为氧化还原法的指示剂。在氧化还原滴定中,化学计量点前后也能形成滴定突跃,所选择的氧化还原型指示剂变色点或变色范围在滴定曲线的突跃范围内。

3.5.2　高锰酸钾法的耗氧量测定

3.5.2.1　方法原理

高锰酸钾是一种强氧化剂,电对 MnO_4^-/Mn^{2+} 的半反应式为

$$MnO_4^- + 8H^+ + 5e \rightleftharpoons Mn^{2+} + 4H_2O$$

标准电极电位 $\varphi^0(MnO_4^-/Mn^{2+}) = 1.51$ V

用高锰酸钾可以直接滴定 NO_2^-,$C_2O_4^{2-}$,H_2O_2,Fe^{2+} 以及其他具有还原性的物质(包括很多有机化合物),还可以间接测定能与 $C_2O_4^{2-}$ 定量沉淀为草酸盐的金属离子(如 Ca^{2+}、稀土离子等),在水质分析中常用来测定耗氧量,也称为高锰酸盐指数。高锰酸盐指数是指在酸性或碱性介质中,以高锰酸钾为氧化剂,处理水样时所消耗的高锰酸钾的量,以氧的毫克数来表示(O_2mg/L)。水中的亚硝酸盐、亚铁盐、硫化物等还原性无机物和在此条件下可被氧化的有机物,均可消耗高锰酸钾。因此,高锰酸盐指数常被作为地表水体受有机污染和还原性无机物污染程度的综合指标。

测定时,将待测水样在酸性条件下,加入一定量过量的 $KMnO_4$ 标准溶液,并在沸水浴中加热反应一定时间,剩余的 $KMnO_4$ 加入过量的 $Na_2C_2O_4$ 标准溶液而被还原,此反应需在 $70 \sim 80$ ℃条件下进行,而且为自催化反应(产物 Mn^{2+} 对反应有催化作用),多余的 $Na_2C_2O_4$ 再滴加 $KMnO_4$ 标准溶液至粉红色出现,强氧化剂高锰酸钾和还原剂草酸钠之间的离子反应

$$2MnO_4^- + 5C_2O_4^{2-} + 16H^+ \rightarrow 2Mn^{2+} + 10CO_2 + 8H_2O$$

高锰酸盐指数,亦被称为化学需氧量的高锰酸钾法,用 COD_{Mn} 表示。由于在规定条件下,水中有机物只能部分被氧化,并不是理论上的需氧量,也不是反映水体中总有机物含量的尺度。因此,用高锰酸盐指数这一术语作为水质的一项指标,以有别于重铬酸钾法的化学需氧量(应用于工业废水),更符合客观实际。

为了避免 $Cr(VI)$ 的二次污染,日本、德国等也用高锰酸盐作为氧化剂测定废水中的化学需氧量,但其相应的排放标准也偏于严格。

3.5.2.2　仪器和试剂

电热恒温水浴锅(可调至100 ℃);250 mL 锥形瓶;滴定管;定时钟。

高锰酸钾贮备液:称取 3.2 g 高锰酸钾溶于 1.2 L 水中,加热煮沸,使体积减少到约 1 L,在暗处放置过夜,用 G-3 玻璃砂芯漏斗过滤后,滤液贮于棕色瓶中保存。

高锰酸钾使用液 $c_1(1/5\ KMnO_4)=0.01$ mol/L:吸取一定量的上述高锰酸钾溶液,用水稀释至 1 000 mL,贮于棕色瓶中。使用当天应进行标定。

(1+3)硫酸:配制时趁热滴加高锰酸钾溶液至呈微红色。

草酸钠标准贮备液:称取 0.670 5 g 在 105~110 ℃条件下烘干 1 h 并冷却的优级纯草酸钠溶于水,移入 100 mL 容量瓶中,用水稀释至标线。

草酸钠标准使用液 $c_2(1/2\ Na_2C_2O_4)=0.010\ 0$ mol/L:吸取 10.00 mL 上述草酸钠溶液移入 100 mL 容量瓶中,用水稀释至标线。

3.5.2.3　测定步骤及结果计算

现场采集水样后,应加入硫酸使 pH 值调至小于 2 以抑制微生物活动。样品应尽快分析,并在 48 h 内测定。分取 100 mL 混匀水样于 250 mL 锥形瓶中,加入 5 mL(1+3)硫酸,混匀。加入 10.00 mL 0.01 mol/L 高锰酸钾溶液,摇匀,立即放入沸水浴中加热 30 min(从水浴重新沸腾起计时)。沸水浴液面要高于反应溶液的液面,使水中的有机污染物及一些无机性还原物质与高锰酸在酸性溶液中反应完全。取下锥形瓶,趁热加入 10.00 mL 0.0100 mol/L 过量的草酸钠标准溶液与剩余的高锰酸钾摇匀、反应,再立即用 0.01 mol/L 高锰酸钾溶液回滴过量的草酸钠,至显微红色,记录高锰酸钾溶液消耗量。

高锰酸钾溶液浓度的标定:将上述已滴定完毕的溶液加热至 70 ℃,准确加入 10 mL 草酸钠标准溶液,再用 $c_1(1/5\ KMnO_4)=0.01$ mol/L 的 $KMnO_4$ 溶液滴定至显微红色。记录高锰酸钾溶液的消耗量,按下式求草酸钠与高锰酸钾溶液的体积比 K 为

$$K=\frac{10.00}{V}$$

式中　V——高锰酸钾溶液消耗量, mL。

结果计算:设加入高锰酸钾标准溶液的浓度和体积分别为 c_1, V_1,加入草酸标准溶液的浓度和体积分别为 c_2, V_2,滴定时消耗高锰酸钾标准溶液的体积为 V'_1,一般取 V_1, V_2 均为 10 mL,水样为 100 mL,草酸钠与高锰酸钾的体积比为 K,则高锰酸盐指数

$$COD_{Mn}(O_2)/(mg\cdot L^{-1})=\frac{c_1(V_1+V'_1)-c_2V_2}{V_水}\times 8\times 1\ 000=\frac{[(10+V'_1)K-10]\times c_2}{100}\times 8\times 1\ 000$$

若高锰酸盐指数高于 10 mg/L,则酌情少取,分取水样量($V_分$)并用水稀释至 100 mL,并应同时另取 100 mL 水,同水样操作步骤进行空白试验。

$$COD_{Mn}(O_2)/(mg\cdot L^{-1})=\frac{\{[(10+V'_1)K-10]-[(10+V_0)K-10]K_1\}c_2}{V_分}\times 8\times 1\ 000$$

式中　V_0——空白试验中高锰酸钾溶液消耗量, mL;

　　　　$V_分$——分取水样量, mL;

　　　　K_1——稀释的水样中含水的比值,例如:10.00 mL 水样,加 90 mL 水稀释至 100 mL,
　　　　　　　则 $K_1=0.90$。

3.5.2.4　注意事项

①高锰酸钾用草酸钠标定时需保持在 60~80 ℃,此反应速度与温度有关,一般测定后

趁热进行标定,保证温度在 70～80 ℃之间,反应速度快,否则不易反应。反应生成的产物为 Mn^{2+},有自催化作用,在没有生成时反应慢,滴入的高锰酸钾颜色不褪,但随着 Mn^{2+} 的生成,反应速度越来越快。

②若水样耗氧量大,加入高锰酸钾在水浴中加热完毕后,溶液的颜色变浅或全部褪去,高锰酸钾的用量不够。此时,应将水样稀释倍数加大后再测定,使加热后残留的高锰酸钾为其加入量的 1/2～1/3 为宜。

③本法使用自身指示剂,用 $KMnO_4$ 作标准溶液时,由于 MnO_4^- 本身呈深紫色。在酸性溶液中还原为几乎是无色的 Mn^{2+},滴定到化学计量点后,稍过量的 MnO_4^- 就可使溶液呈粉红色,指示滴定终点。这种作为标准溶液同时又能起指示剂作用的物质称为自身指示剂。

3.5.3　重铬酸钾法的 COD_{Cr} 测定

3.5.3.1　重铬酸钾法与 COD_{Cr}

重铬酸钾是一种常用的氧化剂,能氧化分解有机物的种类多,氧化率高,可将有机物氧化 80%～100%,在酸性溶液中被有机物还原为 Cr^{3+},氧化还原电对 $Cr_2O_7^{2-}/Cr^{3+}$,半反应式为

$$Cr_2O_7^{2-} + 14H^+ + 6e \Longrightarrow 2Cr^{3+} + 7H_2O$$

标准电极电位 $\varphi^0(Cr_2O_7^{2-}/Cr^{3+}) = 1.33\ V$

化学需氧量(COD_{Cr})是指在强酸并加热条件下,用重铬酸钾作为氧化剂处理水样时所消耗氧化剂的量,以氧的毫克数来表示($O_2\ mg/L$)。化学需氧量反映了水中受还原性物质污染的程度,水中还原性物质包括有机物、亚硝酸盐、亚铁盐和硫化物等。水被有机物污染如今非常普遍,废水中有机物的含量远多于无机还原性物质的量,COD_{Cr} 主要反映有机物含量,在水质分析中 COD_{Cr} 测定常使用重铬酸钾法。

酸性重铬酸钾氧化性很强,可氧化大部分有机物,加入硫酸银作催化剂,直链脂肪族化合物可完全被氧化,挥发性直链脂肪族化合物、苯等有机物存在于蒸气相,不能与氧化剂接触,氧化不明显,而芳香族及一些杂环化合物则不能被氧化,因此化学需氧量不能反映多环芳烃、PCB、二噁英和吡啶等的污染状况。

化学需氧量主要反映水体受有机物污染的程度,是有机物相对含量的指标之一,适用于受污染水体的测定,是我国实施排放总量控制的指标之一,也是城镇污水处理厂污水处理各阶段的主要控制指标。

化学需氧量测定还有其他几种不同的方式,如库仑滴定法、快速密闭催化消解法、节能加热法和氯气校正法等,其中 GB 11914—89 重铬酸钾法为国家标准分析方法。国外也有用高锰酸钾、臭氧、羟基作氧化剂的方法体系。如果使用,必须与重铬酸钾法作对照试验,做出相关系数,以重铬酸钾法上报监测数据。

3.5.3.2　COD_{Cr} 测定方法原理

COD_{Cr} 测定时,利用一定量的重铬酸钾在强酸性溶液中的强氧化性首先氧化水样中还原性被测物质,剩余的重铬酸钾以试亚铁灵作指示剂用硫酸亚铁铵标准溶液返滴定使两者按计量化学反应结束,最后根据标准溶液的浓度和消耗的体积计算被测物质的含量。重铬酸钾和硫酸亚铁铵溶液反应式

$$Cr_2O_7^{2-} + 6Fe^{2+} + 14H^+ \rightarrow 2Cr^{3+} + 6Fe^{3+} + 7H_2O$$

水样的化学需氧量,由于加入氧化剂的种类及浓度、反应溶液的酸度、反应温度和时间、催化剂的有无而获得不同的结果。因此,化学需氧量亦是一个条件性指标,必须严格按操作步骤进行。

3.5.3.3　仪器和试剂

回流装置:带 250 mL 锥形瓶的全玻璃回流装置(如取样量在 30 mL 以上,采用 500 mL 锥形瓶);变阻电炉加热;50 mL 酸式滴定管。

重铬酸钾标准溶液 $c(1/6\ K_2Cr_2O_7) = 0.250\ 0$ mol/L:称取预先在 120 ℃条件下烘干 2 h 的基准或优级纯重铬酸钾 12.258 g 溶于水中,移入 1 000 mL 容量瓶,稀释至标线,摇匀。

试亚铁灵指示剂:称取 1.458 g 邻菲罗啉($C_{12}H_8N_2 \cdot H_2O$, 1,10 – phenanthroline),0.695 g 硫酸亚铁($FeSO_4 \cdot 7\ H_2O$)溶于水中,稀释至 100 mL,贮于棕色瓶内。

硫酸亚铁铵标准溶液 $c((NH_4)_2Fe(SO_4)_2 \cdot 6H_2O) \approx 0.1$ mol/L:称取 39.5 g 硫酸亚铁铵溶于水中,边搅拌边缓慢加入 20 mL 浓硫酸,冷却后移入 1 000 mL 容量瓶中,加水稀释至标线,摇匀。由于 Fe^{2+} 溶液在空气中不能稳定存在,所以临用前,用重铬酸钾标准溶液标定。标定方法:准确吸取 10.00 mL 重铬酸钾标准溶液于 500 mL 锥形瓶中,加水稀释至 110 mL 左右,缓慢加入 30 mL 浓硫酸,混匀。冷却后,加入 3 滴试亚铁灵指示液,用硫酸亚铁铵溶液滴定,溶液的颜色由黄色经蓝绿色至红褐色即为终点。

$$c([(NH_4)_2Fe(SO_4)_2]) = \frac{0.250\ 0 \times 10.00}{V}$$

式中　c——硫酸亚铁铵标准溶液的浓度,mol/L;

　　　V——硫酸亚铁铵标准溶液滴定的用量,mL。

硫酸 – 硫酸银溶液:于 2 500 mL 浓硫酸中加入 25 g 硫酸银,放置 1～2 d,不时摇动使其溶解(如无 2 500 mL 容器,可在 500 mL 浓硫酸中加入 5 g 硫酸银)。硫酸汞:结晶或粉末。

3.5.3.4　测定步骤及结果计算

水样的保存:水样采集后,应加入硫酸将 pH 值调至小于 2,以抑制微生物活动。样品应尽快分析,必要时应在 4 ℃条件下冷藏保存,并在 48 h 内测定。

取 20.00 mL 混合均匀的水样(或适量水样稀释至 20.00 mL)置 250 mL 磨口的回流锥形瓶中,准确加入 10.00 mL 重铬酸钾标准溶液及数粒洗净的玻璃珠或沸石,连接磨口回流冷凝管,从冷凝管上口慢慢地加入 30 mL 硫酸 – 硫酸银溶液,轻轻摇动锥形瓶使溶液混匀,加热回流 2 h(自开始沸腾时计时)。

冷却后,用 90 mL 水从上部慢慢冲洗冷凝管壁进行稀释,取下锥形瓶。溶液总体积不得少于 140 mL。

溶液再度冷却后,加 3 滴试亚铁灵指示液,用硫酸亚铁铵标准溶液滴定,溶液的颜色由黄色经蓝绿色至红褐色即为终点,记录硫酸亚铁铵标准溶液的用量。

测定水样的同时,以 20.00 mL 重蒸馏水,按同样操作步骤作空白试验。记录滴定时硫酸亚铁铵标准溶液的用量。

结果计算

$$COD_{Cr}(O_2)/(mg \cdot L^{-1}) = \frac{c(V_0 - V_1)}{V_{水}} \times 8 \times 1\ 000$$

式中　　c——硫酸亚铁铵标准溶液的浓度,mol/L;

　　　　V_0——滴定空白时硫酸亚铁铵标准溶液的用量,mL;

　　　　V_1——滴定水样时硫酸亚铁铵标准溶液的用量,mL;

　　　　$V_水$——水样的体积,mL;

　　　　8——1/2 氧(O)摩尔质量,g/mol。

3.5.3.5　注意事项

①$K_2Cr_2O_7$ 与还原性物质的反应需要加热、使用催化剂和密闭的回流装置,利用密闭的加热回流催化装置,使水样中有机物在强酸性溶液中被重铬酸钾氧化完全。加热回流后的溶液应为黄色,是重铬酸钾的颜色。水样加热回流后,溶液中重铬酸钾剩余量应是加入量的 1/5 ~ 4/5,以保证水样中有机物在强酸性溶液中被 $K_2Cr_2O_7$ 氧化完全。回流冷凝管不能用软质乳胶管,否则容易老化、变形、冷却水不通畅。用手摸冷却水时不能有温感,否则测定结果偏低。滴定时不能剧烈摇动锥形瓶,瓶内试液不能溅出水花,否则影响结果。

②对于化学需氧量高的废水样,可先取上述操作所需体积 1/10 的废水样和试剂,于 15 mm×150 mm 的硬质玻璃试管中,摇匀,加热后观察是否变成绿色。如溶液显绿色,再适当减少废水取样量,直到溶液不变绿色为止,从而确定废水样分析时应取用的体积。稀释时,所取废水样量不得少于 5 mL,如果化学需氧量很高,则废水样应多次逐级稀释。

③反应后需用蒸馏水稀释,否则酸性太强,指示剂失去作用。另外,产物 Cr^{3+} 绿色太深,影响终点颜色的正确判断。

④试亚铁灵为氧化还原型指示剂,在重铬酸钾溶液中呈氧化态,显淡蓝色,在过量的重铬酸钾溶液中观察不到,滴定操作前溶液颜色为黄色,当硫酸亚铁铵与过量的重铬酸钾反应完成时,稍加过量的硫酸亚铁铵将试亚铁灵还原为还原态(红色),重铬酸钾颜色消失,溶液由黄色转变为红色,借此可判断滴定终点的到达。

⑤重铬酸钾符合基准物质应具备的条件,所以可以直接配制。

⑥水样取用体积可在 10.00 ~ 50.00 mL 范围内,但试剂用量及浓度需按表 3.5 进行相应调整,也可得到满意的结果。

表 3.5　水样取用量和试剂用量

水样体积/mL	$K_2Cr_2O_7$ 溶液/mL	$H_2SO_4 - Ag_2SO_4$ 溶液/mL	$HgSO_4$/g	$(NH_4)_2 Fe(SO_4)_2$/(mol·L⁻¹)	滴定前/mL
10.00	5.00	15	0.2	0.050	70
20.00	10.00	30	0.4	0.100	140
30.00	15.00	45	0.6	0.150	210
40.00	20.00	60	0.8	0.200	280
50.00	25.00	75	1.0	0.250	350

⑦用 0.25 mol/L 浓度的重铬酸钾可测定大于 50 mg/L 的 COD 值,未经稀释水样的测定上限是 700 mg/L,用 0.025 mol/L 浓度的重铬酸钾溶液可测定 5 ~ 50 mg/L 的 COD 值,回滴时用 0.01 mol/L 硫酸亚铁铵标准溶液,但精确度较差。

⑧氯离子能被重铬酸盐氧化,并且能与硫酸银作用产生沉淀,影响测定结果,故在加热

前向水样中加入硫酸汞,使其成为络合物以消除干扰。废水中 Cl⁻ 含量超过 30 mL/L 时,应先把 0.4 g 硫酸汞加入回流锥形瓶中,再加 20.00 mL 废水(或适量废水稀释至 20.00 mL),摇匀。若出现少量氯化汞沉淀,并不影响测定。Cl⁻ 含量高于 1 000 mg/L 的样品应先作定量稀释,使含量降低至 1 000 mg/L 以下再测定。

⑨六个实验室分析 COD 为 150 mg/L 的邻苯二甲酸氢钾标准溶液,实验室内相对标准偏差为 4.3%;实验室间相对标准偏差为 5.3%。可用标准 COD 溶液来检查精密度。做空白试验,可校正试剂中还原性物质的量,减小误差。另外,每次实验时,应对硫酸亚铁铵标准溶液进行标定,硫酸亚铁铵标准溶液标定方法亦可采用如下简便操作:于空白试验滴定结束后的溶液中,准确加入 10 mL 0.250 0 mol/L 的重铬酸钾溶液,摇匀,然后用硫酸亚铁铵标准溶液进行标定。室温较高时尤其应注意其浓度的变化。

⑩500 mg/L COD 标准溶液的配制方法:用邻苯二甲酸氢钾或其他标准溶液检查试剂的质量和操作技术时,由于邻苯二甲酸氢钾与氧作用时两者之间的质量比为 1:1.176,根据 COD 的概念,用氧的质量表示 COD 时,1 g 邻苯二甲酸氢钾相当于 COD 为 1.176 g,若配制 COD 为 500 mg/L 需称取邻苯二甲酸氢钾 0.425 1 g($HOOCC_6H_4COOK$)于重蒸馏水中,转入 1 000 mL 容量瓶,用重蒸馏水稀释至标线,用时新配。

3.5.4　碘量法测定溶解氧和消毒剂指标的碘量法测定

3.5.4.1　碘量法测定溶解氧

1.碘量法测定溶解氧原理

碘量法是利用 I_2 的氧化性和 I^- 的还原性来进行测定的方法。I_2 是弱氧化剂,只能滴定较强的还原剂;I^- 是中等强度的还原剂,可以间接测定多种氧化剂。电对 I_2/I^- 半反应式为

$$I_2 + 2e \rightleftharpoons 2I^-$$

标准电极电位 $\varphi^0(I_2/I^-) = 0.535$ V,测定余氯时,余氯可将 I^- 氧化为 I_2,再用 $Na_2S_2O_3$ 标准溶液滴定生成的 I_2。溶解氧的测定使用碘量法。

溶解氧是指溶解于水中分子状态的氧,以 DO 表示。溶解氧的一个来源是大气中的氧气向水体渗入,另一个来源是水中植物通过光合作用释放出的氧。溶解氧随着温度、气压、盐分的变化而变化。溶解氧除可以氧化一些无机还原性离子,也用于好氧微生物呼吸作用分解有机物,所以说溶解氧可以表示水体的自净能力。天然水中溶解氧近于饱和(9 mg/L),藻类繁殖旺盛时,溶解氧呈过饱和。当水体受有机物污染可使溶解氧降低,当 DO 小于 4 mg/L 时,鱼类生活困难。当 DO 消耗速率大于氧气向水体中溶入速率时,DO 可趋近于 0,厌氧菌得以繁殖使水体恶化。

溶解氧常采用碘量法及其修正法、膜电极法和现场快速溶解氧仪法。清洁水可直接采用碘量法测定。水样中亚硝酸盐氮含量高于 0.05 mg/L,Fe^{2+} 低于 1 mg/L 时,采用叠氮化钠修正的碘量法,此法适用于多数污水及生化处理水;水样中 Fe^{2+} 高于 1 mg/L,采用高锰酸钾修正法;水样有色或有悬浮物,采用明矾絮凝修正法;含有活性污泥悬浊物的水样,采用硫酸铜 – 氨基磺酸絮凝修正法。

碘量法测定 DO 时,水样中加入硫酸锰和碱性碘化钾,水中溶解氧将低价锰氧化成高价锰,生成四价锰的氢氧化物棕色沉淀。加酸后,氢氧化物沉淀溶解并与碘离子反应释放出游

离碘。以淀粉作指示剂,用硫代硫酸钠滴定释放出的碘,可计算溶解氧的含量。其反应方程式为

$$MnSO_4 + 2NaOH \rightarrow Na_2SO_4 + Mn(OH)_2 \downarrow$$

$$2Mn(OH)_2 + O_2 \rightarrow 2MnO(OH)_2 \downarrow$$

$$MnO(OH)_2 + 4H^+ + 2I^- \rightarrow Mn^{2+} + I_2 + 3H_2O$$

$$2S_2O_3^{2-} + I_2 \rightarrow S_4O_6^{2-} + 2I^-$$

叠氮化钠修正法:用 $Na_2S_2O_3$ 滴定水样时,如到达终点后溶液蓝色在 30 s 内没有返回,这是正常现象;如到终点立即返回,说明水中可能含有亚硝酸盐氧化 I^- 使之又变为 I_2。

$$2I^- + 2NO_2^- + 4H^+ \rightarrow 2H_2O + 2NO + I_2$$

这时可用叠氮化钠来消除 NO_2^- 的干扰

$$2NaN_3 + H_2SO_4 \rightarrow 2HN_3 + Na_2SO_4$$

$$HNO_2 + HN_3 \rightarrow H_2O + N_2 + N_2O$$

高锰酸钾修正法:若水样中 Fe^{2+} 高于 1 mg/L,采用过量高锰酸钾在酸性条件下氧化 Fe^{2+} 后,溶液显紫色,再用草酸钾还原剩余的高锰酸钾至紫色消失,转化的 Fe^{3+} 与氟化钾反应生成络离子除去。其反应式为

$$5Fe^{2+} + MnO_4^- + 8H^+ \rightarrow 5Fe^{3+} + Mn^{2+} + 4H_2O$$

$$5C_2O_4^{2-} + 2MnO_4^- + 16H^+ \rightarrow 10CO_2 + 2Mn^{2+} + 8H_2O$$

$$Fe^{3+} + 6F^- \rightarrow [FeF_6]^{3-}$$

明矾絮凝修正法:水样有色或有悬浮物,利用硫酸铝钾水解产生的氢氧化铝吸附作用,去除干扰。

硫酸铜 – 氨基磺酸絮凝修正法:含有活性污泥悬浊物的水样,采用絮凝沉淀后,取上清液测定法。

2.仪器和试剂

溶解氧瓶:250 mL 到 300 mL 之间,带有磨口玻璃塞并具有供水封用的钟形口;250 mL 锥形瓶;滴定管。

硫酸锰溶液:称取 480 g $MnSO_4 \cdot 4H_2O$ 或 364 g $MnSO_4 \cdot H_2O$ 溶于水,用水稀释至 1 000 mL。此溶液加至酸化过的碘化钾溶液中,遇淀粉不得产生蓝色。

碱性碘化钾溶液:称取 500 g 氢氧化钠溶解于 300 ~ 400 mL 水中,另称取 150 g 碘化钾(或 135 g 碘化钠)溶于 200 mL 水中,待氢氧化钠溶液冷却后,将两溶液合并,混匀,用水稀释至 1 000 mL。如有沉淀,则放置过夜后,倾出上清液,贮于棕色瓶中。用橡皮塞塞紧,避光保存。此溶液酸化后,遇淀粉不应呈蓝色。

1% 淀粉溶液:称取 1 g 可溶性淀粉,用少量水调成糊状,再用刚刚煮沸的水冲稀至 100 mL。冷却后,加入 0.1 g 水杨酸或 0.4 g 氯化锌防腐。

重铬酸钾标准溶液 $c(1/6\ K_2Cr_2O_7)0.025\ 0$ mol/L:称取于 105 ~ 110 ℃ 条件下烘干 2 h 并冷却的优级纯重铬酸钾 1.225 8 g,溶于水,移入 1 000 mL 容量瓶中,用水稀释至标线,摇匀。

硫代硫酸钠溶液:称取 3.2 g 硫代硫酸钠($Na_2S_2O_3 \cdot 5H_2O$)溶于煮沸放冷的水中,加入 0.2 g 碳酸钠,用水稀释至 1 000 mL,贮于棕色瓶中,使用前用 0.025 0 mol/L 重铬酸钾标准溶液标定。标定方法如下:于 250 mL 碘量瓶中,加入 100 mL 水和 1 g 碘化钾,加入 10.00 mL

0.025 mol/L重铬酸钾标准溶液、5 mL(1 + 5)硫酸溶液,密塞,摇匀。于暗处静置 5 min 后,用硫代硫酸钠溶液滴定至溶液呈淡黄色,加入 1 mL 淀粉溶液,继续滴定至蓝色刚好褪去为止,记录用量。

$$c(Na_2S_2O_3) = \frac{10.00 \times 0.025\ 0}{V}$$

式中　c——硫代硫酸钠溶液的浓度,mol/L;

　　　V——滴定时消耗硫代硫酸钠溶液的体积, mL。

碱性碘化钾 – 叠氮化钠溶液:溶解 500 g 氢氧化钠于 300 ~ 400 mL 水中;溶解 150 g 碘化钾(或 135 g 碘化钠)于 200 mL 水中;溶解 10 g 叠氮化钠于 40 mL 水中。待氢氧化钠溶液冷却后,将上述三种溶液混合,加水稀释至 1 000 mL,贮于棕色瓶中。用橡皮塞塞紧,避光保存。

40%氟化钾溶液:称取 40 g 氟化钾(KF·2H_2O)溶于水中,用水稀释至 100 mL,贮于聚乙烯瓶中。

0.63%高锰酸钾溶液:称取 6.3 g 高锰酸钾溶于水并稀释至 1 000 mL,贮于棕色瓶中,1 mL此溶液能氧化 1 mg Fe^{2+}。

2%草酸钾溶液:称取 2 g 草酸钾(K_2C_2O_4·H_2O)或 1.46 g Na_2C_2O_4 溶于水并稀释至100 mL。1 mL 此溶液可还原大约 1.1 mL 高锰酸钾溶液。

10%硫酸铝钾溶液:称取 10 g 硫酸铝钾(AlK(SO_4)_2·12H_2O)溶于水中并稀释至 100 mL。

浓氨水。

硫酸铜 – 氨基磺酸抑制剂:溶解 32 g 氨基磺酸(NH_2SO_2OH)于 475 mL 水中;溶解 50 g 硫酸铜(CuSO_4·5H_2O)于 500 mL 水中,将两液混合,并加入 25 mL 冰乙酸,混匀。

3.测定步骤及结果计算

碘量法溶解氧测定步骤:用滴管插入溶解氧瓶的液面下,加入 1 mL 硫酸锰溶液、2 mL碱性碘化钾溶液,盖好瓶塞,颠倒混合数次,静置。待棕色沉淀物降至瓶内一半时,再颠倒混合一次,待沉淀物下降到瓶底。此固定溶解氧操作一般在取样现场进行。轻轻打开瓶塞,立即用滴管插入液面下加入 2.0 mL 硫酸,小心盖好瓶塞,颠倒混合摇匀至沉淀物全部溶解为止,放置暗处 5 min,析出碘。移取 100.0 mL 上述溶液于 250 mL 锥形瓶中,用硫代硫酸钠溶液滴定至溶液呈淡黄色,加入 1 mL 淀粉溶液,继续滴定至蓝色刚好褪去为止,记录硫代硫酸钠溶液用量。

叠氮修正法:将试剂碱性碘化钾溶液改为碱性碘化钾 – 叠氮化钠溶液。如水样中含有Fe^{3+}干扰测定,则在水样采集后,用吸管插入液面下加入 1 mL 40%的氟化钾溶液、1 mL 硫酸锰溶液和 2 mL 碱性碘化钾 – 叠氮化钠溶液,盖好瓶盖,混匀。以下步骤同碘量法。

高锰酸钾修正法:用滴管于液面下加入 0.7 mL 硫酸、1 mL 0.63%高锰酸钾溶液、1 mL 40%的氟化钾溶液,盖好瓶盖,颠倒混匀,放置 10 min。如紫红色褪尽,需再加入少许高锰酸钾溶液使 5 min 内紫红色不褪。然后用滴管于液面下加入 0.5 mL 2%的草酸钾溶液,盖好瓶盖,颠倒混合几次,至紫红色于 2 ~ 10 min 内褪尽。如不褪,再加入 0.5 mL 草酸钾溶液,直至紫红色褪尽。以下步骤同碘量法。

明矾絮凝修正法:于 1 000 mL 具塞细口瓶中,用虹吸法注满水样并溢出1/3 左右。用吸管于液面下加入 100 mL 硫酸铝钾溶液,加入 1 ~ 2 mL 浓氨水,盖好瓶塞,颠倒混匀。放置

10 min,待沉淀物下沉后,将其上清液虹吸至溶解氧瓶内,选择适当的修正法进行测定。

硫酸铜－氨基磺酸絮凝修正法:于 1 000 mL 具塞细口瓶中,用虹吸法注满水样并溢出 1/3 左右。用滴管于液面下加入 10 mL 抑制剂,盖好瓶盖,颠倒混匀。静置,等沉淀物下沉后,将其上清液虹吸至溶解氧瓶内,选择适当的修正法尽快测定。

$$溶解氧/(mg \cdot L^{-1}) = \frac{cV}{V_水} \times 8 \times 1\,000$$

式中　　c——硫代硫酸钠溶液质量浓度,mol/L;

　　　　V——滴定时消耗硫代硫酸钠溶液体积, mL。

4.注意事项

①淀粉溶液与 I_2 生成深蓝色吸附化合物,当 I_2 被还原为 I^- 时,深蓝色立即消失,反应极灵敏,若反应中有 I_2 生成时,溶液由无色变为蓝色,所以碘量法中一般都选用淀粉指示终点。

②用碘量法测定溶解氧,水样常采集到溶解氧瓶中。采集水样时,要注意不使水样曝气或有气泡残存在采样瓶中。可用水样冲洗溶解氧瓶后,沿瓶壁直接倾注水样或用虹吸法将细管插入溶解氧瓶底部,注入水样至溢流出瓶容积的 1/3 ~ 1/2。水样采集后,为防止溶解氧的变化,应立即加固定剂于样品中,并存于冷暗处,同时记录水温和大气压力。

③玻璃器皿应彻底洗净。先用洗涤剂浸泡清洗,然后用稀盐酸浸泡,最后依次用自来水、蒸馏水洗净。

3.5.4.2 碘量法测定生活饮用水中残留臭氧

1.原理

臭氧能从碘化钾溶液中释放出游离碘,再用硫代硫酸钠标准溶液滴定,计算出水样中臭氧含量。

2.仪器

1 L 和 500 mL 标准的洗气瓶和吸收瓶,进气支管的末端配有中等孔隙度的玻璃砂芯滤板;纯氮气或纯空气气源,0.2 ~ 1.0 L/min;玻璃管或不锈钢管。

3.试剂

碘化钾溶液:溶解 20 g 不含游离碘、碘酸盐和还原性物质的碘化钾于 1 L 新煮沸并冷却的纯水,贮于棕色瓶中。

0.100 0 mol/L 硫代硫酸钠标准使用溶液:将硫代硫酸钠标准溶液临用前稀释为 0.005 000 mol/L,每 1 mL 相当于 120 μg 臭氧。

淀粉溶液(5 g/L);0.050 00 mol/L 碘标准溶液;0.005 000 mol/L 碘标准使用溶液;(1 + 35)硫酸溶液。

4.分析步骤

水中剩余臭氧很不稳定,因此要在取样后立即测定,在低温和低 pH 值时,剩余臭氧的稳定性相对较高。

采集水样:用 1 L 洗气瓶,在进气支管的出口端配有玻璃砂芯滤板,采集水样 800 mL。

臭氧吸收:用纯氮气或纯空气由洗气瓶底部的玻砂滤板通入水样中,洗气瓶与另一只含有 400 mL 碘化钾溶液的吸收瓶相串联,通气至少 5 min,通气流量保持在 0.5 ~ 1.0 L/min,供水中所有的臭氧都被驱出并吸收在碘化钾中。

　　滴定:将吸收臭氧的碘化钾溶液移至 1 L 的碘量瓶中,并用适量的纯水冲洗吸收瓶,洗液合并在碘量瓶中。加入 20 mL 硫酸溶液,使 pH 值降低到 2.0 以下,用硫代硫酸钠标准溶液滴定至淡黄色时,再加入 4 mL 淀粉溶液,使溶液变为蓝色,再迅速滴定到终点。

　　空白试验:取 400 mL 碘化钾溶液,加 20 mL 硫酸溶液和 4 mL 淀粉溶液,进行下列一种空白滴定(空白值可能是正值,也可能是负值),如出现蓝色,用硫代硫酸钠标准溶液滴定至蓝色刚消失;如不出现蓝色,用碘标准使用溶液滴定至蓝色刚出现。

　　5.计算

　　水样中臭氧的浓度计算公式为

$$\rho = \frac{(V_1 - V_2) \times c \times 24 \times 1\,000}{V}$$

式中　　ρ——水样中臭氧质量浓度,mg/L;

　　　　V_1——水样滴定时所用硫代硫酸钠标准溶液的体积,mL;

　　　　V_2——空白滴定时所用硫代硫酸钠标准溶液或碘标准溶液的体积,mL;

　　　　c——硫代硫酸钠标准溶液的浓度,mol/L;

　　　　24——与 1 mL 硫代硫酸钠溶液($c(Na_2S_2O_3) = 1.000$ mol/L)相当的以毫克表示的臭氧的质量;

　　　　V——水样体积,mL。

3.5.5　五日生化需氧量的测定

3.5.5.1　方法原理

　　生化需氧量(BOD)是指在有氧条件下,微生物分解存在水中的某些可氧化物质,特别是有机物所进行的生物化学过程中消耗溶解氧的量。此生物氧化全过程的时间很长,如在 20 ℃培养时,完成此过程需 100 多天。目前,国内外普遍规定(20 ± 1 ℃)培养 5 d,测定五日生化需氧量,即 BOD_5。取水样,使其中含足够的溶解氧,将该样品同时分为两份,一份测定当日溶解氧的质量浓度,另一份放入 20 ℃培养箱内培养 5 d 后再测其溶解氧的质量浓度,二者之差即为 BOD_5 值,以氧的 mg/L 表示。生活污水与工业废水中含有大量各类有机物,当其排入水域后,这些有机物在水体中微生物的作用下分解时要消耗大量溶解氧,从而破坏水体中氧的平衡,使水质恶化,因缺氧造成鱼类及其他水生生物的死亡。一般当水质 BOD_5 达到 10 mg/L 时,水质很差,此时溶解氧极少,甚至没有,需氧有机物会腐败发臭,并放出氨、甲烷、硫化氢等臭气,使水变臭。因此,城镇污水处理厂严格控制出水 BOD_5 指标。

　　用 BOD 作为水质有机污染指标,是从英国开始的,以后逐渐被世界各国所采用。目前,BOD_5 测定方法亦是从英国沿袭下来的。因为,英国夏天河流的最高温度不超过 18.3 ℃,5 d 是英国国内河流从发源地至入海口所需最长时间,同时考虑到 5 d 内有更多有机物被氧化(生活污水氧化 70%,工业废水氧化 25% ~ 90%),测定结果重现性好,测量误差也较小,同时此过程只包括含碳有机物的氧化,又不致把含氮有机物的硝化过程包括在内。

　　BOD_5 反映了被微生物氧化分解的有机物量,由于微生物的氧化能力有限,如上所述,所以测定值低于 COD_{Cr}。COD_{Cr} 与 BOD_5 的差值可认为是没有被微生物分解的有机物。$BOD_5/COD_{Cr} = 0.4 ~ 0.8$,两者比值越高,表示水体越具有良好的可生化性,对于一般工业废水和城市污水来说,有机物在一般条件下多具有较好的生物降解性。

生化需氧量的经典测定方法是稀释接种法:日本 1990 年颁布了微生物电极法,其中使用了微生物膜传感器,每次测定仅需 20 min。我国也研制出以微生物电极为核心的相关快速 BOD 测定仪,其方法已通过多家实验室验证,实际水样测定及与标准稀释法对照,取得了良好的效果。

对某些地面水及大多数工业废水,因含较多的有机物,需要稀释后再培养测定,以降低其浓度和保证有充足的溶解氧。经过特制的、用于稀释水样的水称为稀释水。稀释倍数的确定:对于污水或工业废水,由重铬酸法测得的 COD 值来确定,通常需作三个稀释比。使用稀释水时,由 COD 值分别乘以系数 0.075、0.15、0.225,即获得三个稀释倍数。使用接种稀释水时,则分别乘以 0.075、0.15 和 0.25 三个系数。

为了保证水样稀释后有足够的溶解氧,稀释水通常要通入空气进行曝气(或通入氧气),使稀释水中溶解氧接近饱和,这样才能为 5 d 内微生物氧化分解有机物提供充足的氧。

稀释水中还应加入磷酸盐调节 pH 值为 6.5~8.5,适合好氧微生物活动的最佳 pH 值为 7.2,加入钙、镁、铁盐等微量营养盐以维持微生物正常的生理活动。

对于不含或少含微生物的工业废水,其中包括酸性废水、碱性废水、高温废水和经过氯化处理的废水,在测定 BOD_5 时应进行接种,以引入能分解废水中有机物的微生物。当废水中存在着难于被一般生活污水中的微生物以正常速度降解的有机物或含有剧毒物质时,应将驯化后的微生物引入水样中进行接种。

3.5.5.2　仪器和试剂

恒温培养箱(20±1 ℃);溶解氧瓶:250~300 mL 之间,带有磨口玻璃塞并具有供水封用的钟形口;5~20 L 细口玻璃瓶;1 000~2 000 mL 量筒;虹吸管,供分取水样和添加稀释水用;玻璃搅棒:棒的长度应比所用量筒高 200 mm;在棒的底端固定一个直径比量筒底小、带有几个小孔的硬橡胶板。

磷酸盐缓冲溶液:将 8.5 g 磷酸二氢钾,21.75 g 磷酸氢二钾,33.4 g 七水合磷酸氢二钠和 1.7 g 氯化铵溶于水中,稀释至 1 000 mL。此时溶液的 pH 值应为 7.2。

硫酸镁溶液:将 22.5 g 七水合硫酸镁溶于水中,稀释至 1 000 mL。

氯化钙溶液:将 27.5 g 无水氯化钙溶于水中,稀释至 1 000 mL。

氯化铁溶液:将 0.25 g 六水合氯化铁溶于水中,稀释至 1 000 mL。

0.5 mol/L 硫酸溶液;1 mol/L 氢氧化钠溶液。

稀释水:在 5~20 L 玻璃瓶内装入一定量的水,控制水温在 20 ℃左右。然后用无油空气压缩机或薄膜泵,将吸入的空气先后经活性炭吸附管及水洗管后,导入稀释水内曝气 2~8 h,静置 5~7 d,使溶解氧稳定,其溶解氧质量浓度应为 8~9 mg/L。临用前每升水中加入氯化钙溶液、氯化铁溶液、硫酸镁溶液、磷酸缓冲溶液各 1 mL,并混匀。稀释水不得含有太多的有机物,规定稀释水的 BOD_5 不能超过 0.2 mg/L。

接种液:可选择以下任一方法,以获得适用的接种液。城市污水,一般采用生活污水,在室温下放置一昼夜,取上清液;表层土壤浸出液,取 100 g 花园或植物生长土壤,加入 1 L 水,混合并静置 10 min,取上清液;用含城市污水的河水或湖水;污水处理厂的出水。

当分析含有难于降解物质的废水时,在其排污口下游 3~8 km 处取水样作为废水的驯化接种液,如无此种水源,可取中和或经适当稀释后的废水进行连续曝气,每天加入少量该种废水,同时加入适量表层土壤或生活污水,使能适应该种水的微生物大量繁殖。当水中出现大量絮状物,或检查其化学需氧量的降低值出现突变时,表明适用的微生物已经进行繁殖,可用作接种液。一般驯化过程需要 3~8 d。

接种稀释水:分取适量接种液,加入稀释水中,混匀。每升稀释水中接种液加入量为:生活污水 1~10 mL;表层土壤浸出液 20~30 mL;河水、湖水 10~100 mL。接种稀释水的 pH 值应为 7.2,BOD$_5$ 值以在 0.3~1.0 mg/L 之间为宜,接种稀释水配制后应立即使用。

其他所用试剂与溶解氧测定相同。

3.5.5.3　测定步骤

1.不经稀释水样的测定

溶解氧含量较高、有机物含量较少的地面水,可不经稀释,而直接以虹吸法,将约 20 ℃ 的混匀水样转移入两个溶解氧瓶内,转移过程中应注意不能产生气泡。以同样的操作使两个溶解氧瓶充满水样后溢出少许,加塞。瓶内不应留有气泡。其中一瓶随即测定溶解氧,另一瓶的瓶口进行水封后,放入培养箱中,培养 5 d。在培养过程中注意添加封口水。从开始放入培养箱算起,经过五昼夜后,弃去封口水,测定剩余的溶解氧。

2.经稀释水样的测定

一般稀释法:按照选定的稀释比例,用虹吸法沿筒壁先引入部分稀释水(或接种稀释水)于 1 000 mL 量筒中,加入需要量的均匀水样,再引入稀释水(或接种稀释水)至 800 mL,用带胶板的玻璃棒小心上下搅匀。搅拌时勿使搅棒的胶板露出水面,防止产生气泡。按不经稀释水样的相同操作步骤,进行装瓶、测定当天溶解氧和培养 5 d 后的溶解氧。另取两个溶解氧瓶,用虹吸法装满稀释水(或接种稀释水)作空白试验,测定 5 d 前后的溶解氧。

直接稀释法:直接稀释法是在溶解氧瓶内直接稀释。在已知两个容积相同(其差小于 1 mL)的溶解氧瓶内,用虹吸法加入部分稀释水(或接种稀释水),再加入根据瓶容积和稀释比例计算出的水样量,然后用稀释水(或接种稀释水)使之刚好充满,加塞,勿留气泡于瓶内。其余操作与上述一般稀释法相同。

BOD$_5$ 测定中,一般采用叠氮化钠改良法测定溶解氧,见溶解氧测定。如遇干扰物质,应根据具体情况采用其他测定方法。

每天检查瓶口是否保持水封,经常添加封口水及控制培养箱温度。培养 5 d 后取出培养瓶,倒尽封口水,立即测定培养后的溶解氧。

3.5.5.4　结果计算

1.不经稀释直接培养的水样

$$BOD_5/(mg \cdot L^{-1}) = c_1 - c_2$$

式中　c_1——水样在培养前的溶解氧质量浓度,mg/L;

　　　c_2——水样经培养后,剩余溶解氧质量浓度,mg/L。

2.经稀释后培养的水样

$$BOD_5/(mg \cdot L^{-1}) = \frac{[(c_1 - c_2) - (B_1 - B_2)]f_1}{f_2}$$

式中　B_1——稀释水(或接种稀释水)在培养前的溶解氧浓度,mg/L;

　　　B_2——稀释水(或接种稀释水)在培养后的溶解氧浓度,mg/L;

f_1——稀释水(或接种稀释水)在培养液中所占比例;

f_2——水样在培养液中所占比例。

注:f_1,f_2的计算,例如培养液的稀释比为3%,即3份水样,97份稀释水,则$f_1 = 0.97$,$f_2 = 0.03$。

3.5.5.5　注意事项

①测定生化需氧量的水样,采集时应充满并密封于瓶中,在0~4 ℃下进行保存,一般应在6 h内进行分析,若需要远距离转运,在任何情况下,贮存时间不应超过24 h。

②水样的稀释:稀释的程度应使培养中所消耗的溶解氧大于2 mg/L,而剩余溶解氧在1 mg/L以上。在两个或三个稀释比的样品中,凡消耗溶解氧大于2 mg/L和剩余溶解氧大于1 mg/L,计算结果时,应取其平均值。若剩余的溶解氧小于1 mg/L,甚至为零时,应加大稀释比。溶解氧消耗量小于2 mg/L,有两种可能,一种是稀释倍数过大;另一种是微生物菌种不适应、活性差,或含毒物质浓度过大。这时可能出现在几个稀释比中,稀释倍数大的消耗溶解氧反而较多。水样稀释倍数超过100倍时,应预先在容量瓶中用水初步稀释后,再取适量进行最后稀释培养。

③为检查稀释水和微生物是否适宜以及化验者的操作水平,需要对BOD_5标准液进行测定。配制葡萄糖 – 谷氨酸标准溶液的方法为:将葡萄糖($C_6H_{12}O_6$) – 谷氨酸(HOOC—CH_2—CH_2—CHNH$_2$—COOH)在103 ℃条件下干燥1 h后,各称取150 mg溶于水,移入1 000 mL容量瓶内并稀释至标线,混匀,此标准溶液临用前配制。检查方法为:将上述标准溶液以1:50(20 mL葡萄糖 – 谷氨酸标准溶液用接种稀释水稀释至1 000 mL)稀释比稀释后,按测定水样BOD_5的步骤操作,测得BOD_5的值应在180~230 mg/L之间。否则应检查接种液、稀释水的质量或操作技术是否存在问题。

④本方法适用于测定BOD_5值大于或等于2 mg/L,最大不超过6 000 mg/L的水样。当水样的BOD_5值大于6 000 mg/L时,会因稀释带来一定的误差。

⑤水中有机物的生物氧化过程,可分为两个阶段。第一阶段为有机物中的碳和氢,氧化生成二氧化碳和水,此阶段称为碳化阶段,完成碳化阶段在20 ℃条件下大约需20 d。第二阶段为含氮物质及部分氨,氧化为亚硝酸盐及硝酸盐,称为硝化阶段,完成硝化阶段在20 ℃条件下时需要100 d,所以一般测定水样BOD_5时,硝化作用很不显著或根本不发生硝化作用。但对于生物处理池的出水,因其中含有大量的硝化细菌,所以在测定BOD_5时也包括了部分含氮化合物的需氧量。对于这样的水样,如果我们只需要测定有机物降解的需氧量,可以加入硝化抑制剂,抑制硝化过程。为此目的,可在每升稀释水样中加入1 mL浓度为500 mg/L的丙烯基硫脲(ATU,$C_4H_8N_2S$)或一定量固定在氯化钠上的2 – 氯代 – 6 – 三氯甲基吡啶(TCMP),使TCMP在稀释样品中的浓度大约为0.5 mg/L。

⑥水样的预处理:水样的pH值若超过6.5~7.5范围时,可用硫酸或氢氧化钠稀释溶液调节pH值近于7,但用量不要超过水样体积的0.5%。若水样的酸度或碱度很高,可改用高浓度的碱或酸液进行中和。水样中含有铜、铅、锌、镉、铬、砷、氰等有毒物质时,可使用经驯化的微生物接种液稀释,或提高稀释倍数以减少毒物的浓度。含有少量游离氯的水样,一般放置1~2 h,游离氯即可消失。对于游离氯在短时间不能消散的水样,可加入硫代硫酸钠溶液,以除去之。其加入量由下述方法决定:取已中和好的水样100 mL,加入(1 + 1)乙酸

10 mL,10%(m/V)碘化钾溶液 1 mL,混匀。以淀粉溶液为指示剂,用硫代硫酸钠溶液滴定游离碘。由硫代硫酸钠溶液消耗的体积,计算出水样中应加硫代硫酸钠溶液的量。

⑦从水温较低的水域或富营养化的湖泊中采集的水样,可遇到含有过饱和溶解氧,此时,应将水样迅速升温到 20 ℃左右,在不使满瓶的情况下,充分振摇,并时时开塞放气,以赶出过饱和的溶解氧。从水温较高的水域或废水排放口取得的水样,则应迅速使其冷却到20 ℃左右,并充分振摇,使与空气中氧分压接近平衡。

3.5.6　关于 COD_{Mn},COD_{Cr},BOD_5,TOC 的讨论

耗氧量 COD_{Mn}测定需时最短,但 $KMnO_4$ 对有机物的氧化率低,所以只能应用于较清洁的水,如地表水和饮用水,并不能表示出微生物所能氧化的有机物量。

COD_{Cr}几乎可以表示出有机物全部氧化所需的氧量。对大部分有机物,$K_2Cr_2O_7$ 氧化率在 90%以上。它的测定不受废水水质限制,并且在 2～3 h 内完成,适用于污水样品的测定。但也不能表示出微生物所能氧化的有机物的量。

BOD_5 反映了被微生物氧化分解的有机物量,但由于微生物的氧化能力有限,不能将有机物全部氧化,测定时间较长,不能及时指导生产实践,而且不能用于毒性强的废水。

一般来说,$COD_{Cr} > BOD_5 > COD_{Mn}$。TOC 是以碳含量表示水体中有机物质总量的综合指标,称为总有机碳,能将有机物全部氧化,它比 BOD_5 或 COD 更能直接表示有机物的总量,常常被用来评价水体中有机物的污染程度。

3.6　沉淀滴定法

3.6.1　基本原理

以沉淀反应为基础,测定物质含量的滴定分析法称作沉淀滴定法。沉淀滴定法要求生成的沉淀具有恒定的组成,且溶解度要小,反应必须按一定的化学反应式迅速定量地进行;沉淀反应的速度快;有适当的指示剂指示滴定终点;沉淀的共沉淀现象不影响滴定结果。但由于很多沉淀反应无法满足这些要求,可用于滴定的沉淀反应并不多。最成熟和最有应用价值的是银量法,即利用可以与 Ag^+ 形成难溶盐的沉淀反应进行滴定分析。银量法又分为摩尔法、佛尔哈德法和法扬司法,这里主要介绍摩尔法。

摩尔法:摩尔法的标准溶液是 $AgNO_3$,指示剂是 K_2CrO_4,测定对象是 Cl^-,Br^-,I^-,SCN^-等。但由于 AgI 和 AgSCN 沉淀对 I^- 和 SCN^- 的强烈吸附作用,用该法测定 I^- 和 SCN^- 的误差较大。目前,该法主要用于 Cl^- 的测定。

以摩尔法测定 Cl^- 为例:在含 Cl^- 的中性或弱碱性溶液中,加入指示剂 K_2CrO_4,用 $AgNO_3$标准溶液滴定,由于氯化银的溶解度小于铬酸银,Ag^+ 先与 Cl^- 生成白色 AgCl 沉淀,即

$$Ag^+ + Cl^- \Longrightarrow AgCl \downarrow$$

两者反应结束时,$[Ag^+] \cdot [Cl^-] = k_{sp}(AgCl) = 1.8 \times 10^{-10}$,$[Ag^+] = [Cl^-] = 1.3 \times 10^{-5}$

在这样的浓度下,若 Ag^+ 与 CrO_4^{2-} 生成沉淀

$$2Ag^+ + CrO_4^{2-} \Longrightarrow Ag_2CrO_4 \downarrow$$

需满足$[Ag^+]^2 \cdot [CrO_4^{2-}] = k_{sp}(Ag_2CrO_4) = 2.00 \times 10^{-12}$，得出$[CrO_4^{2-}] = 1.2 \times 10^{-2} mol/L$，但一般加入的$CrO_4^{2-}$浓度略小于$1.2 \times 10^{-2}$ mol/L，因为，CrO_4^{2-}本身显黄色，当其浓度较高时，颜色深，不易判断砖红色出现，实际上加入的K_2CrO_4浓度为5×10^{-3} mol/L，其误差以指示剂的空白值对测定结果进行校正。

当溶液的酸度太大，pH值< 4.5时，CrO_4^{2-}与H^+生成弱酸

$$2CrO_4^{2-} + 2H^+ \rightleftharpoons 2HCrO_4^- \rightleftharpoons Cr_2O_7^{2-} + H_2O$$

使平衡$2Ag^+ + CrO_4^{2-} \rightleftharpoons Ag_2CrO_4 \downarrow$向左移动，终点颜色不容易出现，同样，当碱性太大，pH值> 10.5时

$$2Ag^+ + 2OH^- \rightleftharpoons 2AgOH \rightleftharpoons Ag_2O + H_2O$$

若溶液中有NH_4^+存在，当pH值> 7.2时，$NH_4^+ + OH^- \rightleftharpoons NH_3 \cdot H_2O$，$NH_3 \cdot H_2O$也可与$Ag^+$作用，生成$Ag(NH_3)_2^+$，影响终点观察。因此，在无$NH_4^+$存在时，测定pH值为$6.5 \sim 10.5$，有$NH_4^+$存在时，pH值为$6.5 \sim 7.2$。

3.6.2　水中氯化物测定

3.6.2.1　仪器与试剂

锥形瓶；棕色酸式滴定管；无分度吸管(50 mL和25 mL)。

氯化钠溶液(0.5 mg/mL，以Cl计)。

硝酸银溶液($\approx 0.014\,00$ mol/L)：称取2.395 g硝酸银，溶于蒸馏水并稀释至1 000 mL，贮存于棕色瓶中。用氯化钠标准溶液标定其准确浓度。步骤如下：吸取25.00 mL氯化钠标准溶液置瓷蒸发皿内，加纯水25 mL。另取一瓷蒸发皿，取50 mL水作为空白。各加入1 mL铬酸钾指示液，在不断摇动下用硝酸银标准溶液滴定，至砖红色沉淀刚刚出现。硝酸银浓度计算式为

$$m = \frac{25 \times 0.50}{V_1 - V_0}$$

式中　m——1.00 mL硝酸银标准溶液相当于氯化物的质量，mg；

V_0——滴定空白的硝酸银标准溶液用量，mL；

V_1——滴定氯化钠标准溶液的硝酸银标准溶液用量，mL。

根据标定的浓度，校正硝酸银标准溶液的浓度，使1 mL相当于氯化物0.50 mg(以Cl计)铬酸钾指示液(50 g/L)：称取5 g铬酸钾溶于少量水中，滴加上述硝酸银标准溶液至有红色沉淀生成，摇匀，静置12 h，然后过滤并用水将滤液稀释至100 mL。

酚酞指示液(5 g/L)：称取0.5 g酚酞，溶于50 mL 95%乙醇中，加入50 mL水，再滴加0.05 mol/L氢氧化钠溶液使溶液呈微红色。

硫酸溶液(1/2 H_2SO_4)：0.05 mol/L。

氢氧化钠溶液(2 g/L)：称取0.2 g氢氧化钠，溶于水中并稀释至100 mL。

氢氧化铝悬浮液：溶解125 g硫酸铝钾($KAl(SO_4)_2 \cdot 12H_2O$)于1 L蒸馏水中，加热至60 ℃，然后边搅拌边缓缓加入55 mL氨水。放置约1 h后，移至一个大瓶中，用倾泻法反复洗涤沉淀物，直到洗涤液不含Cl^-为止。加水至悬浮液体积约为1 L。

30%过氧化氢；高锰酸钾；95%乙醇。

3.6.2.2　测定步骤

取 50 mL 水样(若氯化物含量高,可取适量水样用水稀释至 50 mL)置于瓷蒸发皿中;另取一瓷蒸发皿加入 50 mL 水作空白。

如水样的 pH 值在 6.5 ~ 10.5 无氨存在时,可直接滴定。超出此范围的水样应以酚酞作指示剂,用 0.05 mol/L 硫酸溶液或 0.2% 氢氧化钠溶液调节至 pH 值为 8.0 左右。

加入 1 mL 铬酸钾溶液,用硝酸银标准溶液滴定至砖红色沉淀刚刚出现即为终点。同时作空白滴定。

3.6.2.3　结果表示

$$\rho(Cl^-) = \frac{(V_2 - V_1) \times 0.50 \times 1\,000}{V}$$

式中　$\rho(Cl^-)$——水样中氯化物(以 Cl 计)的质量浓度,mg/L;

　　　V_1——蒸馏水消耗硝酸银标准溶液体积,mL;

　　　V_2——水样消耗硝酸银标准溶液体积,mL;

　　　V——水样体积,mL。

3.6.2.4　注意事项

①摩尔法只能用 Ag^+ 滴定 Cl^- 等阴离子,不能用 Cl^- 等阴离子直接滴定 Ag^+。因为在化学计量点附近 Ag_2CrO_4 沉淀不易迅速转变为 AgCl 沉淀,从而无法判别滴定终点。

②使被 AgCl 沉淀吸附的 Cl^- 解吸,滴定时应剧烈摇动。

③样品预处理:若无以下各种干扰,此预处理步骤可省去。

水样浑浊或色度较深时,影响终点观察,则取 150 mL 水样,置于 250 mL 锥形瓶内,或取适当的水样稀释至 150 mL。加入 2 mL 氢氧化铝悬浮液,振荡,弃去最初 20 mL 滤液。

水样有机物含量高或色度大,用上述方法不能消除其影响时,可采用蒸干后灰化法预处理。取适量废水样于坩埚内,调节 pH 值至 8 ~ 9,在水浴上蒸干,置于马弗炉中在 600 ℃ 条件下灼烧 1 h。取出冷却后,加 10 mL 水使之溶解,移入锥形瓶中,调节 pH 值至 7 左右,稀释至 50 mL。

水样中含有硫化物、亚硫酸盐或硫代硫酸盐,则加氢氧化钠溶液将水调至中性或弱碱性,加入 1 mL 30% 过氧化氢,摇匀。1 min 后,加热至 70 ~ 80 ℃,以除去过量的过氧化氢。

水样的高锰酸盐指数超过 15 mg/L,可加入少量高锰酸钾晶体,煮沸,加入数滴乙醇以除去多余的高锰酸钾,再进行过滤。

对于矿化度很高的咸水或海水的测定,可采取下述方法扩大其测定范围:提高硝酸银标准溶液的浓度至每毫升标准溶液可作用于 2 ~ 5 mg 氯化物。对样品进行稀释,稀释度可参考表 3.6。

表 3.6　高矿化度样品稀释度

比重	稀释度	相当取样量
1.000 ~ 1.010	不稀释,取 50 mL 滴定	50
1.010 ~ 1.025	不稀释,取 25 mL 滴定	25
1.025 ~ 1.050	25 mL 稀释至 100 mL,取 50 mL	12.5
1.050 ~ 1.090	25 mL 稀释至 100 mL,取 25 mL	6.25
1.090 ~ 1.120	25 mL 稀释至 500 mL,取 25 mL	1.25
1.120 ~ 1.150	25 mL 稀释至 1 000 mL,取 25 mL	0.625

3.7 重量分析法应用

3.7.1 水中悬浮物的重量法测定原理

悬浮物(SS)的测定采用重量法,通过称量重量求得物质含量的方法即为重量法。重量法的误差来源简单,主要来自称量步骤,所以与滴定分析方法相比,准确度较高。尽管方法较繁琐,但由于操作简便,在分析中常用。

水体受悬浮性固体污染后,浊度增加、透光度减弱,影响水生生物的光合作用,抑制其生长繁殖,妨碍水体的自净作用。悬浮物能堵塞鱼鳃,导致鱼类窒息死亡。由于微生物对有机悬浮固体的分解代谢作用,会消耗掉水体中的溶解氧。悬浮固体中的可沉固体,沉积于河底,能够造成底泥积累及腐化,使水体水质恶化。另外,悬浮固体可作为载体,吸附其他污染物质,随水流发生迁移污染。

水中的悬浮物是指水样通过孔径为 0.45 μm 的滤膜,截留在滤膜上并于 103～105 ℃条件下烘干至恒重的固体物质。为保证结果准确度,要求滤膜、称量瓶在使用前及载有悬浮物后均反复干燥、冷却直至恒重,避免操作误差。

3.7.2 仪器与试剂

蒸馏水或同种纯度的水。

全玻璃或有机玻璃微孔滤膜过滤器;滤膜:孔径为 0.45 μm、直径为 45～60 mm;吸滤瓶、真空泵;称量瓶:内径 30～50 mm;无齿扁嘴镊。

3.7.3 测定步骤

1.采样与贮存

所用聚乙烯或硬质玻璃瓶要用洗涤剂洗净,再依次用自来水和蒸馏水冲洗干净。在采样之前,再用即将采集的水样清洗三次。然后,采集具有代表性的水样 500～1 000 mL,盖严瓶盖。注:漂浮或浸没的不均匀固体物质不属于悬浮物质,应从水样中除去。

采集的水样应尽快分析测定。如需放置,应贮存在 4 ℃冷藏箱中,但最长不得超过7 d。注:不能加入任何保护剂,以防破坏物质在固、液间的分配平衡。

2.滤膜准备

用扁嘴无齿镊子夹取滤膜放于事先恒重的称量瓶中,打开瓶盖,移入烘箱中于 103～105 ℃条件下烘干 0.5 h 后,取出置于干燥器内冷却至室温,称其重量。反复烘干、冷却、称量,直至两次称量的重量差≤0.2 mg。将恒重的滤膜正确地放在滤膜过滤器的滤膜托盘上,加盖配套的漏斗,并用夹子固定好。以蒸馏水湿润滤膜,并不断吸滤。

3.测定

量取充分混合均匀的试样 100 mL 抽吸过滤,使水分全部通过滤膜,再以每次 10 mL 蒸馏水连续洗涤三次,继续吸滤以除去痕量水分。停止吸滤后,仔细取出载有悬浮物的滤膜放在原恒重的称量瓶里,移入烘箱中于 103～105 ℃条件下烘干 1 h 后移入干燥器中,使冷却到室温,称其重量。反复烘干、冷却、称量,直至两次称量的重量差≤0.4 mg 为止。

3.7.4　计算

$$c = \frac{(A - B) \times 10^6}{V}$$

式中　　c——水中悬浮物含量,mg/L;

　　　　A——悬浮物 + 滤膜 + 称量瓶重量,g;

　　　　B——滤膜 + 称量瓶重量,g;

　　　　V——试样体积,mL。

3.7.5　注意事项

滤膜上截留过多的悬浮物可能夹带过多的水分,除延长干燥时间外,还可能造成过滤困难,遇此情况,可酌情少取试样。滤膜上悬浮物过少,则会增大称量误差,影响测定精度,必要时,可增大试样体积。一般以 5~100 mg 悬浮物量作为量取试样体积的实用范围。

思考题及习题

1. 应根据什么原则选择酸碱指示剂?

2. 氧化还原电位与物质的氧化还原性有什么关系?

3. 摩尔法测定 Cl^- 时,水样 pH 值应控制在怎样的范围内,为什么? 做空白试验的原因是什么?

4. 碘量法测定溶解氧,采集水样时,要注意什么?

5. 测定 COD_{Cr} 时用什么装置加热,为什么? 怎样加入浓硫酸和硫酸银催化剂,反应后滴定前应怎样处理溶液? 硫酸亚铁铵标准溶液的浓度怎样确定?

6. BOD_5 测定时怎样配制稀释水?

7. 比较 COD_{Mn},COD_{Cr},BOD_5,TOC 之间的关系和应用特点。

8. 测定 BOD_5 时,哪些类型的水样需要接种,哪些水样需要加含驯化菌种的稀释水?

9. 测定水样 BOD_5 时,用稀释水稀释水样的目的是什么?

10. 填空题

(1)用络合滴定法测定水的硬度时,应将 pH 值控制在什么范围? 在此范围下,水样中的 Ca^{2+},Mg^{2+} 可以和 EDTA 进行(　)反应,被滴定溶液的酒红色是(　)的颜色。

(2)测定水样 COD 时,对于地面水或轻污染水宜采用(　)法,亦称(　)法。

(3)测定 BOD_5 的水样,采集时应装在(　)瓶中,将其(　)并(　),于(　)℃保存,一般在(　)h 内分析。

(4)生化需氧量的定义是:在规定条件下,(　)分解水中的(　)物质的(　)过程中所需溶解氧量。目前国内外普遍采用(　)℃培养(　)d,分别测定培养前后(　),计算 BOD_5 值。

(5)为检查稀释水、接种液或分析质量,可用相同浓度的(　)和(　)溶液,(　)量混合,作为控制样品。

(6)测定水样的 BOD_5 时,如其含量 < 4 mg/L,可以(　)测定,经 5 d 培养后消耗溶解氧(　)mg/L,剩余溶解氧(　)mg/L 为宜。

(7)稀释水的 BOD_5 不应超过(　)mg/L,稀释水的溶解氧要达到(　)mg/L。

(8)测定生化需氧量主要是含（　）有机物被氧化的过程,对含有大量硝化细菌的水样,应加入(　)抑制(　)过程。

(9)测定某清洁地面水的 BOD_5 值,当日测得溶解氧质量浓度为 8.46 mg/L,培养 5 d 后的溶解氧质量浓度为 1.46 mg/L,其水样的 BOD_5 值为(　)。

11. 选择题

(1)用重铬酸钾法测定水样的 COD 时,所用催化剂为(　),可被氧化的物质有(　)。

a.$HgSO_4$;b.氨基磺酸;c.Ag_2SO_4;d.$HgCl_2$;e.芳香化合物;f.吡啶;g.苯;h.直链脂肪族化合物;i.挥发性直链脂肪族化合物;j.氯离子

(2)用重铬酸钾法测定 COD 值时,反应须在(　)、(　)、(　)条件下进行。

a.酸性;b.中性;c.强酸性;d.碱性;e. < 100 ℃;f.300 ℃;g.沸腾回流 10 min;h.30 min;i.2 h

(3)用重铬酸钾法测定 COD 值时,下列各论述中正确的是(　)。

a.可被氧化的物质有吡啶;b.反应中溶液颜色变绿,说明氧化剂量不足,应减小取样量重新测定;c.用催化剂 $HgSO_4$;d.用 0.0250 mol/L 的重铬酸钾溶液可测定 > 50 mg/L 的 COD 值

(4)测定水样 COD 时,如不能及时分析,必须用(　)将水样的(　)调至(　)加以保存,必要时应在(　)条件下保存,在(　)h 内测定。

a.HCl;b.HNO_3;c.H_2SO_4;d.H_3PO_4;e.温度;f.酸度;g.pH 值;h.4 ℃;i.0 ~ 5 ℃;j. < 8 ℃;k. < 2;l. < 4;m.24 h;n.12 h;o.48 h;p.72 h

12. 计算题

(1)于碘量瓶中,加入 100 mL 水和 1 g 碘化钾,加入 10.00 mL 0.025 0 mol/L $c(1/6\ K_2Cr_2O_7)$重铬酸钾标准溶液、5 mL(1 + 5)硫酸溶液,摇匀,于暗处静置 5 min 后,用硫代硫酸钠溶液滴定至溶液呈淡黄色,加入 1 mL 淀粉溶液,继续滴定至蓝色刚好褪去为止,消耗硫代硫酸钠溶液 24.32 mL,求硫代硫酸钠溶液浓度。移取经固定溶解氧并析出碘后碘量瓶中的水样溶液 100 mL,利用上述硫代硫酸钠标准溶液滴定,若消耗体积 10.00 mL,求溶解氧。

(2)取 50.0 mL 均匀环境水样,加 50 mL 蒸馏水,用酸性高锰酸钾法测 COD 值,消耗 5.54 mL 高锰酸钾溶液,同时以 100 mL 蒸馏水做空白滴定,消耗 1.42 mL 高锰酸钾溶液。已知草酸钠标准液浓度 $c(1/2\ Na_2C_2O_4) = 0.010\ 0$ mol/L,标定高锰酸钾溶液时,10.00 mL 高锰酸钾溶液需要上述草酸钠标准液 10.86 mL。问该环境水样的 COD_{Mn} 是多少?

(3)测定某水样的生化需氧量时,培养液为 300 mL,其中稀释水 100 mL。培养前、后的溶解氧含量分别为 8.37 mg/L 和 1.38 mg/L。稀释水培养前、后的溶解氧含量分别为 8.85 mg/L和8.78 mg/L。计算该水样的 BOD_5 值。

(4)某分析人员取 20.00 mL 工业废水样,加 10.00 mL(1/6 $K_2Cr_2O_7$)0.250 0 mol/L 重铬酸钾溶液,按操作步骤测定 COD 值,回流后用水稀释至 140 mL,以 0.103 3 mol/L 硫酸亚铁铵标准溶液滴定,消耗 19.55 mL。全程序空白测定消耗该标准溶液 24.92 mL。求这份工业废水 COD?

第4章 分光光度分析法

4.1 概　　述

　　20 世纪 30 年代,尤其是第二次世界大战结束以来,得益于机械、电子、物理等学科的发展,一些新的分析检测技术和设备应社会的需求建立并发展起来,这些方法的原理都与传统的经典方法不同,是利用被检测组分的某种物理或物理化学的特性(如光学、电化学特性等)作为定性或定量检测的依据,用专门的仪器进行检测,不通过定量化学反应计算分析结果,而应用数学方法、计算机程序处理或直读检测结果,方法灵敏度高、分析速度快,易于自动化和在线操作,选择性和准确度能够满足要求。这些检测设备精密、贵重,需注意维护和保养,对样品有较严格的要求,所以一般需要对样品进行预处理。具有上述特点的一类分析方法统称为仪器分析,分光光度分析是仪器分析中最容易操作且应用较广泛的一种。

　　由于分子结构不同的物质对电磁辐射往往具有选择吸收的特性,基于这一特性建立的仪器分析方法称为分子吸收光谱分析法。利用溶液对单色光的吸收程度来确定物质的含量,使用分光系统的分子吸收光谱法又称为分光光度分析。分光光度法的前身是比色法。比色分析有着很长的历史,源于 19 世纪上半叶。在 1940 年以前,比色法一直是最直观的分析法,且往往是以高度经验为依据的。1940 年以后,分光光度法开始广泛使用,实现了比色法从波长 200 nm 的紫外区到波长 25 μm 的红外区宽范围的分析。从那以后,分光光度法得到了迅速的发展,并成为仪器分析方法中最普遍采用的方法之一。

4.2 原　　理

　　分子光谱的产生和分子内部的运动形式密切相关。当分子中的电子在分子范围内运动,各电子由一种分子轨道跃迁至另一分子轨道时,由于电子运动状态跃迁的能级差(1 ~ 20 eV)较大,吸收高能量的短波辐射,波长范围为 190 ~ 780 nm,为可见紫外光区,称为紫外可见光谱。其中 200 ~ 380 nm 是紫外光区;380 ~ 780 nm 是可见光区。吸收光辐射波长 λ(cm)、频率 γ(Hz)、光速 C(cm/s)和能量 E(J)的关系如下

$$E = h\gamma = h \frac{C}{\lambda} \tag{4.1}$$

式中　　h——普朗克常数(6.626×10^{-34} J·s),在真空介质中光速约为 3×10^{10} cm/s。能级差越大,所需吸收的光辐射能量越大,波长越短。

　　利用物质对紫外、可见光区域电磁辐射的选择吸收特性而建立起来的分光光度法为紫外 – 可见或可见分光光度法。同样,当分子发生转动状态的改变或分子中的原子发生微小的振动并发生跃迁时,需要吸收其相应能级的光(10^{-4} ~ 1 eV),即吸收长波辐射,波长范围为 0.78 ~ 1 000 μm,一般在红外光区或微波区,称为红外光谱或微波谱。利用物质对红外光

区域电磁辐射的选择吸收特性建立起来的分析方法称为红外光谱法。常用的波长范围为 2.5 ~ 25 μm(按波数计为 4 000 ~ 400 cm^{-1})的近红外区波速 $\overline{v}$ 与波长之间存在下列关系为

$$\overline{v} = \frac{1}{\lambda} \tag{4.2}$$

式中　　$\overline{v}$——波速,cm^{-1};

λ——波长,cm。

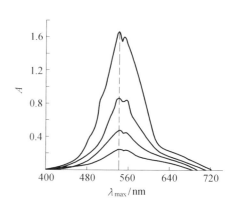

图 4.1　某溶液的吸收光谱曲线

同一物质对不同波长的光吸收程度(吸光度)不同,因此,可以依次将各种波长的光通过某一溶液,测量每一波长下溶液对该波长光的吸光度,然后以波长为横坐标、吸光度为纵坐标作图,得到该溶液的吸收光谱曲线,其中吸光度最大处的波长称为最大吸收波长,用 λ_{max} 表示,λ_{max} 的位置和吸收曲线的形状与溶液浓度无关,只与被测溶液的特性有关,如图 4.1 所示。吸收光谱的上述特点是进行分光光度法定性的依据。

同一物质的吸光度随溶液浓度的增加而增加,选择一定波长的光通过某均匀溶液(气体或均质固体)时,溶液对光的吸收程度与液层厚度和溶液浓度的乘积成正比,称为朗伯 – 比耳定律,这是分光光度法定量分析和计算的理论基础,表示为

$$A = \lg \frac{I_0}{I} = \lg \frac{1}{T} = Kbc \tag{4.3}$$

式中　　A——吸光度;

I_0——入射光强度;

I——透射光强度;

T——透光率;

K——比例常数;

b——光通过的液层厚度;

c——溶液的浓度。

当 c 以单位 mol/L 表示时,K 称为摩尔吸光系数,用符号 ε 表示,单位为 L/(mol·cm),其物理意义为:液层厚度为 1 cm,浓度为 1 mol/L 的物质所产生的吸光度,摩尔吸光系数值越大,表示方法越灵敏,其值与入射光波长、吸光物质及溶剂等因素有关。

在分光光度分析中,常利用一定条件下的化学反应把待测组分转变为有色化合物,然后吸收可见光进行测定,这种把待测组分转变为有色化合物的反应称为显色反应。显色反应多为配位反应、有机合成反应以及氧化还原反应等。反应过程称为显色过程,使待测组分转变为有色化合物所加的试剂称为显色剂。选择适当的反应条件,可以把待测组分有效地转化为适于测定的化合物。通常认为 $\varepsilon \geqslant 6 \times 10^4$ 的显色反应才属灵敏反应,目前已有 $\varepsilon \geqslant 1.0 \times 10^5$ 的高灵敏显色剂可供选择。

4.3　定量方法

若配制一系列浓度的标准溶液,分别测定它们在一定波长下的吸光度,在液层厚度 b 固定的情况下,以溶液浓度为横坐标,吸光度为纵坐标,可得到一条直线,即标准曲线,如图 4.2 所示。在相同条件下测定未知试液的吸光度,利用标准曲线求得未知样的浓度。

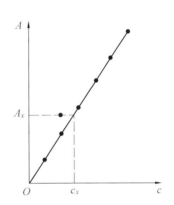

图 4.2　标准曲线法

4.4　仪器组成

吸光度的测定,由分光光度计完成。根据使用光波长范围的不同,分光光度计可以分为紫外分光光度计、可见分光光度计、红外分光光度计、近红外分光光度计等。因为仪器结构、光学系统等非常相似,紫外分光光度计和可见分光光度计经常组合在一起,称为紫外 – 可见分光光度计。各种分光光度计的基本结构都是一样的,分光光度计通常由光源、单色器、吸收室、检测器、放大、控制、数据处理及显示系统等组件组成。

4.4.1　紫外 – 可见分光光度计

4.4.1.1　仪器组件

对紫外和可见光而言,光源一般采用钨灯($350 \sim 2\,500$ nm)和氘灯($100 \sim 400$ nm),根据不同波长的要求选择使用。

单色器可以将复合光分解为按波长顺序排列的单色光,并能通过狭缝分离出某一波长单色光。它由入射和出射狭缝、反射镜和色散元件组成。色散元件有棱镜和光栅两种基本形式。

吸收池:由玻璃或石英制成,有不同形状和光程长。玻璃吸收池只能用于可见光区的分析测定,石英吸收池既可用于可见光区,也可用于紫外光区的分析测定。

检测器作用是将透过吸收池的光信号转变为可测量的电信号的光电转换元件,多为光电池、光电管、光电倍增管或二极管阵列检测器、电荷耦合器件等。

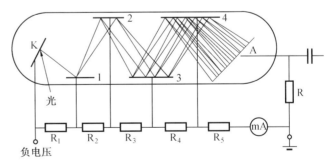

图 4.3　光电倍增管的光电倍增原理和线路示意图
K—光敏阴极;1 ~ 4—打拿极;A—阳极;R,$R_1 \sim R_5$—电阻

光电管检测原理:光电管是由一个阳极和一个光敏阴极组成的真空(或充少量惰性气体)二极管,阴极表面镀有碱金属或碱金属氧化物等光敏材料,当它被有足够能量的光子照

射时,能够发射电子。当两极间有电位差时,发射出的电子就流向阳极而产生电流,电流的大小决定于照射光的强度。光电管有很高的内阻,所以产生的电流很容易放大。

光电倍增管检测原理:光电倍增管的原理和连接路线如图 4.3 所示。光电倍增管中有一个光敏电极 K,若干个打拿极(也是光敏电极,实际有 9 ~ 12 个)和一个阳极 A。外加负高压到阴极 K,经过一系列电阻(R_1 ~ R_5)使电压均匀分布在各打拿极上,这样就能发生光电倍增作用,分光后的光照射到 K 上,使其释放出光电子,K 释放的一次光电子碰撞到第 1 个打拿极上,就可以放出增加了若干倍的二次光电子,二次光电子再碰撞到第 2 个打拿极上,又可放出比二次光电子增加了若干倍的光电子,如此继续碰撞下去,在最后一个打拿极上放出的光电子可以比最初阴极放出的电子多到 10^6 倍以上。最后,倍增了的电子射向阳极而形成电流(最大电流可达 10 μA)。光电流通过光电倍增管的负载电阻 R 而转换成电压信号送到放大器。

放大、控制、数据处理及显示系统:由光电倍增管放大的发出信号还不够强,故电压信号在进入显示装置前还必须放大。放大器作用是将光电管输出的电压信号放大,之后经过对数转换器将测定值由数字显示仪表、配合数字打印装置记录。控制系统一般由微处理器或计算机配以相应的软件和硬件组成,控制仪器各个部分的工作状态,如控制光源系统的发光状态、调制或补偿;控制分光系统的扫描波长、扫描速度,实现自动重复扫描;控制检测器的数据采集;有时还要控制样品室的旋转、移动、温度;自动调整工作参数;自动收集存储光谱等性能。随着电子技术的迅猛发展,微型电子计算机不仅能够控制光度测定仪器的操作、运行,还能够进一步对数据进行计算和统计处理。数据处理系统是一套计算机软件,主要对所采集的光谱进行分析处理,实现定性或定量分析。软件通常由光谱数据预处理、校正模型建立和未知样品分析三大部分组成。现代分光光度计设有自动调零、自动校准、曲线识别、自动存储、自动打印等装置,能进行固定波长测定,波长扫描、时间扫描、波长程序、标准曲线建立和浓度计算等。固定波长测定是可在一定波长范围内选定一波长进行测定。波长扫描用于在一定波长范围内选定一段波长范围对样品进行波长吸光度的扫描,包括扫描范围的选定、扫描速度的设置、采样的数据间隔等参数。时间扫描主要用于在固定波长下测定样品吸光度随时间的变化曲线,给出样品吸光度对时间的变化图,其基本参数与固定波长相似,只是在计算方式中增加了反应动力学处理和动态计算标准。波长程序用于在选定的数个波长下以一定的时间周期测定样品的吸光度。

4.4.1.2　仪器类型

1.单波长单光束分光光度计

721 和 722 型可见分光光度计为此种类型的仪器,722 型是光栅分光,显示数字。751 和 752 型紫外可见分光光度计的波长范围为 200 ~ 1 000 nm。在 200 ~ 320 nm 范围内用氢灯为光源,在 320 ~ 1 000 nm 范围内用钨灯为光源。752 型为光栅分光,显示数字。722 型分光光度计的光学系统如图 4.4 所示。使用时需接通电源,打开仪器电源开关,预热;调节波长,选定所需波长,用零点调节器调节读数 $T = 0$;将参比溶液加入比色皿,置于比色皿架上,并放入比色皿室,用拉杆推向里面,使参比溶液置于光路。盖上比色皿室盖,调节光量调节旋钮,使指针指在 $T = 100\%$ 处。反复调节几次 $T = 0$ 和 $T = 100\%$,使比色皿室打开和关闭时,指针能自行指示 $T = 0$ 和 $T = 100\%$ 为止。

将待测溶液置于光路,此时指针位置为待测溶液的 T 或 A 值。测量完毕后,关闭电源

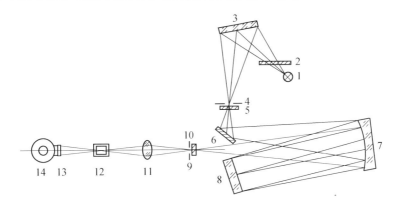

图 4.4　722 型分光光度计的光学系统

1—钨灯;2—滤光片;3—聚光镜;4—进光狭缝;5,9—保护玻璃;6—反射镜;7—准直
镜;8—光栅;10—出光狭缝;11—聚光镜;12—吸收池;13—光门;14—光电管

开关,取下电源插头,洗净比色皿,待干后放入比色皿盒,放入硅胶干燥袋,盖上比色皿室盖,罩好仪器。

2.单波长双光束分光光度计

单光束分光光度计每换一个波长都必须用参比溶液进行校准,测定吸收光谱较麻烦,且对光源和检测系统的稳定性要求较高。双光束分光光度计能自动比较透过参比液和试液的光束强度,此值即为试液的透光率。图 4.5 为单波长双光束分光光度计的光路示意图。

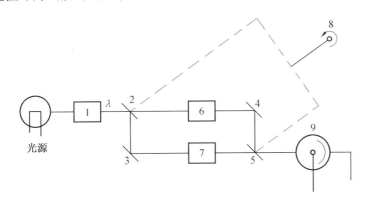

图 4.5　单波长双光束分光光度计原理图

1—单色器;2,3,4,5—反射镜;6—参比池;7—样品池;8—旋转装置;9—光电倍增管

来自光源的光束经单色器后,分离出的单色光经过反射镜分解为强度相等的两束光,通过反射镜 2 和 3,旋转装置 8 带动反射镜 2 和 5 同步旋转,两光束分别通过参比池 6 和样品池 7,经反射镜 4 和 5 交替投射到光电倍增管 9 上,检测器在不同的瞬间接收、处理参比信号和试样信号,其信号差通过对数转换成吸光度。此种类型仪器能自动扫描吸收光谱,还能消除电源波动的影响,减少了放大器增益的漂移,但光效率低。

3.双波长分光光度计

当试样溶液浑浊、有背景吸收或共存组分的吸收光谱相互重叠干扰时,宜采用双波长分光光度计进行测定。由光源发出的光经单色器分光后得到不同波长的两束单色光(λ_1 和 λ_2),利用切光器使两束光以一定频率交替通过同一吸收池到检测器,由测量系统显示出两个波长下吸光度的差值。通过选择合适的波长，使用这类仪器能方便地消除背景吸收和共存组分的干扰。比如，样品中组分 B 对被测组分 A 的测定构成干扰，只要选择两个波长，使组分 B 在这两个波长处的吸收一样，从测量系统获得的两个波长下吸光度的差值就去除了组分 B 的吸收信号。

4.4.2　近红外分光光度计

近红外分光光度计光源主要有钨灯和溴钨灯，其光谱覆盖整个近红外谱区，强度高，寿命也长。便携式仪器中普通发光二极管（LED）用得较多，功耗低、稳定、价格低廉、很容易控制，但波长数目有限、稳定性差。为提高光源的稳定性，光源供电必须用高性能稳压电路及增加参比光路来提高光强测量的准确性，从而提高仪器的信噪比。

光栅分光器的近红外光谱仪器，由于使用全息光栅，杂散光很低，光栅分光系统光学性能有很大提高，或使用大口径振动凹面光栅，改变传统的扫描方式，使扫描速度大大提高，且价格非常低廉。

检测器有单通道和多通道检测器。单通道器：只有一个检测单元，一次只能接收一个光信号，得到全谱需经过光谱扫描。多通道检测器：有许多个检测单元在检测器上，可同时接收检测面上不同波长的光信号，不需扫描，速度很快。

多通道检测器有二极管阵列（PDA）检测器、电荷耦合器件（CCD）。

CCD 检测原理：当光学系统把景物成像于 CCD 像素表面时，由于光激发照射到 CCD 后，其内部半导体就会产生电子，并由此产生电子－空穴对，其中少数载流子（电子）被附近势阱所收集。由于其存储的载流子数目与光强有关，因此一个光学图像就可以被转化成电荷图像，然后使电荷按一定顺序转移，最后在输出端输出，从而使光学信号变为视频信号。

CCD 是一类以半导体硅片为基材的光敏元件制成的多元阵列集成电路式焦平面检测器，一次曝光同时摄取从紫外光区至近红外光区的全部光谱，而光电倍增管则一次曝光只能摄取一条谱线，同时作为半导体器件，它比光电倍增管有更好的耐用性和体积小等一系列特点。检测面上阵列数目决定仪器的波长分辨率，阵列数目越多，分辨率越高，价格越高。多通道检测器的数目要与光栅分光性能匹配。

仪器其他部分有放大、控制、数据处理和显示系统等。

傅立叶变换分光系统（FT－NIRS）是迈克尔逊（Michelson）干涉仪和数据系统组合而成的，主要光学元件是迈克尔逊干涉仪，其作用是使光源发出的光分成两束后造成一定的光程差，再使之复合以产生干涉，所得的干涉图函数包含了光源的全部频率和强度信息，用计算机将干涉函数用傅立叶变换计算出原来光源强度按频率分布，样品干涉图经傅立叶变换后与空白时光源的强度按频率分布的比值得到样品的近红外光谱。与扫描型仪器相比，FT－NIRS仪器的扫描速度快，短时间内可进行多次扫描，使信号做累加处理，光能利用率高，输出能量大，因而仪器信噪比和测定灵敏度较高，可对样品中的微量成分进行分析。

4.5　应用实例

4.5.1　生活饮用水及其水源水中总铁测定

4.5.1.1　方法原理

亚铁离子在 pH 值为 3 ~ 9 之间的溶液中与邻菲罗啉生成稳定橙红色络合物,反应式为

此络合物在避光时可稳定半年,化学性质足够稳定。测量波长为 510 nm,摩尔吸光系数为 1.1×10^4 L/(mol·cm),灵敏度较高。

若用还原剂(如盐酸羟胺)将高铁离子还原为 Fe^{2+},则可测定高铁离子及总铁含量,还原反应为

$$4Fe^{3+} + 2NH_2OH \rightarrow 4Fe^{2+} + N_2O + 4H^+ + H_2O$$

4.5.1.2　仪器与试剂

分光光度计;10 mm 比色皿;锥形瓶(150 mL);具塞比色管(50 mL),所有玻璃器皿每次使用前均需用稀硝酸浸泡除铁。

本试验所用试剂除另有注明外,均为符合国家标准的分析纯化学试剂,试验用水为新制备的去离子水。

盐酸(HCl):$\rho_{20} = 1.19$ g/mL,优级纯;(1 + 1)盐酸;盐酸羟胺(100 g/L)溶液:临用时配制。

pH 值为 4.2 的缓冲溶液:250 g 乙酸铵溶于 150 mL 纯水中,再加入 700 mL 冰乙酸,混匀备用。

邻菲罗啉(1,10 – phenanthroline)(1.0 g/L)水溶液:加数滴盐酸帮助溶解,临用时配制。

铁标准贮备液:准确称取 0.702 2 g 硫酸亚铁铵((NH$_4$)$_2$Fe(SO$_4$)$_2$·6H$_2$O),溶于少量纯水,加 3 mL 盐酸($\rho_{20} = 1.19$ g/mL)于容量瓶中,用纯水定容成 1 000 mL,此溶液每毫升含 100 μg 铁。

铁标准使用溶液:准确移取贮备液 10.00 mL 置于 100 mL 容量瓶中,加水至标线,摇匀。此溶液每毫升含 10 μg 铁。

4.5.1.3　分析步骤

吸取 50.0 mL 混匀的水样(含铁量超过 50 μg 时,可取适量水样加纯水稀释至 50 mL)于 150 mL 锥形瓶中。注:总铁包括水体中悬浮性铁和微生物体中的铁,取样时应剧烈振摇均匀,并立即吸取,以防止重复测定结果之间出现很大的差别。

　　另取 150 mL 锥形瓶 8 个,分别加入铁标准溶液 0 mL、0.25 mL、0.50 mL、1.00 mL、2.00 mL、3.00 mL、4.00 mL 和 5.00 mL,各加纯水至 50 mL。

　　向水样及标准系列锥形瓶中各加 4 mL(1 + 1)盐酸溶液和 1 mL 盐酸羟胺溶液,小火煮沸浓缩至约 30 mL,冷却至室温后移入 50 mL 比色管中。

　　向水样及标准系列比色管中各加 2 mL 邻菲罗啉溶液,混匀后再加 10.0 mL 乙酸铵缓冲溶液,各加纯水至 50 mL,混匀,放置 10 ~ 15 min。

　　注:乙酸铵试剂可能含有微量铁,故缓冲溶液的加入量要准确一致;若水样较清洁,含难溶亚铁盐少时,可将所加各种试剂量减半,但标准系列与样品应一致。

　　于 510 nm 波长处,用 2 cm 比色皿,以纯水为参比,测量吸光度。绘制标准曲线,从曲线上查出样品管中铁的质量。

4.5.1.4　结果计算

$$铁(Fe)/(mg \cdot L^{-1}) = \frac{m}{V}$$

式中　　m——由校准曲线查得的铁量, μg;
　　　　V——水样体积, mL。

4.5.1.5　注意事项

　　①显色反应及其条件:选择性要好,分光光度分析中一般选用干扰较少或干扰容易消除的显色剂。Fe^{2+} 与邻菲罗啉的反应在 pH 值控制 4.2 时,不大于铁浓度 10 倍的铜、锌、钴、铬及小于 2 mg/L 的镍不与邻菲罗啉作用;浓度高时加过量邻菲罗啉来消除。汞、镉和银等能与邻菲罗啉形成沉淀,若浓度低时,可加过量邻菲罗啉来消除;浓度高时,可将沉淀过滤除去。

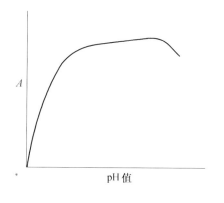

图 4.6　吸光度与 pH 值的关系

　　反应体系的酸度:显色剂往往是弱酸根离子,能与酸结合,待测物质金属离子也受酸度影响,所以金属离子与某种显色剂反应的适宜酸度范围,是通过试验来确定的。确定的方法是固定待测组分及显色剂的浓度,改变溶液的 pH 值,测定其吸光度,作出吸光度 pH 值关系曲线,选择曲线平坦部分对应的 pH 值作为测定条件,如图 4.6 所示。控制溶液酸度的有效方法是加入适宜的缓冲溶液,缓冲溶液的量要适当。

　　显色剂用量:与反应体系酸度控制方法相同,一般选择吸光度大又呈现平坦的区域作为适宜的显色剂用量范围。

　　②选择适当的参比溶液或空白溶液用来调节仪器的零点,以消除由于仪器壁、试剂及样品的其他组分对入射光的反射和吸收带来的误差。

　　参比溶液的选择:当样品中除待测组分与显色剂形成有色化合物外,其他组分、显色剂以及所用的各种试剂等,在测定波长下均无吸收或呈无色时,可用溶剂参比。溶剂参比是以纯溶剂作为参比溶液,如蒸馏水或其他各种纯有机溶剂。试剂参比,即以不加样品、而加入所有试剂的混合液作参比溶液,试剂参比可以消除试剂所带来的各种干扰,包括显色剂本身

的颜色以及所用试剂引入的杂质。当水样的底色明显时,样品中其他组分的颜色对测定有
干扰,可用不加邻菲罗啉的试液作参比,对水样的底色进行校正,以不加显色剂的试样溶液
作为参比称样品参比。

③强氧化剂、氰化物、亚硝酸盐、焦磷酸盐、偏聚磷酸盐及某些重金属离子会干扰测定,
经过加酸煮沸可将氰化物及亚硝酸盐除去,并使焦磷酸、偏聚磷酸盐转化为正磷酸盐以减轻
干扰,加入盐酸羟胺还可消除强氧化剂的影响。

④吸光度范围的控制:吸光度太大或太小,都会影响测量的准确度。为了减小测定的误
差,应该控制待测试液的吸光度在一定范围以内,一般要求是 0.05 ~ 1.0,最好是 0.1 ~ 0.7。
根据朗伯 – 比耳定律,调节溶液的浓度或吸收池的厚度,可控制溶液的吸光度在适当范围。
所以可以用稀释样品或更换比色皿来控制吸光度,提高灵敏度。

4.5.2　现场测定生活饮用水中二氧化氯

1.原理

水中二氧化氯与 N,N 二乙基对苯二胺(DPD)反应产生粉色,其中二氧化氯中 20% 的氯
转化成亚氯酸盐,显色反应与水中二氧化氯含量成正比,于 528 nm 波长下比色定量。甘氨
酸将水中的氯离子转化为氯化氨基乙酸而不干扰二氧化氯的测定。

2.试剂和材料

DPD 试剂或含 DPD 试剂的安瓿;甘氨酸溶液(100 g/L)。

3.仪器

分光光度计或单项比色计;10 mL 比色杯;50 mL 烧杯。

4.分析步骤

将待测样品倒入 10 mL 比色杯中,作为空白对照,将此比色杯置于比色池中,盖上器具
盖,按下仪器"ZERO"键,此时显示"0.00"。

取水样 10 mL 于 10 mL 比色杯中,立刻加入 4 滴甘氨酸试剂,摇匀,加入 1 包 DPD 试剂,
轻摇 20 s,静置 30 s 使不溶物沉于底部。或于 50 mL 烧杯中取 50 mL 水样,加入 16 滴甘氨酸
试剂,摇匀。将含有 DPD 试剂的安瓿倒置于待测水样的烧杯中(毛细管部分朝下),用力将
毛细管部分折断,此时水将充满安瓿,待水完全充满后,快速将安瓿颠倒数次混匀,擦去安瓿
外部的液体及手印,静置 30 s 使不溶物沉于底部。

将装有样品的比色杯或安瓿放置于比色池中,盖上器具盖,按下仪器的"READ"键,仪器
将显示测定水样中二氧化氯的质量浓度(以 mg/L 为单位)。注:要严格掌握反应时间,样品
静置后的比色测定应在 1 min 内完成;二氧化氯在水中稳定性很差,故最好现场取样立即测
定。

干扰去除:当水样中碱度 > 250 mg/L(以 $CaCO_3$ 计)或酸度 > 150 mg/L(以 $CaCO_3$ 计)时可
以抑制颜色生成或生成的颜色立即褪色,用 0.5 mol/L 硫酸标准溶液或 1 mol/L 氢氧化钠标
准溶液将水样中和至 pH 值为 6 ~ 7,测定结果要进行体积校正。二氧化氯浓度较高时一氯
胺将干扰测定,试剂加入后 1 min 内 3.0 mg/L 的一氯胺将引起约 0.1 mg/L 值的增加。氧化
态的锰和铬干扰测定结果,于 25 mL 水样中加入 3 滴 30 g/L 碘化钾反应 1 min 或通过加入
3 滴 5 g/L 亚砷酸钠去除锰和铬的干扰,各种金属通过与甘氨酸反应也会干扰测定结果,可
以通过多加甘氨酸去除干扰。溴、氯、碘、臭氧和有机胺、过氧化物干扰测定结果。

4.5.3　总氮测定

总氮(TN)是水体中有机氮和无机氮(NH_4^+,NO_2^-,NO_3^-)含量的总和,是国际公认的衡量水体富营养化程度的重要指标之一,也是处理出水的主要检测和控制指标之一。

总氮测试方法有过硫酸钾氧化 – 紫外分光光度法(GB 11894—89)、微波消解 – 紫外吸光光度法、气相分子吸收光谱法、离子色谱法和离子选择电极 – 流动注射法等。

4.5.3.1　过硫酸钾氧化 – 紫外分光光度法

1.方法原理

在 60 ℃以上的水溶液中,过硫酸钾按如下反应式分解

$$K_2S_2O_8 + H_2O \rightarrow 2KHSO_4 + \frac{1}{2}O_2$$

$$KHSO_4 \rightarrow K^+ + HSO_4^-$$

$$HSO_4^- \rightarrow H^+ + SO_4^{2-}$$

加入氢氧化钠用以中和 H^+,使过硫酸钾分解完全。在 120～124 ℃的碱性介质条件下,用过硫酸钾作氧化剂,不仅可将水样中的氨氮和亚硝酸盐氧化为硝酸盐,同时将水样中大部分有机氮化合物氧化为硝酸盐。利用 NO_3^- 对 220 nm 波长处紫外光选择性吸收来定量测定硝酸盐氮,即为总氮含量。溶解的有机物在 220 nm 处也会有吸收,而 NO_3^- 在275 nm 处没有吸收。因此,在 275 nm 处作另一次测量,以校正硝酸盐氮值。测量时,用紫外分光光度计分别于波长 220 nm 和 275 nm 处测定其吸光度,按 $A = A_{220} - 2A_{275}$ 计算硝酸盐氮的吸光度值,从而计算总氮的含量。其摩尔吸光系数为 1.47×10^3 L/(mol·cm)。

2.仪器与试剂

紫外 – 分光光度计;压力蒸汽消毒器或民用压力锅,压力范围为 1.1～1.3 kg/cm²,相应温度为 120～124 ℃;25 mL 具塞玻璃磨口比色管。

无氨水:用蒸馏法制备,每升蒸馏水中加 0.1 mL 硫酸,在全玻璃蒸馏器中重蒸馏,弃去 50 mL 初馏液,接取其余馏出液于具塞磨口的玻璃瓶中,密塞保存。

(1+9)盐酸;20%氢氧化钠溶液:称取 20 g 氢氧化钠,溶于无氨水中,稀释至 100 mL。

碱性过硫酸钾溶液:称取 40 g 过硫酸钾,15 g 氢氧化钠,溶于无氨水中,稀释至 1 000 mL。溶液存放在聚乙烯瓶内,可贮存一周。

硝酸钾标准贮备液:称取 0.721 8 g 经 105～110 ℃条件下烘干 4 h 的优级纯硝酸钾(KNO_3)溶于无氨水中,移至 1 000 mL 容量瓶中,定容。此溶液每毫升含 100 μg 硝酸盐氮,加入 2 mL 三氯甲烷为保护剂,至少可稳定 6 个月。

硝酸钾标准溶液:将贮备液用无氨水稀释 10 倍而得,此溶液每毫升含 10 μg 硝酸盐氮。

3.步骤

(1)校准曲线的绘制

分别吸取 0 mL、0.50 mL、1.00 mL、2.00 mL、3.00 mL、5.00 mL、7.00 mL、8.00 mL 硝酸钾标准使用溶液于 25 mL 比色管中,用无氨水稀释至 10 mL。加入 5 mL 碱性过硫酸钾溶液,塞紧磨口塞,用纱布及纱绳裹紧管塞,以防迸溅出。将比色管置于压力蒸汽消毒器中,加热 0.5 h,放气使压力指针回零。然后升温至 120～124 ℃开始计时(或将比色管置于民用压力

锅中,加热至顶压阀吹气开始计时),使比色管在过热水蒸气中加热 0.5 h。自然冷却,开阀放气,移去外盖,取出比色管并冷至室温。加入(1+9)盐酸 1 mL,用无氨水稀释至 25 mL 标线。

在紫外分光光度计上,以无氨水作参比,用 10 mm 石英比色皿分别在 220 nm 和 275 nm 波长处测定吸光度。用校正的吸光度绘制校准曲线。

$$校正吸光度\ A_s = A_{s220} - 2A_{s275}$$

$$零浓度的校正吸光度\ A_b = A_{b220} - 2A_{b275}$$

以其差值 $A_s - A_b$ 与相应氮含量(μg)绘制校正曲线。

(2)样品测定步骤

小样采集后,用硫酸酸化至 pH 值小于 2,在 24 h 内进行测定。

取 10 mL 水样,或取适量水样(使氮含量为 20~80 μg),按校准曲线绘制步骤操作,然后按校正吸光度,在校准曲线上查出相应的总氮量,再用下列公式计算总氮含量

$$总氮/(mg \cdot L^{-1}) = \frac{m}{V}$$

式中　m——根据校准曲线计算出的氮量,μg;

　　　V——取样体积,mL。

4.注意事项

①参考吸光度比值 $A_{275}/A_{220} \times 100\%$ 应小于 20%,越小越好,超过时应予鉴别。

②玻璃具塞比色管的密合性应良好。使用压力蒸汽消毒器时,冷却后放气要缓慢;使用民用压力锅时,要充分冷却方可揭开锅盖,以免比色管塞蹦出。

③玻璃器皿可用 10% 盐酸浸洗,用蒸馏水冲洗后再用无氨水冲洗。

④使用高压蒸汽消毒器时,应定期校核压力表;使用民用压力锅时,应检查橡胶密封圈套,使不致漏气而减压。

⑤测定悬浮物较多的水样时,在过硫酸钾氧化后可能出现沉淀,遇此情况,可吸取氧化后的上清液进行紫外分光光度测定。

⑥含有有机物的水样,而且硝酸盐含量较高时,必须先进行预处理后再稀释。

4.5.3.2　微波消解 – 紫外吸光光度法

在碱性条件下,用过硫酸钾氧化 – 紫外分光光度法是水体总氮测定的经典分析法,该方法采用灭菌器消解,消解时间长、操作复杂,而且要求用重蒸馏无氨水,在重蒸馏过程中易受二次污染,采用微波消解 – 紫外吸光光度法快速测定水中的总氮,可以大大加快消解速度,提高分析效率。

微波是一种频率范围在 300~300 000 MHz 的电磁波,用来加热的微波频率通常是 2 450 MHz,即微波产生的电场正负信号每秒钟可以变换 24.5 亿次。含水或酸的物质或分子都是有极性的,这些极性分子在微波电场的作用下,以 24.5 亿次的速率不断改变其正负方向,使分子产生高速的碰撞和摩擦,而产生高温;同时,一些无机酸类物质溶于水后,分子电离成离子,在微波电场作用下,离子定向流动,形成离子电流,离子在流动过程中与周围的分子和离子发生高速摩擦和碰撞,使微波能转化成热能。微波加热就是通过分子极化和离子导电两个效应对物质直接加热。

微波消解法采用微波加热的工作原理,它与传统的加热方法(干灰化、湿加热和熔融法)

不同,它不是利用热传导使试样从外部受热分解,而是直接以试样和酸的混合物为发热体,从内部进行加热,由于其热量几乎不向外部传导,消除了由电热板、空气、容器壁热传导的热量损失,热效率非常高。密闭增压是样品在密闭容器里通过微波的快速加热,使样品在高温高压下,表面层搅动、破裂,不断产生新的样品表面与溶剂接触,将试样充分混合,激烈搅拌,加快了试样的分解,缩短了消解时间,提高了消解效率。

在微波消解过程中,样品处于密闭容器中,也避免了待测元素的损失、样品的沾污、难溶元素不易消解提取及环境污染,回收率高、准确性好。方法快捷、简便,能满足大量样品快速检测的需要,微波消解技术已广泛应用于环境、生物、地质、材料等分析。

微波消解前的样品预处理:系统是通过密闭消解罐里产生气体压力的大小来自动控制微波加热的,如果有些样品的化学反应剧烈,反应过程中就会产生大量气体或产生爆炸性气体,密闭消解罐内产生气体的压力过大,以致超出了正常的控制压力而使系统失去自动控制微波加热的能力,造成压力过冲,超压泄气,甚至造成消解罐的炸裂。对未知其化学成分的样品,估计会产生大量反应气体的样品以及称样量较大(大于 0.5 g)的一般有机物样品,在进行密闭微波加热之前,必须进行样品的预处理,使加酸后产生的大量气体释放出,再进行微波消解。

微波消解时要注意禁止单用硫酸,尽量不用高氯酸或控制较小比例,否则容易引起爆炸。微波消解时一定要按照使用说明进行操作,防止发生危险。

微波消解预处理:吸取一系列硝酸盐氮溶液作为标准使用溶液,用无氨水稀释至10.00 mL,用氢氧化钠溶液或硫酸(体积比 1:35)调节水样 pH 值至 5~9,加入碱性过硫酸钾溶液 5 mL,用密封带密封瓶口,橡皮筋系紧,置于微波炉内转盘上,于高档功率下微波加热8 min,端出转盘,冷至室温,将消化液完全转移到 25 mL 比色管中,加(1 + 9)盐酸 1 mL,用无氨水稀释至刻度,混匀,澄清。吸取上层清液至 1 cm 石英比色皿中,在紫外分光光度计上,以无氨水作参比,和上述方法同样测定。

微波萃取(ME)亦称微波辅助萃取(MAE),MAE 利用微波能的特性通过选择不同的溶剂和调节微波加热参数来对水样中的目标成分进行选择性萃取,从而使水样中的某些有机成分(如有机污染物)达到与基体有效分离的目的,在萃取过程中,目标成分保持原本的化学状态。微波萃取中要求溶剂必须有一定的极性以吸收微波能进行内部加热,非极性溶剂不吸收微波能,不能用 100%的非极性溶剂作微波萃取溶剂。萃取装置带有时间、温度、压力和萃取功率等控制功能,萃取溶剂的选择和最佳萃取温度的选择对萃取结果的影响至关重要。

4.5.3.3 气相分子吸收光谱法

1. 方法原理

在一定温度和压力下,当某些污染组分挥发度大,或者将欲测组分转变成易挥发物质,就可以进行选择性挥发,然后用惰性气体带出而达到定量分离和测定的目的。

在 120~124 ℃的碱性介质中,用过硫酸钾作氧化剂,将水样中的氨、铵盐和亚硝酸盐以及大部分的有机氮化合物氧化成硝酸盐,然后在 2.5~5 mol/L 盐酸介质中,于 70 ± 2 ℃温度下,用还原剂将水样中硝酸盐快速还原分解,生成一氧化氮气体,再用空气将其载入气相分子吸收光谱仪的吸光管中,测定该气体对来自镉空心阴极灯在 214.4 nm 波长所产生的吸光强度,以校准曲线法直接测定水样中总氮的含量。

2.仪器及工作条件

气相分子吸收光谱仪(或在原子吸收的燃烧器部位附加气体测定管);镉空心阴极灯(原子吸收用);气液分离吸收装置安装与连接如图 4.7 所示。恒温水浴,双孔或四孔,加热并控温至 70 ± 2 ℃;圆形不锈钢反应管加热架。

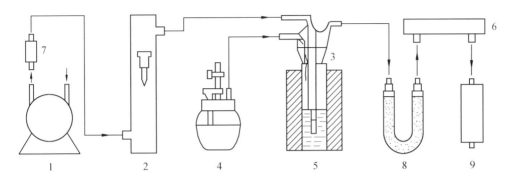

图 4.7　气流分离吸收装置示意图
1—空气泵;2—流量计;3—反应瓶;4—加液器;5—水浴;6—检测管;
7—净化器;8—干燥器;9—收集器

测量条件:灯阴极直径 < 2 mm 时电流用 5 mA,直径为 2 ~ 3 mm 时电流用 8 ~ 10 mA,测量波长 214.4 nm;载气(空气)流量:0.5 L/min;测定方式:峰高,准备时间 0 s,测定时间 15 s,读数 5 位。

3.试剂

用水均为电导率 ≤ 0.7 μS/cm 的无氨去离子水。

溴百里酚蓝指示剂:称取 0.1 g 溴百里酚蓝,加 2 mL 乙醇,搅拌成湿盐状,加入 100 mL 水,混匀;盐酸 3 mol/L,优级纯;盐酸 5 mol/L,优级纯;氨基磺酸:10%水溶液。

还原剂:15%三氯化钛,0.5%焦性没食子酸水溶液。

硝酸盐氮标准贮备液:称取预先在 105 ~ 110 ℃ 条件下干燥 2 h 的优级纯硝酸钠($NaNO_3$)3.035 7 g,溶解于水,移入 500 mL 容量瓶中定容,摇匀。此溶液每毫升含硝酸盐氮 1.00 mg。

硝酸盐标准使用液:吸取硝酸盐氮标准贮备液,用水逐级稀释至 10 μg/mL 的标准使用液。

碱性过硫酸钾溶液:称取 40 g 过硫酸钾($K_2S_2O_8$)及 15 g 氢氧化钠,溶解于无氨去离子水中,稀释至 1 000 mL,溶液存放于聚乙烯瓶中,可使用一周。

4.步骤

(1)装置安装及测定准备

在净化器及收集器中装入活性炭,干燥器中装入固体大颗粒的高氯酸镁 $Mg(ClO_4)_2$,将各部分用聚氯乙烯软管连接好。定量加液器中装入还原剂,用细的硅橡胶管使加液支管与反应瓶盖的中液支管相连接。恒温水浴中加入足量的自来水热至 70 ± 2 ℃ 待用。镉空心阴极灯装在工作灯架上,点灯并设定灯电流,待灯预热稳定后。调节仪器使其能量保持在 110%左右。

(2)校准曲线的绘制

先将反应瓶盖插入到含有约 5 mL 水的清洗瓶中,然后用预先挑选出内径和底部形状一致的反应瓶 7 个或 14 个(以满足测定的需要为准)。

向各反应瓶中分别加入 0.00 mL、0.50 mL、1.00 mL、1.50 mL、2.00 mL、2.50 mL 的硝酸盐氮标准溶液,用水稀释至 2.5 mL,加入 2.5 mL 5 mol/L 的盐酸,体积保持在 5 mL。然后将各反应瓶放入不锈钢反应管架上,于水浴中加热约 10 min。同时,用键盘输入 5.00 μg、10.00 μg、15.00 μg、20.00 μg、25.00 μg 的标准数值。启动空气泵,调节流量为 0.6 L/min,净化气路。提起反应瓶盖,关闭空气泵,将进样管放入 0.00 mL 标准溶液的反应瓶中,密闭瓶口,用定量加液器加入 0.5 mL 还原剂,按下自动调零按钮调整零点。再次启动空气泵并按下读数按钮,待吸光度读数显示在屏幕上时,提起反应瓶盖,水洗其磨口及砂芯后,再按顺序插入到含有标准溶液的各反应瓶中,与零标准溶液相同的测定步骤,测定各标准溶液的吸光度,绘制校准曲线。

(3)水样测定

取适量无氨水为空白,再取适量水样(总氮量为 50~100 μg),各放入 50 mL 具塞比色管中,加入 10 mL 碱性过硫酸钾溶液,加水至 30 mL,密塞,用纱布及纱绳裹紧瓶塞,以防迸溅出。将比色管放入压力蒸汽消毒器中,盖好盖子。加热至蒸汽压力锅的压力达到规定值,开始记录时间,0.5 h 后,缓慢放气,使压力指针回零。冷却后,移去外盖,取出比色管,冷却至室温。滴入 1 滴溴百里酚蓝指示剂,用 3 mol/L 盐酸缓慢中和至溶液蓝色刚好褪去,加水稀释至标线,摇匀。空白及各样品溶液均吸取 2.5 mL 分别放入反应瓶中,各加入 2.5 mL 5 mol/L 盐酸。同校准曲线绘制的步骤进行空白及各样品的测定。

(4)计算

将水样体积、定容体积及分取量输入仪器计算机,可自动计算分析结果,或按下式计算

$$总氮/(mg \cdot L^{-1}) = \frac{m}{V \times \frac{2.5}{50}}$$

式中　　m——根据校准曲线计算出的氮量,μg;

　　　　V——取样体积,mL。

设各浓度下测定的吸光度分别为 0.003、0.105、0.210、0.312、0.413、0.520,未知样测定的吸光度为 0.360。则各吸光度扣除零标准溶液吸光度进行空白校正后对各标准溶液中硝酸盐质量(μg)作图,得直线方程为

$$A = 0.020\,7m - 0.000\,9$$
$$r = 0.999\,9$$

样品溶解扣除空白后,吸光度为 0.357,则 $m = 17.29$ μg,即

$$总氮/(mg \cdot L^{-1}) = \frac{m}{V \times \frac{2.5}{50}} = \frac{17.29}{20 \times \frac{2.5}{50}} = 17.29$$

5.注意事项

①为保证测定结果的准确性,每测定一个样品后,须水洗反应瓶盖及磨口,保持一定水分,使下一个反应瓶得到密封,不漏气。

②长期测定废水样,玻璃砂芯易生白色及褐色污垢,影响砂饼透气性,反应瓶壁也会产生白色污垢,此时应将反应瓶的砂芯放入加有 10% 磷酸及少量过氧化氢的烧杯中,反应瓶

中也加入该两种试剂,一同放在烧杯中,加热煮沸,待砂芯及反应瓶变得透明再使用。

③高氯酸镁应选用颗粒大的试剂,吸收水分后,其变湿部分超过2/3应及时更换。新装的高氯酸镁应进行约10 min的空白样品通气,待吸光度稳定后方可测定样品。

④连接在反应瓶出气支管的管路应酌情用经乙醇湿润的棉花清洗,使空白溶液吸光度小于0.000 4,以利于低浓度总氮的测定。

⑤含铁量多的水样,消解后产生大量的氢氧化铁沉淀,必须向50 mL比色管中加入6 mol/L盐酸,使其刚好溶解。

⑥本法最低检出浓度为0.01 mg/L,测定上限为10 mg/L。主要适用于湖泊、水库、江河水中总氮的测定。

4.5.4　氨氮测定

4.5.4.1　方法原理

纳氏试剂光度法:碘化汞和碘化钾的碱性溶液与氨反应生成淡红棕色胶态化合物,此颜色在较宽波长范围内具强烈吸收性。通常测量用波长范围为410~425 nm。

水样带色或浑浊以及含其他一些干扰物质,影响氨为氮的测定。为此,在分析时需作适当的预处理。对较清洁的水,可采用絮凝沉淀法,对污染严重的水或工业废水,则用蒸馏法消除干扰。絮凝沉淀法:加适量的硫酸锌于水样中,并加氢氧化钠使之呈碱性,生成氢氧化锌沉淀,再经过滤除去颜色和浑浊等。蒸馏法:调节水样的pH值至6.0~7.4的范围内,加入适量氧化镁使呈微碱性,蒸馏释放出的氨被吸收于硼酸溶液中。

4.5.4.2　仪器与试剂

带氮球的定氮蒸馏装置:500 mL凯氏烧瓶、氮球、直形冷凝管和导管,装置如图4.8所示;分光光度计;pH值计。

水样稀释及试剂配制均用无氨水。1 mol/L盐酸溶液;1 mol/L氢氧化钠溶液;轻质氧化镁(MgO):将氧化镁在500 ℃温度下加热,以除去碳酸盐;0.05%溴百里酚蓝指示液(pH值为6.0~7.6);防沫剂,如石蜡碎片;硼酸吸收液:称取20 g硼酸溶于水,稀释至1 L。

纳氏试剂:称取20 g碘化钾溶于约100 mL水中,边搅拌边分次少量加入二氯化汞(HgCl₂)结晶粉末(约10 g),至出现朱红色沉淀不易溶解时,改为滴加饱和二氯化汞溶液,并充分搅拌,当出现微量朱红色沉淀不易溶解时,停止滴加氯化汞溶液。

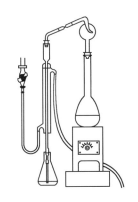

图4.8　氨氮蒸馏装置

另称取60 g氢氧化钾溶于水,并稀释至250 mL,充分冷却至室温后,将上述溶液在搅拌下,徐徐注入氢氧化钾溶液中,用水稀释至400 mL,混匀,静置过夜。将上清液移入聚乙烯瓶中,密封保存。

酒石酸钾钠溶液:称取50 g酒石酸钾钠(KNaC₄H₄O₆·4H₂O)溶于100 mL水中,加热煮沸以除去氨,冷却,定容至100 mL。

铵标准贮备溶液:称取3.819 g经100 ℃条件下干燥过的优级纯氯化铵(NH₄Cl)溶于水

中,移入 1 000 mL 容量瓶中,稀释至标线,此溶液每毫升含 1.00 mg 氨氮。

　　铵标准溶液:移取 5.00 mL 铵标准贮备液于 500 mL 容量瓶中,用水稀释至标线。此溶液每毫升含 0.010 mg 氨氮。

4.5.4.3　步骤

　　1.校准曲线的绘制

　　吸取 0 mL、0.50 mL、1.00 mL、3.00 mL、5.00 mL、7.00 mL 和 10.00 mL 铵标准使用液于 50 mL 比色管中,加水至标线,加 1.0 mL 酒石酸钾钠溶液,混匀。加 1.5 mL 纳氏试剂,混匀。放置 10 min 后,在波长 420 nm 处,用光程 20 mm 比色皿,以水为参比,测量吸光度。

　　由测得的吸光度减去零浓度空白的吸光度后,得到校正吸光度,绘制以氨氮含量(mg)对校正吸光度的校准曲线。

　　2.水样的测定

　　分取适量经蒸馏预处理的馏出液,加入 50 mL 比色管中,加一定量 1 mol/L 的氢氧化钠溶液以中和硼酸,稀释至标线。加 1.5 mL 纳氏试剂,混匀。放置 10 min 后,同校准曲线步骤测量吸光度。

　　空白试验:以无氨水代替水样,做全程序空白测定。

4.5.4.4　计算

$$氨氮/(mg \cdot L^{-1}) = \frac{m}{V}$$

式中　m——由校准曲线查得的氨氮量,mg;

　　　　V——水样体积,mL。

4.5.4.5　注意事项

　　①蒸馏时应避免发生暴沸,否则可造成馏出液温度升高,氨吸收不完全。

　　②防止在蒸馏时产生泡沫,必要时可加少许石蜡碎片于凯氏烧瓶中。

　　③水样如含余氯,则应加入适量 0.35% 的硫代硫酸钠溶液,每 0.5 mL 可除去 0.25 mg 余氯。纳氏试剂中碘化汞与碘化钾的比例,对显色反应的灵敏度有较大影响,静置后生成的沉淀应除去。

　　④所用玻璃器皿应避免实验室空气中氨的沾污。

4.5.5　总磷测定

4.5.5.1　方法原理

　　由于水中磷的存在形态复杂,所以在分析测定之前,需要进行适当的预处理,利用强氧化剂过硫酸钾或氧化性酸硝酸 – 硫酸氧化消解的方法可以得到欲测组分容易测定的形态正磷酸盐,对于磷酸盐的测定应用较广泛的是分光光度法。

　　钼锑抗分光光度法方法原理:在酸性条件下,正磷酸与钼酸铵、酒石酸锑氧钾反应,生成磷钼杂多酸,被还原剂抗坏血酸还原,则变成蓝色络合物,通常即称磷钼蓝。

4.5.5.2　仪器与试剂

　　医用手提式高压蒸汽消毒器或一般民用压力锅,1 ~ 1.5 kg/cm²;电炉 2 kW;调压器,

2 kV·A,0 ~ 220 V;50 mL(磨口)具塞刻度管;(1 + 1)硫酸;5%过硫酸钾溶液:溶解 5 g 过硫酸钾于水中,并稀释至 100 mL。

10%抗坏血酸溶液:溶解 10 g 抗坏血酸于水中,并稀释至 100 mL。该溶液贮存在棕色玻璃瓶中,在约 4 ℃条件下可稳定几周。如颜色变黄,则弃去重配。

钼酸盐溶液:溶解 13 g 钼酸铵$((NH_4)_6Mo_7O_{24}·4H_2O)$于 100 mL 水中。溶解 0.35 g 酒石酸锑氧钾$(K(SbO)C_4H_4O_6·1/2H_2O)$于 100 mL 水中。在不断搅拌下,将钼酸铵溶液徐徐加到 300 mL(1 + 1)硫酸中,加酒石酸锑氧钾溶液并且混合均匀。贮存在棕色的玻璃瓶中于约 4 ℃条件下保存,至少稳定两个月。

浊度 – 色度补偿液:混合两份体积的(1 + 1)硫酸和一份体积的 10%抗坏血酸溶液。此溶液当天配制。

磷酸盐贮备溶液:将优级纯磷酸二氢钾(KH_2PO_4)于 110 ℃条件下干燥 2 h,在干燥器中放冷。称取 0.219 7 g 溶于水,移入 1 000 mL 容量瓶中。加(1 + 1)硫酸 5 mL,用水稀释至标线。此溶液为每毫升含 50.0 μg 磷(以 P 计)。

磷酸盐标准溶液:吸取 10.0 mL 磷酸盐贮备液于 250 mL 容量瓶中,用水稀释至标线。此溶液每毫升含 2.00 μg 磷。临用时现配。

4.5.5.3　步骤

1. 样品的采集与保存

于水样采集后,加硫酸酸化至 pH 值≤1 保存。

2. 水样的预处理

取混合水样(包括悬浮物),经下述强氧化剂分解,测得水中总磷含量。

吸取 25.0 mL 混匀水样(必要时,酌情少取水样,并加水至 25 mL,使含磷量不超过 30 μg)于 50 mL 具塞刻度管中,加过硫酸钾溶液 4 mL,加塞后管口包一小块纱布并用线扎紧,以免加热时玻璃塞冲出。将具塞刻度管放在大烧杯中,置于高压蒸汽消毒器或压力锅中加热,待锅内压力达 1.1 kg/cm²(相应温度为 120 ℃)时,调节电炉温度,使保持此压力 30 min 后,停止加热,待压力表指针降至零后,取出放冷。如溶液浑浊,则用滤纸过滤,洗涤后定容。

试剂空白和标准溶液系列也经同样的消解操作。

当不具备压力消解条件时,亦可在常压下进行,操作步骤如下:

分取适量混匀水样于 150 mL 锥形瓶中,加水至 50 mL,加数粒玻璃珠,加 1 mL(3 + 7)硫酸溶液,5 mL 5%过硫酸钾溶液,置电热板或可调电炉上加热煮沸,调节温度,使保持微沸 30 ~ 40 min,至最后体积为 10 mL。放冷,加 2 滴酚酞指示剂,滴加氢氧化钠溶液至刚呈微红色,再滴加 1 mol/L 硫酸溶液使红色褪去,充分摇匀。如溶液不澄清,则用滤纸过滤于 50 mL 比色管中,用水洗锥形瓶及滤纸,一并移入比色管中,加水至标线,供分析用。

3. 校准曲线的绘制

取数支 50 mL 具塞比色管,分别加入磷酸盐标准溶液 0 mL、0.50 mL、1.00 mL、3.00 mL、5.00 mL、10.0 mL、15.0 mL,加水至 50 mL。向比色管中加入 1 mL 10%抗坏血酸溶液,混匀。30 s 后加 2 mL 钼酸盐溶液充分混匀,放置 15 min。用 10 mm 或 30 mm 比色皿,于 700 nm 波长处,以零浓度溶液为参比,测量吸光度。

4. 样品测定

取消解后的水样加入 50 mL 比色管中,用水稀释至标线。以下按绘制校准曲线的步骤进行显色和测量。减去空白试验的吸光度,并从校准曲线上查出含磷量。

4.5.5.4　计算

$$磷酸盐(P)/(mg \cdot L^{-1}) = \frac{m}{V}$$

式中　m——由校准曲线查得的磷量,μg;

　　　　V——水样体积,mL。

4.5.5.5　注意事项

①如试样中色度影响测量吸光度时,需做补偿校正。在 50 mL 比色管中,分取与样品测定相同量的水样,定容后加入 3 mL 浊度补偿液,测量吸光度,然后从水样的吸光度中减去校正吸光度。

②室温低于 13 ℃时,可在 20~30 ℃水浴中显色 15 min。

③操作所用的玻璃器皿,可用(1 + 5)盐酸浸泡 2 h,或用不含磷酸盐的洗涤剂刷洗。

④比色皿用后应以稀硝酸或铬酸洗液浸泡片刻,以除去吸附的钼蓝有色物。

⑤如采样时水样用酸固定,则用过硫酸钾消解前将水样调至中性。

⑥一般民用压力锅,在加热至顶压阀出气孔冒气时,锅内温度约为 120 ℃。

⑦干扰及消除:砷含量大于 2 mg/L 时有干扰,可用硫代硫酸钠除去。硫化物含量大于 2 mg/L 时有干扰,在酸性条件下通氮气可以除去。六价铬大于 50 mg/L 时有干扰,用亚硫酸钠除去。亚硝酸盐大于 1 mg/L 时有干扰,用氧化消解或加氨磺酸均可以除去。铁浓度为 20 mg/L 时,使结果偏低 5%;铜浓度达 10 mg/L 时不干扰;氟化物小于 70 mg 时也不干扰。水中大多数常见离子对显色的影响可以忽略。

⑧方法的适用范围:本方法最低检出浓度为 0.01 mg/L(吸光度 $A = 0.01$ 时所对应的浓度);测定上限为 0.6 mg/L。可适用于测定地表水、生活污水及化工、磷肥、金属表面磷化处理、农药、钢铁、焦化等行业的工业废水中的磷酸盐分析。

4.5.6　挥发酚的测定

根据酚类能否与水蒸气一起蒸出,分为挥发酚和不挥发酚。挥发酚通常是指沸点在 230 ℃以下的酚类,通常属一元酚。

酚类的分析方法很多,而各国普遍采用的是 4 – 氨基安替比林光度法,国际标准化组织颁布的测酚方法亦如此。当水样中挥发酚浓度低于 0.5 mg/L 时,采用 4 – 氨基安替比林萃取光度法,浓度高于 0.5 mg/L 时,采用 4 – 氨基安替比林直接光度法。高浓度含酚废水可采用溴化容量法,此法适用于车间排放口或未经处理的总排污口废水。

4.5.6.1　预蒸馏

蒸馏预处理是利用水样中各污染组分的沸点及其蒸气压不同而使其彼此分离的方法。当加热时,较易挥发的组分富集在蒸气相,对蒸气相进行冷凝或吸收时,挥发性组分在馏出液或吸收液中得到富集。测定水样中的挥发酚、氰化物和氟化物时,均需先在酸性介质中进行预蒸馏分离。在此,蒸馏具有消解、富集和分离三种作用。蒸馏可分为直接蒸馏和水蒸气蒸馏。后者虽然对控温要求较严格,但排除干扰效果好,不易发生暴沸,使用较安全。水中挥发酚经过蒸馏后,可以消除颜色、浑浊度等干扰。但当水样中含氧化剂、油、硫化物等干扰物质时,应在蒸馏前先做适当的预处理。

4.5.6.2　4 - 氨基安替比林直接光度法

1.方法原理

酚类化合物于 pH 值为 10.0 ± 0.2 介质中,在铁氰化钾存在下,与 4 - 氨基安替比林反应,生成橙红色的吲哚酚安替比林染料,其水溶液在 510 nm 波长处有最大吸收。

2.仪器与试剂

500 mL 全玻璃蒸馏器。

试验用水应为无酚水。无酚水制备:于 1 L 水中加入 0.2 g 经 200 ℃条件下活化 0.5 h 的活性炭粉末,充分振摇后,放置过夜。用双层中速滤纸过滤,或加氢氧化钠使水呈强碱性,并滴加高锰酸钾溶液至紫红色,移入蒸馏瓶中加热蒸馏,收集蒸馏出液备用。

碘酸钾标准溶液 $c(1/6\ KIO_3) = 0.025\ 0$ mol/L:称取预先经 180 ℃条件下烘干的碘酸钾 0.891 7 g 溶于水,移入 1 000 mL 容量瓶中,稀释至标线。

淀粉溶液:称取 1 g 可溶性淀粉,用少量水调成糊状,加沸水至 100 mL,冷却后,置冰箱内保存。

硫代硫酸钠标准滴定溶液 $c(Na_2S_3O_3 \cdot 5H_2O) \approx 0.025$ mol/L:称取 6.2 g 硫代硫酸钠溶于煮沸放冷的水中,加入 0.2 g 碳酸钠,稀释至 1 000 mL,临用前,用碘酸钾溶液标定。标定方法:分取 20.00 mL 碘酸钾溶液置于 250 mL 碘量瓶中,加水稀释至 100 mL,加 1 g 碘化钾,再加 5 mL(1 + 5)硫酸,加塞,轻轻摇匀。置暗处放置 5 min,用硫代硫酸钠溶液滴定至淡黄色,加 1 mL 淀粉溶液,继续滴定至蓝色刚褪去为止,记录硫代硫酸钠溶液用量。

按下式计算硫代硫酸钠溶液浓度

$$c(Na_2S_2O_3) = \frac{0.025\ 0 \times V_2}{V_1}$$

式中　V_1——硫代硫酸钠标准溶液体积, mL;

　　　V_2——移取碘酸钾标准溶液体积, mL;

　　0.025 0——碘酸钾标准溶液浓度,mol/L。

苯酚标准贮备液:称取 1.00 g 无色苯酚溶于水,移入 1 000 mL 容量瓶中,稀释至标线。置 4 ℃冰箱内保存,至少稳定一个月。

溴酸钾 - 溴化钾标准参考溶液 $c(1/6\ KBrO_3) = 0.1$ mol/L:称取 2.784 g 溴酸钾溶于水,加入 10 g 溴化钾(KBr)使之溶解,移入 1 000 mL 容量瓶中,稀释至标线。

贮备液的标定:吸取 10.00 mL 苯酚贮备液于 250 mL 碘量瓶中,加水稀释至 100 mL,加 10.00 mL 0.1 mol/L 溴酸钾 - 溴化钾溶液,立即加入 5 mL 盐酸,盖好瓶塞,轻轻摇匀,于暗处放置 10 min。加入 1 g 碘化钾,密塞,再轻轻摇匀,放置暗处 5 min。用 0.012 5 mol/L 硫代硫酸钠标准溶液滴定至淡黄色,加入 1 mL 淀粉溶液,继续滴定至蓝色刚好褪去为止,记录用量。

苯酚贮备液浓度由下式计算

$$苯酚/(mg \cdot mL^{-1}) = \frac{(V_3 - V_4)c \times 15.68}{V}$$

式中　V_3——空白试验中消耗的硫代硫酸钠标准溶液体积, mL;

　　　V_4——滴定苯酚贮备液时消耗的硫代硫酸钠标准溶液体积, mL;

V——苯酚贮备液体积，mL；

c——硫代硫酸钠标准溶液浓度，mol/L。

苯酚标准中间液：取适量苯酚贮备液，用水稀释至每毫升含 0.010 mg 苯酚，使用时当天配制。

甲基橙指示液：称取 0.05 g 甲基橙溶于 100 mL 水中。

缓冲溶液(pH 值约为 10)：称取 20 g 氯化铵(NH_4Cl)溶于 100 mL 氨水中，加塞，置冰箱中保存。

2%4 - 氨基安替比林溶液：称取 2 g 4 - 氨基安替比林($C_{11}H_{13}N_3O$)溶于水，稀释至100 mL，置冰箱中保存，可使用一周。

8%铁氰化钾溶液：称取 8 g 铁氰化钾($K_3Fe(CN)_6$)溶于水，稀释至 100 mL，置冰箱内保存，可使用一周。

磷酸溶液：量取 50 mL 磷酸($\rho_{20} = 1.69$ g/mL)，用水稀释至 500 mL。

3. 步骤

(1)水样保存

用玻璃仪器采集水样。水样采集后应及时检查有无氧化剂存在。必要时加入过量的硫酸亚铁，立即加磷酸酸化至 pH 值为 4.0，并加入适量硫酸铜(1 g/L)以抑制微生物对酚类的生物氧化作用，同时应冷藏(5 ~ 10 ℃条件下)，在采集后 24 h 内进行测定。

(2)预蒸馏

量取 250 mL 水样置于蒸馏瓶中，加数粒小玻璃珠以防暴沸，再加入二滴甲基橙指示液，用磷酸溶液调节至 pH 值为 4(溶液呈橙红色)，加 5.0 mL 硫酸铜溶液(如采样时已加过硫酸铜，则适量补加)。

连接冷凝器加热蒸馏，至蒸馏出约 225 mL 时，停止加热，放冷。向蒸馏瓶中加入 25 mL水，继续蒸馏至馏出液为 250 mL 为止。

(3)校准曲线的绘制

于一组八支 50 mL 比色管中，分别加入 0 mL、0.50 mL、1.00 mL、5.00 mL、7.00 mL、10.00 mL、12.50 mL 酚标准中间液，加水至 50 mL 标线。加 0.5 mL 缓冲溶液，混匀。此时 pH值为 10.0±0.2，加 4 - 氨基安替比林溶液 1.0 mL，混匀。再加 1.0 mL 铁氰化钾溶液，充分混匀，放置 10 min 后，立即于 510 nm 波长处，用光程为 20 mm 比色皿，以水为参比，测量吸光度。经空白校正后，绘制吸光度对苯酚含量(mg)的校准曲线。

(4)水样的测定

分取适量的馏出液放入 50 mL 比色管中，稀释至 50 mL 标线。用与绘制校准曲线相同的步骤测定吸光度，最后减去空白试验所得吸光度。

空白试验：以水代替水样，经蒸馏后，按水样测定相同步骤进行测定。以其结果作为水样测定的空白校正值。

4. 计算

$$挥发酚(以苯酚计)/(mg \cdot L^{-1}) = \frac{m}{V} \times 1\ 000$$

5. 注意事项

①无酚水应贮于玻璃瓶中，取用时应避免与橡胶制品(橡皮塞或乳胶管)接触。

②蒸馏过程中,如发现甲基橙红色褪去,应在蒸馏结束后,再加 1 滴甲基橙指示液。如发现蒸馏后残液不呈酸性,则应重新取样,增加磷酸加入量,进行蒸馏。

③如水样含挥发酚较高,移取适量水样并加水至 250 mL 进行蒸馏,则在计算时应乘以倍数。

④方法适用范围:用光程长为 20 mm 比色皿测量时,酚的最低检出浓度为 0.1 mg/L。

⑤氧化剂、硫化物、油类的干扰可采用加还原剂硫酸亚铁、加适量硫酸铜、萃取等方法除去,芳香胺类干扰可在 pH 值 < 0.5 的介质中蒸馏。

4.5.6.3　4 - 氨基安替比林萃取光度法

1. 方法原理

溶剂萃取是基于物质在不同的溶剂相中分配比不同,分配比为溶质在有机相中的各种存在形态的总浓度与水相中各种形态的总浓度之比。常用的萃取方法为有机物萃取,由于分散在水相中的有机物质易被有机溶剂萃取,因此可以富集分散在水样中的有机污染物质。酚类化合物在 pH 值为 10.0 ± 0.2 的介质中,在铁氰化钾存在下,与 4 - 氨基安替比林反应,生成橙红色的吲哚酚安替比林染料,当酚含量低于 0.05 mg/L 时,水样经蒸馏分离后用三氯甲烷进行萃取浓缩。此染料在 460 nm 波长处具有最大吸收。显色反应往往利用有机物作为显色剂,生成的络合物易溶于有机溶剂中,水溶液中加入有机溶剂使络合物溶解度增大,解离度减小,灵敏度提高,有时有机溶剂还可加快显色反应。

2. 仪器与试剂

500 mL 分液漏斗;分光光度计。

试验用水均为无酚水。除了与 4 - 氨基安替比林直接光度法所需相同的试剂外,增加下述试剂:

苯酚标准溶液:取适量苯酚标准中间液,用水稀释至每毫升含 1.00 μg 苯酚,配制后在 2 h 内使用;三氯甲烷。

3. 步骤

(1)校准曲线的绘制

于一组 8 个分液漏斗中,分别加入 100 mL 水,依次加入 0 mL、0.50 mL、1.00 mL、3.00 mL、5.00 mL、7.00 mL、10.00 mL、15.00 mL 苯酚标准溶液,再分别加水至 250 mL,加 2.0 mL 缓冲溶液混匀。此时 pH 值为 10.0 ± 0.2,加 1.50 mL 4 - 氨基安替比林溶液,混匀,再加 1.5 mL 铁氰化钾溶液,充分混匀后,放置 10 min。准确加入 10.0 mL 三氯甲烷,加塞,剧烈振摇 2 min,静置分层。用干脱脂棉或滤纸筒拭干分液漏斗颈管内壁,于颈管内塞一小团干脱脂棉或滤纸,放出三氯甲烷层,弃去最初滤出的数滴萃取液后,直接放入光程为 20 mm 的比色皿中,于 460 nm 波长处,以三氯甲烷为参比,测量吸光度。经空白校正后,绘制吸光度对苯酚含量的校准曲线。

(2)水样的测定

分取馏出液于分液漏斗中,加水至 250 mL,用与绘制校准曲线相同操作步骤测量吸光度,再减去空白试验吸光度。

空白试验:用纯水代替水样进行蒸馏后,按水样测定相同步骤进行测定,以其结果作为水样测定的空白校正值。

4. 计算

与直接光度法同。

5.注意事项

①4 – 氨基安替比林的纯度对空白试验的吸光度影响较大,必要时做提纯处理。将4 – 氨基安替比林置于干燥的烧杯中,加约 10 倍量的苯,用玻璃棒充分搅拌,并使块状物粉碎,将溶液连同沉淀移至干燥滤纸上过滤,再用少量苯洗至滤液为淡黄色为止。将滤纸上的沉淀物摊铺于表面皿上,利用通风柜的机械通风,在较短的时间内使残留的苯挥发,去除后,置干燥器内避光保存。苯有毒性,提纯操作应在通风橱内进行。

②当水样含挥发性酸时,可使馏出液 pH 值降低,必要时,应加氨水于馏出液中,使呈中性后加入缓冲溶液。

③方法适用范围:本方法适用于饮用水、地表水、地下水和工业废水中挥发酚的测定。其最低检出浓度为 0.002 mg/L;测定上限为 0.12 mg/L。

4.5.7　石油类测定

4.5.7.1　红外分光光度法

1.方法原理

用四氯化碳萃取水中的油类物质,测定总萃取物,然后将萃取液用硅酸镁吸附,去除动物油、植物油等极性物质后,测定石油类含量。总萃取物和石油类的含量均由波数分别为 2 930 cm^{-1}、2 960 cm^{-1}、3 030 cm^{-1}谱带处的吸光度 $A_{2\,930}$,$A_{2\,960}$,$A_{3\,030}$进行计算。动、植物油的含量为总萃取物与石油类含量之差。

2.仪器与试剂

红外分光光度计,能在 3 400 ~ 2 400 cm^{-1}之间进行扫描操作,并配有 1 cm 和 4 cm 带盖石英比色皿;分液漏斗:1 000 mL,活塞上不得使用油性润滑剂,最好为聚四氟乙烯活塞的分液漏斗;容量瓶:50 mL、100 mL、1 000 mL;玻璃砂芯漏斗:G – 1 型 40 cm;采样瓶:玻璃瓶;吸附柱:内径 10 mm、长约 200 mm 的玻璃层析柱,出口处填塞少量萃取溶剂浸泡并晾干后的玻璃棉,将已处理好的硅酸镁缓缓倒入玻璃层析柱中,边倒边轻轻敲打,填充高度为 80 mm。

四氯化碳(CCl_4)在 2 600 ~ 3 300 cm^{-1}之间扫描,其吸光度应不超过 0.03(1 cm 比色皿、空气池作参比);硅酸镁:60 ~ 100 目,取硅酸镁于瓷蒸发皿中,置高温炉内 500 ℃条件下加热 2 h,在炉内冷至 200 ℃后,移入干燥器中冷却至室温,于磨口玻璃瓶内保存。使用时,称取适量的干燥硅酸镁于磨口玻璃瓶中,根据干燥硅酸镁的重量,按 6% 的比例加适量的蒸馏水,密塞并充分振荡数分钟,放置约 12 h 后使用。

无水硫酸钠:在高温炉内 300 ℃条件下加热 2 h,冷却后装入磨口玻璃瓶中,于干燥器内保存。

氯化钠;盐酸(ρ = 1.18 g/mL);(1 + 5)盐酸溶液;氢氧化钠溶液(50 g/L);硫酸铝($Al_2(SO_4)_3 \cdot 18H_2O$)溶液(130 g/L);正十六烷;姥鲛烷(Pfistane,2,6,10,14 – 四甲基十五烷);甲苯。

3.萃取和吸附

絮凝富集萃取:水样中石油类和动、植物油的含量较低时,采用絮凝富集萃取法。向一定体积的水样中加 25 mL 硫酸铝溶液并搅匀,然后边搅拌边逐滴加 25 mL 氢氧化钠溶液,待形成絮状沉淀后沉降 30 min,以虹吸法弃去上层清液,加适量的盐酸溶液溶解沉淀,以下步骤按直接萃取法进行。

直接萃取:将一定体积的水样全部倒入分液漏斗中,加盐酸酸化至 pH 值 < 2,用 20 mL 四氯化碳洗涤采样瓶后移入分液漏斗中,加入约 20 g 氯化钠,充分振荡 2 min,并经常开启活塞排气。静置分层后,将萃取液经 10 mm 厚度无水硫酸钠的玻璃砂芯漏斗流入容量瓶内。用 20 mL 四氯化碳重复萃取一次。取适量的四氯化碳洗涤玻璃砂芯漏斗,洗涤液一并流入容量瓶,加四氯化碳稀释至标线定容,并摇匀。

将萃取液分成两份,一份直接用于测定总萃取物,另一份经硅酸镁吸附后,用于测定石油类。

吸附柱法:取适量的萃取液通过硅酸镁吸附柱,弃去前约 5 mL 的滤出液,余下部分接入玻璃瓶用于测定石油类。如萃取液需要稀释,应在吸附前进行。

振荡吸附法:只适合于通过吸附柱后测得的结果基本一致的条件下采用。本法适合大批量样品的测量。称取 3 g 硅酸镁吸附剂,倒入 50 mL 磨口三角瓶,加约 30 mL 萃取液,密塞。将三角瓶置于康氏振荡器上,以 ≥200 次/min 的速度连续振荡 20 min,萃取液经玻璃砂芯漏斗过滤,滤出液接入玻璃瓶用于测定石油类含量,如萃取液需要稀释,应在吸附前进行。

4. 测定

(1)校正系数的测定

以四氯化碳为溶剂,分别配制 100 mg/L 正十六烷、100 mg/L 姥鲛烷和 400 mg/L 甲苯溶液。用四氯化碳作参比溶液,使用 1 cm 比色皿,分别测量正十六烷、姥鲛烷和甲苯三种溶液在 2 930 cm^{-1}、2 960 cm^{-1}、3 030 cm^{-1} 谱带处的吸光度 $A_{2\,930}$,$A_{2\,960}$,$A_{3\,030}$,正十六烷、姥鲛烷和甲苯三种溶液在上述波数处的吸光度均服从于

$$c = XA_{2\,930} + YA_{2\,960} + Z(A_{3\,030} - A_{2\,930}/F) \tag{4.4}$$

式中　c——萃取溶液中化合物的含量,mg/L;

　　　$A_{2\,930}$,$A_{2\,960}$,$A_{3\,030}$——各对应波数下测得的吸光度;

　　　X,Y,Z——与各种 C—H 键吸光度相对应的系数;

　　　F——脂肪烃对芳香烃影响的校正因子,即正十六烷在 2 930 cm^{-1} 和 3 030 cm^{-1} 处的吸光度之比。

由此得出的联立方程式经求解后,可分别得到相应的校正系数 X,Y,Z 和 F 对于十六烷(H)和姥鲛烷(P),由于其芳香烃含量为零,即:$A_{3\,030} - A_{2\,930}/F = 0$

则有

$$F = A_{2\,930}(H)/A_{3\,030}(H)$$
$$c(H) = XA_{2\,930}(H) + YA_{2\,960}(H)$$
$$c(P) = XA_{2\,930}(P) + YA_{2\,960}(P)$$

式中　$c(H)$ 和 $c(P)$——测定条件下正十六烷和姥鲛烷的质量浓度,mg/L。

由上式可求得 F,X 和 Y 值,对于甲苯(T)则有

$$c(T) = XA_{2\,930}(T) + YA_{2\,960}(T) + Z[A_{3\,030}(T) - A_{2\,930}(T)/F]$$

由此式求得 Z 值,其中 $c(T)$ 为测定条件下甲苯的浓度,mg/L。

(2)校正系数检验

分别准确量取纯正十六烷、姥鲛烷和甲苯,按 5:3:1 的比例配成混合烃。使用时根据所需浓度,准确称取适量的混合烃,以四氯化碳为溶剂配成适当浓度范围(如 5 mg/L、40 mg/L、80 mg/L 等)的混合烃系列溶液。

在 2 930 cm^{-1}、2 960 cm^{-1} 和 3 030 cm^{-1} 处分别测量混合烃系列溶液的吸光度 $A_{2\,930}$,$A_{2\,960}$ 和 $A_{3\,030}$,按上述 c 表示式计算混合烃系列溶液的浓度,并与配制值进行比较。如混合烃系列溶液浓度测定值和回收率在 90% ~ 110% 范围内,则校正系数可采用,否则应重新测定校正系数并检验,直至符合条件为止。

(3)样品测定

以四氯化碳作参比溶液,使用适当光程的比色皿,在 3 400 ~ 2 400 cm^{-1} 之间分别对萃取液和硅酸镁吸附后滤出液进行扫描,于 3 300 ~ 2 600 cm^{-1} 之间划一直线作基线,在 2 930 cm^{-1}、2 960 cm^{-1}、3 030 cm^{-1} 处分别测量萃取液和硅酸镁吸附后滤出液的吸光度 $A_{2\,930}$,$A_{2\,960}$,$A_{3\,030}$,并分别计算总萃取物和石油类的含量,按总萃取物与石油类含量之差计算动、植物油的含量。

空白试验:以水代替试料,加入与测定时相同体积的试剂,并使用相同光程的比色皿,按测定中的有关步骤进行空白试验。

5.计算

(1)总萃取物含量

水样中总萃取物含量 c_1(mg/L)按下式计算

$$c_1 = \left[XA_{1,2\,930} + YA_{1,2\,960} + Z(A_{1,3030} - A_{1,2\,930})/F \right] \times \frac{V_0 Dl}{V_w L}$$

式中　$A_{1,2\,930}$,$A_{1,2\,960}$ 和 $A_{1,3\,030}$——各对应波数下测得萃取液的吸光度;

　　　V_0——萃取溶剂定容体积,mL;

　　　V_w——水样体积,mL;

　　　D——萃取液稀释的倍数;

　　　l——测定校正系数时所用比色皿的光程,cm;

　　　L——测定水样时所用比色皿的光程,cm。

(2)石油类含量

水样中石油类含量 c_2(mg/L)按下式计算

$$c_2 = \left[XA_{2,2\,930} + YA_{2,2\,960} + Z(A_{2,3\,030} - A_{2,2\,930}/F) \right] \times \frac{V_0 Dl}{V_w L}$$

式中　$A_{2,2\,930}$,$A_{2,2\,960}$ 和 $A_{2,3\,030}$——各对应波数下测得硅酸镁吸附后滤出液的吸光度。

(3)动、植物油含量

水样中动、植物油的含量 c_3(mg/L)按下式计算

$$c_3 = c_1 - c_2$$

6.注意事项

①四氯化碳有毒,操作时要谨慎小心,并在通风橱内进行。

②经硅酸镁吸附剂处理后,由极性分子构成的动、植物油被吸附,而非极性石油类不被吸附。某些非动、植物的极性物质同时也被吸附,当水样中明显含有此类物质时,可在测试报告中加以说明。

③可采用异辛烷代替姥鲛烷、苯代替甲苯,以相同方法测定校正系数。两系列物质,在同一仪器相同波数下的吸光度不一定完全一致,但测得的校正系数变化不大。采用异辛烷和苯代替测定校正系数时,用正十六烷、异辛烷和苯按 65:25:10 的比例配制混合烃,然后按相同方法检验校正系数。

4.5.7.2　非色散红外光度法

非色散红外光度法不需要将红外线进行分光。目前已利用非色散红外吸收原理制成水中油分等检测仪器。

1.方法原理

水样中石油经四氯化碳萃取后,在 3 500 nm 波长下测量吸收值定量。

2.仪器与试剂

非色散红外测油仪;分液漏斗 500 mL 和 1 000 mL;具塞比色管 25 mL。

除非另有说明,分析中均使用符合国家标准的分析纯试剂和蒸馏水或同等纯度的水。

四氯化碳,于红外测油仪上测定,在 3 500 nm 处不应有吸收,否则应重蒸馏精制。

(1 + 3)盐酸溶液;氯化钠;无水硫酸钠。

石油标准贮备液(1.00 mg/mL):准确称取 0.100 0 g 机油(50 号),溶于适量的四氯化碳中,移入 100 mL 容量瓶,用四氯化碳稀释至标线。

石油标准使用溶液(100 μg/mL):吸取 10.0 mL 石油标准贮备溶液于 100 mL 容量瓶中,加四氯化碳至标线。

3.步骤

(1)萃取

将水样瓶(500 ~ 1 000 mL)中水样全部倒入 1 000 mL 分液漏斗中,加入盐酸溶液酸化,加 10 g 氯化钠,摇匀使溶解。用 25 mL 四氯化碳分次洗涤采样瓶后倒入分液漏斗中,振摇 5 min,静置分层。收集萃取液于 25 mL 具塞比色管中,用四氯化碳稀释至刻度。用无水硫酸钠脱水后,注入测油仪测量吸收值。

(2)测定

取一组 25 mL 具塞比色管,分别加入 0 mL、0.5 mL、1.0 mL、1.5 mL、2.0 mL、2.5 mL石油标准使用溶液,加四氯化碳至标线,使每 25 mL 中含石油 0 μg、50 μg、100 μg、150 μg、200 μg 和250 μg。注入测油仪测量吸收值。绘制标准曲线,从曲线上查出水样中石油的质量。

4.计算

水样中石油的质量浓度计算式为

$$\rho(B) = \frac{m}{V}$$

式中　　$\rho(B)$——水样中石油的质量浓度,mg/L;

$\quad\quad m$——从标准曲线上查得石油的质量, μg;

$\quad\quad V$——水样体积, mL。

4.5.8　总有机碳(TOC)测定

TOC 表示水中存在的溶解性和悬浮性有机碳的碳含量,是以碳的含量来表示水体中有机物总量的综合指标,由于对各种有机物的氧化效率高,与 COD_{Cr},COD_{Mn},BOD_5 比较,更能准确反映有机污染程度,因此,TOC 测定越来越受到人们的关注。

4.5.8.1　方法原理

向水样中加入适当的氧化剂或紫外催化剂(TiO_2)等,使水中有机碳转化二氧化碳,无机碳经酸化和吹脱后被除去,或单独测定。生成的二氧化碳可直接测定或还原为甲烷后再测定。二氧化碳的测定方法包括非色散红外光谱法、滴定法、热导池检测、电导滴定、电量滴定、二氧化碳敏感电极法、还原为甲烷后用火焰离子化检测器检测。

4.5.8.2　仪器与试剂

有机碳测定仪、载气(氮气或氧气 > 99.99%)。

除另有说明外,均为分析纯试剂,所用水均为无二氧化碳蒸馏水,无二氧化碳蒸馏水制备:将重蒸馏水在烧杯中煮沸蒸发(蒸发量 10%),放冷,装入插有碱石灰管的下口瓶中备用。

邻苯二甲酸氢钾($KHC_8H_4O_4$),优级纯;无水碳酸钠(Na_2CO_3),优级纯;碳酸氢钠,优级纯,存放于干燥器中。

有机碳标准贮备溶液(1 000 mg/L):称取邻苯二甲酸氢钾(预先在 110 ~ 120 ℃条件下干燥 2 h,置于干燥器中冷却至室温)2.125 4 g,溶解于纯水中,移入 1 000 mL 容量瓶中,用水稀释至标线,混匀。在低温(4 ℃)冷藏条件下可保存 48 d。

有机碳标准溶液(100 mg/L):准确吸取 100 mL 有机碳标准贮备溶液,置于 1 000 mL 容量瓶内,用水稀释至标线,混匀。此溶液用时现配。

无机碳标准贮备溶液(1 000 mg/L):称取碳酸氢钠(预先在干燥器中干燥)3.497 0 g 和无水碳酸钠(预先在 285 ℃条件下干燥 2 h,置于干燥容器中,冷却至室温)4.412 2 g 溶解于水中,转入 1 000 mL 容量瓶内,稀释至标线,混匀。

磷酸(0.5 mol/L)。

纯水要求:见表 4.1。

表 4.1　总有机碳测定稀释水的要求

测定样的总有机碳含量 (C)/(mg·L⁻¹)	稀释水中总有机碳最高容许含量(C)/(mg·L⁻¹)	稀释水的处理方法
< 10	0.1	紫外催化、蒸汽法冷凝
10 ~ 100	0.5	加高锰酸钾、重铬酸钾重蒸馏
> 100	1	蒸馏水

4.5.8.3　步骤

样品的处理和测定:水样经震荡均匀后再进行测定。如水样震荡后仍不能得到均匀的样品,应使之均化。如测定 TOC,可用热的纯水淋洗 0.45 μm 滤膜至不再出现有机物,再通过滤膜。根据仪器制造厂家的说明书,把测定样的总有机碳含量调节到仪器的工作范围内,直接进行样品测定。分析前应去除水样中存在的二氧化碳。水样中易挥发性有机物的逸失应降至最低程度,应经常控制系统的泄漏。

标准曲线绘制:按照说明书将仪器调试至工作状态。吸取 1.00 mL、2.00 mL、5.00 mL 和 25.00 mL 邻苯二甲酸氢钾标准贮备溶液,分别移入 100 mL 容量瓶内,加纯水至标线,摇匀。按仪器制造厂家说明书测定各标准溶液和空白样。以总有机碳的质量浓度(mg/L)对仪器的响应值绘制校准曲线,得到的斜率为校准系数 f(mg/L)。

对照试验:用标准溶液对照测定样进行检验,提供校正值。容许与保证值的偏差为:1～10 mg/L,有机碳 $\pm 10\%$;大于 100 mg/L,有机碳 $\pm 5\%$。倘使出现更大的偏差,应检查其来源:仪器装置中的故障,例如:氧化系统或检测系统发生故障、泄漏差;试剂浓度改变;系统被污染,温度和气体调节方面的错误等。为了证实测定系统的氧化效率,应尽可能采用氧化性能与测定样类似能代替邻苯二甲酸氢钾的试剂。整个测量系统应每周校核一次。

4.5.8.4　计算

$$\rho(\text{TOC}) = \frac{fIV}{V_0}$$

式中　$\rho(\text{TOC})$——水样总有机碳的质量浓度,mg/L;

　　　I——仪器响应值;

　　　f——校准系数,mg/L;

　　　V——(稀释后)测定样的体积;

　　　V_0——(稀释前)原水样体积,mL。

4.5.9　紫外吸收法测定污水厂出水的 COD

工业废水中 COD 的监测方法主要是重铬酸钾法,其缺点是:监测时间长,操作麻烦,易形成二次污染。目前,有研究用测定吸光度来代替繁琐的 COD 测定方法,根据有机物在紫外光谱区有很强的吸收能力的原理,对废水紫外吸光度与 COD 的相关性进行了研究,并用数理统计的方法建立了两者之间的回归方程,该法测定过程更加简单,不仅缩短了测定时间,节省了费用,而且不产生任何二次污染。

分析步骤:将水样混匀,稀释适当的倍数后在波长 210 nm 处测定吸光度,同时用标准方法测定原水的 COD_{Cr},并进行线性拟合,波长为 210 nm 时的相关系数 $r = 0.999\ 4$,连续测定一周,从试验得到其经验关系式为

$$\text{COD} = 0.005\ 79 + (14.656 \pm 0.591)A$$

由经验公式根据紫外吸收值可以评估水样的 COD,但试验建立的回归方程,只对特定的废水才能成立,不能直接利用。

4.5.10　紫外吸收法测定二氧化氯

ClO_2 是一种杀菌消毒剂,具有低毒、广谱、高效和安全的特点,以 ClO_2 代替液氯作为消毒剂显示出其优越性,使用浓度常在微量级水平,所以准确、快速测定微量 ClO_2 的方法,对饮水的消毒成本和质量控制,保证饮用水的卫生安全非常重要。采用膜分离紫外光度法连续测定水样中的二氧化氯获得了较好的效果。

利用透气膜气体扩散的原理,能很快地分离液相中的气体。依据 ClO_2 能透过微孔性聚四氟乙烯膜的特性,制作了 ClO_2 连续流动分离装置,测定波长在 360 nm 处的吸光度,提高了紫外分光光度法测定水中二氧化氯的准确度和精密度。

4.5.11　紫外分光光度法测定水中阴离子表面活性剂

目前用于水中阴离子表面活性剂的国标通用方法是亚甲蓝吸光光度法。该法操作繁琐、准确度差、易受各种共存物的影响,且灵敏度低。而表面活性剂中有很大一部分是具有双键或芳环的化合物,在紫外区域有其特征的紫外吸收光谱和摩尔吸光系数,在 194 nm 处测得阴离子表面活性剂水溶液的摩尔吸光系数值为 5.5×10^4 L/(mol·cm),因此可以采用紫外分光光度法测定。

思考题及习题

1. 分光光度等仪器分析法中所用标准系列怎样配制? 721 或 722 型分光光度计怎样使用? 新型分光光度计使用上有哪些优点? 总氮和矿物油的测定可以使用哪两种类型的分光光度计?

2. 标准曲线有何实际意义?

3. 填空

不同浓度的同一物质吸收光谱形状(　),λ_{max}(　),但吸光度随浓度(　),在 λ_{max} 测量吸光度其灵敏度(　),因此,(　)是分光光度法选择测量波长的根据。在无干扰时,通常选择(　)作为测量波长,而有干扰时,应根据(　)的原则选择测量波长。紫外及可见吸收光谱由(　)产生,红外吸收光谱由(　)产生。摩尔吸光系数与(　)、(　)和(　)有关,而与(　)和(　)无关,反映了物质对光的(　)能力,也反映了吸光光度法测定吸光物质的(　)。$\lambda_{max} = 560$ nm,$\varepsilon = 5.0 \times 10^5$ L/(mol·cm),该物质对 560 nm 的光的(　)强,用吸光光度法测定该物质(　)高。紫外可见光度计在紫外光区使用光源是(　)灯,色散元件、棱镜及比色皿材料是(　),在可见光区使用(　)作光源,用(　)制作棱镜和比色皿。

4. 试述光电倍增管、CCD 和傅立叶变换红外分光法的工作原理。

5. 讨论几项测定实例,说说这些方法的测定原理和过程,需要注意哪些事项。

6. 用磺基水杨酸法测定微量铁。标准溶液是由 0.215 8 g 铁铵矾($NH_4Fe(SO_4)_2 \cdot 12H_2O$)溶于水稀释至 500 mL 配成的。取适量标准溶液在 50 mL 容量瓶中显色,然后以吸光度 A 为纵坐标,铁标准溶液毫升数为横坐标,用所得数据绘制标准曲线,试样溶液 5.00 mL 稀释至 250 mL,再吸取此稀释液 2.00 mL,在与标准溶液相同条件下显色后,测得吸光度为 0.555,求试样中铁的含量(g/L)。

表 4.2　铁标准溶液加入量与吸光度

标准溶液/mL	0.0	2.0	4.0	6.0	8.0	10.0
A	0.000	0.165	0.320	0.480	0.630	0.790

第 5 章　原子光谱分析法

原子光谱分析包括原子吸收光谱分析(AAS)、原子发射光谱分析(AES)和原子荧光光谱分析(AFS)。AAS 是重要的痕量分析技术之一,其精密度、准确度、检测限都比化学方法准确,简单易行,在 20 世纪 70 年代后逐渐推广原子吸收光谱分析法。AAS 是一种单元素检测技术,这一缺点在一定程度上限制了它的发展与应用。经过人们的长期努力,在 20 世纪 90 年代出现了商品多元素 AAS 仪器,它可以一次检测 4 ~ 6 个元素。此外,AAS 在光源、分光计、检测器以及原子化器方面也取得了一些进展。AFS 曾被人们视为最具有发展潜力的痕量分析技术之一,但由于 AFS 技术进样方式的限制,其应用范围还远远不及 AAS,目前主要采用氢化物原子荧光仪测定水中砷、汞、硒等。这两种仪器只能完成指定项目的检测,没有对未知水样"扫描"的功能。电感耦合等离子体发射光谱技术(ICP - AES)的问世,被认为是分析技术发展中的重大突破,并已发展成为理想的多元素检测手段。由于自身具有的灵敏度高、检测限低、多元素检测、线性范围宽、低干扰水平等突出优点,面世以来便得到了广泛的应用。20 世纪 80 年代初期,等离子体质谱(ICP - MS)问世,推动了现代分析技术的发展,扩大了应用范围。虽然质谱分析在工作原理上与分子光谱有着本质的不同,但质谱仪根据荷质比将离子分开的过程与光谱分析中的分光过程类似,故通常也被认为是一种光谱分析法,按分析对象的不同,质谱法可分为原子质谱法和分子质谱法,ICP - MS 就是原子质谱法。

5.1　原子吸收法

5.1.1　概述

AAS 是仪器分析中最重要的测试手段之一,已成为水处理、水环境评价和水质分析中最重要的测试方法之一。所谓原子吸收是指气态自由原子对同种原子发射出的特征波长的光的吸收现象。原子吸收光谱法就是基于水样蒸气中的基态原子,对光源发出该种元素特征波长光的吸收程度进行定量分析的方法。

原子吸收光谱法具有以下特点:

检出限低:火焰原子吸收法(FAAS)的检出限可达到 $\mu g/L$ 级,石墨炉原子吸收法(GFAAS)的检出限可达 $10^{-6} \sim 10^{-14}$ g。

选择性好:原子吸收光谱是元素的固有特征,原子吸收测定具有良好的选择性,干扰少,易分析。

精密度高:相对标准偏差一般小于 1%,有时可以达到 0.3%,甚至更好。

分析速度快:由于选择性的化学处理和操作简便,因此分析速度快。使用自动进样器后,每小时可测定几十个样品。

应用范围广:可分析周期表中绝大多数的金属和非金属元素,可测元素达 70 多种。

耗样量小:FAAS 进样量一般为 3 ~ 6 mL/min,微量进样量为 10 ~ 50 μL/min。GFAAS 的

进样量为 10 ~ 30 μL/min。

5.1.2　基本原理

任何元素的原子都是由带一定数目正电荷的原子核和相同数目的带负电荷的核外电子所组成。核外电子分层排布,称为原子能级(也称能态),所以电子按一定规律分布在各个能级上,每个电子的能量由它所处的能级决定。核外电子的排布具有最低能级时,原子处于基态,当有外界能量(原子吸收中主要是光辐射)作用于原子蒸气时,原子最外层电子吸收一定能量而跃迁到较高能级上,原子处于激发态,能量最低的激发态称为第一激发态。入射光的频率等于原子中电子由基态跃迁到第一激发态所需要的能量频率时,原子从基态到第一激发态所吸收的谱线称为共振吸收线。激发到较高能级的电子是不稳定的,在极短的时间(约 10^{-8} s)又跃回原能级,恢复为基态,同时辐射出吸收的能量,由第一激发态回到基态所释放的一定频率的谱线称为共振发射线,如图 5.1 所示。

各种元素的原子结构和外层电子排布不同,不同元素的原子从基态跃迁至第一激发态(或由第一激发态跃回基态)时,吸收(或辐射)的能量不同,因此各种元素的共振线不同而具有特征性,元素的共振线也称为元素的特征谱线。对大多数元素来说,共振线最容易发生,是元素所有谱线中最灵敏的,一般情况下,原子吸收法都是利用处于基态的原子对来自光源的共振发射线产生共振吸收来进行分析的。

常用的火焰温度低于 3 000 K,因而对大多数元素来说,火焰中激发态原子数远小于基态原子数,在火焰温度下,能够产生基态原子的吸收。

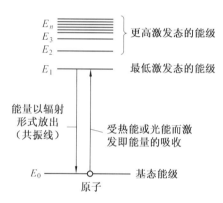

图 5.1　原子光谱的发射和吸收示意图

原子蒸气对共振线吸收的全部能量与单位体积原子蒸气中吸收辐射的基态原子浓度成正比,而待测元素的浓度,与待测元素吸收辐射的基态原子浓度成正比。所以在一定浓度范围内和一定的火焰温度下,吸光度与试样中待测元素浓度的关系符合朗伯 – 比耳定律,即

$$A = Kc \tag{5.1}$$

式中　　K——在一定试验条件下为常数;

　　　　c——待测物浓度。

5.1.3　仪器构成和使用

原子吸收光谱分析所用的仪器,称为原子吸收分光光度计,原子吸收分光光度计有单光束型和双光束型两种,都是由光源、原子化器、分光系统和检测 – 显示系统等几个主要部分组成,如图 5.2 所示。由光源辐射出待测元素的共振线经过原子化器,被原子化器中的基态原子所吸收,透过光经单色器分光后,未被吸收的共振线照射到检测器上,产生的光电流经放大器放大后,可以从读数装置读出吸光度值。

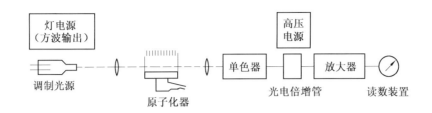

图 5.2 单光束原子吸收分光光度计主要组成

5.1.3.1 光源

光源的作用是发射待测元素的共振线,以供吸收测量用。为了获得较高的灵敏度和准确度,光源必须满足如下要求:能够辐射出比吸收线宽度更窄的锐线光谱;强度大而稳定;背景低,有利于提高信噪比,降低检出限;使用和维护方便,寿命长。

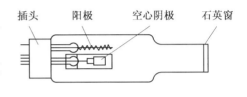

图 5.3 空心阴极灯

目前应用最广泛的光源是空心阴极灯,其结构如图 5.3 所示。它的阴极为圆筒形,由发射特征谱线的金属或合金制成;阳极为同心圆球状,在钨棒上镶以钛丝或钽片制成;两极密封于充有低压惰性气体(氖或氩等)的带有石英透过窗的玻璃壳中。当两极施以适当的电压时(一般为 300 ~ 500 V),从阴极发出的电子向阳极运动,电子在运动中与载气原子发生碰撞,产生能量交换,引起载气原子电离放出电子和正离子。正离子在电场中作加速运动并轰击阴极表面,当正离子动能大于金属阴极表面晶格能时,使阴极表面的金属原子溅射出来,溅射出来的阴极元素原子再与电子、原子及离子发生碰撞而被激发,于是空心阴极灯就发射出阴极物质的光谱(其中也夹杂有内充气体及阴极材料杂质的光谱)。为了保证光源只发射频率范围很窄的锐线,要求阴极材料具有高纯度。用不同的元素作阴极材料,制成相应的空心阴极灯并以相应的金属元素来命名,表示它可以用作测定这种金属元素的光源。例如"铜空心阴极灯",就是用铜作为阴极材料制成的,能发射铜的特征谱线,用作测定铜的光源。空心阴极灯的优点是:只有一个操作参数(即灯电流),而且灯也容易换。缺点是:每测一个元素均需更换相应待测元素的空心阴极灯。

空心阴极灯的辐射强度与灯的工作电流有关。灯电流过小,发射强度低,且放电不稳定;灯电流过大,发射谱线变宽,甚至引起自吸,反而导致灵敏度下降和工作曲线的弯曲,灯寿命缩短。选用灯电流的一般原则是:在保证有足够强而稳定的辐射光通量的情况下,尽量使用较低的工作电流,最适宜的工作电流由试验确定。

5.1.3.2 原子化器

待测元素在试样中都以化合物的状态存在,因此在进行原子吸收分析时,首先应使待测元素由化合态变成基态原子,即原子化。原子化器的作用是提供一定的能量,使样品中各种状态的待测元素形成基态原子蒸气,并使其进入原子光谱灯的辐射光程。由于原子化器的温度一般在 2 100 ~ 3 300 K 之间,所以此时金属元素处于基态。

试样原子化的方法有两种:火焰原子化法和无火焰原子化法。

1. 火焰原子化

火焰原子化器由喷雾器、混合室和燃烧器三部分组成。喷雾器的作用是将试液雾化,变成高度分散状态,形成直径为 μm 级的气溶胶。混合室的主要作用是使燃气、助燃气与气溶胶充分混合。燃烧器的作用是提供热能,促使试样雾粒蒸发、干燥、灰化,并经过热解离或还原作用,产生大量的基态原子。化合态的元素在高温火焰中解离成基态原子蒸汽,通常原子化效率约为 10%。

火焰的温度直接影响原子化的过程。温度过高,火焰中产生的基态原子就会有一部分被激发或电离,导致测定的灵敏度降低;温度过低,则解离出基态原子的效率低。水样通过原子化器使其中的金属元素变成原子状态,对于一些易挥发电离,且不易与氧产生耐高温氧化物的元素,宜采用低温火焰测定,如铬、铅、锡、碱金属及碱土金属等。而有些元素(如铝、钒、钙、硅、钨等)易与氧生成耐高温的氧化物,宜采用氧化亚氮 – 乙炔高温火焰,其温度可达到 3 000 K 以上,还能消除其他火焰中可能存在的化学干扰现象。但使用氧化亚氮 – 乙炔火焰时不能直接点燃,若使用不当,易发生爆炸。空气 – 乙炔火焰是目前原子吸收分析中应用最广泛的一种火焰,火焰稳定、重现性好、噪声低,最高温度为 2 300 K,能测定 35 种以上元素。但当测定铝、硅、钒、锆等元素时,由于能生成难解离的氧化物,灵敏度降低,不易采用。

火焰的氧化还原特性决定于火焰类型和燃气与助燃气的比例(简称燃助比)。同种类型的火焰按化学计量比可分为贫燃性火焰、富燃性火焰和化学计量火焰。对广泛使用的乙炔 – 空气火焰而言,大多数元素都有较高的灵敏度,通常需要调节空气和乙炔气的流量使火焰呈蓝色,调节燃烧器的高度使空心阴极灯的光束从自由原子浓度最大的火焰区通过即可进行测定,化学计量火焰的燃助比为 1:4 左右。化学富燃火焰燃助比大于化学计量火焰,燃助比大于 1:3。火焰呈黄色、燃烧不完全,温度略低于计量焰,具有强还原性,能阻碍氧化物的形成,提高原子化效率,以提高分析灵敏度。对某些元素如 Cr, Mo 等,需增加乙炔流量,用富燃火焰进行测定,但发射背景较强,干扰较多。贫燃火焰燃助比小于化学计量火焰,燃助比小于 1:6,温度较低,具有强氧化性,适于易电离碱金属元素的分析。

火焰的燃烧速度是指火焰由着火点向混合气体其他点传播的速度,它影响火焰的安全操作和燃烧的稳定性。通常可燃混合气体的供气速度应稍大于燃烧速度。供气速度过大,会使火焰离开燃烧器,变得不稳定,甚至吹灭火焰,供气速度过小,将会引起回火。

火焰分析的标准条件:乙炔纯度应在 99.99% 以上,当和清洁空气一起点着火焰时应显示淡蓝色几乎透明的火焰,这种纯净的火焰能保证良好的分析精度和低的检测限。空气一般从空气压缩机获得,好的空气压缩机应能提供无油、无水、无尘的干净空气,工作时也应该是低噪音的,空压机在 0.3 MPa 稳压下能输出不少于 10 L/min 流量的空气。氧化亚氮,使用医用级氧化亚氮钢瓶,一般瓶装压力为 5 MPa。氧化亚氮为强氧化性气体,输气管道不允许有任何油类物质存在。当使用氧化亚氮 – 乙炔火焰时,火焰上方排风罩应有 4 m³/min 的排风量。氩气/氮气用钢瓶装高纯气体,纯度应在 99.99% 以上,特别应注意其中氧气含量不得超过 10 ppm。

火焰原子化器具有操作简便、重现性好的优点,是原子化的主要方法,但它的雾化和原子化效率低,最终变为气态原子的元素只占总量的 1% 左右,灵敏度不够高。此外它不能对固体试样直接进行测定,而无火焰原子化法克服了上述缺点。

2.无火焰原子化

无火焰原子化法一般包括石墨炉原子化、低温化学蒸气原子化、冷原子化等。

(1)石墨炉原子化

石墨炉主要由石墨管、冷却水以及相应的其他辅助构件组成。其原理是:在充满氮气或氩气的惰性保护(防止石墨管和试样氧化)环境中,利用低电压(10~25 V)、大电流(300 A)来加热石墨管,石墨管作为电阻发热体,样品用定量器注入石墨管中,通电后,石墨管的温度迅速升温,最高温度可达 3 700 K,如此高的温度可以使试样(液体或固体)瞬间完全蒸发并充分原子化,然后进行吸收测定。石墨管长 30~60 mm,外径 6 mm,内径 4 mm,管上有 3 个小孔,中间小孔用于注入试样。通常升温要分步骤进行,升温程序为:干燥、灰化(分解)、原子化和高温除残。

干燥:除去溶剂,即在溶剂的沸点温度下,加热使溶剂完全挥发。对于水溶液干燥温度应为 370 K,试样的干燥时间约为 1.5 s/μL。

灰化:破坏有机物,除去易挥发的杂质。这一步骤相当于化学预处理,最适宜的灰化温度及时间与样品及待测元素的性质有关,以待测元素不挥发损失为限度。一般灰化温度在 370~2 100 K 之间,灰化时间为 0.5~5 min。在保证待测元素不损失的前提下,温度越高越好。

原子化:使化合物形式存在的待测元素蒸发并解离为基态原子的过程,原子化温度一般在 2 100~3 300 K 之间,时间为 5~10 s。对大多数元素,样品用量极少,分压低,其蒸发和原子化一般可在低于化合物沸点的温度下进行。在这样的温度和持续时间下,绝大多数元素不论以哪种形式存在,都足以解离为原子态,但易与石墨生成稳定化合物的元素除外,这些化合物即使在 3 000 K 以上也难于原子化。一般通过试验选择达到最大吸收信号的最低原子化温度。

高温除残:在进样前将石墨管升温空烧一段时间,在很高的温度下清除石墨管中前一试样残留的分析物,以减少或消除记忆效应。

由于试样是在强还原气氛中原子化,有利于氧化物的分解、自由原子的生成和保护,因此,石墨炉原子化的原子化效率接近 100%。试样利用率高,试样用量极少,仅为 5~20 μL。且由于基态原子在吸收区内平均停留时间长,大大提高了灵敏度,石墨炉原子化已广泛应用于水中痕量和超痕量成分分析。其主要缺点是:试样组成的不均匀性影响较大,如果高温除残不充分,记忆效应严重。测定精密度不如火焰法,操作不够简便。

(2)低温化学蒸气原子化

某些元素在酸性溶液中,能被还原剂还原成金属原子或挥发性气体,而且这种挥发性气体在不太高的温度下就有可能全部分解,产生待测元素的基态原子,这些元素可采用低温原子化法。其中最常用的是氢化物原子化法。

有些元素(砷、锑、锗、锡、铅、硒等)的共振线位于 230 nm 以下的紫外光谱区,在火焰中能被火焰气体强烈吸收产生干扰。在石墨炉中,又易受基体元素背景吸收的影响,而且在灰化过程中有些元素如砷、锡、硒等元素易挥发损失。利用这些元素的氢化物沸点都很低的性质,可以采用氢化物原子化技术。测定时,先用氢化物处理试样,使待测元素转变成相应的氢化物,室温下就可以以气态的形式释放出来。将其由氮气导入石英吸收管,给石英管加热时,氢化物热分解为基态原子,就可以进行吸光度测定了。

(3)冷原子化

测定汞时,可在水样中加入 $SnCl_2$ 将其中的汞离子还原为汞原子。若含有有机汞,则需要先用高锰酸钾和浓硫酸的混合液处理有机汞,使有机汞变成离子状态,再用 $SnCl_2$ 还原成汞原子,由氮气导入吸收管,即可进行吸光度的测定,其检出限可达 $0.01\ \mu g/mL$。

5.1.3.3 分光系统

分光系统又称单色器,由凹面反射镜、出入狭缝和色散元件组成。色散元件为棱镜和光栅,其作用是将被测元素的共振线与邻近的谱线分开,从出射狭缝射出,被后面的检测系统接收。分光系统设在原子化器之后,可以阻止非检测辐射进入检测系统。目前商品原子吸收分光光度计的色散元件多用光栅,因为光栅单色器色散均匀、波段宽、分辨率高,如图 5.4所示。由从放在反射镜焦面上的入口狭缝进来的光投射在反射镜的凹面上,反射出来的平行光线照射在光栅上,由光栅衍射出来的单色平行光再反射到准光镜的凹面上,经反射后会聚在反射镜的焦面上的出口狭缝,随着光栅位置的转动,从位于焦面上的出口狭缝处射出不同波长的单色光,经反光镜投射在光电倍增管上,将光信号转变成电信号输入仪器检测系统的光路中。驱动光栅旋转的机构成为波长调节机构,在波长调节机构上带有数字显示器,可以显示出射光谱的波长值。

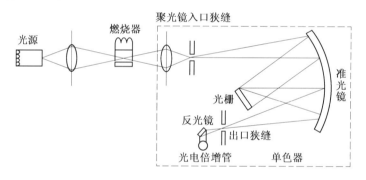

图 5.4　原子吸收分光光度计的光学系统

5.1.3.4 检测和显示系统

检测器将分光系统中发出的光信号转变为电信号,并进行放大和一系列信号处理,最后输出数据。主要由光电转换元件、放大器和读数装置组成。

光电倍增管的作用是将单色光信号转变为电信号并放大,以便于吸光度的换算。放大器的作用是将光电倍增管输出的电压信号放大。光源发出的光经原子蒸气、单色器后已经很弱,经光电倍增管后信号仍然不够强,因此电压信号在进入显示装置前必须放大。

数据读出系统:由光电倍增管输出的电信号经过放大、检波后,可以采用数字显示或记录器、打印机甚至是微机显示器输出测试数据。

5.1.4　定量方法

原子吸收光谱定量方法主要有标准曲线法、标准加入法和内标法三种。

5.1.4.1 标准曲线法

标准曲线法同分光光度法。

5.1.4.2　标准加入法

若试样组成复杂,且试样的基体可能对测定有明显干扰,则采用标准加入法。分取若干份等体积的试样溶液,加入含已知待测元素浓度的标准溶液,定容后得含不同已知浓度的一系列溶液,测其吸光度。以添加的标准溶液浓度和吸光度作图,得到标准曲线,将吸光度外推到零处(与横坐标交点),对应的浓度即是试样中待测元素的浓度。标准加入法只能消除基体效应的影响,不能消除分子吸收、背景吸收等影响。应注意,若所得直线斜率太小,容易引入较大误差,因此,应选择合适的标准加入量。

[例 5.1]　冷原子吸收法测定排放废水中微量汞,分别吸取试液 10 mL 于一组 25 mL 容量瓶中,加入不同体积的标准汞溶液(浓度为 0.4 μg/ mL)稀释至刻度,测得吸光度见表5.1,相同条件下做空白试验,吸光度为 0.015,求水样汞浓度(μg/L)。

表 5.1　标准溶液体积与吸光度

V_{Hg}/mL	0.00	0.50	1.00	1.50	2.00	2.50
A	0.067	0.145	0.222	0.294	0.371	0.445

[解]　以扣除空白值的吸光度对加入标准溶液的体积作图,如图 5.5 所示。

用表 5.1 中数据进行拟合得到直线方程为:$y = 0.1509x + 0.0538$,当吸光度为零时,$x = -0.0538/0.1509 = -0.3565$,即体积为 0.356 5 mL,质量为 0.356 5 × 0.4 μg,水样汞浓度为 $0.3565 \times 0.4 \times \dfrac{1000}{10} = 14.26(\mu g/L)$。若为城镇污水处理厂处理出水(GB 18918—2002 标准值为 1 μg/L)和烧碱厂废水(GB 8978—1996 标准值为 5 μg/L)超过标准,若为其他行业废水(GB 8978—1996 标准值为 50 μg/L)不超过标准。

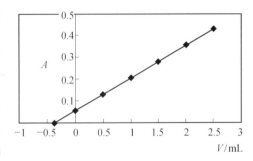

图 5.5　标准加入法定量曲线

5.1.4.3　内标法

在标准溶液和试样溶液中分别加入已知量的试样中不存在的内标元素,同时测定这些溶液中内标元素和待测元素的吸光度。由标准系列中待测元素吸光度与内标元素吸光度的比值,对标准溶液中待测元素的浓度作图,得吸光度比值 – 浓度标准曲线,再根据试样溶液的吸光度比值,从标准曲线上即可求得试样中待测元素的浓度。由于内标法是同时测定,一定程度上可消除燃气及助燃气流量、基体组成、表面张力等波动的影响。

5.1.5　干扰及其消除

火焰原子吸收光谱分析中,主要的干扰有光谱干扰、物理干扰、电离干扰、化学干扰等。为了得到准确的分析结果,需要了解干扰的消除方法。

5.1.5.1　光谱干扰

光谱干扰是与光谱和吸收有关的干扰,主要来自光源和原子化装置。谱线干扰是指当光源产生的共振线附近存在有非待测元素的谱线或试样中待测元素共振线与另一元素吸收线十分接近时,均会产生谱线干扰。可用减小狭缝,使光谱通带减小到足以充分挡掉不需要的多重线的水平来消除,也可以用另选分析线的方法来抑制这种干扰。如 Co240.725 nm 比 Co252.136 nm 灵敏,但前者仅允许使用宽为 0.2 nm(狭缝宽度)的光谱通带,而后者可允许使用宽为 0.7 nm 的光谱通带。测定过渡及稀土金属,宜选用较小通带。Pb 与 Sb 共存于一个样品时,Pb 对 Sb 217.023 nm 线有干扰,当选用 Sb 217.587 nm 灵敏线时,既消除了 Pb 216.999 nm 对 Sb217.023 nm 线的干扰,又提高了 Sb 分析的灵敏度,信噪比优于前者。另外,使用仪器前应严格检查空心阴极灯,不使用不合格的空心阴极灯。有时可预先将干扰元素分离消除干扰。

5.1.5.2　物理干扰

物理干扰是指试样一种或多种物理性质改变所引起的干扰。如试液的黏度影响试样喷入火焰的速度;表面张力影响雾滴的大小及分布;溶剂的蒸气压影响蒸发速度和凝聚损失;雾化气体的压力影响喷入量的多少。这些因素,最终都会影响进入火焰中的待测元素的原子数量,因而影响吸光度的测定。可通过配制与分析试液相似的标准溶液来消除,使试液与标准溶液具有相同或相近的物理性质。若待测元素含量不太低,应用简单稀释试液的方法亦可减少以致消除干扰。标准加入法也可以消除这种干扰。

5.1.5.3　电离干扰

由于基态原子电离而造成的干扰称为电离干扰。这种干扰造成火焰中待测元素原子数量减少,使测定结果偏低。火焰温度越高,元素电离电位越低,元素越易电离。碱金属和碱土金属由于电离电位较低,容易发生电离干扰。抑制电离干扰的途径:一是降低火焰温度,二是加入比待测元素更易电离的物质即消电离剂,在火焰中强烈电离而消耗了能量,抑制待测基态原子电离。如测定 K 和 Na 时,加入足量的 Cs 盐,便可消除电离干扰。使用一氧化二氮 – 乙炔火焰测定金属时,Cs 和 K 是一种较好的消电离剂,电离电位低,对那些电离能低于 5.5 eV 的元素,需要加入 10 mg/mL 的消电离剂,而对电离能高于 6.5 eV 的元素只需加入少量的消电离剂就可完全抑制电离干扰。而使用空气 – 乙炔火焰产生的电离小得多。

5.1.5.4　化学干扰

待测元素与试样中共存组分或火焰成分发生化学反应,引起原子化程度改变所造成的干扰称为化学干扰。化学干扰的消除可通过加入释放剂,将被测元素从难解离化合物中释放出来。如测 Ca 和 Mg 时,加入镧可消除铝、钛、磷的干扰。加入保护剂阻止被测元素与干扰元素生成难解离的稳定化合物,保护被测元素不受干扰。在被测试样和标准试样中都加入过量的干扰元素,使干扰达到饱和点,这时干扰效应就不再随干扰元素的变化而变化,起到了缓冲的作用。如测定钛时,加入铝量大于 200 mg/L 时,干扰趋于稳定,其缺点是:测定的稳定性是以降低灵敏度为代价的,因此不经常用。加入助熔剂,如 NH_4Cl 对测定多种元素都有增感效应,抑制铝,SiO_3^{2-},PO_4^{3-} 等的干扰。NH_4Cl 熔点低,能在火焰中很快地熔融,故可对高熔点的元素起到助熔作用;蒸气压高,在数千度高温下其蒸气仍可以冲撞雾滴,有利于雾化的完全;NH_4Cl 的存在可使被测元素转变成氯化物,从而提高测定的灵敏度。

5.1.5.5　基体效应

环境样品中,各种环境污染物一般是微量或痕量水平,而大量存在的其他物质则称为基体。由基体因素给测定结果带来的影响称为基体效应。可以加入基体改进剂,使基体转变成较易挥发的物质,而被测元素变成较稳定的化合物,防止在干燥和灰化过程中被测元素的灰化损失来减小基体效应。由于在石墨炉分析中基体种类繁多,干扰也是千变万化,所以利用基体改进剂是石墨炉原子吸收分析中不可缺少的手段之一。

5.1.5.6　背景干扰

背景干扰包括分子吸收和光散射等引起的干扰。分子吸收是指在原子化过程中生成的气态分子、氧化物和盐类分子等对光源共振线辐射产生吸收,造成透射比减小,吸光度增加。分子吸收是带状光谱,在一定波长范围内形成干扰。光散射指原子化过程中产生的微小固体颗粒(如石墨炉中的石炭末)使来自光源的光发生散射造成透射光减弱,吸光度增加。通常背景干扰都使吸光度增加,以至于产生正误差。在石墨炉原子吸收光谱测定基体复杂水样中的痕量元素时,消除干扰就显得非常重要了。特别是在紫外线区,化合物的分子会产生严重的背景吸收。虽然,在原子吸收分析中通过样品预处理、加化学改进剂等方法可减少背景干扰的影响,但背景校正是必不可少的。氘灯背景校正:氘灯背景校正装置是现代原子吸收光谱仪配置最多的连续光源背景校正装置。带有反射光的旋光切光器的作用是将来自空心阴极灯的锐线辐射和来自氘灯的连续光辐射交替进入原子化器,继而交替进入检测器。从锐线光源测量总的吸收信号为分析信号与背景信号之和,氘灯的连续辐射作为背景吸收的贡献,那么,由锐线光源测得的吸光度减去连续光源测得的吸光度,即为校正背景的被测元素的吸光度。氘灯背景校正的工作波段为 180~400 nm,当波长大于 400 nm 时,氘灯的能量很低,不易实现平衡。也可以利用塞曼效应作背景校正,当数千高斯的磁场作用于光源时,光源的发射谱线分裂为不同波长的几个成分,磁场作用于原子化器中的原子蒸气时,原子的吸收谱线也产生光谱分裂,这种现象称为塞曼效应。利用塞曼效应的不同成分光作为样品吸收光及参考光分别测试吸光度,两种成分交替进入检测器,两吸光度相减,可实现背景校正。目前的商品化仪器大部分是将塞曼效应施加于原子化器,应用较多的有纵向交变磁场塞曼效应,它效果最好,无需偏振器、能量损失小,在磁场足够大时并不影响检出限等指标。塞曼效应背景校正器的校正能力比氘灯背景校正能力强,但价格较贵。自吸收背景校正利用大电流空心阴极灯出现自吸收现象,发射的光谱线变宽来测量背景吸收的。自吸收是指位于中心的激发态原子发出的辐射线被边缘同种基态原子吸收,导致谱线强度降低的现象。浓度和灯电流越大,自吸收现象越严重,造成谱线变宽。邻近吸收线法也可以扣除背景吸收。无论哪种背景校正器,其校正能力都有限,正确的作法是,先用化学手段将背景吸收降至最低,落入背景校正器的校正范围内再进行校正。

5.1.6　灵敏度与检出限

5.1.6.1　灵敏度

灵敏度是指被测组分的量或浓度改变一个单位时分析信号的变化量,即标准曲线的斜率。原子吸收的灵敏度用特征浓度表示,特征浓度是指能产生 1% 吸收(产生 0.004 4A)时所对应的元素浓度。特征浓度($\mu g/(mL\cdot1\%)$)可用下式计算为

$$c_0 = \frac{0.004\ 4c}{A}$$

[**例 5.2**]　已知 Mg 标准溶液的浓度为 $0.4\ \mu g/mL$，用空气 - 乙炔火焰原子吸收法测得的吸光度为 0.225，求 Mg 元素的特征浓度。

[**解**]
$$c_0/(\mu g \cdot (mL \cdot 1\%)^{-1}) = \dfrac{0.004\ 4}{\dfrac{0.225}{0.4}} = 0.008$$

石墨炉原子吸收法的灵敏度用特征量表示。它定义为能产生 1% 吸收（产生 0.004 4A）时所对应的元素的绝对量，即

$$m_c/(\mu g \cdot 1\%^{-1}) = \dfrac{0.004\ 4m}{A}$$

5.1.6.2　检出限

检出限是指能产生一个确认试样中存在被测组分的分析信号所需要该组分的最小含量或最小浓度。检出限是原子吸收分光光度计最主要的技术指标之一。它反映了测量中总噪声水平的大小，是灵敏度和稳定性的综合性指标。检出限取决于空白噪声，在痕量分析中，要尽量使测试条件最佳化，以降低空白噪声。当被测量水平低于 3 倍空白噪声，测定量值是可疑的；等于 3 倍空白噪声，相当于最低检出限，测定量值是可靠的；等于或大于 3 倍空白噪声，能有效进行定量测定。检出限定义为：能给出 3 倍于标准偏差的吸光度时，所对应的待测元素浓度或质量。用下式进行计算为

$$D_c = \dfrac{c \times 3S_b}{A}$$

$$D_m = \dfrac{cV \times 3S_b}{A}$$

式中　　D_c——相对检出限，$\mu g/mL$；

　　　　D_m——绝对检出限，μg；

　　　　c——待测溶液浓度，$\mu g/mL$；

　　　　V——溶液体积，mL；

　　　　S_b——空白溶液测量标准偏差，是对空白溶液或接近空白的待测溶液的吸光度进行
　　　　　　　不少于 10 次的连续测定之后求得的。

5.1.7　应用

若水样中金属元素含量为微量或痕量（如清洁水）时，则需要用萃取或离子交换法富集后，再采用火焰原子吸收光谱法，也可采用石墨炉原子吸收光谱法。

5.1.7.1　铁和锰的原子吸收法测定

1. 方法原理

在空气 - 乙炔火焰中，可分别于波长 248.3 nm、279.5 nm 处，测量铁和锰基态原子对铁、锰空心阴极灯特征辐射的吸收进行定量。

2.仪器

原子吸收分光光度计；铁、锰空心阴极灯；乙炔钢瓶或乙炔发生器；空气压缩机，应备有除水、除油装置。

仪器工作条件：不同型号仪器的最佳测试条件不同，可由各实验室自行选择，表 5.2 的

测试条件可供参考。

表 5.2　Fe,Mn 的测试条件

光源	Fe 空心阴极灯	Mn 空心阴极灯
灯电流/mA	12.5	7.5
测定波长/nm	248.3	279.5
光谱通带/nm	0.2	0.2
观测高度/mm	7.5	7.5
火焰种类	空气 – 乙炔,氧化型	空气 – 乙炔,氧化型

3.试剂

铁标准贮备液(1 mg/mL):准确称取光谱纯金属铁 1.000 g,用 60 mL(1 + 1)硝酸溶解完全后,加 10 mL(1 + 1)硝酸,用去离子水准确稀释至 1 000 mL,此溶液含铁 1.00 mg/mL。

锰标准贮备液(1 mg/mL):准确称取光谱纯金属锰 1.000 g(称量前用稀硫酸洗去表面氧化物,再用去离子水洗去酸,烘干,在干燥器中冷却后尽快称取),用 10 mL(1 + 1)硝酸溶解。当锰完全溶解后,用 1% 硝酸准确稀释至 1 000 mL,此溶液含锰 1.00 mg/mL。

铁、锰混合标准使用液:分别准确移取铁和锰标准贮备液 50.00 mL 和 25.00 mL,置于 1 000 mL 容量瓶中,用 1% 盐酸稀释至标线,摇匀。此液含铁 50.0 μg/mL,含锰 25.0 μg/mL。

4. 水样的保存与处理

测总铁,在采样后立刻用盐酸酸化至 pH 值 < 2 保存;测过滤性铁,应在采样现场经 0.45 μm 的滤膜过滤,滤液用盐酸酸化至 pH 值 < 2;测亚铁的样品,最好在现场显色测定。

用原子吸收光谱法分析水样中金属时,若水样中金属元素的含量为常量且含有机质较高,必须进行消解处理,使水样变得清澈、透明后进行火焰原子吸收测定。常用的消解方法有:

(1)硝酸消解法

最常使用的单元酸为硝酸,适用于较清洁的水样(硝酸沸点为 86 ℃)。方法要点是:取混匀的水样 50 ~ 200 mL 于锥形瓶或烧杯中,加入 5 ~ 10 mL 浓硝酸,在电热板上加热煮沸,缓慢蒸发至小体积,试液应清澈透明,呈浅色或无色,否则,应补加少许硝酸继续消解。消解至近干时,取下,稍冷却后加 2% HNO_3(或 HCl)20 mL,温热溶解可溶盐。若有沉淀,应过滤,滤液冷却至室温后于 50 mL 容量瓶中定容,待分析测定。

(2)硝酸 – 高氯酸消解法

两种酸都是强氧化酸,联合作用可消解含难氧化有机物的水样,如高浓度有机废水。方法要点是:取适量水样于锥形瓶或烧杯中,加 5 ~ 10 mL 硝酸,在电热板上加热、消解至大部分有机物被分解。取下,稍冷,加 2 ~ 5 mL 高氯酸,继续加热至开始冒白烟,如试液呈深色,再补加硝酸,继续加热至冒浓白烟将尽(不可蒸至干涸),取下,稍冷却后加 2% HNO_3 溶解可溶盐。若有沉淀,应过滤,滤液冷却至室温后定容,待分析测定。因为高氯酸能与含羟基有机物反应激烈,生成不稳定的高氯酸酯,有发生爆炸的危险,故先加入硝酸氧化水样中的羟基有机物,稍冷后再加高氯酸处理。

(3)硝酸 – 硫酸消解法

两种酸都具有很强的氧化能力,其中硫酸沸点较高(338 ℃),两者联合使用,可大大提高消解温度和消解效果。常用的硝酸与硫酸的比例为 5:2。一般消解时,先将硝酸加入待消解水样中,加热蒸发至小体积,稍冷,再加入硫酸,继续加热蒸发至冒大量白烟,冷却后加 2%HNO₃ 温热溶解可溶盐。若有沉淀,应过滤。为提高消解效果,常加入少量过氧化氢。该方法不适用于处理测定易生成难溶硫酸盐组分(如铅、钡、锶)的水样。可改用硝酸 – 盐酸混合酸体系。

(4)其他消解体系

如硫酸 – 磷酸:两种酸的沸点都比较高,硫酸氧化性较强,磷酸能与一些金属离子如 Fe^{3+} 等络合,故二者结合消解水样,有利于测定时消除 Fe^{3+} 等离子的干扰。硝酸 – 氢氟酸:氢氟酸能与硅酸盐和硅胶态物质发生反应,形成四氟化硅而挥发分离,但应注意氢氟酸能与玻璃材质反应,消解时应使用聚四氟乙烯材质的烧杯等容器。硫酸 – 高锰酸钾:高锰酸钾是强氧化剂,在中性、碱性和酸性条件下都可以氧化有机物,过量的高锰酸钾可滴加盐酸羟胺溶液去除,该方法常用于消解测定汞的水样。多元消解法:为提高消解效果,在某些情况下需要采用三元以上酸或氧化剂消解体系。例如,处理测总铬的水样时,用硫酸、磷酸和高锰酸钾消解。碱分解法:当用酸消解水样造成易挥发性组分损失时,可改用碱分解法,即在水样中加入氢氧化钠和过氧化氢溶液,或者氨水和过氧化氢溶液,加热煮沸于近干,用水或稀碱溶液温热溶解。

本试验处理方法:先将水样摇匀,分取适量水样置于烧杯中,每 100 mL 水样中加入 5 mL 硝酸。置于电热板上在近沸状态下将样品蒸至近干,氧化分解有机物。冷却后,重复上述操作一次。以(1 + 1)盐酸 3 mL 溶解残渣,用 1%盐酸冲洗杯壁,用经(1 + 1)盐酸洗涤干净的快速定量滤纸滤入 50 mL 容量瓶中,以 1%盐酸稀释至标线。

5.定量方法

根据对试样中待测元素含量的大致估计,先配制一系列不同浓度的标准溶液,测定其吸光度,绘制吸光度 – 浓度曲线。根据未知试样在相同条件下测得的吸光度值及标准曲线确定试样中待测元素含量。这种方法应用较普遍,但要注意标准试样的组成尽可能与待测试样的组成一致。

校准曲线的绘制:分别取铁锰混合标准液 0 mL、1.00 mL、2.00 mL、3.00 mL、4.00 mL、5.00 mL于 100 mL 容量瓶中,用 1%盐酸稀释至刻度,摇匀。再用 1%盐酸调零点后,在选定条件下测定其相应的吸光度,经空白校正后绘制浓度 – 吸光度校准曲线。

试样测定:在测定标准系列溶液的同时,测定试样及空白样的吸光度。由试样吸光度减去空白样吸光度,从校准曲线上求得试样中铁、锰的含量。

6. 计算

$$被测金属含量/(mg \cdot L^{-1}) = \frac{m}{V}$$

式中　　m——由校准曲线查得铁、锰量,μg;

　　　　V——水样体积,mL。

7. 注意事项

①各种型号的仪器测定条件不尽相同,因此,应根据仪器使用说明书选择合适条件。

②铁、锰的光谱线较复杂,例如, 在 Fe248.3 nm 线附近还有 Fe248.8 nm 线;在

Mn279.5 nm 线附近还有 Mn279.8 nm 线和 Mn280.1 nm 线,为克服光谱干扰,应选择最小的狭缝或光谱通带。

③影响铁、锰原子吸收法准确度的主要干扰是化学干扰,试样中存在 200 mg/L 氯化钙时,硅的干扰可以消除。

④一般来说,铁、锰的火焰原子吸收分析法的基体干扰不太严重,由分子吸收或光散射造成的背景吸收也可忽略。硫酸浓度较高时易产生分子吸收,以采用盐酸或硝酸介质为好。但对于含盐量高的水质,则应注意基体干扰和背景校正。当样品的无机盐含量高时,采用塞曼效应扣除背景,无此条件时,也可采用邻近吸收线法扣除背景吸收。在测定浓度容许条件下,也可采用稀释方法以减少背景吸收。为了避免稀释误差,在测定含量较高的水样时,可选用次灵敏线测量。

⑤方法的适用范围:本法的铁、锰检出浓度分别是 0.03 mg/L 和 0.01 mg/L,测定上限分别为 5.0 mg/L 和 3.0 mg/L。适用于环境水样和废水样的分析。

⑥化学试剂:用于制备样品和标准的化学试剂(如硝酸、高氯酸、盐酸、化学标准品等)都应使用最高级别的试剂。按我国化学药品的分类,它们被叫做高纯试剂、光谱纯、优级纯试剂,即使优级纯类的试剂在使用时也应对有关元素进行检查,通常应制备空白溶液将可能带入的干扰物扣除。用于浸泡各种容器、量器的洗液一般使用 10% 的分析纯硝酸或盐酸。

⑦试验用水:水是最常用的溶剂,必须保证在原子吸收分析中使用高纯度的水。最简单的检查水是否可用的方法就是将水通过火焰,看是否会对有关元素产生吸收信号。理想的纯水是经过离子交换→电渗析→过滤得到的超纯水,一般具有 10 MΩ·cm 以上的电阻率。直接使用离子交换树脂而未经过滤的去离子水往往含有树脂碎片悬浮物,严重时会堵塞雾化器毛细管,将其用于石墨炉分析时会产生较大的背景干扰。

⑧标准物质:标准物质指经国家权威机构(如国家标准局、国家技术监督局等)批准用于检查分析方法准确度的物质,严格的分析应使用这类相应的标准物质审核所使用的分析方法。国际上这类标准物质很多,国内也已有数十种。它们都有严格确定的组成成分,可向上述部门购买。

⑨标准溶液:迄今为止,原子吸收仍为一种相对分析,必须使用标准溶液建立分析元素的浓度 – 吸光值数学关系后再进行样品分析。每个元素的标准溶液都可以买到,一般多为 1 000 μg/mL 的贮备溶液。实验室中的分析工作者可以用纯金属或金属盐类自己配制标准溶液,具体方法在每个元素的分析条件上介绍。标准溶液一般含 2% ~ 10% 的无机酸(硝酸或盐酸),并多数保存在惰性的聚乙烯瓶中,标准贮备液通常在一年内有效。工作标准溶液应每天新配制。

⑩样品溶液和标准溶液应处于同一温度,在火焰分析时,溶液温度不应低于 10 ℃,否则,雾化器会"结冰",堵塞。避免损失是标准溶液和试样制备过程中的重要问题。浓度很低(小于 1 μg/mL)的溶液,使用时间最好不要超过 1 ~ 2 d。损失的程度和速度与标准溶液的浓度、贮存溶液的酸度以及容器的材料有关。一般酸化后的水样,不容易损失。作为贮备溶液,应该配制浓度较大(如 1 mg/mL 以上)的溶液。无机贮备溶液或试样溶液置放在聚乙烯容器里,维持必要的酸度,保存在清洁、低温、阴暗的地方。有机溶液在贮存过程中,除应保存在清洁、低温、阴暗的地方外,还应该避免它与塑料、胶木瓶盖等直接接触。

5.1.7.2　石墨炉原子吸收法测定镉、铜和铅

1.方法原理

将样品注入石墨管,用电加热方式使石墨炉升温,样品蒸发离解形成原子蒸气,对来自光源的特征电磁辐射产生吸收。将测得的样品吸光度和标准吸光度进行比较,确定样品中被测金属的含量。

2.试剂

硝酸,优级纯;(1+1)硝酸,0.2%;去离子水:金属含量应尽可能低,最好用石英蒸馏器制备的蒸馏水;硝酸钯溶液:称取硝酸钯 0.108 g 溶于 10 mL(1+1)硝酸,用水定容至500 mL,含 Pd10 μg/mL。

金属标准贮备溶液:准确称取经稀酸清洗并干燥后的 0.500 0 g 光谱纯金属,用 50 mL(1+1)硝酸溶解,必要时加热直至溶解完全,用水稀释至 500.0 mL,此溶液每毫升含 1.00 mg金属。

混合标准溶液:由标准贮备溶液稀释配制,用 0.2%硝酸进行稀释。制成的溶液每毫升含镉、铜、铅 0 μg、0.1 μg、0.2 μg、0.4 μg、1.0 μg、2.0 μg,含基体改进剂 Pb1 μg 的标准系列。

3.分析步骤

(1)试样的预处理

取 100 mL 水样放入 200 mL 烧杯中,加入硝酸 5 mL,在电热板上加热消解(不要沸腾)。蒸至 10 mL 左右,加入 5 mL 硝酸和 10 mL 过氧化氢,继续消解,直至 1 mL 左右。如果消解不完全,再加入硝酸 5 mL 和过氧化氢 10 mL,再次蒸至 1 mL 左右。取下冷却,加水溶解残渣,过滤,在滤液中加入 10 mL 硝酸钯溶液,用水定容至 100 mL。

(2)制空白样

取 0.2%硝酸 100 mL,按上述相同的程序操作,以此为空白样。

(3)样品测定

直接法:将 20 μL 样品注入石墨炉,参照表 5.3 的仪器参数测量吸光度。以零浓度的标准溶液为空白样,扣除空白样吸光度后,从校准曲线上查出样品中被测金属的浓度。如可能也可用浓度直读法进行测定。

表 5.3　仪器工作参数

工作参数	元素		
	Cd	Pb	Cu
光源	空心阴极灯	空心阴极灯	空心阴极灯
灯电流/mA	7.5	7.5	7.0
波长/nm	228.8	283.3	324.7
通带宽度/nm	1.3	1.3	1.3
干燥/($^{\circ}$C·5 s^{-1})	80~100	80~180	80~180
灰化/($^{\circ}$C·5 s^{-1})	400~500	700~750	400~500
原子化/($^{\circ}$C·5 s^{-1})	2 500	2 500	2 500
清除/($^{\circ}$C·5 s^{-1})	2 600	2 700	2 600
Ar 流量/(ml·min^{-1})	200	200	200
进样体积/μL	20	20	20

标准加入法:若试样组成较复杂,且试样的基体可能对测定有明显干扰,如氯化钠使镉、铅、铜的原子对特征辐射的吸收减弱,产生负干扰,采用标准加入法可部分补偿这类干扰。一般用三点法:第一点,直接测定水样;第二点,取 10 mL 水样,加入混合标准溶液 25 μL 后混匀;第三点,取 10 mL 水样,加入混合标准溶液 50 μL 后混匀。以上三种溶液中的标准加入浓度,镉依次为 0 μg/L、0.5 μg/L 和 1.0 μg/L,铜和铅依次为 0 μg/L、5.0 μg/L 和 10 μg/L。以零浓度的标准溶液为空白样,参照表 5.3 的仪器参数测量吸光度。用扣除空白样吸光度后的各溶液吸光度对加入标准的浓度作图,将直线延长,与横坐标的交点即为样品的浓度(加入标准的体积所引起的误差不超过 0.5%)。

4. 注意事项

①石墨炉原子吸收分光光度法的基体效应比较显著和复杂,可以用连续光源背景校正法或塞曼偏振光校正法、自吸收法进行校正。因仪器设备不同,工作条件差异也较大。如果使用横向塞曼扣除背景仪器,可将灰化、原子化和清除温度降低 100 ~ 200 ℃,也可通过样品稀释降低其基体浓度或使用基体改进剂减小基体效应。硝酸钯是测定镉、铜、铅最好的基体改进剂,同时使用镧、钨、钼和锌等金属碳化物涂层石墨管测定,既可提高灵敏度,也能克服基体干扰。由于生成了热稳定性好的 Pb – Pd 合金,可以将铅的灰化温度提高到 1 200 ℃,而且将原子化温度也提高了 490 ℃。硝酸钯亦可用硝酸镧代替,但空白较高,必须注意扣除。测定基体简单的水样可不使用硝酸钯作基体改进剂。

②本法适用于地下水和清洁地表水。适应浓度范围:镉为 0.1 ~ 2 μg/L,铜为 1 ~ 50 μg/L,铅为 1 ~ 5 μg/L。分析样品前要检查是否存在基体干扰并采取相应的校正措施。测定浓度范围与仪器的特性有关。

③因铅、镉和铜在一般地表水中含量差别较大,测定铜时可将水样适当稀释后测定。

5.2　原子荧光分析法

荧光分析是水质分析中一类重要的方法,荧光分析法分为分子荧光分析和原子荧光分析。当某些物质受光照射时,可发射出各种波长和不同强度的可见光,而停止照射时,上述可见光亦随之消失,这种光线就称为荧光。

一般所观察到的荧光现象,是物质吸收了紫外光发出可见光或吸收波长较短的可见光后发出的波长较长的可见光荧光,实际还有紫外光、X 光、红外光等荧光。分子荧光分析是根据分子荧光强度与待测物浓度成正比的关系,对待测物进行定量测定的方法。在环境分析中主要用于强致癌物质——苯并芘(Bap)、硒、铍、油、沥青烟等的测定。

这里主要介绍原子荧光分析(AFS)。AFS 是一种优良的光谱分析技术,具有灵敏度高、干扰少、线性范围宽的特点。

5.2.1　基本原理

待测元素的原子蒸气受特征波长的光源照射后,一些自由原子被激发跃迁到较高能态,而发射出特征光谱,利用各元素原子发射不同波长的荧光进行定性测定,利用所产生的荧光强度定量测定。原子荧光分析对锌、镉、镁、钙等具有很高的灵敏度。

5.2.1.1 共振荧光与非共振荧光

共振荧光是指所发出的荧光与激发光波长相等的荧光,这是荧光分析中最常用的一种荧光。如锌原子激发光的波长为 213.86 nm,发射的荧光波长也是 213.86 nm。

非共振荧光包括阶跃式荧光和直跃式荧光。

阶跃式荧光:原子被激发至较高的激发态,随后由于和火焰中分子碰撞发生非辐射去活化,回到较低的激发态,进而在返回基态的过程中发射出波长比激发光波长长的荧光称阶跃式荧光。如钠原子激发波长或吸收光波长为 359.35 nm,发射出 588.99 nm 的荧光。

直跃式荧光:当原子由基态被辐射光激发到较高激发态后,下降到高于基态的另一激发态,此时发射出波长比激发光波长长的荧光称直跃式荧光。如铊原子吸收 337.7 nm 光后,除发射 337 nm 的共振荧光线,还发射 535.0 nm 的直跃式荧光。

5.2.1.2 原子荧光强度表达式

当试验条件固定时,原子荧光强度与能吸收辐射的原子密度成正比,当原子化效率固定时,便与试样浓度成正比,即

$$I_f = ac \qquad\qquad (5.2)$$

上式的线性关系,只有当低浓度时才成立,当 c 增加时,为曲线关系。

5.2.2 应用——水中砷、硒、锑、铋的测定

5.2.2.1 方法原理

砷、锑、铋、硒、锡、碲、铅、锗、汞等元素与还原剂硼氢化钠发生反应时,可生成气态氢化物,生成的氢化物在常温下是气态,借助载气流导入原子化器中,可以利用原子荧光法测定。

在消解处理水样后加入硫脲,把砷、锑、铋还原成三价,硒还原成四价。在酸性介质中加入硼氢化钾溶液,三价砷、锑、铋和四价硒分别形成砷化氢、锑化氢、铋化氢和硒化氢气体,由载气(氩气)直接导入石英管原子化器中,进而在氩氢火焰中原子化。基态原子受特种空心阴极灯光源的激发,产生原子荧光,利用荧光强度与溶液中的砷、锑、铋和硒含量呈正比的关系,计算样品溶液中相应成分的含量。

5.2.2.2 仪器及测量条件

砷、锑、铋、硒高强度空心阴极灯;原子荧光光谱仪,测定条件见表 5.4。

表 5.4 测定条件

元素	灯电流/mA	负高压/V	氩气流量/(mL·min⁻¹)	原子化温度/℃
砷	40 ~ 60	240 ~ 260	1 000	200
锑	60 ~ 80	240 ~ 260	1 000	200
铋	40 ~ 60	250 ~ 270	1 000	300
硒	90 ~ 100	260 ~ 280	1 000	200

5.2.2.3 试剂

硝酸;高氯酸;盐酸;氢氧化钾或氢氧化钠为优级纯。

0.7%硼氢化钾溶液:称取 7 g 硼氢化钾于预先加有 2 g KOH 的 200 mL 去离子水中,用玻璃棒搅拌至溶解后,用脱脂棉过滤,稀释至 1 000 mL,此溶液现用现配。

10%硫脲溶液:称取 10 g 硫脲微热溶解于 100 mL 去离子水中。

砷标准贮备溶液:称取 0.132 0 g 经过 105 ℃条件下干燥 2 h 的优级纯 As_2O_3,溶于 5 mL 1 mol/L NaOH 溶液中,用 1 mol/L HCl 中和至酚酞红色褪去,稀释至 1 000 mL,此溶液含 As 0.1 mg/mL。

砷标准工作溶液:移取砷标准贮备溶液 5.00 mL 于 500 mL 容量瓶中,以 1 mol/L HCl 溶液定容,摇匀,此溶液含 As 1.00 μg/mL。

锑标准贮备溶液:称取 0.119 7 g 经过 105 ℃条件下干燥 2 h 的 Sb_2O_3 溶解于 80 mL HCl 中,转入 1 000 mL 容量瓶中,补加 HCl 120 mL,用水稀释至刻度,摇匀,此溶液 Sb 0.1 mg/mL。

锑标准工作溶液:移取锑标准贮备溶液 5.00 mL 于 500 mL 容量瓶中,以 1 mol/L HCl 溶液定容,摇匀。此溶液含 Sb 1.00 μg/mL,再移取此溶液 10 mL 于 100 mL 容量瓶中,用 1 mol/L HCl 溶液定容,摇匀,此溶液含 Sb 0.10 μg/mL。

铋标准贮备溶液:称取高纯金属铋 0.100 0g 于 250 mL 烧杯中,加入 20 mL(1 + 1)HCl,于电热板上低温加热溶解,加入 3 mL $HClO_4$,继续加热至冒白烟,取下冷却后转入 1 000 mL 容量瓶中,加入浓 HCl 50 mL 后,用去离子水定容。此溶液含 Bi 0.1 mg/mL。

铋标准工作溶液:移取铋标准贮备溶液 5.00 mL 于 500 mL 容量瓶中,以 1 mol/L HCl 溶液定容,摇匀,此溶液含 Bi 1.00 μg/mL。

硒标准贮备溶液:称取 0.100 0g 光谱纯硒粉于 100 mL 烧杯中,加 10 mL HNO_3,低温加热溶解后,加 3 mL $HClO_4$,蒸至冒白烟时取下,冷却后用去离子水吹洗杯壁并蒸至刚冒白烟,加水溶解,移入 1 000 mL 容量瓶中,并稀释至刻度,摇匀。此溶液含 Se 0.1 mg/mL。

硒标准工作溶液:用硒的标准贮备溶液逐级稀释至含硒 10 μg/mL、1 μg/mL、0.1 μg/mL 的标准工作溶液,并保持 4 mol/L HCl 溶液。

5.2.2.4　分析步骤

1.校准曲线的绘制

用含 As,Sb,Bi 和 Se 的标准工作溶液制备标准系列,在标准系列中各种金属元素的浓度见表 5.5。

表 5.5　标准溶液系列　　　　　　　　单位:μg/L

元素	标准系列						
As	0.0	1.0	2.0	4.0	8.0	12.0	16.0
Sb	0.0	0.5	1.0	2.0	4.0	6.0	8.0
Bi	0.0	0.5	1.0	2.0	4.0	6.0	8.0
Se	0.0	1.0	2.0	4.0	8.0	12.0	16.0

准确移取相应量的标准工作溶液于 100 mL 容量瓶中,加入 12 mL HCl、8 mL10%硫脲溶液,用去离子水定容,摇匀后按样品测定步骤进行操作,记录相应的相对荧光强度,绘制校准曲线。

2.样品测定

清洁的地下水和地表水,可直接取样进行测定。污水等按下述步骤进行预处理。取50 mL污水样于100 mL锥形瓶中,加入新配制的(1 + 1)HNO₃ - HClO₄ 5 mL,于电热板上加热至冒白烟后,取下冷却,再加5 mL(1 + 1)HCl加热至黄褐色烟冒尽,冷却后用水转移到50 mL容量瓶中,定容,摇匀。

移取20 mL清洁的水样或经过处理的水样于50 mL烧杯中,加入3 mL HCl,10%硫脲溶液2 mL,混匀。放置20 min后,用定量加液器注入5.0 mL于原子荧光仪的氢化物发生器中,加入4 mL硼氢化钾溶液,进行测定,或通过蠕动泵进样测定(调整进样和进硼氢化钾溶液流速为0.5 mL/s),但需通过设定程序保证进样量的准确性和一致性,记录相应的相对荧光强度值。从校准曲线上查得测定溶液中砷(或硒、锑、铋)的浓度。

5.2.2.5　计算

由校准曲线查得测定溶液中各元素的浓度,再根据水样的预处理稀释体积进行计算

$$砷(锑、铋、硒)/(\mu g \cdot L^{-1}) = \frac{cV_1}{V_2}$$

式中　　c——从校准曲线上查得相应测定元素的质量浓度, $\mu g/L$;

　　　　V_1——测量时水样的总体积,mL;

　　　　V_2——预处理时移取水样的体积, mL。

5.2.2.6　注意事项

①分析中所有玻璃器皿均需用(1 + 1)HNO₃溶液浸泡24 h,或热HNO₃荡洗后,再用去离子水洗净后方可使用。对于新器皿,应作相应的空白检查后才能使用。

②对所用的每一瓶试剂都应作相应的空白试验,特别是盐酸要仔细检查。配制标准溶液与样品应尽可能使用同一瓶试剂。

③所用的标准系列必须每次配制,与样品在相同条件下测定。

④该方法存在的主要干扰元素是高含量的 Cu^{2+}, Co^{2+}, Ni^{2+}, Ag^+, Hg^{2+} 以及形成氢化物元素之间的互相影响等。一般的水样中,这些元素的含量在本方法的测定条件下,不会产生干扰。其他常见的阴、阳离子没有干扰。

⑤方法的适用范围:方法每测定一次所需溶液为2 ~ 5 mL。本方法适用于地表水和地下水中痕量砷、锑、铋和硒的测定。水样经适当稀释后亦可用于污水和废水的测定。

5.3　电感耦合等离子体 – 原子发射光谱法

5.3.1　概述

利用高频电感耦合等离子体(ICP)光源激发元素,使之处于激发态,由激发态返回基态时放出辐射,产生光谱,利用不同元素的特征共振发射线波长进行定性分析,利用光谱强度与样品浓度成正比进行定量分析。被分析物质在这种激发源的作用下一般离解为原子或离子,这种离解后的光谱是线状光谱。其他原子发射光谱法使用的激发源有火焰、电弧、电火花等。

利用ICP作为光源的光谱法包括ICP原子发射光谱法(ICP – AES)、ICP质谱法(ICP –

MS)、ICP 原子吸收光谱法(ICP – AAS)、ICP 原子荧光光谱法(ICP – AFS),在理论基础和应用方面以 ICP – AES 和 ICP – MS 为主。

等离子体是一个物理概念,在自然界里它存在于距地球表面 60 ~ 100 km 的高空大气层中,在这一高度的大气中,由于太阳紫外线和其他宇宙射线的辐射作用,空气分子发生电离反应,部分或全部被电离成电子和离子。这些电子、离子和中性的分子、原子混合在一起便构成了等离子体,这一高度的大气层也因此被称为电离层。

当高频电流通过感应线圈时,装在该线圈所环绕的真空管的残留气体会产生辉光,这是高频感应放电的最初观察。1961 年,Reed 设计了一种从石英管的切向通入冷却气的较为合理的高频放电装置。它采用 Ar 或含 Ar 的混合气体为冷却气,并用碳棒或钨棒来引燃,在高频电场中,碳、钨等受热而发射电子以引起气体电离和放电。这种在大气压下所得到的外观类似火焰的稳定的高频无极放电称为感应耦合等离子矩(ICP)。这个装置是当前应用的常规矩管的雏形。

目前人工产生等离子体的方法有多种。可以说,任何气体只要外界供给足够的能量都可以成为等离子体。具体方法有加热使气体温度升到足够高、加高电压使气体放电,用高能粒子轰击气体分子,用激光照射气体分子等。在军事上,核爆炸、放射性同位素的射线、高超音速飞行器的激波、燃料中掺有铯钾钠等易电离成分的火箭和喷气式飞机的射流都可以形成弱电离等离子体。

气体一般不导电,而等离子体一般却有很大的电导率,在电磁性能上完全不同于普通气体,所以有人称等离子体为物质的第四态。

5.3.2　仪器构造和工作原理

系统的主要部件有:作为载气、辅助气、冷却气的氩气和氩气流量控制装置;样品引入装置;矩管;射频发生器;传输光路和分光计;单个或多个检测器;数据处理系统。

5.3.2.1　ICP 光源

工作原理:石英玻璃制喷射管的放电管上,卷一层铜感应线圈,通常在该线圈通 27.12 MHz 或40.68 MHz 的电流产生感应电场,在喷射管内通入氩气,氩原子在感应电场内被加速,反复碰撞形成电子和离子。当单位时间内所产生的电子比消灭的电子量大时,便形成氩的等离子体。而后等离子体是离子、电子生成和消灭处于平衡状态。ICP 等离子体温度为 6 000 ~ 8 000 K,样品溶液由自动进样系统抽取进入雾化器,雾化器把样品溶液雾化形成气溶胶,并进入雾室,雾室进一步把气溶胶通筛、粉碎、脱水,变成干的气溶胶,由载气送进 ICP 喷射管中心出来的等离子体时,中心部位的温度比周围温度低,形成环状空穴,可高效导入试样,样品气溶胶在高温炬焰中受热、蒸发、汽化分解,被测组分的原子被激发,发射出原子光谱线,同时一部分被离子化,产生包含其他共存组分在内的不同波长的复合光。复合光束被分光、检测,然后由计算机的数据处理系统处理、显示结果。ICP 光谱仪,一般都有微机控制系统,自动化程度较高,分析操作由键盘控制,配有自动故障报警、安全保护等功能。直接利用 ICP 光源所辐射的光进行分析的方法称 ICP – AES 法,而利用质谱仪分析 ICP 光源所产生离子的分析方法则是 ICP – MS 法。通入矩管的工作气体多为氩气、氮气或氩、氮混合气,它的主要任务是提供等离子体,同时保护炬管和输送样品。

5.3.2.2 分光计和检测系统

根据分光系统和检测系统的不同,ICP－AES 光谱仪可分为下列三种不同的仪器类型。

(1)以多色仪和光电倍增管构成的多通道 ICP 光谱仪

多道式 ICP 光谱仪安装有多个出射狭缝及其光电接收系统(通道),可同时接收多个元素的谱线,这种光谱仪所用光栅为凹面光栅,入射光经凹面光栅分光后,不同波长的光都成像在直径为 R 的圆上,即在圆上形成一个光谱带,该类光栅既有色散作用,又有聚焦作用,适合于常规的、固定的样品的多元素分析。

(2)平面光栅和光电倍增管构成的顺序扫描型 ICP 光谱仪

单道扫描式 ICP 通常使用平面光栅,通过光栅的转动将不同波长的光谱依次投射到出口狭缝上,但有的仪器是将狭缝阵列固定,移动光电倍增管,以实现扫描过程,这种光谱仪不能进行多元素同时测定,只能作多元素顺序测定,因为扫描需要时间,要求光源稳定,样品量充足。

(3)中阶梯光栅、石英棱镜和固体检测器构成的全谱直读 ICP 光谱仪

入射光不仅经过中阶梯光栅,还通过棱镜,得到二维色散光谱,沿 x 轴色散开的是不同波长的光谱,沿 y 轴色散开的是不同级数的光谱,用一块面积大小适宜的固态转换器——电荷耦合器件(CCD)或电荷注入器件(CID)及其他类型的固态检测器,可以同时测定多条光谱信号。较 CID 检测器大 4 倍的百万级像素型大面积程序化固态检测器阵列 L－PAD 已经问世,具有高色散率、高分辨率、高准确度等一系列优点。CID 检测原理:一块应用光电效应原理的半导体集成电路,由数十万个或更多的感光点(检测单元)组成 cm 级平面横竖阵列。每个感光点独立进行光电测量,所采集到的光生电荷可以反复地测量和计算,电荷积累不会溢出单元点阵,对其他感光点产生影响,一个单元进行积分读数,其他单元可进行电荷积累,互不干扰,按编好的程序,经过芯片角上的放大器送入微机处理。CID 芯片于 － 70 ℃以下的工作环境中,将暗电流降低到趋于零的水平,在使用过程中应保持恒定的低温,测量前对汞灯 312 nm 和 253 nm 双谱线作定位和校准操作。通常冰箱和主机开启后,至少需要 1 h 的平衡时间。CID 检测结果是感光点在单位时间内(每秒)采集的光生电荷量或该电荷量与标准对比相应的浓度值。延长 CID 的曝光时间,仅仅使测得谱线的强度值在较长的时间范围内取平均,使测量精密度有所提高,但这将延长分析工作时间。通常设定曝光时间短波段为 15 s,长波段为 5 s 即可。

CID 平面阵列结构形成了极好的多道分析器,提供直观的二维光谱图像,有利于样品的定性分析。先引入空白溶液曝光后,存入光谱图,在相同条件下,拍摄未知样品的光谱图,由于氩气和 OH 带产生很强的背景,所以从未知样品光谱图中减去空白溶液的背景谱图。每个欲确认元素至少选择 3 条以上较灵敏的谱线作为标记线。只有该元素标记线框中都寻见亮斑,方可确定样品中该元素存在。

5.3.3 定量分析

目前 ICP－AES 主要用于定量分析,定量分析一般程序为:配制多元素混合标准贮备溶液,其浓度应比分析中使用的标准溶液浓度高 10 倍或更多,以免过于频繁地直接由单元素标准溶液来配制混合标准溶液。一般来说,每条谱线都有一定的动态范围以及适当的标准溶液浓度,调整混合标准溶液中个别元素的浓度要比直接稀释样品复杂得多。作主量元素

分析选用非灵敏谱线时,建议配制高浓度的单元素标准溶液,浓度一般不大于 200 μg/mL,同时样品也作适当稀释。设定分析元素和测量谱线,必要时还需设定内标元素、干扰校正因子等,引标准溶液入等离子体炬中,对设定的分析谱线作校正操作,建立定量分析的谱线强度与浓度的对应关系和未知样分析。在已经优化的工作条件下,可以不必实时求得分析结果,而将标准化和样品分析操作的结果存入计算机,在"脱机"条件下,扣除背景,提高了分析准确度,降低了分析成本。工作中,可将待测样品按不同稀释倍数配成 2～3 个浓度等级的系列样品溶液,以适应不同含量水平的多元素分析需要。一般来说,同一条谱线,不同浓度的样品溶液测试结果的比值,大都与稀释倍数比相符。

ICP – AES 法特点:温度高、惰性气氛、原子化条件好,有利于难熔化合物分解和元素激发,有很高灵敏度,线性范围宽。表面温度高,轴心温度低,中心通道进样时等离子的稳定性影响小,可有效消除自吸现象,氩气体产生的背景干扰小。

5.3.4　ICP – AES 法同时测定饮用水中 Pb,As 等 11 种金属元素

国家标准对饮用水中硒、铜、铁、锌、锰、铬、砷、铅、镉、银、铝等金属元素有明确的限量标准,原子吸收法虽然灵敏度高,但需逐个元素进行测定,比较费时,而 ICP – AES 法具有操作简便、分析速度快、多元素同时测定、线性范围宽等优点,已广泛应用于金属元素含量的测定,其检出限接近石墨炉原子吸收光谱法的水平。

5.3.4.1　主要仪器及试剂

ICP – AES 中阶梯光栅光谱仪;超声波雾化器;纯水器。

1.00 mg/mL 各元素标准液,从国家标准物质研究中心开发部购买,临用时用 2% 的 HNO_3 逐级稀释。

硝酸:优级纯;氩气:纯度大于 99.99%;试验用水:电导率为 0.055 μS/cm 的纯水。

分析前,用 Cd 标准溶液(1 mg/L)和空白溶液进行分析线强度和背景强度(信噪比)试验,确定仪器的最佳工作条件。ICP 最佳工作参数分别是:冷却气流量 18 L/min,雾化器压力 50 lbf/in² (1 lbf/in² = 6 894.76 Pa),辅助气流量 0.6 L/min,蠕动泵进样,提升量 1.7 mL/s,积分时间 2 s,重复积分 3 次,清洗时间 30 s,进样时间 30 s,观察方式为水平观测或垂直观测。

5.3.4.2　试验步骤

混合标准溶液系列配制:精确吸取标准贮备液,逐步用 2% 的 HNO_3 稀释定容,其中 As、Se、Zn、Pb、Mn、Fe、Cr、Al、Cu 质量浓度系列为 0.00 mg/L、1.00 mg/L、2.00 mg/L、3.00 mg/L、4.00 mg/L、5.00 mg/L,Cd 的质量浓度系列为 0.00 mg/L、0.20 mg/L、0.50 mg/L、1.00 mg/L、1.50 mg/L、2.00 mg/L,Ag 的质量浓度系列为 0.00 mg/L、0.50 mg/L、1.00 mg/L、1.50 mg/L、2.00 mg/L、3.00 mg/L,ICP – AES 测定,计算机自动绘制工作曲线,并计算回归方程及相关系数 r 值。

标准化:在仪器的最佳条件下点燃等离子气,待等离子炬焰稳定后(通常需要 20～30 min),将系列标准溶液引入炬焰,对仪器进行标准化,达到仪器示值与标准溶液的示值相符。

样品测定取生活饮用水样(包括末梢水、二次供水、井水、纯净水)调节酸度为 2% HNO_3,混匀。于与标准相同条件下把样品溶液引入炬焰中激发,曝光完毕后清洗时间大于 30 s,测定结果由计算机处理,显示。

5.3.5　ICP – AES 法同时测定饮用水及其水源水中的 27 种金属元素

5.3.5.1　方法原理

ICP 源是由离子化的氩气流组成,氩气经电磁波为 27.1 MHz 射频磁场离子化。磁场通过一个绕在石英炬管上的水冷却线圈得以维持,离子化的气体被定义为等离子体。样品气溶胶是由一个合适的雾化器和雾室产生并通过安装在炬管上的进样管引入等离子体。样品气溶胶直接进入 ICP 源,温度大约为 6 000 ~ 80 000 K。由于温度很高,样品分子几乎完全解离,从而大大降低了化学干扰。此外,等离子体的高温使原子发射更为有效,原子的高电离度减少了离子发射谱线,可以说 ICP 提供了一个典型的"细"光源,它没有自吸现象,除非样品浓度很高。许多元素的动态线性范围达 4 ~ 6 个数量级。所用测量波长列于表 5.6 中。

表 5.6　推荐的波长

元素	波长/nm	元素	波长/nm	元素	波长/nm
铝	308.00	镁	279.08	锑	206.83
锰	257.61	砷	193.70	钼	202.03
镍	231.6	铍	313.04	钾	766.49
硼	249.77	硒	196.03	镉	226.50
硅	212.41	钙	317.93	银	328.07
铬	267.72	钠	589.00	钴	228.62
锶	407.77	铜	324.75	铊	190.86
铁	259.94	钒	292.40	铅	220.35
锌	213.86	锂	670.78	钡	455.40

ICP 的高激活效率使许多元素有较低的最低检测质量浓度,这一特点与较宽的动态线性范围使金属多元素测定成为可能。ICP 发出的光可聚集在单色器和复色器的入口狭缝,散射。用光电倍增管测定光谱强度时,精确调节出口狭缝可用于分离发射光谱部分。单色器一般用一个出口狭缝或光电倍增管,还可以使用计算机控制的示值读数系统同时监测所有检测的波长,这一方法提供了更大的波长范围,同时此方法也增大了样品量。

5.3.5.2　试剂

纯水,均为去离子蒸馏水;硝酸(ρ_{20} = 1.42 g/mL);(2 + 98)硝酸溶液。

各种金属离子标准贮备溶液:选用相应浓度的持证混合标准溶液、单标溶液,并稀释到所需浓度。

混合校准标准溶液:配制混合校准标准溶液,其质量浓度为 10 mg/L;

氩气:高纯氩气。

5.3.5.3　仪器设备

电感耦合等离子体发射光谱仪;超纯水制备仪。

5.3.5.4　分析步骤

仪器操作条件:根据所使用的仪器的制造厂家的说明,使仪器达到最佳工作状态。

标准系列的制备:吸取标准使用液,用(2 + 98)硝酸溶液配制铝、锑、砷、钡、铍、硼、镉、钙、铬、钴、铜、铁、铅、锂、镁、锰、钼、镍、钾、硒、硅、银、钠、铊、钒和锌混合标准使用液,浓度为 0 mg/L、0.1 mg/L、0.5 mg/L、1.0 mg/L、1.5 mg/L、2.0 mg/L 和 5.0 mg/L。

标准系列的测定:开机,仪器达到最佳状态后,编制测定方法,测定标准系列,绘制标准曲线,计算回归方程。

样品的测定:取适量样品进行酸化((2 + 98)硝酸溶液),然后直接进样。

5.3.5.5　计算

根据样品信号计数,从标准曲线或回归方程中查得样品中各元素质量浓度(mg/L)。

5.3.5.6　干扰及其去除

光谱干扰:光谱干扰包括谱线直接重叠,强谱线的拓宽,复合原子 – 离子的连续发射,分子带发射,高浓度时元素发射产生的光散射等。要避免谱线重叠可以选择适宜的分析波长;避免或减少其他光谱干扰,可用正确的背景校正或其他的方法。

物理干扰一般发生在样品中酸含量为 10%(体积)或所用的标准校准溶液酸含量小于等于 5%,或溶解固体大于 1 500 mg/L。一般通过稀释样品,使用基体匹配的标准校准溶液或标准加入法进行补偿。溶解性固体含量高,则盐在雾化器气孔尖端上沉积,导致仪器基线漂移,可用潮湿的氩气使样品雾化,减少这一问题,使用质量流速控制器可以更好地控制氩气到雾化器的流速,提高仪器性能。

化学干扰是由分子化合物形成,离子化效应和热化学效应引起的,它们与样品在等离子体中蒸发、原子化等有关。可通过选择操作条件来减小影响,或用基体匹配的标准加入法予以补偿。

空白校正:从每个样品值中减去与之有关部分的校准空白值,以校正基线漂移(所指的浓度应包括正值和负值,以补偿正面和负面的基线漂移,确定用于空白校对的校正空白液未被记忆效应污染)。用方法空白分析的结果校正试剂污染,向适当的样品中分散方法空白,一次性减去试剂空白和基线漂移校正值。

5.4　电感耦合等离子体 – 质谱分析法

5.4.1　ICP – MS 法的分析原理

样品经过气动雾化器,变成气溶胶,然后以氩气为基质,进入 ICP 离子化,在 ICP 的高温(可达 6 000 ~ 10 000 K)下,几乎 90% 以上的元素都能离子化,且生成的二价离子较少,绝大多数元素都以一价离子存在,ICP 是非常有效、实用的离子化器。样品离子化后,很快经过采样器进入质谱仪真空系统,质谱仪一般选用四极杆质谱,装有 4 只对称的电极,相对的 2 只电极加同向的电压,相邻的 2 只电极加反向的电压,当加以直流电压和高频电压之后,送入电场的待测试样中的离子受到高频电场的作用产生复杂形式的振动,对应一个高频电场和直流电场,四极场只允许一种荷质比的离子通过,其余离子则振幅不断增大,最后碰到四极杆而被吸收。通过四极杆的离子到达检测器电子倍增管产生信号被检测,其强度与到达的离子数目成正比。改变高频及直流电压,可以使另外荷质比的离子顺序通过四极实现质量扫描,设置扫描范围实际上是设置电压 V 值的变化范围。当电场参数值由一个值变化到另一个值时,检测器检测到的离子就会从 m_1 变化到 m_2,也即得到 m_1 到 m_2 的质谱,即质谱图。根据质谱的位置可实现质谱的定性分析,根据谱线的离子流强度,即峰高与被测物质的含量成比例的关系,用已知标准样进行标定,可实现质谱的精确定量分析。

5.4.2　仪器组成

ICP – MS 仪器主要由 ICP、接口、四极质量分析器、检测器、真空系统、计算机控制与数据处理系统组成。

ICP 是在大气压力下工作的,而质谱仪一般要求真空度达到 1 MPa 以上,因此 ICP – MS 的技术关键是把常压等离子体与高真空的质谱检测系统联结起来的"接口"上。解决的办法是将两个锥间孔径分别为 1 mm 和 0.75 mm 的采样锥和截取锥插入等离子体中心,锥后用机械真空泵排气到 200 Pa,由于锥两面存在压力差,因而载气流就会携带着离子进入真空系统。采样锥锥孔较大,这是为了减少进入真空系统的离子量,截取锥锥孔较小,可以进一步减少进入真空系统的离子量。进入真空系统的离子有足够长的平均自由程,得以被静电透镜提取和聚焦。第一级静电透镜被加以负电压,这样它们就能提取正离子,并将它们传送到下级透镜中去,负离子及中性粒子都将被真空泵抽走。在此系统中还有一个光子挡板,防止光子进入质量分析器。离子通过离子透镜,进入四极杆质量分析器,由电子倍增管将信号放大,进入多通道分析器进行分析。用模拟计数器和脉冲计数器检测。

5.4.3　定性分析

ICP – MS 根据谱峰的位置和丰度比进行定性分析。质谱谱图以质荷比为横坐标,对于单电荷离子就是元素的质量。自然界中,天然稳定同位素的丰度比是不变的,因此丰度比常常是谱峰位置的旁证。原子质谱谱峰图简单,理论上一种元素有几个同位素,就有几个质谱峰,但在 ICP – AES 中,每种元素不止一条光谱线,因此 ICP – MS 定性分析要比 ICP – AES 简便。对于许多元素,检出限优于光谱法 3 个数量级,可测定元素范围更宽,并可测定同位素,但仪器的环境条件要求高,必须恒温、恒湿、超净。

5.4.4　定量分析

应用最广的定量分析法是建立标准曲线,但根据不同的情况,建立标准的方式有所不同,若样品基体浓度低(200 $\mu g/mL$),可以直接用简单的标准溶液;若基体浓度高,也可采用原子光谱分析方法中常用的标准加入法。

为了弥补仪器的漂移、不稳定性、气体流量等操作条件和减小基体干扰的影响,也常采用内标法,即将内标元素分别加入到标准溶液和未知样品中,铟和铑是两个最常用的内标元素,通常样品被测元素和内标元素的离子电流比、离子计数比或强度比的对数在几个数量级的浓度范围内呈线性关系。

更准确的定量分析是同位素稀释法,这是基于加入已知浓度的被测元素的某一同位素,然后测定被测元素的两个同位素信号强度之比的变化,这个被加入的同位素就是理想的内标元素。同位素稀释法的优点是:它能补偿在样品制备过程中被测元素的损失,只要这种损失是发生在加入同位素之后,那么即使出现损失,两种同位素损失的程度一样,也不影响它们之间的比率。同理,它不受各种物理和化学的干扰,因为这些干扰对被测元素的两个同位素是相同的,因此在测定它们的比值时,这种影响被抵消。同位素稀释的缺点是:不能用于单同位素测定。稳定同位素标样的来源有限,价格昂贵,但若使用得当,同位素稀释法的精密度和准确度比 ICP – MS 中的其他校正方法都好。

5.4.5　水中矿物元素的 ICP – MS 分析

对地下水、地表水、生活饮用水等的检测是供水行业和水质量控制的重要工作。水质检测项目大量增加,而其基准和限值都很低,因此传统的检验方法很多时候无法满足规定的技术要求。ICP – MS 通过一次进样同时可以测定天然水中的大部分元素,如 K,Na,Ca,Mg,Fe,Mn,Cu,Zn,As,Se,Cd,Hg,Pb,Ag,Al,Co,Cr,前处理简单、干扰少,测定快速、准确。

1.仪器与试剂

装配有雾化器、屏蔽炬和自动进样器的 HP4500(plus)型 ICP – MS;超纯去离子水(电阻率 $\geqslant$ 18 MΩ·cm,使用 E – PURE 去离子水系统制备);标准贮备液(购自国家标准物质中心或国家钢铁研究总院);标准溶液使用液(含 1% HNO$_3$,每隔 2 周需重新配制或由多元素混合的标准贮备液直接稀释而成,贮存于聚四氟乙烯瓶中);所有器皿都要用 15% ~ 20% 的 HNO$_3$ 浸泡过夜,再经去离子水冲洗 3 次,备用;HCl 及 HNO$_3$(优级纯);质量浓度为 10 mg/L 的 Li,Se,Y,Tb,Bi 的混合内标贮备溶液(由相应的单元素贮备溶液配制,存于聚四氟乙烯瓶中);所有空白溶液、标准溶液和样品溶液都通过仪器在线加入内标溶液,内标元素的含量为 50 μg/L。

2.仪器条件

高频发射功率,1 400 W;采样深度 6.4 mm;等离子体气流,15.0 L/min;载气,1.2 L/min;辅助气,1.0 L/min;雾化室温度,2 ℃;积分时间,0.1 s;进样间隔,0.31 s;样品提取速率,0.4 L/min。

3.试验步骤

样品预处理对于浑浊度小于 1 NTU 的清洁水样,只需进行适当酸化;对于可见有悬浮物或浑浊度为 1 ~ 30 NTU 的水样,需先用中性滤纸过滤,除去杂质悬浮物,使浑浊度小于 1 NTU,再进行适当酸化;对于浑浊度大于 30 NTU 的浑浊水样,如泥黄色的河水,则需自然沉淀后,再将上清液过滤,使浑浊度小于 1 NTU,再进行适当酸化。如果样品经适当酸化并在分析时其浑浊度小于 1 NTU,可以直接用气动雾化法进样测定,而无需预消解。

4.半定量扫描

对于每一种新的或特殊的基体样品,首先需要先做一个元素半定量扫描,目的是大概了解样品中主要含有哪些元素和了解样品中是否存在高含量元素,并确认它们的浓度是否高于测定的线性动态范围,以便决定样品是否需要稀释,了解背景值及干扰的水平。

5.内标法定量

测定被测元素与内标元素的强度,利用强度比与标准溶液浓度的标准曲线求出未知样的浓度。

· 124 ·　　　　　　　　　　水质分析方法与技术

5.4.6　ICP – MS法测定饮用水及其水源水中30种金属元素

5.4.6.1　方法原理

ICP – MS由离子源和质谱仪两个主要部分构成。样品溶液经过雾化由载气送入ICP炬焰中,经过蒸发、解离、原子化、电离等过程,转化为带正电荷的正离子,经离子采集系统进入质谱仪,质谱仪根据质荷比进行分离。对于一定的质荷比,质谱积分面积与进入质谱仪中的离子数成正比,即样品的浓度与质谱的积分面积成正比,通过测量质谱的峰面积来测定样品中元素的浓度。

干扰:同量异位素有相同的荷质比,不能被四极质谱分辨,可能引起异序素严重干扰,一般的仪器会自动校正。丰度较大的同位素会产生拖尾峰,影响相邻质量峰的测定。可调整质谱仪的分辨率以减少这种干扰。由两个或三个原子组成的多原子离子,并且具有和某待测元素相同的荷质比引起多原子(分子)离子干扰。由于氯化物离子对检测干扰严重,所以不要用盐酸制备样品,多原子(分子)离子干扰很大程度上受仪器操作条件的影响,通过调整仪器换作可以减少这种干扰。用内标物可以校正物理干扰。易电离的元素增加将大大增加电子数量而引起等离子体平衡转变,通常会减少分析信号,称基体抑制,用内标法可以校正基体干扰。经常清洗样品导入系统减少记忆干扰。

5.4.6.2　试剂

硝酸($\rho_{20} = 1.42$ g/mL):优级纯;(1 + 99)硝酸溶液;纯水:电阻率大于18.0 MΩ·cm。

各种元素标准贮备溶液,选用相应浓度的持证混合标准溶液、单标溶液,并稀释到所需浓度。

混合标准使用溶液:取适量的混合标准贮备溶液或各单标标准贮备液,用硝酸溶液逐级稀释相应的浓度,配制成下列浓度的混合标准使用溶液:钾、钠、钙、镁($\rho = 100.0$ μg/mL);锂、锶($\rho = 10.0$ μg/mL);银、铝、砷、硼、钡、铍、镉、钴、铬、铜、铁、锰、钼、镍、铅、锑、硒、锡、铊、铊、钛、铀、钒、锌($\rho = 1.0$ μg/mL);汞($\rho = 0.1$ μg/mL)。

质谱调谐液:推荐选用锂、钇、铈、铊、钴为质谱调谐液,混合溶液锂、钇、铈、铊、钴的浓度为10 ng/mL。

内标溶液:在分析溶液形式的样品时,可直接向样品中加入内标元素,但由于样品中天然存在某些元素而使内标元素的选择受到限制,这些天然存在于样品中的元素将不能作为内标,内标元素不应受到同量异位素重叠或多原子离子干扰以及对被测元素的同位素产生干扰。推荐选用锂、钪、锗、钇、铟、铋为内标溶液,混合溶液锂、钪、铈、钇、铟、铋的浓度为10 μg/mL,使用前用硝酸溶液稀释至1 μg/mL,可选择全部或部分元素作为内标溶液,见表5.7。

表5.7　推荐的分析物质量、内标物

元素	分析质量	内标物	元素	分析质量	内标物
银	107	In	银	109	In
铝	27	Sc	砷	75	Ge
硼	11	Sc	钡	135	In
铍	9	Li	钙	40	Sc

续表 5.7

元素	分析质量	内标物	元素	分析质量	内标物
镉	111	In	镉	114	In
钴	59	Sc	铬	52	Sc
铬	53	Sc	铜	63	Sc
铜	65	Sc	铁	56	Sc
铁	57	Sc	钾	39	Sc
锂	7	Sc	镁	24	Sc
锰	55	Sc	钼	98	In
钠	23	Sc	镍	60	Sc
镍	62	Sc	铅	208	Bi
锑	121	In	锑	123	In
硒	77	Ge	锶	88	Y
锡	118	In	锡	120	In
钍	232	Bi	铊	203	Bi
铊	205	Bi	钛	48	Sc
铀	235	Bi	铀	238	Bi
钒	51	Sc	锌	66	Ge
锌	68	Ge	汞	202	Bi

5.4.6.3　仪器

电感耦合等离子体质谱仪;超纯水制备仪。

5.4.6.4　分析步骤

1.仪器操作

使用调谐液调整仪器各项指标,使仪器灵敏度、氧化物、双电荷分辨率等各项指标达到测定要求,仪器参考条件如下:RF 功率为 1 280 W、载气流量为 1.14 L/min、采样深度为 7 mm、雾化器为 Barbinton 型、采样锥类型为镍锥。

2.标准系列的制备

吸取混合标准使用溶液,用(1 + 99)硝酸溶液配制成铝、锰、铜、锌、钡、钴、硼、铁、钛使用溶液,浓度为 0 ng/mL、5.0 ng/mL、10.0 ng/mL、50.0 ng/mL、100.0 ng/mL、500.0 ng/ mL;银、砷、铍、铬、镉、钼、镍、铅、硒、锑、锡、铊、铀、钍、钒,浓度为 0 ng/mL、0.5 ng/mL、1.0 ng/mL、10.0 ng/mL、50.0 ng/mL、100.0 ng/mL;钾、钠、钙、镁,浓度为 0 μg/mL、0.5 μg/mL、5.0 μg/mL、10.0 μg/mL、50.0 μg/mL、100.0 μg/mL,锂、锶,浓度为 0 μg/mL、0.05 μg/mL、0.10 μg/mL、5.0 μg/mL、10.0 μg/mL、50.0 μg/mL、100.0 μg/mL;锂、锶,浓度为 0 μg/mL、0.05 μg/mL、0.10 μg/mL、0.50 μg/mL、1.0 μg/mL、5.0 μg/mL;汞浓度为 0 ng/mL、0.10 ng/mL、0.50 ng/mL、1.0 ng/mL、1.5 ng/mL、2.0 ng/mL 的标准系列。

3.测定

开机,当仪器真空度达到要求时,用调谐液调整仪器各项指标,仪器灵敏度、氧化物、双电荷、分辨率等各项指标达到测定要求后,编辑测定方法、干扰方程及选择各测定元素,引入在线内标溶液,观测内标灵敏度,调 P/A 指标,符合要求后,将试剂空白、标准系列、样品溶液分别测定,选择各元素内标,选择各标准,输入各参数,绘制标准曲线,计算回归方程。

5.4.6.5　计算

以样品管中各元素的信号强度 CPS,从标准曲线或回归方程中查得样品管中各元素的质量浓度。

思考题及习题

1. 比较原子吸收和分子吸收光谱的异同点。

2. 比较原子吸收、原子荧光和 ICP – AES 三种光谱分析方法的异同点及优缺点。

3. 试述空心阴极灯、ICP 光源、CID 和 MS 检测器的工作原理。

4. 根据分光系统和检测系统的不同,ICP – AES 光谱仪可分为哪三种不同的仪器类型?

5. 判断题

(1)用石墨炉原子化器,原子化温度可达到 3 000 ℃。

(2)将汞还原热分解后,可在室温下测定。

(3)测定含 NaCl 高达百分之几(如海水)的水样中的 Zn 含量时,如果进行背景校正,并加入适当的基体改进剂,可以得到正确结果。

(4)在高温原子化器内,如不通入氮气或氩气,即不能进行升温测定。

(5)测定含有少量有机物试样时,原子化阶段会产生大量烟雾,因此,不能测定这种样品。

6. 用石墨炉原子吸收法测定废水中 Pb 含量时,常加入什么作为基体改进剂,为什么?

7. 什么是同位素稀释法?

8. 计算题

(1)原子吸收法测定废液中 Cd 含量,从废液排放口准确量取水样 100.0 mL,经适当处理后,准确加入 10 mL 甲基异丁酮溶液萃取,待测元素在波长 228.8 nm 下进行测定,测定吸光度为 0.182。同样条件下,测得 Cd 标准系列吸光度见表 5.8,用作图法求废液中 Cd 的含量(以 mg/L 表示),并判断是否超标(GB 规定 Cd 排放限值为 0.1 mg/L)。

表 5.8　Cd 溶液浓度与吸光度

Cd/($\mu g \cdot mL^{-1}$)	0.0	0.1	0.2	0.4	0.6	0.8	1.0
A	0.000	0.052	0.104	0.208	0.312	0.416	0.520

(2)用标准加入法测定某水样中 Cd 含量。5.00 mL 水样加入 0.5 mL 浓 HNO_3 酸化,再分别加入一定量的 Cd 含量标准溶液并稀释到 10.00 mL 后,测定吸光度,结果见表 5.9,求水样中 Cd 质量浓度。

表 5.9　镉标准加入量与吸光度

标准加入量(按稀释后体积计)/($\mu g \cdot mL^{-1}$)	0	1.5	3.0	4.5
A	0.012 5	0.020 2	0.028 0	0.035 4

第6章 色谱分析法

当前全球水污染的重点是:水中微量有机物质的污染,因此准确检测水中有机物质的含量十分重要。目前普遍采用气相色谱仪、液相色谱仪对水中微量有机物质进行检测。

已知化合物中,一般不经过处理直接进入气相色谱仪检测的样品只占 20%,而液相色谱仪可以有 70%的化合物直接进入仪器检测。这两类仪器都具有检测水中指定有机物的检测功能,是水质检测必备的基础仪器。在气相、液相色谱仪的后面与质谱仪联用,就可以近似 ICP – MS 仪,具有"扫描"功能,能检测出水样中有机物的种类并定量,气相和液相色谱仪联机也同样具有"侦破"功能。

从前,水中氯化物、硫酸盐、硝酸盐、亚硝酸盐、氟化物等一般都用滴定法或分光光度法检测,近几年为了提高检测的精度和简化操作手续,逐渐改用离子色谱法进行分析。采用离子色谱仪一次注入多种混合标准液,可测出多种物质的含量,提高了工作效率。

毛细管电泳、超临界流体色谱法是新型分离分析方法,随着技术的不断完善,将在水质分析中发挥越来越重要的作用。

6.1　气相色谱法

6.1.1　方法原理

气相色谱法(GC)是一种新型分离分析技术,其分离部分称为色谱柱,色谱柱有填充柱和毛细管柱两种柱型。填充柱的内径一般为 3~6 mm,长 1~10 m,可由不锈钢、铜、玻璃和聚四氟乙烯材料制成,柱子的形状有 U 型和螺旋形两种。毛细管柱又名空心柱,内径为 0.2~0.5 mm,长 30~50 m,可由不锈钢或玻璃制成。不锈钢柱耐高温,机械强度高,但有一定的催化活性,加上不透明,不易涂渍固定液,已很少使用。玻璃毛细管柱经济,使用性能良好,效能高,但易断。熔融石英制作柱子,具有化学惰性、热稳定性及机械强度并具有弹性,已占主要地位。固定在柱内的填充物称为固定相,沿着柱流动的流体称流动相。气相色谱是采用气体作为流动相的色谱法。

固定相,可以是纯固体吸附剂,也可以是高沸点液体涂渍在担体或毛细管表面上,液体称为固定液,担体也称载体或支持体,是一种惰性的固体微粒。利用吸附剂作固定相的气相色谱称气 – 固色谱,以固定液及其担体作为固定相的气相色谱称为气 – 液色谱。气体携带水样进入色谱柱,在流动过程中水样中污染物吸附在固体表面或溶于固定液,再脱附或溶出,随载气流动,再次吸附或溶解,脱附或溶出,反复进行,被气体带出,气体又称为载气。由于不同种类的污染物吸附或溶解能力不同,在两相间产生分配的差异,较难被吸附或溶解度较小的组分,容易脱附或挥发,其停留在柱中的时间短,流出时间早;而容易被吸附或溶解度大的组分,则停留在柱中的时间长,流出时间相对晚些,经过一定时间,可先后到达检测器随时间依次发出与组分含量成比例的信号,从而获得一组峰形曲线即流出曲线,作为定性定量分析用的色谱图,如图 6.1 所示。

组分在固定相和流动相间发生的吸附、脱附或溶解、溶出的过程叫做分配过程,在一定温度下,组分在两相间达到平衡时的浓度比称为分配系数,用 K 表示,即

$$K = \frac{组分在固定相中的浓度}{组分在流动相中的浓度} \quad (6.1)$$

若在相同温度下,A 组分分配系数小,B 组分分配系数大,每次分配平衡后气相中 A 组分浓度大,因此,经过多次分

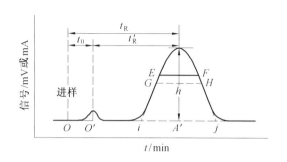

图 6.1　色谱图

配平衡使得原来的分配系数只有微小差别的组分 A 和组分 B 产生较大的分离效果,A 先流出色谱柱,B 后流出,如图 6.2 所示。

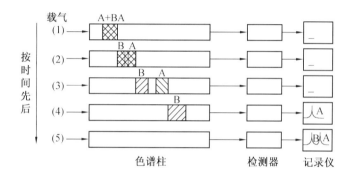

图 6.2　水样中被测组分在色谱柱中的分离过程

因此气相色谱分析利用混合物中各组分在两相间分配系数的差异,当两相相对移动时,各组分在两相间进行多次分配,从而使各组分得到分离。

组分在两相间的分配次数越多,分离效率越高,色谱柱中的分配过程非常类似于化工精馏塔的精馏过程,色谱中把分配次数形象地称作塔板数,所以一般用每米柱长的理论塔板数表示色谱柱的柱效,气相色谱填充柱的柱效为几千塔板/米。

6.1.2　固定相

6.1.2.1　气－固色谱固定相

气－固色谱中以具有一定活性的吸附剂作固定相。常用的有非极性活性炭、弱极性的氧化铝、强极性的硅胶和高分子多孔微球等。

经过改性的石墨化炭黑和碳分子筛,可使极性化合物不脱尾。

高分子多孔微球,国产商品牌号为 GDX,国外有 Porapark 系列。两种都是以苯乙烯和二乙烯基苯经悬浮共聚所得的交联多孔聚合物,是一种应用日益广泛的气－固色谱固定相。在 GDX－1 和 GDX－2 型非极性固定相上,组分基本按分子量大小次序分离,而引入极性基团的 GDX－3 和 GDX－4 型固定相上,基本按极性大小次序分离。合成固定相有较大的比表面,结构均匀,机械强度好,柱子易填充均匀,高温时也不流失,该固定相也可用作气－液

色谱的担体。

6.1.2.2　气－液色谱固定相

1.固定液

按化学结构和极性不同,经常使用的固定液及最高使用温度如下:

非极性:SQ(角鲨烷,140 ℃)。

弱极性:SE－30(二甲基硅橡胶,300 ℃)、硅油 I(OV101,200 ℃)。

中极性:OV－17(苯基(50%)甲基聚硅氧烷,300 ℃)、QF－1(三氟丙基甲基聚硅氧烷,250 ℃)、DNP(邻苯二甲酸二壬酯,130 ℃)。

中强极性:PEG－20M(聚乙二醇－20M,225 ℃)、DEGS(丁二酸二乙二醇聚酯,200 ℃)。

强极性:ODPN(β, β'－氧二丙腈,100 ℃)、TCEP(三(2－氰乙基氧基)丙烷,175 ℃)。

一般情况下,根据"相似相溶"原理选择固定液。分离非极性物质,选用非极性固定液,试样组分按沸点从低到高的次序先后流出色谱柱;分离极性物质,选用极性固定液,极性小的先流出色谱柱,极性大的后流出色谱柱;分离非极性和极性混合物时,一般选用极性固定液,非极性组分先出峰,极性组分后出峰。

如角鲨烷用来分离 $C_1 \sim C_4$ 的烃类,按沸点顺序分离,因为沸点越低的物质,与固定液作用力越弱。

固定液分子中含有—OH,—COOH,—COOR,—NH$_2$ 等官能团时,对含氟、氧、氮化合物常有显著的氢键作用力,作用力强的在柱内保留时间长,如醇、酚、胺和水的分离,选择极性或是氢键型的固定液,不易形成氢键的先流出,最易形成氢键的最后流出。

但也有特殊的情况,在分离乙醇和乙酸乙酯的混合物时,固定液选择聚乙二醇十八醚比在 DNP 以及 PEG－20M 上分离效果好。在分离苯和环己烷时,由于苯容易极化,所以选择非极性固定液液体石蜡却很难分离,而选择中等极性固定液邻苯二甲酸二辛酯能够使苯的保留时间延长而分开。

在样品组分较复杂时,可以使用特殊的固定液,也可以使用两种或两种以上固定液组成混合固定液,即将固定液分别涂渍在担体上,然后再按一定比例混合装柱。例如苯系物,苯、甲苯、乙苯、二甲苯的三种异构体,异丙苯、苯乙烯等使用有机皂土能使间位和对位的二甲苯分开,但不能使乙苯和对二甲苯分开。若使用有机皂土配入适当的 DNP 组成混合固定液,即能将各组分分开。

一种简便且实用的选择固定液的方法是选用几种极性不同的固定液,以适当的操作条件进行色谱初步分离,观察未知样分离情况,然后进一步选择其他相近极性的固定液作适当调整,以选择较适宜的固定液。查阅文献资料和手册选择固定液是一种非常简捷的方法,但也要经过试验来确定。

2.担体

担体有硅藻土担体和非硅藻土担体。

硅藻土担体有红色硅藻土和白色硅藻土。红色硅藻土由天然硅藻土在粘合剂作用下,于 900 ℃左右条件下煅烧而成,其中含有少量 Fe$_2$O$_3$,使担体略带红色,故称红色担体。此担体孔径小,比表面积大,能承担较多固定液,机械强度好,分离效能高,主要用于非极性和弱极性物质。由于表面存在活性中心,分析极性物质时易产生拖尾。国产的 6201、201、202,国外的 Chromosorb P 属于此类。白色硅藻土担体由于在 900 ℃条件下煅烧时加和助熔剂(碳酸钠),成为较大的疏松颗粒,Fe_2O_3 变成白色的铁硅酸钠,故称白色担体。表面孔径较大,比表面积小,但极性中心显著减少,吸附性小,故一般可用于分析极性物质。但机械强度差,易粉碎。国产的 101、102、303、405 釉化担体和国外的 Chromosorb W、Celite545、Gas Chrom Q 属于此类。

一些商品硅藻体表面已进行过表面处理,如酸洗、碱洗、硅烷化、釉化、钝化以及涂减尾剂等,消除了担体表面的吸附和催化中心,并且颗粒细小、均匀,提高了柱效,不会造成色谱峰的拖尾。

非硅藻土担体有玻璃微球、氟担体、高分子多孔微球等。

玻璃微球经过改性后可提高效能,聚四氟乙烯氟担体广泛用于强极性化合物分离而不产生脱尾。

选择担体的大致原则为:当固定液质量分数大于 5% 时,可选用硅藻土(白色或红色)担体;当固定液质量分数小于 5% 时,应选用处理过的担体;对于高沸点组分,可选用玻璃微球担体;对于强腐蚀性组分,可选用氟担体。

6.1.3　色谱流出曲线及有关术语

在气相色谱分析中以流出时间为横坐标,以组分浓度(或质量)为纵坐标,绘得的组分及其浓度(或质量)随时间变化的曲线称为色谱图,也称色谱流出曲线。在一定的进样量范围内,色谱流出曲线遵循正态分布规律,它是色谱定性、定量和评价色谱分离情况的基本依据。

如图 6.1 所示,在试验条件下,只有纯流动相通过检测器时所得到的响应信号是基线,在试验条件稳定时,基线是一条平滑的水平线。因而,基线的形状可以用来判断试验和仪器是否正常。色谱峰是组分从柱后流出,浓度达到最大值所形成的部分,峰高 h 是色谱峰顶点到基线的垂直距离。峰基宽度是通过流出曲线的拐点所作的切线在基线上的截距。标准偏差 σ 是指流出曲线上两拐点间距离的一半,即 0.607 倍峰高处色谱峰宽度的一半。h 和 σ 是描述色谱流出曲线形状的两个重要参数。半峰宽为色谱峰高一半处对应的宽度,也称半宽度。不被固定相吸附或溶解的组分(常常为空气),从进样到出现峰顶所需的时间称为死时间 t_0。组分从进样到出现色谱峰顶所需时间称为保留时间 t_R。调整保留时间 t'_R 是扣除死时间后的组分保留时间。保留体积指从进样到柱后出现待测组分浓度最大值时所通过的载气体积,是保留时间与色谱柱出口处载气流速的乘积。死体积指色谱柱内除了填充物固定相以外的空隙体积、色谱仪中管路和连接头间的空间、进样系统及检测器的空间的总和。调整保留体积指扣除死体积后的保留体积。相对保留值指一组分调整保留值与另一标准物调整保留值的比值。保留指数 I_i 是最广泛使用的定性依据,它具有重现性好,标准物统一及温度影响小等优点。手册上可查到近千种物质在不同固定液上的保留指数。所选用的标准物质是正构烷烃系列,待测物质 i 的调整保留时间恰好落在碳数相邻的两种正构烷烃的调整保留时间之间,保留指数表示为

$$I_i = \left[\frac{\lg t'_{Ri} - \lg t'_{Rn}}{\lg t'_{R(n+1)} - \lg t'_{Rn}} + n \right] \times 100 \tag{6.2}$$

式中　I_i——待测物质 i 在选定的固定相上的保留指数;

$t'_{Ri}, t'_{Rn}, t'_{R(n+1)}$——待测物、含有 n 个和 $n+1$ 个碳原子正构烷烃的调整保留时间。

6.1.4　分析流程及操作条件

图 6.3 是气相色谱分析装置和流程的示意图。

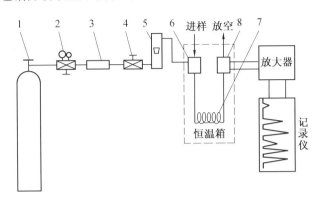

图 6.3　气相色谱流程示意图
1—载气钢瓶;2—减压阀;3—净化器;4—稳压阀;5—转子流量计;6—汽
化室;7—色谱柱;8—检测器

载气钢瓶供给气体做流动相,在分析水样之前,载气经减压阀、净化器、压力和流量调节装置把载气调节到所需的流速,样品由汽化室进入,立即汽化并被载气带入色谱柱进行分离,然后检测。常用的载气有 N_2,H_2,He 和 Ar,常用的辅助气体是空气、O_2 和 H_2。其装置可以分为:载气系统、进样系统、色谱柱分离系统、恒温系统、检测系统和数据处理显示系统或色谱工作站。气路系统的气密性、载气流速和稳定性以及测量流量的准确性,固定相选择、色谱柱的内径和长度、进样量、色谱柱、汽化室和检测器的温度对色谱结果均有很大的影响,因此必须注意选择和控制。

6.1.4.1　进样量的选择

进样量与固定相总量及检测器灵敏度有关。最大允许进样量可以通过试验确定。多次进样,逐渐加大进样量,如果发现半峰宽变宽或保留值改变时,这个量就是最大允许进样量。因为进样量过大会导致分离度变小,保留值变化,峰高、峰面积与进样量不成线性关系,不能定量。进样时应当固定进针深度及位置,进样速度应尽可能快,注射、拔针等动作都要快,而且平行测定中速度一致。自动进样可以保证每次进入的量相同,减小误差。

6.1.4.2　汽化室温度的选择

合适的汽化室温度既能保证样品迅速完全汽化,又不引起样品分解。一般气化室温度比柱温高 30～70 ℃ 或比样品组分中最高的沸点高 30～50 ℃。温度过低,汽化速度慢,使样品峰扩展,产生拖尾峰,温度高则产生前延峰,甚至样品分解。温度是否合适,可通过试验检查:如果温度过高,出峰数目变化,重复进样时很难重现,温度太低则峰形不规则,出现平头峰或宽峰,若温度合适则峰形正常,峰数不变,并能多次重复。

6.1.4.3　柱温的选择

柱温是一个重要的操作参数,直接影响分离效能和分析速度。柱温低有利于组分分离,但温度过低,被测组分可能在柱中冷凝,传质阻力增加,分配不能迅速达到平衡,色谱峰扩张,甚至拖尾,柱效下降,延长分析时间;温度高有利于传质,但柱温过高,各组分的挥发程序差异不显著,不利于分离,而且每种固定液都有一定的使用温度。所以一般通过试验选择最佳柱温,既要使物质完全分离,保留时间适宜,又不致使峰形扩展、拖尾。理论上,可参考下列方法:

高沸点(300~400 ℃)混合物,希望在较低的柱温下分析,一般低于其沸点100~200 ℃。为了改善液相传质速度,可用低固定液含量,液膜变薄,固定液质量分数一般在1%~3%,但允许的最大进样量减小,因此应采用高灵敏度检测器。

沸点在200~300 ℃的混合物,可在中等柱温下工作,比其平均沸点低100 ℃左右,固定液质量分数在5%~10%。

沸点在100~200 ℃的混合物,柱温可选在平均沸点的2/3左右,固定液质量分数在10%~15%。

气体、气态烃等低沸点混合物,柱温选在其沸点或沸点以上,固定液质量分数一般在15%~25%。

对于沸程范围较宽的试样,宜采用程序升温,即控制色谱恒温箱使柱温按预定的速度加热,在一个周期里随时间作线性或非线性增加。一般升温速度常呈线性增加,如每分钟上升4 ℃。在较低的初始温度,较低沸点的组分,较早流出的峰可以得到较好的分离。随柱温增加,较高沸点的组分也能较快地流出,缩短保留时间,且和低沸点组分一样能获得分离较好的尖峰,如图6.4所示。一般在低柱温下高沸点组分流出缓慢,峰形宽;高柱温下因保留时间缩小,低沸点组分峰密集,分离度小。而程序升温使低沸点及高沸点在各自适宜的温度下得到良好的分离。

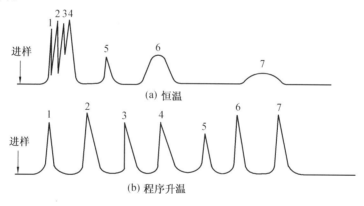

图6.4　恒温和程序升温比较

6.1.4.4　检测器及温度控制

气相色谱检测器主要有热导检测器(TCD)、氢火焰离子化检测器(FID)、电子捕获检测器(ECD)、火焰光度检测器(FPD)和氮磷检测器(NPD),分别适应不同污染物测定要求。

TCD:是应用最早的检测器,制作简单。利用被测组分和载气的混合物与纯载气的热导系数不同,当热导池体的气体组成及浓度发生变化时,引起池体上热敏元件的温度及电阻变化,产生电压信号,由所得信号大小求出该组分含量。对有机物和无机物都有响应,既可作常量分析也可作微量分析。

FID:利用氢火焰作电离源,使有机物电离,所产生的正离子被外加电场的负极收集,电子被正极伏获,形成微弱的电流信号,经放大器放大,得到色谱峰。FID 的突出优点是:对几乎所有的有机物均有响应,是应用较广泛的一种检测器,对大多数有机物有很高的灵敏度,较 TCD 灵敏度高 $10^2 \sim 10^4$ 倍,能检测至 10^{-9} g 级的痕量有机物,特别是对烃类灵敏度高且响应值与碳原子数呈正比。响应速度快,线性范围宽,对载气流速、温度和压力波动不敏感。对 H_2O,CO_2 和 CS_2 等无机物不灵敏,因为氢火焰不电离无机化合物。

ECD:载气(高纯 N_2)在检测器内放射源 ^{63}Ni 的 β 射线照射下发生电离,生成正离子和低能电子,并在恒定电场作用下产生离子电流,此电流为基流。一般在 $10^{-8} \sim 10^{-9}$ A 左右,当样品中含负电性很大的物质进入检测器时,就会捕获上一反应产生的电子引起基流降低,产生检测信号,经放大器放大后,显示出来。其相应样品浓度给出一负峰。组分浓度越大,则负峰也越大。因此,ECD 检测器的信号不同于 FID 等其他电离检测器,FID 等信号是基流增加,ECD 信号是高背景基流的减小。ECD 是灵敏度最高的气相色谱检测器之一,同时又是最早出现的选择性检测器。它仅对那些能俘获电子的化合物,如卤代烃,含 N,O 和 S 等杂原子的化合物有响应。多年来广泛用于环境样品中痕量农药、多氯联苯等的分析。其缺点是:线性范围小。

FPD:当含硫的有机物在富氢 – 空气焰中燃烧时,产生激发态 S_2^* 分子,回到基态时就发射出最强波长为 394 nm 的特征光谱。有机磷化合物则首先被氧化燃烧生成磷的氧化物,然后被富氢焰中的 H 还原成 HPO。这个含磷裂片被火焰高温激发后,发射出一系列特征波长的光,其最强波长为 528 nm。这些发射光通过相应的滤光片而照射到光电倍增管上,转变为光电流,经放大后记录下硫或磷化合物的色谱图。由于这种检测器对硫、磷化合物具有高选择性和高灵敏度,因而 FPD 主要用于水中农药分析。

NPD:用非挥发性的硅酸铷玻璃珠作热电离源,用电加热铷珠,氢气流每分钟仅几毫升,为冷氢焰,检测低基流背景下信号电流的增加。NPD 对氮磷化合物灵敏度高,专用于痕量氮、磷化合物的检测,操作容易控制,使该检测器成为常用的检测器之一。

检测器温度控制:检测器温度一般应高于柱温,防止样品组分或其他物质在检测器内冷凝,造成检测器污染。测定高相对分子质量物质时,适当提高检测室温度有利于提高灵敏度。

6.1.4.5　载气及载气流速的选择

试验表明,氢火焰离子化检测器用氮气作载气比用其他气体作载气时检测器灵敏度高,所用气体均应经过净化。在一定范围内增大空气和氢气流量可提高灵敏度,但空气流量过大会增加噪声,氢气量过大反而会降低灵敏度。一般可参考如下流量比

氮气:氢气:空气 = 1:1:10

火焰光度检测器常用氮气和氢气,电子捕获检测器常用氮气(纯度大于 99.99%)。

载气流量的选择主要考虑分离效能,两相间达到分配平衡的次数越多,柱效率越高,色谱柱的区域宽度越窄,分离能力越大。对一定的色谱柱和试样,通过试验可以找到柱效比较理想时的最佳流速。流速太大时,传质阻力大,流速太小时,分子纵向扩散又较大,所以既要控制传质阻力,又要控制分子扩散,提高柱效,峰形正常。对于内径为 3 ~ 4 mm 的填充柱,常用的流速为 20 ~ 80 mL/min。

6.1.5　色谱定性分析

6.1.5.1　保留值定性

由于各种化合物在一定色谱条件下,均有确定的保留值,所以在气相色谱分析中可以用保留值作为定性依据。测定时只要在相同的色谱条件下,分别测定并比较纯物质和试样中未知物的保留值,即可得到相对结果。在色谱图中,如果被测物质中某一组分与已知纯物质的保留值相等,则两者可能是同一化合物。

6.1.5.2　相对保留值定性

在某一固定相及柱温下,分别测定被测物质与另一基准物质的调整保留值之比。由于此值只与柱温有关,不受其他操作条件的影响,所以用此法作色谱定性是比较可靠的,这种方法称为相对保留值法。

6.1.5.3　其他方法

也可以用加入已知物增加峰高法定性,对试样进样后,得到待定物质的色谱图,再在试样中加入待定物质的纯物质进行试验,比较同一色谱峰的高低。如果得到色谱峰峰高增加而半峰宽不变,则待定物质可能即是试验中所用的纯物质。

二维气相色谱定性:二维色谱最早应用于纸色谱和薄层色谱,即使用不同溶剂进行双向展开,分离效率大大提高。二维色谱在气相色谱上是使用两根不同选择性的色谱柱,对样本同时并行测定,自出现毛细管色谱柱后,发展很快。通常可使用不同的二个仪器或使用一个具有双柱(不同极性)、双通道、双检测器的仪器,一次进样可同时获得二组信息。美国 FDA、欧共体等都是采用此法作定性的。选择艾氏剂、对硫磷、毒死蜱或莠去津等标准农药作为不同检测器的内标物,测定多种农药在不同极性柱上与内标农药的相对保留时间,作为初步定性的依据,此法也比较适合我国实际。

与其他仪器结合定性:气相色谱法是分离复杂有机组分的最佳仪器分析方法,但不能对复杂组分进行有效的定性鉴定。质谱、红外光谱是鉴定未知物的有效工具,所以目前色谱－质谱、色谱－红外光谱可联用。质谱仪灵敏度高,扫描速度快,并能准确测定未知物相对分子质量,是目前解决复杂组分定性最有效的工具之一。色谱－红外光谱仪:红外光谱仪对纯物质能给出特征很高的红外光谱图,能用于色谱柱流出物的定性鉴定,但红外光谱灵敏度不高,需要 1 mg 以上的样品组分,所以有时采用制备色谱收集馏分进行定性。

6.1.6　定量分析

6.1.6.1　定量分析的依据

在一定操作条件下,检测器对组分 i 产生的响应信号(峰面积 A_i 或峰高 h_i)与组分 i 的量(m_i)成正比,即

$$m_i = f_i A_i$$
$$m_i = f_i h_i$$

峰面积或峰高由积分仪自动测出并被打印出来。

6.1.6.2　定量方法

1. 外标法

用欲测组分的纯物质来制作标准曲线,与分光光度法中的标准曲线法相同。

2.内标法

(1)校正因子法

先配制一定浓度的标准物和内标物的混合液,测定相对校正因子,然后在未知水样中也加入一定浓度的内标物质,利用相对校正因子,求出待测组分的浓度。设标准物质和内标物两物质的峰面积分别为 A_0,A_s,峰高分别为 h_0,h_s,待测物和内标物的峰面积分别为 A_i,A'_s,峰高分别为 h_i,h'_s。

以峰面积来表示相对校正因子

$$f_i' = \frac{\dfrac{c_0}{A_0}}{\dfrac{c_s}{A_s}} = \frac{A_s c_0}{A_0 c_s} \tag{6.3}$$

$\dfrac{c_0}{A_0}$,$\dfrac{c_s}{A_s}$ 分别为待测物和内标物单位峰面积所表示的浓度,则

$$\frac{c_i}{c_s} = \frac{\dfrac{c_0}{A_0}A_i}{\dfrac{c_s}{A_s}A'_s} = f_i'\frac{A_i}{A'_s}$$

$$c_i = f_i'\frac{A_i}{A'_s}c_s$$

其中,$\dfrac{A_i}{A'_i}$ 可以校正由于操作条件变化而引起的误差。

同样,以峰高来表示,$c_i = f_i'\dfrac{h_i}{h'_s}c_s$。

(2)内标工作曲线法

先将待测组分的纯物质配成不同浓度的标准溶液,再选择一内标物质,配制成一定浓度,取固定量的标准溶液和内标物混合后进样分析,测得 $A_i(h_i)$ 和 $A_s(h_s)$,以 $A_i/A_s(h_i/h_s)$ 比值为纵坐标,以标准溶液浓度为横坐标,得一组通过原点的直线,如图 6.5 所示,分析时,取与绘制校曲线相同量的试样和内标物,测出其峰面积比或峰高比,从校准曲线上查出待测组分的浓度。内标工作曲线法无需测出校正因子,消除了某些操作条件和进样量变化带来的误差。

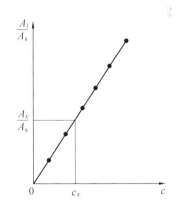

图 6.5　内标法定量示意图

3.色谱工作站定量

由于电脑的广泛使用,色谱数据工作站(计算机软件)得以广泛的应用,用色谱数据工作站计算,以 N2000 工作站为例使用内标法定量,步骤如下:

①配制标准物和内标物混合标准溶液及水样(含内标物)。

②开动色谱仪和工作站稳定后,工作站的任一方法下,注入 1 μL 混合标准溶液,谱图出完后,记下其谱图名。

③编制组分表,求校正因子或校正曲线。点击方法→面积→内标法→采用;点击组分表→谱图→混合标准溶液谱图名→全选→(在对应的保留时间前打入峰名)→选内标峰"是"→将内标峰提到1号位→输入内标量→采用→提交成功(OK)→校正→加入标样→标准对照液谱图名→确定→校正完毕→另存→起一适当方法名→保存。组分表校正因子已求完毕且已保存。用时打开其方法即可。

也可输入色谱条件,显示设置,编辑项目等,存入上述方法。

上述是"在线"求校正因子,在"离线"上也能求,和"在线"步骤一样,只是在保存方法时,要点击"输出 - 保存"。

④试样分析:在"在线"上打开所用方法(上述所保存的),若刚求完方法,又没打开过其他方法,就不必进行这一步。注入水样1 μL,同时启动工作站(采集数据)。试样谱图出完,点击停止采集→预览,即可得出分析结果。

6.1.7　色谱法应用

6.1.7.1　苯系物顶空进样气相色谱法测定

苯系物通常包括:苯、甲苯、乙苯、邻二甲苯、间二甲苯、对二甲苯、异丙苯、苯乙烯8种化合物。

1. 方法原理

在恒温的密闭容器中,水样中的苯系物在气、液两相间分配,达到平衡。取液上气相样品进行色谱分析即为顶空进样色谱分析。顶空进样免除了水样的前处理步骤,排除了样品基体对色谱系统特别是色谱柱分析的干扰,使色谱图简单易于识别,可大大延长柱的使用寿命。但温度和压力是苯系物在气、液两相中分配比例的决定性因素,因此分析样品要与标样严格保持同样条件,如需第二次进样时,应重新恒温振荡。当温度等条件变化较大时,需对标准曲线进行校正,进样时所用的注射器应预热到稍高于样品温度。常规的顶空法测定需要恒温振荡,在测定过程中控温平衡分析方法比较烦琐,需要专用设备。也可采用自动顶空装置(包括顶空瓶等),使用前要确定方法的检测限、精密度和准确度能达到测定要求。

2. 仪器与试剂

气相色谱仪,具FID检测器;带有恒温水槽的振荡器,由康氏电动振荡器、超级恒温水浴等组成或专用恒温装置;100 mL全玻璃注射器或气密性注射器,并配有耐油胶帽;5 mL全玻璃注射器;10 μL微量注射器。

有机皂土;邻苯二甲酸二壬酯(DNP);101白色担体,60 ~ 80目。

苯系物标准物质:苯、甲苯、乙苯、对二甲苯、间二甲苯、邻二甲苯、异丙苯和苯乙烯,均为色谱纯。

苯系物标准贮备液,用10 μL微量注射器抽取色谱纯的苯系物作标准物,以配成浓度为10 mg/L的苯系物混合水溶液作为苯系物的贮备液。该贮备液应于冰箱中保存,一周内有效。

氯化钠,优级纯;高纯氮气,99.999%。

3. 色谱条件

进样量:5 mL;色谱柱:长3 m,内径4 mm螺旋型不锈钢管柱或玻璃色谱柱;柱填充料:3%有机皂土 - 101白色担体:2.5%DNP - 101白色担体 = 35:65。柱温:65 ℃;汽化室温度:

200 ℃；检测器温度：150 ℃；气体流量：氮气 40 mL/min，氢气 40 mL/min，空气 400 mL/min。应根据仪器型号选用合适的气体流速。

涂渍固定液的方法：计算色谱柱体积，量取略多于所计算体积的载体并称其质量，根据载体的质量准确称取一定量的固定液，溶于丙酮溶剂中，待完全溶解后加入载体，此时液面应完全浸没载体，在室温下自然挥干溶剂（切勿用玻璃棒搅拌），待溶剂完全挥发且无丙酮气味可装柱。

装柱方法：柱出口端接于真空泵（注意柱管内填堵好棉花），柱入口端接上小漏斗，固定相由此装入，采用边抽空边均匀敲柱的方法装柱。

色谱柱的老化：柱入口端接到色谱系统上，柱出口端放空，通氮气，在一定的柱温下老化一个昼夜左右。

4.分析步骤

(1)顶空样品的制备

称取 20 g 氯化钠，放入 100 mL 注射器中，加入 40 mL 水样，排出针筒内空气，再吸入 40 mL 氮气，然后将注射器用胶帽封好。置于振荡器水槽中固定，约恒温在 30 ℃条件下振荡 5 min，抽取上空间的气样 5 mL 作色谱分析。当废水中苯系物浓度较高时，可适当减少进样量。

(2)校准曲线的绘制

用贮备液配成苯、甲苯、乙苯、对二甲苯、间二甲苯、邻二甲苯、异丙苯和苯乙烯浓度各为 5 μg/L、20 μg/L、40 μg/L、60 μg/L、80 μg/L 和 100 μg/L 的标准系列的水溶液。

取不同浓度的标准系列溶液，按顶空样品的制备方法处理，取 5 mL 液上气相样品作色谱分析，并绘制浓度 – 峰高校准曲线。

5.计算

由样品色谱图记录苯系物各组分的峰高值，从各自的校准曲线上直接查得样品的浓度值。

6.注意事项

①本方法的最低检出浓度为 0.005 mg/L，测定上限为 0.1 mg/L。可用于石油化工、油漆、农药和制药等行业排放的废水，也可用于水源水的检测。

②如不需要单个分析二甲苯异构体或异丙苯，可适当提高柱温，以缩短分析时间。如样品中不含异丙苯，在装柱时适当增加有机皂土对 DNP 的比例，以提高对二甲苯与间二甲苯的分离度。

③配制苯系物标准贮备液时，可先将移取的色谱纯苯系物加入到少量甲醇中后，再配制成水溶液。由于苯系物毒性较强、易燃，需要在通风良好的情况下进行，以免危害健康。标准贮备液也可直接购买商品溶液。

6.1.7.2　苯系物二硫化碳萃取气相色谱法

1.方法原理

用二硫化碳萃取废水中的苯径流物，取萃取液 5 μL 注入色谱仪，用 FID 检测。苯系物的标准色谱图如图 6.6 所示。

2.适用范围

本方法的最低检出浓度为 0.05 mg/L，检测上限为 1.2 mg/L。适用于石油化工、焦化、油漆和制药等行业废水的分析。

3．仪器

气相色谱仪，具 FID 检测器；250 mL 分液漏斗；10 μL 微量注射器。

4．试剂

二硫化碳，在气相色谱上无苯系物检出，其他同顶空气相色谱法。

5．色谱条件

同顶空气相色谱法的色谱条件，进样量为 5 μL。

6．校准曲线的制备

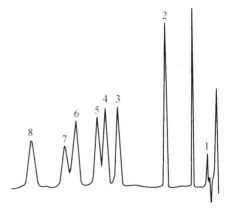

图 6.6　苯系物的标准色谱图
1—苯；2—甲苯；3—乙苯；4—对二甲苯；5—间二甲苯；6—邻二甲苯；7—异丙苯；8—苯乙烯

标准溶液的配制：取苯系物标准贮备溶液配成混合水溶液，8 种苯系物均为 10 mg/L、20 mg/L、40 mg/L、60 mg/L、80 mg/L、100 mg/L、120 mg/L。

取不同浓度的标准溶液各 100 mL，分别置于 250 mL 分液漏斗中，加 5 mL 二硫化碳（比重 D_4^{15} 1.270 0），振摇 2 min。静置分层后，分离出有机相，在规定的色谱条件下，取 5 μL 萃取液作色谱分析，并绘制浓度 – 峰高校准曲线。

7．样品的测定

取 100 mL 水样放入 250 mL 分液漏斗中，按上述标准样品处理方法进行萃取。

如果萃取时发生乳化现象，可在分液漏斗的下部塞一块玻璃棉过滤乳化液，弃去最初几滴，收集余下的二硫化碳溶液，以备测定。

8．计算

由样品色谱图上量得苯系物各组分的峰高值，从各自的校准曲线上直接查得样品的浓度值。

9．注意事项

如果二硫化碳溶剂中有苯系物检出，应做硝化提纯处理。在萃取过程中出现乳化现象时，可用无水硫酸钠破乳或采用离心法破乳。

6.1.7.3　气相色谱法测定饮用水中挥发性卤代烃

挥发性卤代烃是一类具有特殊气味的对人体有害的物质，沸点较低，易挥发，微溶于水。通常包括三氯甲烷、四氯化碳、一溴二氯甲烷、二溴一氯甲烷、三溴甲烷 5 种化合物。一般通过呼吸、皮肤接触和饮用三种途径进入人体。挥发性卤代烃广泛地用于化工、医药及实验室，其废水排入环境，污染水体。饮用水大多仍采用液氯消毒，在自来水中含有相当量的消毒副产物卤代烃。

分析方法主要有：顶空填充柱气相色谱法、大口径毛细管气相色谱法、毛细管吹扫 – 捕集气相色谱法等，本例应用顶空填充柱气相色谱法测定。

1．方法原理

将水样置于一定液上空间的密闭容器中，水中的挥发性组分就会向容器的液上空间挥发，产生蒸气压。在一定条件下，组分在气液两相达成热力学平衡。此时卤代烃在气相中的浓度和它在液相中的浓度成正比,通过对气相中卤代烃浓度的测定,即可计算出水样中卤代烃的质量浓度。因此,取气相样品用带有电子捕获检测器的气相色谱仪进行分析,外标法定量,可得组分在水样中的含量。

2.仪器

气相色谱仪(ECD检测器);恒温水浴:控温精度为±1 ℃;顶空瓶,50 mL比色管,也可用自制的顶空瓶或商品顶空瓶,用蒸馏水洗净后于 150 ℃条件下烘 4 h,置于干燥器中备用;0.01 mm厚聚四氟乙烯薄膜,剪成小片(约 5 mm×5 mm)于水中煮沸 20 min,120 ℃条件下烘2 h,置于干燥器中备用;医用反口橡皮塞:用水煮沸 20 min,晾干后置于干燥器中备用;注射器:1 mL医用注射器,10~100 μL微量注射器。

3.试剂

纯水:取未受卤代烃污染的地表水,澄清过滤并煮沸 3 min,密塞冷却后用作纯水,或用蒸馏水经活性炭处理除去干扰的方法制备纯水。

甲醇,优级纯;抗坏血酸;色谱固定液,OV-101;色谱担体,Chromosorb W HP80~100 目。

卤代烃标准样品:三氯甲烷、四氯化碳、一溴二氯甲烷、二溴一氯甲烷、三溴甲烷等均为色谱纯,也可直接购买商品标准贮备溶液。

卤代烃标准溶液:参照表 6.1 所列浓度用甲醇配制 I、II 两组浓度系列,各卤代烃单标准贮备液 A(密闭避光,冰箱中 4 ℃条件下保存 2 个月)。卤代烃混合中间溶液 B 由卤代烃标准贮备液 A 以甲醇或纯水配制(用时现配),卤代烃标准使用溶液由混合中间溶液 B 稀释而成。

4.色谱条件

色谱柱:10%OV-101/Chromosorb W HP80~100 目,填充于长 2 m、内径 3 mm 玻璃柱中。

载气流速:高纯氮气(99.999%)25 mL/min;温度:柱温为 70 ℃,汽化室 160 ℃,检测器160 ℃;进样量:1 mL,60 μL。

卤代烃标准贮备液和标准使用溶液的配制见表 6.1。

表 6.1　卤代烃标准贮备液和标准使用溶液配制

浓度系列	卤代烃	单标贮备液 A/(mg·L⁻¹)	混合中间液 B/(mg·L⁻¹)	标准使用液/(μg·L⁻¹)					
				1	2	3	4	5	6
I	CHCl₃	595	2.38	0.238	0.476	0.952	1.43	1.90	2.38
	CCl₄	1 276	0.128	0.012 8	0.025 6	0.051 2	0.076 8	0.102	0.128
	CHBrCl₂	792	0.396	0.030 96	0.079 2	0.158	0.238	0.317	0.396
	CHBr₂Cl	980	0.98	0.098	0.196	0.392	0.588	0.784	0.98
	CHBr₃	5 780	2.89	0.289	0.578	1.16	1.73	2.31	2.89
II	CHCl₃	745	29.8	2.98	5.96	11.9	17.9	23.8	29.8
	CCl₄	1 276	1.28	0.128	0.256	0.512	0.768	1.02	1.28
	CHBrCl₂	792	3.96	0.396	0.792	1.58	2.38	3.17	3.96

5.步骤

(1)样品的制备

在 50 mL 比色管中,加入 0.4 g 抗坏血酸(约水样重量的 0.5%),用塞子塞住管口带到现场取样。取样时水流平稳,沿管壁流入管内(取自来水时先放水 1 min)。

水样充满后(不留液上空间),用衬有聚四氟乙烯薄膜的医用橡皮塞封口,并用铁丝勒紧,带回实验室供测定用(水样应尽快分析,在冰箱内保存一般不要超过 24 h)。

(2)校准曲线

空白测定:取 4 支 50 mL 比色管,加入 0.4 g 抗坏血酸,用纯水充满,用衬有聚四氟乙烯的医用橡皮塞封口,并用铁丝加固。用一长针头穿透橡皮塞插入管内,使针尖至 50 mL 刻度线。另插入一短针头,用金属三通将针头与通气系统连接,向管内通入 0.13 MPa 高纯氮气(可用稳压阀准确控制压力),将水从长针头排出。液面降到 50 mL 刻度线时,立即拔出长针头,停止通气拔出短针头(气、液体积分别为 25 mL 和 50 mL,液上气体压力为 0.13 MPa)。将比色管先后交替放入(36 ± 1)℃恒温水浴中平衡 40 min,用预热到(36 ± 1)℃的医用注射器或微量注射器穿透橡皮塞抽取液上气体 1 mL 或 60 μL 进行色谱分析,做空白平行测定,每个样品管只应取样一次。

校准曲线的绘制:取若干支 50 mL 比色管(总容积为 75 mL),各加入 0.4 g 抗坏血酸,准确加入 75.0 mL 纯水,用微量注射器分别吸取适量两组浓度系列卤代烃中间溶液 B,注入比色管内的纯水中,配成两组系列不同浓度的卤代烃校准使用溶液,用衬有聚四氟乙烯薄膜的医用橡皮塞封口,并用铁丝加固,放置 30 min 待校准使用溶液均匀后,按纯水空白测定步骤取得液上气体,取 1 mL 系列 I 校准使用溶液的液上气体,取 60 μL 系列 II 校准使用溶液的液上气体进行色谱测定。所得峰高扣除相同进样量纯水空白峰高后,得到不同进样量的两组浓度对响应(色谱峰高)的线性关系数据。

(3)测定

按前述纯水空白测定步骤进行实际样品的分析。根据样品中卤代烃含量,分别抽取 1 mL 和 60 μL 液上气体进行色谱测定。

6.注意事项

①对于不同进样量,每个样品均进行平行测定。

②检测器温度选择:当组分捕获电子后,自身解离并吸收能量,则检测器温度高可提高灵敏度,如卤代烃等。若组分捕获电子形成负分子并放出能量,则检测器灵敏度随温度上升而下降。检测器的温度一般要求高于柱温,以防柱内固定液等挥发物沉积于放射源上,使放射源污染。若被污染,则可提高检测器温度,用载气冲洗,或用有机溶剂清除污物。

6.1.8　毛细管气相色谱法

毛细管柱内壁经过表面处理后在管壁上涂一层多孔性吸附剂,或在毛细管内壁涂一层很细的多孔颗粒,再涂渍固定液,效果较好。化学键合相毛细管柱,将固定相用化学键合的方法键合到硅胶涂敷的柱表面或经表面处理的毛细管内壁上,大大提高了柱的热稳定性,由交联引发剂联到毛细管壁上,具有液膜稳定、耐高温、寿命长等特点。毛细管柱渗透性好,载气流动阻力小,可使用长色谱柱。由于毛细管柱的长度比填充柱大 1~2 个数量级,所以总的柱效远高于填充柱,可解决多种复杂混合物的分离分析问题。但毛细管柱涂渍的固定液仅几十毫克,液膜厚度为 0.35 ~ 1.50 μm,因此柱容量小,进样量不能大,否则将导致过载而使柱效率降低,色谱峰扩展、拖尾。商品毛细管柱的型号和应用范围见表 6.2。

表 6.2　商品毛细管柱的型号和使用温度范围

固定相	特性	商品色谱柱名称	使用温度范围
100%聚二甲基硅氧烷	最常用的非极性色谱柱	DB – 1 OV – 1 HP – 1 SPB – 1 SE – 30,CP – Sil 5CB Rtx – 1	(– 60 ~ 325)/300 ℃
5%二苯基 – 95%二甲基聚硅氧烷	非极性、低流失,分析未知样品时首选色谱柱	DB – 5MS HP – 5MS DB – 5 HP – 5 SPB – 5 SE – 54 Rtx – 5MS(适用于质谱分析的高温低流失色谱柱)	(– 60 ~ 325)/300 ℃
50%二苯基 – 50%二甲基聚硅氧烷	中等极性	HP – 50 CP – Sil 24CB DB – 17 SPB – 50 Rtx – 50	30 ~ 280 ℃
35%二苯基 – 65%二甲基聚硅氧烷	中等极性	DB – 35 HP – 35 SPB – 35 SPB – 608 Rtx – 35	40 ~ 300 ℃
50%氰丙基苯基 – 50%二甲基聚硅氧烷		HP – 225 DB – 225 CP – Sil 43CB Rtx – 225 SP – 233 RSL – 50	20 ~ 250 ℃
聚乙二醇键合固定相	极性	HP – WAX DB – WAX Carbowax 20M Rtx – WAX	– 20 ~ 280 ℃
6%氰丙基苯基 – 94%二甲基聚硅氧烷	中等偏低极性	HP – 1301 DB – 1301 DB – 624	25 ~ 280 ℃
14% 氰丙基苯基 – 86%二甲基聚硅氧烷	中等偏低极性	HP – 1701 DB – 1701 OV – 1701 CB – Sil 19CB SPB – 1701 Rtx – 1701	
分子筛	吸附柱	HP – PLOT GS Molesieve CP Molesive 5A	

6.1.9　毛细管气相色谱法的应用

6.1.9.1　大口径毛细管气相色谱法测定饮用水中挥发性卤代烃

大口径毛细管:兼有毛细管柱高效能和填充柱定量准确的特点,水样无需预处理,水样对色谱性能未产生不良影响。

1.仪器与试剂

HP6890 气相色谱仪/ECD 检测器(Ni 源);HP – 3365 化学工作站;HP – 5 弹性石英毛细管柱(30 m × 0.53 mm,含 5 – 苯基硅氧烷固定相的通用柱);比色管:50 mL;卤代烃:色谱纯,混合标准样品;纯水:去离子水煮沸 30 min 后,放置冷却。

卤代烃贮备液:将卤代烃混合标准液溶于水中,配成质量浓度为 130.6 g/L(其中 $CHCl_3$

25.87 g/L、CCl₄ 13.46 g/L、CHBrCl₂ 37.04 g/L、CHBr₂Cl 11.00 g/L、CHBr₃ 43.23 g/L)的贮备液。

仪器条件:持续升温至 70 ℃(3 ℃/min);进样口温度:200 ℃;检测室温度:350 ℃。载气:氮气;柱流量:6.4 mL/min;进样方式:不分流进样;进样量:1 μL。

2. 分析步骤

校准曲线:分别吸取不同体积的贮备液 1.25 mL、2.50 mL、5.00 mL、7.50 mL、10.00 mL 至 10 mL 容量瓶内,用水稀释于刻度。以浓度对其峰高绘制校准曲线。

样品的测定:取 1 μL 水样直接进行测定,采用外标法定量。

特点:直接进水样测定挥发性卤代烃,无需进行水样预处理不仅简化了操作过程,而且避免了水样在预处理时造成组分的损失。

本法适于在 350 ℃条件下测定,既有利于提高检测的灵敏度,又有利于排除水对 ECD 产生的不良影响。

6.1.9.2　吹扫捕集毛细管气相色谱法测定地下水中苯系物

吹脱捕集法(动态顶空气相色谱法):采用 He,N₂ 等惰性气体通入液体样品,把要分析的气体吹扫出来,使之通过一个装有吸附剂的捕集装置进行富集浓缩。在一定的吹扫时间之后,待测组分全部或定量地进入捕集器。此时关闭吹扫气,由切换阀将捕集器吹脱,并迅速加热捕集管,使捕集的组分解吸后随载气进入毛细管色谱柱中。捕集剂常用多孔聚合物微球、活性炭、硅胶等。在实际测定中,从样品中将挥发性物质吹脱,到用捕集剂捕集、热脱附,以及向 GC 导入等一系列操作也均有自动化装置。水样不需要进行预处理,具有富集率高、方法检测限低、灵敏度高、简便、快速、分离效果好、准确度高等优点。检出限可达 0.08 μg/L,检测上限可达 0.1 mg/L,精密度和回收率试验也得到满意结果,但装置价格昂贵。

吹扫捕集法由于具有较高的富集效率和无有机溶剂再污染等特点,可应用于地表水中挥发性有机物的分析测定。

1. 主要仪器试剂

吹扫捕集器;气相色谱仪。

苯、甲苯、二甲苯(均为 GR 级),二氯甲烷(AR)。

2. 仪器工作条件

参考美国 EPA 方法。吹扫压强 50 kPa,解吸温度 180 ℃,富集柱烘烤温度 200 ℃,时间 3 min,传输线温度 100 ℃。

气相色谱条件:色谱柱 HP 石英毛细管柱(25 m×0.20 mm×0.5 μm),程序升温,载气为氮气。

3. 步骤

将标准溶液稀释成 1 mL 含苯和甲苯分别为 2.5 μg、5.0 μg、10.0 μg、15.0 μg、20.0 μg,含二甲苯分别为 10.0 μg、20.0 μg、30.0 μg、40.0 μg、50.0 μg 的混合标准液。取 1 μL 进行 GC 分析,重复 5 次测定数据,制作标准曲线。

取地下水,直接进样 1 μLGC 测定。

6.1.9.3　吹扫－捕集气相色谱法测定地表水中挥发性卤代烃

1.仪器

HP6890气相色谱仪/ECD检测器;HP7695吹扫捕集系统(配5 mL进样注射器);HP-1301弹性石英毛细管柱(15 m×0.32 mm×1 μm)。

2.色谱分析条件

柱温70 ℃,进样口温度200 ℃,检测器温度250 ℃;载气流速:1.0 mL/min;进样量:5 mL;吹扫步骤:39 ℃捕集2 min,预热至220 ℃,解析2 min,升温至260 ℃烘烤1 min。

3.分析步骤

用玻璃瓶采集样品,应充满瓶子,加入1 g抗坏血酸,用衬有聚四氟乙烯薄膜的医用反口橡皮塞封口,瓶内不得有气泡,水样采集后应尽快分析。

取未受卤代烃污染的地下深井水制备纯水,煮至90 ℃时通入氮气鼓吹30 min,冷至室温后备用。

用上述所制纯水定容配制5种卤代烃浓度分别为2.0 μg/L、4.0 μg/L、6.0 μg/L、8.0 μg/L和10.0 μg/L的标准系列进行测定,用浓度对积分后的峰面积作标准曲线。

取境内地表水,直接进样5 mL,以保留时间定性,峰高定量。

6.1.9.4　固相微萃取－毛细管气相色谱法快速分析水中苯系物

吸附分离与固相萃取:吸附是利用多孔性的固体吸附剂将水中的一种或多种组分吸附于表面,以达到组分分离和富集的目的。被吸附富集于吸附剂表面的组分可用有机溶剂或加热等方式解析出来,供分析测定。常用的吸附剂主要有活性炭、硅胶、氧化铝、分子筛和大孔树脂等。由于选择性、高效性吸附剂的不断推出,吸附剂在水中痕量有机物的高效富集方面的应用日益广泛,逐渐形成了一项专门的萃取技术,即固相萃取技术(SPE)。采用固相萃取技术时,一般应根据水中待测组分的性质选择适合的吸附剂。水溶性或极性化合物通常选用极性的吸附剂,而非极性的组分则选择非极性的吸附剂更为合适,对于可电离的酸性或碱性化合物则适于选择离子交换型吸附剂。固相萃取法使用的固体吸附剂,即固相,是一次性使用的固相。固定相是固相萃取柱中重要的组成部分,最常见的固定相是键合的硅胶材料,键合基团若是 CN,NH$_2$等,是极性固定相,键合基团若是^{18}C,^{8}C,^{2}C,CH等用来吸附保留非极性物质。因此,欲富集水中杀虫剂或药物时,通常均选择键合硅胶^{18}C吸附剂,杀虫剂或药物被稳定地吸附于键合硅胶表面,当用小体积甲醇或乙氰等有机溶剂解吸后,目标物被高倍富集。因此,通常固相萃取能显著地减少有机溶剂的用量,简化样品预处理过程。圆盘形固相是用丝状PTFE(Teflon)来固定填充剂,将形成的0.5 mm厚的膜状物做成圆形,其中90%是填充剂,10%是PTFE。因为圆盘型固定相薄膜固相中的溶液流量均匀,而且与水样接触表面积大,因此,即使在短时间内流经大量的水样,也可以得到很高的萃取率。其操作过程是:液态或溶解后的固态样品导入活化过的固相萃取柱中,利用真空、加压或离心等方式使样品进入固定相,保留所需的组分和类似的其他组分,并尽量减少不需要的组分的保留。弱保留的样品组分可先用某种溶剂淋洗掉,然后用另一种溶剂把待测组分从固定相上洗脱下来。

固相微萃取技术(SPME)是一种快速、简便,集萃取、浓缩、进样于一体的新型、高效、无溶剂、灵敏的样品前处理技术,它是利用涂有吸附剂的熔融石英纤维直接将其浸入液体样品或液体、固体的顶上空间,萃取、浓缩、吸附有机物后,随即将注射器插入GC进样口加热,脱附有机物,使被提取的物质进入色谱柱,减少了环境污染及处理有机废液的成本。目前这种方法已广泛用于多种环境样品、生化样品及制药行业样品的分析,尤其是痕量有机物样品的分析,许多国家已将这种预处理方法定为标准方法。其装置由两部分组成:一是涂在1 cm长的熔融石英纤维表面的聚合物(一般是气相色谱固定液),构成萃取头,固定在不锈钢活塞上,另一部分是手柄,不锈钢的活塞安装在手柄里,可以推动萃取头进出手柄,整个装置形如一微量进样器。

平时萃取头就收缩在手柄内,当萃取样品的时候,露出萃取头浸渍在样品中,或置于样品上空进行顶空萃取,有机物就会吸附在萃取头上,经过 20 ~ 30 min 后吸附达到平衡,萃取头收缩于鞘内,把固相微萃取装置撤离样品,完成样品萃取过程。将萃取装置直接引入气相色谱仪进样口,推出萃取头,吸附在萃取头上的有机物就在进样口进行解吸,而后被载气送入毛细管柱进行分析测定。

固相微萃取的原理与固相萃取不同,它不是将待测物全部萃取出来,其原理是建立在待测物在固定相和水相之间达成平衡分配的基础上。

1.仪器和试剂

2.5 mL 注射针;HP7673 自动进样器;2 mL 自动样品瓶;HP6890 气相色谱仪;FID 检测器;SPME 装置:涂有 100 μm 聚二甲基硅氧烷(PDMS)的萃取头及手柄;加热搅拌板;SPME 取样台;HP7686 样品制备站;HP 化学工作站。

溶剂:甲醇;标准样品(甲醇作溶剂,由我国环境监测总站提供)。

苯系物混合标准溶液(苯 303.6 μg/mL、甲苯 305.1 μg/mL、乙苯 306.6 μg/mL、邻二甲苯 313.3 μg/mL、间二甲苯 300.3 μg/mL、对二甲苯 301.7 μg/mL、异丙苯 300.8 μg/mL)。

混合标准溶液中间液(苯 30.36 μg/mL、甲苯 30.51 μg/mL、乙苯 30.66 μg/mL、邻二甲苯 31.33 μg/mL、间二甲苯 30.03 μg/mL、对二甲苯 30.17 μg/mL、异丙苯 30.08 μg/mL)。

混合标准使用液系列(苯、甲苯、乙苯、邻二甲苯、间二甲苯、对二甲苯、异丙苯分别为 50 μg/L):以饱和盐水为溶剂,将标准溶液中间液稀释为所需浓度使用液。

2.分析步骤

取所需浓度的标准样品使用液于 SPME 取样台上,插入涂有 100 μmPDMS 的萃取头,并使涂层浸入水样,在加热搅拌板上高速振摇 5 min 后,取出针头,在气相色谱进样口于 250 ℃条件下脱附 1 min,直接进样进行色谱分离分析。在本试验选用的毛细管柱及上述色谱条件下,7 种化合物得到较好的分离,经单个标准样品定性,全程分离时间 8 min,出峰顺序依次为苯、甲苯、乙苯、间二甲苯、对二甲苯、邻二甲苯、异丙苯,分离效果如图 6.7 所示。

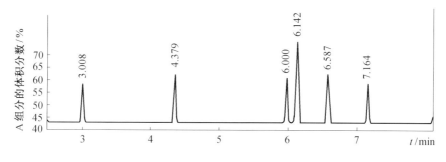

图 6.7　经固相萃取后苯系物标准样品色谱图
出峰顺序依次为苯、甲苯、乙苯、间二甲苯和对二甲苯、邻二甲苯、异丙苯

　　固相微萃取对不同的有机化合物萃取程度也不相同,分析结果除与纤维头本身的性质、极性、膜厚有关外,严格控制操作条件(如萃取时间、温度、萃取头浸入深度、样品瓶体积),是获得可靠结果的必要保证,不同水源有机物含量不同,因此,设定两个校准曲线范围分别为 $10 \sim 125\ \mu g/L$, $200 \sim 1\,000\ \mu g/L$。

6.1.10　气相色谱 – 质谱法(GC – MS)

6.1.10.1　概述

　　气相色谱法对未知化合物定性能力差,而质谱对未知化合物具有独特的鉴定能力,将 GC 的高分离能力与 MS 联用,可对未知化合物定性,专属性强,适用于未知物的检测,质谱仪是气相色谱法的理想"检测器",能检出几乎全部化合物, GC – MS 可以对痕量组分定量,它灵敏度高、使用范围广,是应用最早、最多的联用技术。现在几乎全部先进的质谱仪器都配有联用的气相色谱仪及计算机控制与数据处理系统(化学工作站)。

　　自 20 世纪 80 年代初出现小型台式四极杆 GC – MS 后,特别是进入 90 年代,由于 MS 外形尺寸变小、成本和复杂性降低、稳定性和耐用性提高,使它成为 GC 常用的检测器之一,被称为质谱检测器(MSD)或质量选择型检测器。一般 GC – MC 的灵敏度比 GC 氢火焰离子化检测器高 1～2 个数量级,它对所有的峰都有相近的响应值,是一种通用型检测器。

6.1.10.2　GC – MS 流程与结构

　　GC – MS 流程:将毛细管色谱柱出口通过接口直接插入离子源内,被测组分被电离成分子离子和碎片离子,经加速、聚焦后进入四极杆质量分析器,将各离子按荷质比分离后,在离子检测器上变成电流信号并进行放大输出,该信号经计算机收集、处理和检索后,可打印出各种质谱图和鉴定结果。

　　MS 系统主要由四部分组成:接口、质量检测器、真空系统和计算机控制与数据处理系统。

　　接口:由于填充柱的分离效率不高,柱中固定液易流失而引起质谱仪的污染和本底提高。因此,毛细管柱气相色谱在联用中得到更广泛的应用。毛细管柱载气流量大大下降,一般为 1～3 mL/min,所以可实现直接导入式接口,亦即将毛细管柱的末端直接插入质谱离子源内,接口起保护插入段毛细管柱和控制温度的作用。直接导入式接口的进样可采用分流式和不分流式两种方式。分流式是在毛细管的出口处将载气分为两部分,然后将质谱能承受的部分载气和试样引入质谱仪中,其余部分放空,以保持色谱柱出口压强为常压,不降低毛细管柱的分离效率,并避免过量的试样进入质谱仪中和,由此引起离子源的污染。但引入质谱仪的试样只有几十分之一,对微量组分的检测不利。

　　离子源:在 MS 中,离子源的作用是将被测组分电离成离子,并使这些离子加速和聚集成离子束。离子源一般常用的有电子轰击离子源(EI)和化学离子源(CI)。EI 源的特点是:结构简单、温控和操作方便、电离效率高、性能稳定,所得谱图是特征的、能够表征组分的分子结构。目前,大量有机物标准质谱图均是 EI 源得到的。由直热式阴极发射的电子,在 E 电位作用下进入电离室,最后到达电子接收器。电子在前进过程中,与垂直进入电离室的样品分子发生碰撞。如果电子的能量大于样品分子的电离电位,电子与样品发生碰撞的结果就导致样品分子的电离。碰撞产生的离子在弱电场作用下,在垂直于电子运动的方向被引出电离室,并在静电场中加速后进入分析器。通常,离子源中电子能量为 70 eV,此能量下得到离子源比较稳定,质谱重现性较好。有机化合物分子的电离电位一般为 8 ~ 15 eV,在 70 eV 电子轰击下,有机化合物分子可能失去一个电子形成分子离子,也可能发生化学链断裂形成碎片离子。在电子能量一定的情况下,一定的有机化合物所生成离子的相对强度是一定的,通过对质谱的解析可以得到化合物的结构。由于电子电离源离子流稳定性好,离子产额高,结构信息丰富,因而应用最广泛。CI 源是通过反应离子与被测组分分子反应而使组分分子电离的一种电离方法,反应气体通常为甲烷。与 EI 源相比,在 CI 源中,离子 – 分子反应后剩余的内能很小,故分子离子峰大,碎片离子峰较少,谱图简单,易识别。另外,CI 源有选择性,通过选择不同的反应气体,使其仅与样品中的被测组分反应,从而使该组分被电离和检测。CI 源可产生正离子,也可产生负离子,对于一些化合物如卤代烃,负离子 CI 有很高的检测灵敏度。

样品由色谱柱不断地流入离子源,离子由离子源不断的进入质量分析器并不断得到质谱,只要设定好分析器扫描的质量范围和扫描时间,计算机就可以采集到一个个的质谱。如果没有样品进入离子源,计算机采集到的质谱各离子强度均为 0。当有样品进入离子源时,计算机就采集到具有一定离子强度的质谱,并且计算机可以自动将每个质谱的所有离子强度相加。显示出总离子强度,总离子强度随时间变化的曲线就是总离子色谱图,总离子色谱图的形状和普通的色谱图相一致,它可以认为是用质谱作为检测器得到的色谱图。

质谱仪的离子源、质量分析器和检测器必须在高真空状态下工作,以减少本底的干扰,避免发生不必要的分子 – 离子反应。质谱仪的真空系统一般由机械泵和扩散泵或涡轮分子泵串联组成。机械泵作为前级泵将真空抽到 $10^{-1} ~ 10^{-2}$ Pa,然后由扩散泵或涡轮分子泵将真空度降至质谱仪工作需要的真空度 $10^{-4} ~ 10^{-5}$ Pa。虽然涡轮分子泵可在几十分钟内将真空度降至工作范围,但一般需要继续平衡 2 h 左右,充分排除真空体系内存在的水分、空气等杂质以保证仪器工作正常。

气相色谱与质谱联用后,每秒可获数百到数千质量离子流的信息数据,因此计算机系统(化学工作站)是一个重要而必需的组件,其功能是快速、准确地采集和处理大量数据,监控质谱及色谱各单元的工作状态,同时利用计算机内存贮的色 – 质标准图谱和计算程序,对化合物进行自动定性、定量分析,按用户要求自动生成分析报告。

为了得到好的质谱数据,在进行样品分析前应对质谱仪的参数进行优化,即质谱仪的调谐,调谐中将设定离子源部件的电压、质量扫描范围、扫描速度,以得到正确的峰宽。设定电子倍增器(EM)电压保证适当的峰强度,设定质量轴保证正确的质量分配。调谐过程主要包括自动调谐和标准图谱调谐,以保证图谱检索的可靠性。

设定参数有固定液种类、汽化温度、载气及载气流量、柱前压、分流比、进样口温度、柱温升温速度及保持时间和屏幕输出方式等。

自动进行数据采集:输入操作者名字、文件名和样品名称,注入样品进行分析。

标准质谱图是在标准电离条件,– 70 eV 电子束轰击已知纯有机化合物得到的质谱图。在气相色谱 – 质谱联用仪中,进行组分定性的常用方法是标准谱库检索,即利用计算机将待分析组分的质谱图与计算机内保存的已知化合物的标准质谱图按一定程序进行比较,将匹配度(相似度)最高的若干个化合物的名称、分子量、分子式、识别代号及匹配率等数据列出供用户参考。目前,比较常用的通用商业质谱谱库包括美国国家标准与技术研究院(National Institute of Standards and Technology，NIST)的 NIST/EPA /NIH 质谱库(147 198 个化合物图谱)和英国威廉质谱数据库(Wiley Registry of Mass Spectral Data)(338 000 个质谱数据)。

数据分析:打开全扫描得到的图谱,在不同谱峰上双击右键,可得到指定质量范围内离子全部峰的分子量和结构等定性信息,并确定用来进行检索的标准谱库,进行库检索。选择离子扫描方式进行定量分析,由于它的选择性好,可以把由全扫描方式得到的非常复杂的总离子色谱图变得十分简单,消除其他组成造成的干扰。对谱图进行积分,在屏幕上显示或大于检索结果报告。

利用 ChromaTOF 软件一次可解析大于 100 000 个峰,大大降低研究领域的谱峰解析难度。同时,可全自动控制 6890N 气相色谱仪、7683 自动进样器或 CTC CombiPAL 自动进样器,自动数据处理,设定检索条件(信噪比、峰宽)后,自动找出样品中所有色谱峰,形成峰表信息并完成谱库比对,多种数据输出格式可供选择,数据处理的峰表可直接导出 excel(复制即可)。样品间进行自动全组分比较,列出相同及差异峰表。质量控制功能全自动监控保证分析结果的可靠性,适用于快速质量控制。

6.1.11　GC – MS 法应用

6.1.11.1　顶空毛细管柱气相色谱 – 质谱法测定苯系物和挥发性卤代烃

在恒温密闭容器中,水样中的挥发性有机物在气、液两相间分配,达到平衡。取液上气相样品进气相色谱 – 质谱联用仪分析。质谱仪通过目标组分的质谱图和保留时间与计算机谱库中的质谱图和保留时间作对照进行定性,每个定性出来的浓度取决于其定量离子与内标物定量离子的质谱响应之比。每个样品中含已知浓度的内标化合物,用内标校正程序测量。

本方法检测限随仪器和操作条件而变,可用于饮用水、地表水、地下水和废水的监测。取水样时应使样品充满容器,不留空间,并加盖密封。样品应在冰箱冷藏室中保存(4 ℃)。

1. 仪器

气相色谱 – 质谱联用仪;EI 源;自动顶空进样器;1 mL 气密注射器;顶空样品瓶,30 mL,带聚四氟乙烯(PTFE)密封橡胶垫,密封 PTFE 垫在 150 ℃条件下加热 3 h,冷却后,PTFE 垫保存在干净的玻璃试剂瓶中。

2. 试剂

甲醇,优级纯;氯化钠,优级纯,在 350 ℃条件下加热 6 h,除去吸附于表面的有机物,冷却后,保存于干净的试剂瓶中。

标准贮备液:23 种,各化合物浓度为 1 000 μg/mL(甲醇溶剂);

标准使用液:将标准贮备溶液用甲醇稀释至 10 μg/mL 和 100 μg/mL;

内标溶液:对溴氟苯,1 000 μg/mL(甲醇溶剂),再用甲醇稀释至 100 μg/mL。

3.分析步骤

(1)样品预处理

称取 3 g 氯化钠放入 30 mL 顶空样品瓶中,缓慢注入 10 mL 水样,加入 5 μL 浓度为 100 μg/mL的内标溶液,盖上硅橡胶垫和铝盖,用封口工具加封,放入到顶空进样器中待测定。

(2)校准曲线

取 5 个顶空瓶,分别称取 3 g 氯化钠于各顶空瓶中,加入 10 mL 纯水,再分别加入 5 μL 和 10 μL 的 10 μg/mL 标准使用液及 5 μL 和 10 μL 的 100 μg/mL 标准使用液,各瓶中同时加入 5 μL 浓度为 100 μg/mL 的内标溶液,加盖密封,放入顶空进样器中待分析,得到的溶液浓度分别为 5 ng/mL、10 ng/mL、50 ng/mL、100 ng/mL,内标浓度为 50 ng/mL。

（3）分析条件

顶空样品瓶加热温度为 60 ℃,加热平衡时间 30 min;色谱柱:DB - 624 石英毛细管柱 60 mm×0.32 mm×1.8 μm。

色谱条件:柱温 50 ℃(2 min)→7 ℃/min→120 ℃→12 ℃/min→200 ℃(5 min);进样口温度:250 ℃,接口温度:230 ℃;进样方式:分流进样,分流比为 1:10;进样量:0.8 mL。

（4）测定

定性分析:全扫描方式,质量范围为 35 ~ 2 000 amu,扫描速度 0.5 s/scan。

定量分析:选择离子检测(SIM),各挥发性化合物检测质量数见表 6.3。标准溶液和样品的总离子流色谱图如图 6.8 所示。

表 6.3　各挥发性有机化合物的分子量和选择离子检测质量数(m/z)

化合物	分子式	分子量	定量用目标离子	检测用参考离子
对溴氟苯(内标)	C_6H_4BrF	174	174	176
1,1 - 二氯乙烯	$C_2H_2Cl_2$	96	96	61
二氯甲烷	CH_2Cl_2	84	84	49
反 - 1,2 - 二氯乙烯	$C_2H_2Cl_2$	96	96	61
顺 - 1,2 - 二氯乙烯	$C_2H_2Cl_2$	96	96	61
三氯甲烷	$CHCl_3$	118	83	85
1,1,1 - 三氯乙烷	$C_2H_3Cl_3$	132	99	97
四氯化碳	CCl_4	152	119	117
苯	C_6H_6	78	78	51
1,2 - 二氯乙烷	$C_2H_4Cl_2$	98	62	64
三氯乙烯	C_2HCl_3	130	130	132
1,2 - 二氯丙烷	$C_3H_6Cl_2$	112	63	62
一溴二氯甲烷	$CHCl_2Br$	162	83	85
顺 - 1,3 - 二氯丙烯	$C_3H_4Cl_2$	110	75	110
甲苯	C_7H_8	92	92	91
反 - 1,3 - 二氯丙烯	$C_3H_4Cl_2$	110	75	110
1,1,2 - 三氯乙烷	$C_2H_3Cl_3$	132	97	83
四氯乙烯	C_2Cl_4	164	166	164
二溴一氯甲烷	$CHClBr_2$	206	129	127
间,对二甲苯	C_8H_{10}	106	106	91
邻二甲苯	C_8H_{10}	106	106	91
三溴甲烷	$CHBr_3$	250	173	175
对二氯苯	$C_6H_4Cl_2$	146	146	148

4.计算

以标准溶液中目标化合物的峰面积与内标物的峰面积比对目标化合物的浓度作图,得到该目标化合物的定量校准曲线。根据样品溶液中目标物与内标物的峰面积比,由定量校准曲线得到样品溶液中化合物的浓度。水样中该化合物的浓度为

$$\text{样品中目标物的浓度}/(\text{ng} \cdot \text{L}^{-1}) = \frac{\text{测定浓度} \times \text{样品溶液体积}}{\text{水样体积}}$$

6.1.11.2　饮用水中有机污染物的分析

应用 GC – MS 技术,能够获得自来水和地下水中有机物种类和浓度范围资料,为水污染控制提供更加准确的数据,采取适当的控制措施,提高水质。

利用 XAD – 2(Amberlite 系列)树脂柱吸附水中有机质,进行富集。再用二氯甲烷洗脱,洗脱液经冷冻脱水、N_2 浓缩后作 GC – MS 测定。GC – MS 色谱柱固定相为 HP – 5(33 m × 0.32 mm × 1.05 μm)。利用计算机谱图检索和解谱可鉴定地下水和地表水中有机物的种类。利用甲苯外标制作工作曲线,可直接计算甲苯含量,由此换算成各有机物的含量。

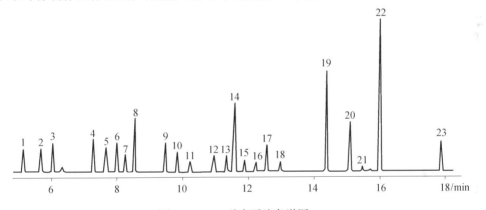

图 6.8　VoCs 总离子流色谱图

1—1,1 – 二氯乙烯;中间同表格顺序;2,3—对二氯苯

6.1.11.3　多氯联苯(PCBs)GC – MS 测定

1.方法原理

在酸性条件下,采用固相圆盘对水样中 PCBs 进行富集萃取,并以 GC – MS 测定样品中的 PCBs。方法适用于地表水、地下水及排放废水中的多氯联苯测定,测量范围在 0.01 ~ 1 000 μg/L。

2.仪器

固相萃取圆盘及其装置;气相色谱 – 质谱仪,EI 源;自动进样器;[18]C 固相萃取用圆盘,直径为 47 mm。

3.试剂

丙酮,正己烷,甲醇,乙酸乙酯和二氯甲烷均为残留农药分析纯;无水硫酸钠,分析纯(纯度大于 99.0%),在 400 ℃条件下烘烤 4 h 后自然冷却备用;氯化钠:优级纯,300 ℃条件下烘烤 3 h 后自然冷却,配制成 NaCl 饱和溶液;浓盐酸,优级纯。

多氯联苯标准溶液分别为:Aroclor 1 242(100 μg/mL):Aroclor 1 248(100 μg/mL):Aroclor 1 254(100 μg/mL):Aroclor 1 260(100 μg/mL) = 1:1:1:1。

以上标样配制成 Aroclor 1 242∶Aroclor 1 248∶Aroclor 1 254∶Aroclor 1 260(100 μg/mL) = 1∶1∶1∶1 混合溶液,总浓度为 4 μg/mL,作为定性用标准溶液。

4.步骤

样品预处理活化固相萃取圆盘,圆盘用 5 mL 丙酮浸泡,然后抽干,依次加入 1∶1 的二氯甲烷和乙酸乙酯混合溶液、甲醇、纯化水活化圆盘。

样品萃取:取 2 L 水样,用 6 mol/L HCl 将 pH 值调至约为 2,再将样品以 200 mL/min 的速度通过圆盘,通水后依次再用纯化水、30% 的甲醇洗涤圆盘,抽干 30 min。将固相萃取圆盘取下,固相萃取装置用丙酮洗涤干燥,然后将固相萃取圆盘复位,用 1∶1 的 CH_2Cl_2 和乙酸乙酯(淋洗液)浸泡圆盘 10 min 后,抽真空缓慢淋洗,用一容器收集淋洗液,淋洗液用无水 Na_2SO_4 脱水、过滤,用 N_2 浓缩至 1 mL 左右,供 GC – MS 分析用。

GC – MS 分析条件:色谱柱,DB——130 m × 0.32 mm × 0.25 μm;色谱条件:柱温 110 ℃ (2 min)→6 ℃/min→290 ℃(5 min);柱前压 40 kPa,载气:氦气流速 1.7 mL/min;进样口温度,290 ℃,色谱 – 质谱接口温度,280 ℃,无分流进样;质谱条件:离子源 EI70 eV,定性分析以全扫描方式,扫描范围为 35 ~ 500 m/z,定量分析以选择离子检测方式。

5.计算

定量方法为外标法,定量校准曲线用标准溶液的浓度分别为 100 ng/mL、400 ng/mL、1 000 ng/mL(Aroclor 1 242∶Aroclor 1 248∶Aroclor 1 254∶Aroclor 1 260 = 1∶1∶1∶1)。在 SIM 检测方式下,以标准溶液中目标化合物的峰面积对该化合物浓度作图,得到该目标化合物的定量校准曲线。根据样品溶液中目标物的峰面积,由校准曲线得到样品溶液的浓度。水样中该化合物的计算公式为

$$样品中目标化合物浓度/(ng \cdot L^{-1}) = \frac{测定浓度 \times 样品溶液体积}{水样体积}$$

6.2　液相色谱

6.2.1　概述

流动相是液体的色谱法称为液相色谱法,液体称为载液。在液相柱色谱中,采用颗粒十分细的全多孔基质键合化学基团的新型高效固定相,分离效率大大提高,柱效可达 5 000 ~ 30 000 塔板/m,因而这种色谱法称为高效液相色谱法。由于液体经色谱柱时,受到的阻力比较大,为了使样品能迅速地通过色谱柱,减少分离分析时间,必须采用高压泵输送流动相,一般供液压力和进样压力高达 15 ~ 30 MPa,又称高压液相色谱法(HPLC)。由于采用了高压,载液在色谱柱内的流速一般可达 1 ~ 10 mL/min,溶质在固定相的传质、扩散速度大大加快。液相色谱法只要被分析物质在流动相溶剂中有一定的溶解度,便可以分离,因此有 80% 的有机化合物可用此法分离。液相色谱法一般在室温下操作,不受样品挥发性和热稳定性的限制,特别适于分析挥发性低、热稳定性差、分子量大的有机化合物及离子型化合物。而气相色谱法中被分析样品必须要有一定的蒸气压,汽化后才能在柱上分离,仅适于分析沸点低的样品。

6.2.2　分离原理

利用试样不同组分在固定相和流动相中的吸附或溶解能力的不同,即分配系数不同而进行分离。与气相色谱分析法不同的是,液相色谱分配系数除与固定相有关外,还与流动相的性质有关。

为了避免固定液的流失,在测定极性组分时,一般应选择亲水性固定相和疏水性流动相,极性小的组分先出峰,这种色谱称为正相色谱;测定非极性组分时,选择疏水性固定相和亲水性流动相,出峰顺序与正相色谱相反,称为反相色谱。在水环境领域中常用的色谱柱是反相色谱柱,即柱内为非极性固定相,流动相则为水、甲醇或乙腈等极性溶剂,这对水样品来说可无需再进行溶剂萃取便可直接进行分离和定量测定。

对于反相色谱来说,极性稍大的组分,可能不加分离地全部洗脱出来,而当组分中有较难溶的非极性物质时,极性流动相却难以洗脱出来,所以流动相的极性可以连续地改变,来提高分离效果和加快分离速度。使载液中不同极性溶剂按一定程度连续地改变比例,以改变载液的极性,或改变载液的浓度,改变水样中被分离组分的分配系数,这种流动相配比连续变化的方式称梯度洗脱,其作用与气相色谱中程序升温相类似。

6.2.3　高效液相色谱仪工作流程和仪器组件

6.2.3.1　工作流程

当欲分离样品从进样器进入时,高压输液泵将贮液槽的流动相经进样器将其带入色谱柱中进行分离,然后以先后顺序进入检测器,从检测器的出口流出得到色谱图,进行定性和定量分析。

6.2.3.2　仪器组件

储液槽、高压泵、梯度洗脱装置、进样器、色谱柱、检测器。

①储液槽一般由聚四氟乙烯塑料制成,有足够容量并附有脱气装置。

②高压泵的作用是以很高的柱前压将载液输送入色谱柱,以维持载液在柱内有较快的流速。对高压泵的要求是:需用耐压、耐腐蚀材料制成,输出压力高,流量稳定无脉动,密封性好,易于清洁并适用于不同的载液。常用的输液泵分为恒流泵和恒压泵两种。恒流泵特点是:在一定操作条件下,输出流量保持恒定而与色谱柱引起阻力变化无关;恒压泵是指能保持输出压力恒定,但其流量则随色谱系统阻力而变化,故保留时间重现性差。目前恒流泵正逐渐取代恒压泵。恒流泵又称机械泵,分机械注射泵和机械往复泵两种,应用最多的是机械往复泵。WATERS510 型高压液相色谱泵是一种机械往复泵,流量设定范围为 $0.1 \sim 9.9\ mL/min$,在高压下保持准确性。

③高压梯度洗脱装置是用两台高压泵分别将两种溶剂输入梯度混合室,然后送入色谱柱。其溶剂组成的变化程序,可事先通过电子系统设定,经对每只泵的输出作用自动控制,就能获得任何形式的梯度。

④高压六通阀进样适于大体积样品进样,易于自动化,高压条件下也可连续不断吸纳样品。由于进样可由定量管的体积严格控制,因此进样准确,重复性好,适于定量分析,更换不同体积的定量管,可调整进样量。

⑤色谱柱一般采用优质不锈钢管制成,由于高效微型填料(3～10 μm)普遍使用,考虑管壁效应对柱效的影响,一般采用管径粗(4～5 mm)、长度短(0～50 cm)的色谱柱。在载体基质(通常是硅胶)上结合键合的基团有十八烷基(^{18}C)、辛基(^{8}C),—CN,—NH$_2$、苯基等,采用^{8}C,^{18}C键合固定相的色谱系统属于反相色谱,采用—CN,—NH$_2$、苯基键合固定相的色谱系统根据基团键合量的多少可以属于反相色谱,也可以属于正相色谱。

如多孔硅胶微球(Zorbax)键合十八烷基硅烷^{18}C(ODS)反相色谱柱——Zorbax - ODS,粒径为 10 μm,长 25 cm,内径 3 mm,正相色谱柱——氰基键合相 Zorbax - CN,6～8 μm,25 cm ×4.6 mm,胺基键合相 Zorbax - NH$_2$,24 cm × 4.6 mm,全多孔微球可以小到 5 μm,由于其颗粒小,传质距离短,因此,柱效高,容量大。

常用溶剂的极性顺序排列为:水(极性最大)、甲酰胺、乙腈、甲醇、乙醇、丙醇、二氧六环、四氢呋喃、醋酸乙酯、乙醚、二氯甲烷、氯仿、溴乙烷、苯、氯丙烷、甲苯、四氯化碳、二硫化碳、环己烷、己烷、煤油(极性最小)。

柱温发生变化时,会引起多个分离参数变化,如温度上升,流动相黏度降低,柱压也会相应降低,这些变化会综合地影响到被测组分在两相间的分配平衡,最终导致峰扩散、峰拖尾等不良结果。因此,通过温度控制器保持恒定的柱温至关重要,若将载液在进样前就预热到与柱温相同的温度,也将有助于保持柱温恒定。

⑥检测器要求对温度和流速的变化不敏感,紫外检测器不易受温度和载液流速波动的影响,可用于梯度洗提,结构简单,所以得到了广泛的使用。紫外检测器主要采用包括固定波长检测器和二极管阵列检测器等。二极管阵列作检测元件,阵列由 211 个光电二极管组成,每一个二极管宽 50 μm,各自测量一窄段的光谱。通过液相色谱流通池的紫外或可见光在此被流动相中的组分进行特征吸收,然后通过入射狭缝进行分光,使得样品中含有吸收信息的全部波长,聚焦在阵列上同时被检测,并用电子学方法及计算机技术对二极管阵列快速扫描采集数据。由于扫描速度非常快,每帧图像仅需 10^{-2} s,远远超过色谱流出峰的速度,因此无需停流扫描而观察色谱柱流出物的各个瞬间的动态光谱吸收图,经计算机处理后可得到三维色谱 - 光谱图。因此,可利用色谱保留值规律及光谱特征吸收曲线综合进行定性和定量分析。其缺点是:不适用于对紫外光完全不吸收的试样和不透过紫外光的溶剂。

液相色谱检测器还有利用物质产生荧光及荧光强度进行检测的荧光检测器、利用组分折射率与洗脱液有足够的差异进行检测的差示折光检测器和电导检测器等,差示折光检测器不能用于梯度洗脱色谱仪,因为这种检测器对洗脱液组成的任何变化都有明显的响应。荧光检测器是一种选择性强的检测器,它适合于稠环芳烃、酶、氨基酸、维生素、色素、蛋白质等荧光物质的测定。灵敏度高、检出限低,可用于梯度淋洗。

6.2.4　液相色谱法应用

6.2.4.1　萘、联苯、菲高效液相色谱分析

1. 方法原理

萘、联苯、菲在 ODS 柱上的作用力不等,即分配比不等,在柱内移动速率不同,因而先后流出柱子,根据组分峰面积大小及测得的相对定量校正因子,由归一化定量方法求出各组分的含量。归一化公式为

$$P_i = \frac{A_i f_i'}{A_1 f_1' + A_2 f_2' + \cdots + A_n f_n'} \times 100\% \tag{6.4}$$

式中　A_i——组分的峰面积;

　　　f_i'——组分相对定量校正因子。

采用归一化法的条件是:样品中所有组分都要流出色谱柱,并能给出信号,方法简便、准确。

2. 仪器与试剂

Waters 高效液相色谱仪,紫外吸收检测器(254 nm);柱:Econosphere ^{18}C(3 μm),10 cm × 4.6 mm;微量注射器。

甲醇(AR)重蒸馏一次;二次蒸馏水;萘、联苯、菲均为 AR 级;流动相:甲醇/水 = 88/12。

3. 步骤

打开稳压器电源开关,稳定约 1 min,打开高压泵、检测器、数据处理机的电源开关。检测器预热 30 min,输入基本参数。

仪器条件:柱温为室温;流动相流量为 1.0 mL/min;检测器波长为 254 nm。

标准溶液配制:准确称取萘 0.08 g,联苯 0.02 g,菲 0.01 g,用重蒸馏的甲醇溶解,并转移至 50 mL 容量瓶中,用甲醇稀释至刻度。

在基线平直后,注入标准溶液 3.0 μL,记下各组分保留时间,再分别注入纯样对照。

注入样品 3.0 μL,记下保留时间,重复两次。试验结束后用甲醇冲洗系统至少 10 min,关闭仪器。

结果处理:确定未知样中各组分的出峰顺序;求取各组分的相对校正因子;求取样品中各组分的含量。

6.2.4.2　GDX - 502 树脂前处理高效液相色谱法测定酚类化合物

1. 方法原理

在酸性(pH 值为 2)条件下,用 GDX - 502 树脂吸附水中的酚类化合物,用碳酸氢钠水溶液淋洗树脂,去除有机酸,然后乙腈洗脱、定容,液相色谱法分离测定。

2. 仪器和试剂

液相色谱/紫外检测器(UV - 280 nm、290 nm),层析柱,90 mm × 6.0 mm,GDX - 502 树脂。

乙腈,色谱纯;甲醇,色谱纯;乙酸,分析纯;丙酮,分析纯;盐酸溶液,6 mol/L;碳酸氢钠溶液,0.05 mol/L。

苯酚,对硝基酚,2,4 - 二硝基酚,邻硝基酚,2,4 - 二甲酚,4 - 氯间甲酚,2,4 - 二氯酚,4,6 - 二硝基邻甲酚,2,4,6 - 三氯酚和五氯酚标准溶液:先用甲醇为溶剂配制浓度为 500 ~ 1 000 mg/L 的标准贮备溶液,然后再用乙腈将其稀释至 1 ~ 10 mg/L。

色谱条件:色谱柱,Supelco sil^{TM} LC - 18,25 cm × 4.6 mm,5 μm;流动相,A——乙腈(含 1% 乙酸),B——水(含 1% 乙酸);梯度淋洗,流动相 B 70% $\xrightarrow{25\ min}$ 流动相 B 20%;流速:1.00 mL/min;进样量,10 μL。

3. 步骤

水样的采集与保存:将水样采集于棕色具塞硬质玻璃瓶中,装满,瓶中不能留有顶上空间和气泡,于冷暗处(4 ℃)保存。样品必须在 7 d 内用树脂吸附,40 d 内进行分析。若水中有残留氯存在,每升水中加入 80 mg 硫代硫酸钠,摇匀。

标准曲线的绘制:用高效液相色谱测量不同浓度各种酚标准溶液的峰高或峰面积,以各种酚的含量(mg/L)对应其峰高或峰面积绘制标准曲线。

样品测定:树脂使用前应用精制的丙酮浸泡数日,数次更换新溶剂到丙酮无色。再用乙腈回流提取 6 h 以上。纯化后的树脂密封保存在甲醇中备用。对于层析柱,首先在其活塞上部管内放少许干净的玻璃棉,然后湿法加入净化后的树脂,直至树脂床高约 80 mm。最后,在其上放一层玻璃棉,晃动以赶出柱中的气泡。打开活塞放出甲醇,直到液面刚好达到树脂床顶部。用 10 mL 乙腈分两次淋洗树脂,再用 10 mL 水淋洗树脂,每次淋洗时都不要使液面低于树脂床。根据水中酚类化合物的含量,取水样 50 ~ 1 000 mL(浓度高的水样,如车间废水,应适当稀释),用 6 mol/L 盐酸调至 pH 值为 2。使水样以大约 4 mL/min 的流速流经层析柱。当大量水样均流过柱子后,保持液面在树脂高度,用 10 mL 碳酸氢钠溶液,分两次淋洗层析柱。将水全部放出,并用吸耳球轻轻加压使柱中水尽量排净。富集的样品再进行洗脱。用 2.0 mL 乙腈淋洗层析柱,用细不锈钢丝活动树脂,以赶走柱中的气泡,平衡 10 min。打开柱活塞,待乙腈自然流动停止再加入 3.0 mL,将乙腈全部放出,并定容至 5.0 mL。用液相色谱法分离测定样品溶液中的各种酚,再利用色谱图进行定性定量分析。

6.2.4.3 二氯甲烷 – 氯化四丁基铵离子对萃取液相色谱法测定水中微量酚

1. 离子对萃取

各种酚是弱的有机酸,在碱性介质中转化为阴离子,将与阴离子电荷相反的离子(对离子或反离子)加到含有待测离子的溶液中,使其与阴离子结合形成疏水型离子对化合物,能够溶解在有机溶剂中,并在疏水固定相表面分配或吸附,进行分离,采用极性流动相洗脱进行检测。这是一种常用的离子对高效液相方法。各种强极性的有机酸、有机碱的分离利用离子对色谱法分离效能高,操作简便。本方法采用的离子对是氯化四丁基铵,带有正电荷,有机溶剂选择二氯甲烷和乙酯。

2. 仪器与试剂

液相色谱仪;微处理机;可变波长检测器。

苯酚,4 – 硝基酚,2 – 氯酚,2,4 – 二硝基酚,2 – 硝基酚,2,4 – 二甲基酚,3 – 甲基 – 4 – 氯酚,2,4 – 二氯酚,2 – 甲基 – 4,6 – 二硝基酚,2,4,6 – 三氯酚,五氯酚,二氯甲烷,醋酸,乙酯均为市售色谱纯。

仪器条件:色谱柱,Micropark MCH – 5 150 mm × 4.6 mm 不锈钢色谱柱;检测波长,254 nm 和 280 nm;流速,1 mL/min;进样量,10 μL;流动相,A(1% 水的醋酸溶液)和 B(1% 乙酯的醋酸溶液)。

3. 测定

废水样品浓缩处理:取 500 mL 水样用浓盐酸调 pH 值为 2,再用 1 × 100 mL 及 3 × 50 mL 二氯甲烷分别萃取,保留水层,加氯化四丁基铵至最后质量浓度为 2 775 mg/L,作为阳离子对萃取试剂。然后用浓 NaOH 调 pH 值为 14,样品再用 4 × 50 mL 二氯甲烷提取,把酸、碱提取液合并,在 40 ℃ 水浴中于氮气流中蒸干,将样品重新溶解于 1 mL 乙酯中,在室温下进行液相色谱分析。

色谱程序为:在 T_0 时,A:B 为 7:3(体积比);到 20 min 时,A:B 为 1:4,然后在该条件下进行等比洗脱和再生步骤,再生步骤中 10 min 内梯度由 80% B 降至 30% B,然后在 30% B 平衡 10 min 或 20 min。进样量为 10 μL。

水中各种酚在所选的条件下得到了分离。9 种酚类在 280 nm 波长处接近最大吸收,2,4 – 二硝基酚和五氯酚的最大吸收在 254 nm。

6.2.4.4 ^{18}C 固相微萃取高效液相色谱法测定氯酚类

固相萃取能更有效地分离待测物与干扰物和基体,有富集倍数高、操作简单、省力、易于自动化、一次可以同时处理多个样品等优点。但易被固体颗粒或油性样品堵塞,并且也需要少量的有机溶剂。

1. 预处理

萃取柱的活化:相继用 15 mL 甲醇和水活化 ^{18}C 萃取柱,然后浸在水中。

水样的萃取:用 0.5 mol/L H_2SO_4 将 1 L 水样的 pH 值调到 1.5~2,调真空泵的速度使萃取量为 3~10 mL/min。若样品为饮用水则用 Na_2SO_3 去除余氯。

水样的冲洗和富集:四氢呋喃冲洗,收集冲洗后的样品,用氮气流吹样品体积至 1.0 mL。

2. 分析

仪器:高效液相色谱仪。

仪器条件:色谱柱,ODS Hypersil (5 μm × 125 mm × 5 mm);四元梯度泵;流动相,甲醇 – 水(55:45);检测波长,295 nm;流速,0.5 mL/min;进样量,10 μL。

6.2.4.5 凝胶色谱(体积排阻色谱)法分离农药

凝胶颗粒上有大小不同的细孔,比细孔大的试样分子不能扩散到孔的内部,被凝胶颗粒排斥在外,随着流动相通过柱子首先流出,而小的试样分子能扩散进入所有的细孔,不易被流动相洗脱而最后从柱中流出,中等大小的分子则在这两者之间流出。色谱固定相有软质型凝胶,如聚丙酰胺凝胶,用水为流动相,但只能在常压下使用;半硬性凝胶,如聚苯乙烯,耐压较高,可填充紧密,常以有机溶剂为流动相;硬质凝胶,如硅胶,其耐压性能好、易填充均匀,用亲水性或亲油性溶剂作流动相,但化学惰性不是很好。

以不同孔径的多孔凝胶装柱,根据多孔凝胶对不同大小分子的排阻效应进行分离。大分子的类脂物、色素(叶绿素、叶黄素),生物碱,聚合物等先淋洗出来,农药及工业污染物等分子量较小,后淋洗出。目前使用较多的是 XAD 系列凝胶,不同配比的环己烷和乙酸乙酯作为淋洗剂,方法可以自动化,重现性好。其缺点是:小分子的干扰物会与农药一起流出,较大分子的农药可能会先流出等,有时须再增加柱色谱技术净化。

6.2.5 离子色谱(IC)

6.2.5.1 基本原理

离子色谱是高效液相色谱法的一种,其固定相为离子交换树脂,树脂骨架是苯乙烯 – 二乙烯基苯的共聚物。阴离子交换树脂中含有离子交换功能基季铵基(– NR_3^+)和保持树脂为电中性的平衡离子 Cl^-;阳离子交换树脂中含有离子交换功能基(– SO_3^-)和保持树脂为电中性的平衡离子(H^+)。离子交换功能基也可以利用化学反应结合在薄壳玻珠或微粒硅胶表面。流动相为碱液或酸液。分离原理为树脂上平衡离子 Cl^- 或 H^+ 与水样中的阴离子或阳离子进行交换,由于不同离子对固定相的亲和能力不同,因此在其中迁移速度不同,然后洗脱分离来测定阴、阳离子。洗脱液进入抑制柱,在分析阴离子时,抑制柱为阳离子交换树脂柱;分析阳离子时,抑制柱为阴离子交换树脂柱以扣除酸碱流动相的强电解质的本体电导,而被测的阴离子或阳离子转变为相同强电解质的酸或碱,利用电导检测器检测阴、阳离子。通常离子价数越高,交换能力越强,不容易洗脱,阳离子流出顺序为 Li^+,H^+,Na^+,NH_4^+,K^+,Ag^+,Mn^{2+},Mg^{2+},Zn^{2+},Co^{2+},Cu^{2+},Cd^{2+},Ni^{2+},Ca^{2+},Pb^{2+},Ba^{2+},Fe^{3+}。阴离子流出顺序一般为 F^-,Cl^-,NO_2^-,NO_3^-,HPO_4^{2-},SO_4^{2-},离子半径越大,流出越慢。

流动相 pH 值增加使阳离子交换柱保留值降低,对阴离子交换柱的影响刚好相反。

6.2.5.2 离子色谱法应用—水中常见无机阴离子的测定

1.方法原理

水样中待测阴离子随碳酸盐–重碳酸盐淋洗液进入离子交换柱系统(由保护柱和分离柱组成),根据分离柱对各阴离子的不同的亲和度进行分离,已分离的阴离子流经阳离子交换柱或抑制器系统转换成具高电导度的强酸,淋洗液则转变为弱电导度的碳酸。由电导检测器测量各阴离子组分的电导率,以相对保留时间和峰高或面积定性和定量。

2.试剂

纯水(去离子水或蒸馏水):含各种待测离子应低于仪器的最低检测限,并经过 0.20 μm 滤膜过滤。

淋洗贮备液:分别称取 19.078 g 碳酸钠和 14.282 g 碳酸氢钠(均已在 105 ℃条件下烘干 2 h,干燥器中放冷),溶解于水中,移入 1 000 mL 容量瓶中,用水稀释至标线,摇匀。贮存于聚乙烯瓶中,置于冰箱中冷藏。此溶液碳酸钠浓度为 0.18 mol/L;碳酸氢钠浓度为 0.17 mol/L。

淋洗使用液:1.7 mmol/L $NaHCO_3$ ~ 1.8 mmol/L Na_2CO_3 溶液,取 10 mL 淋洗贮备液置于 1 000 mL 容量瓶中,用水稀释至标线,摇匀。此溶液碳酸钠浓度为 0.001 8 mol/L;碳酸氢钠浓度为 0.001 7 mol/L。

再生液 $c(1/2 H_2SO_4) = 0.05$ mol/L:吸取 1.39 mL 浓硫酸溶液于 1 000 mL 容量瓶中(瓶中装有少量水),用水稀释至标线,摇匀(使用新型离子色谱仪可不用再生液)。

各种待测离子的标准溶液:用优级纯钠盐分别配制浓度为 1 mg/mL 的 F^-,Cl^-,NO_2^-,NO_3^-,HPO_4^{2-} 和 SO_4^{2-} 的贮备溶液。方法如下:

F^- 标准贮备液:称取 2.210 0 g 氟化钠(105 ℃条件下烘干 2 h)溶于水,移入 1 000 mL 容量瓶中,加入 10.00 mL 淋洗贮备液,用水稀释至标线。贮存于聚乙烯瓶中,置于冰箱中冷藏。

其他标准贮备液按下述称量的量进行同样操作配制。

Cl^- 标准贮备液:称取 1.648 5 g 氯化钠。硝酸根标准贮备液:称取 1.370 8 g 硝酸钠。SO_4^{2-} 标准贮备液:称取 1.814 2 g 硫酸钾;NO_2^- 或 HPO_4^{2-} 标准贮备液:称取 1.499 7 g 亚硝酸钠(干燥器中干燥 24 h),称取 1.495 g 磷酸氢二钠(干燥器中干燥 24 h)。

混合标准使用液 I:分别从 6 种阴离子标准贮备液中吸取 5.00 mL、10.00 mL、20.00 mL、40.00 mL 和 50.00 mL 于 1 000 mL 容量瓶中,加入 10.00 mL 淋洗贮备液,用水稀释至标线。此混合溶液中 F^-,Cl^-,NO_2^-,NO_3^-,HPO_4^{2-} 和 SO_4^{2-} 的浓度系列分别为 5.00 mg/L、10.00 mg/ L、20.00 mg/L、40.00 mg/L 和 50.00 mg/L。

混合标准使用液 II:吸取 20.00 mL 混合标准使用液 I 于 100 mL 容量瓶中,加入 1.00 mL

淋洗贮备液,用水稀释至标线。此混合溶液中 F^-,Cl^-,NO_2^-,NO_3^-,HPO_4^{2-} 和 SO_4^{2-} 的浓度系列分别为 1.00 mg/L、2.00 mg/L、4.00 mg/L、8.00 mg/L 和 10.00 mg/L。

吸附树脂:50~100 目;阳离子交换树脂:100~200 目。

3.仪器

离子色谱仪:包括进样系统、分离柱及保护柱、抑制器(交换柱抑制器、膜抑制器或自动电解抑制器);记录仪、积分仪或计算机;滤器及 0.20 μm 滤膜;阳离子交换柱。

色谱条件:淋洗液流速,1.0~2.0 mL/min;再生液流速,2~4 mL/min;进样体积,25 μL。

4.仪器操作

开启离子色谱仪:对照所用仪器说明书调节淋洗液及再生液流速,使仪器达到平衡,并指示稳定的基线。

校准:根据样品浓度选择混合标准使用液 I 或 II,配制 5 个浓度水平的混合标准溶液,测定其峰高(或峰面积)。以峰高(或峰面积)为纵坐标,以离子浓度(mg/L)为横坐标,用最小二乘法计算标准曲线的回归方程或绘制工作曲线。

5.水样的预处理及测定

水样采集后应经 0.20 μm 微孔滤膜过滤除去浑浊物质,对硬度高的水样,必要时可先经过阳离子交换树脂柱,然后再经 0.20 μm 滤膜过滤。对含有机物水样可先经过 ^{18}C 柱过滤除去,保存于清洁的玻璃瓶或聚乙烯瓶中。水样采集后应尽快分析,否则应在 4 ℃条件下存放,一般不加保存剂。将预处理后的水样注入色谱仪进样系统,记录峰高或峰面积。

6.计算

各种阴离子的质量浓度(mg/L)可以直接在标准曲线上查得。

7.注意事项

①样品预处理柱的制备。吸附树脂的净化:用丙酮浸泡吸附树脂 24 h,抽干后用(1+1)甲醇盐酸溶液浸泡 24 h,过滤后用甲醇洗涤,再用去离子水洗至无 Cl^-。阳离子交换树脂的净化:用甲醇浸泡阳离子交换树脂 24 h,抽干后用 5% 的盐酸溶液浸泡 4 h,然后用去离子水洗至无 Cl^-。装柱:首先在预处理柱的下部装入阳离子交换树脂(约 50 mm 高),然后再装入吸附树脂(约 30 mm 高),柱床的两端和两层树脂之间填加一小团玻璃棉,用去离子水冲洗预处理柱,直至流出液无 Cl^- 为止。预处理柱的再生:预处理柱可以连续处理水样,当吸附容量接近饱和时,用(9+1)甲醇盐酸溶液洗涤,再用去离子水洗净后又可继续使用。

②NO_2^- 不稳定,最好临用时现配。

③注意整个系统不要进气泡,否则会影响分离效果。

④水样注入色谱仪后,在色谱图上将产生一个负水峰,这是水的电导率低于淋洗液的电导率所致,它出现在负峰之前。在样品离子色谱峰之后往往有一个较大的系统峰,一定要等到系统峰出完后,下一个样品再进样。

⑤可改变淋洗液速度而不改变分离离子的洗脱顺序。淋洗液流速增加,可缩短保留时间,流速太大,分辨率变坏,柱压增大,会影响仪器寿命,本法选用 2 mL/min 的流速。不被色谱柱保留或弱保留的阴离子干扰 F^- 或 Cl^- 的测定。如乙酸与 F^- 产生共淋洗,甲酸与 Cl^- 产生共淋洗。若这种共淋洗的现象显著,可改用弱淋洗液进行洗脱。

⑥离子交换柱的型号、规格不一样时,色谱条件会有很大差异。一般商品离子色谱柱都附有常见离子的分离条件,应参考所用色谱柱的说明书确定分析条件。不同厂家的仪器,在

分析条件的设置及工作站的软件操作方面差异较大,应仔细阅读仪器的操作说明书后开始试验。

6.2.6 纸色谱及苯并[a]芘分析

纸色谱又称纸层析,利用滤纸作固定相,把试样点在滤纸上,用展开剂将其展开,根据其在纸上斑点的位置和大小进行鉴定和定量分析。本节主要介绍苯并[a]芘乙酰化滤纸层析 – 荧光分光光度法测定。

苯并[a]芘简称 BaP,是一种由 5 个苯环构成的多环芳烃,分子式为 $C_{20}H_{12}$。BaP 是一种有代表性的强致癌物质,由于它对人体的严重危害,引起了世界各国卫生及环境组织的高度重视,所以它已被列为环境污染致癌物检测工作中常规检测项目之一。

水中的 BaP 以吸附于固体颗粒上、溶解于水中和呈胶体状态等三种形式存在。以焦化、炼油、沥青、塑料等工业污水中含量较高。

6.2.6.1 方法原理

由于 BaP 在水中含量很低,所以先将水中 BaP 等多环芳烃及其他环己烷可溶物萃取到环己烷中,萃取液用无水硫酸钠脱水,K – D 浓缩器浓缩,浓缩物采用乙酰化滤纸、纸层析法分离,BaP 斑点丙酮溶解后,用荧光分光光度计测量。本方法具有分析简单、操作方便、污染小、灵敏度高等特点。

分子荧光主要用来测定芳香族化合物,BaP 具有内在的荧光性质,可以直接测定荧光强度。分子荧光的产生是由于处于基态最低振动能级的荧光物质分子受到紫外线的照射吸收和它所具有的特征频率相一致的光线,跃迁到第一电子激发态的各个振动能级。被激发到第一电子激发态的各个振动能级的分子通过无辐射跃降落到第一电子激发态的最低振动能级。降落到第一电子激发态的最低振动能级的分子继续降落到基态的各个不同振动能级,同时发射出相应的光量子,产生荧光。许多吸收光的物质并不一定会产生荧光,是由于它们吸收的能量消耗于溶剂分子或其他溶质分子之间相互碰撞,荧光效率不高,无法发出荧光,只能产生吸收光谱。

6.2.6.2 仪器和试剂

具紫外激发和荧光分光的荧光分光光度计;光程为 10 mm 的石英比色皿;紫外分析仪(带 365 nm 或 254 nm 滤光片);康氏振荡器;磁力恒温搅拌器;立式离心机(转速为 4 000 r/min);分液漏斗:1 L、3 L 和 100 mL,活塞上禁用油性润滑剂;K – D 浓缩器:250 mL,具塞锥形瓶;5 mL 具塞刻度离心管;恒温水浴锅;层析缸;点样用玻璃毛细管(自制)。

BaP 标准溶液:准确称取约 5.00 mg 固体标准 BaP 于 50 mL 容量瓶中,用少量苯溶解后,加环己烷定容至标线,其浓度为 100 $\mu g/mL$。将此贮备液用环己烷稀释成 10 $\mu g/mL$,避光贮于冰箱中保存。

乙酰化滤纸的制备:把 15 cm × 30 cm 的层析滤纸 15 ~ 20 张,松松卷成 15 cm 圆筒状,逐张放入 1 000 mL 高型烧杯中,杯壁与靠杯第一张纸间插入一根玻璃棒,杯中间放一枚玻璃熔封的电磁搅拌铁芯。在通风橱中,沿杯壁慢慢倒入乙酰化试剂(750 mL 苯,250 mL 乙酸酐,0.5 mL 硫酸混合液),在磁力搅拌器上保持 50 ± 1 ℃,连续反应 6 h,取出乙酰化滤纸,用自来水漂洗 3 ~ 4 次,再用蒸馏水漂洗 2 ~ 3 次,晾干。次日用无水乙醇浸泡 4 h,取出乙酰化滤纸,晾干压平,备用。

环己烷,分析纯,重蒸用荧光分光光度计检查:在荧光激发波长 367 nm,狭缝 10 nm;荧光发射狭缝 2 nm,波长 405 nm 处应无峰出现。

丙酮和苯,分析纯,重蒸;乙醚、乙酸酐,分析纯;硫酸,分析纯,$\rho = 1.84$ g/mL;无水硫酸钠,分析纯;二甲基亚砜(DMSO):用前只用环己烷萃取两次(500 mL 二甲基亚砜加 50 mL 环己烷萃取),弃去环己烷后备用。

6.2.6.3　步骤

样品预处理:取均匀的水样于分液漏斗中(清洁水和地表水取 2 000 mL 于 3 000 mL 分液漏斗中,工业废水取 1 000 mL 于 2 000 mL 分液漏斗中),用环己烷萃取两次,每次用 50 mL。在康氏振荡器上振荡 3 min,取下放气,静置 0.5 h,待分层后,收集两次萃取的环己烷于具塞锥形瓶中,弃去水相。

在环己烷萃取液中加入无水硫酸钠(约 20～50 g),静置至完全脱水(约 1～2 h,至锥形瓶底部无水为止)。如果环己烷萃取液颜色较深,则将脱水后的环己烷定容至 100 mL,再取其一定体积浓缩;如环己烷萃取液颜色较浅,则全部浓缩。水浴温度控制在 70～75 ℃。用 K－D 浓缩器减压浓缩近干,用苯洗涤浓缩管管壁 3 次,每次 3 滴,再浓缩至 0.05 mL,以备纸层析用。

取 15 cm × 30 cm 预先制备好的乙酰化滤纸,在 30 cm 的长边下端 3 cm 处,用铅笔轻轻画一横线,横线两端各留出 1.5 cm,以 2.4 cm 的间隔将标准 BaP 与样品浓缩液用玻璃毛细管交叉点样,点样斑点直径不要超过 3～4 mm,点样过程中用冷风吹干。每个浓缩管洗两次,每次用 1 滴苯,全部点在纸上。将点过样的层析纸挂在层析缸内架上,加入展开剂(甲醇:乙醚:蒸馏水 = 4:4:1),直到纸上端浸入 1 cm 为止。加盖,用透明胶纸密封,于暗室内展开 2～16 h(可根据工作安排,灵活选择展开时间)。取出层析滤纸,在紫外分析仪下用铅笔画出标准 BaP 斑点以及样品中与其高度相同的紫蓝色斑点范围。

剪下用铅笔圈出的斑点,剪成小条,分别放入 5 mL 具塞离心管中,在 105～110 ℃烘箱中烘 10 min(或于干燥器中晾干,也可在清洁空气中晾干)。在干燥器内冷却后,加入丙酮至标线。用手振荡 1 min 后,以 3 000 r/min 的速度离心 2 min。上清液留待测量用。

6.2.6.4　样品测定

将标准 BaP 斑点和样品斑点的丙酮洗脱液分别倒入 10 mm 的石英池中,在激发、发射狭缝分别为 10 nm 和 2 nm,激发波长为 367 nm 处,测其发射波长 402 nm、405 nm 和 408 nm 处的相对荧光强度。

6.2.6.5　计算

用窄基线法按下列公式计算出标准 BaP 和样品中 BaP 的相对荧光强度(F),再计算水样中 BaP 的含量(相对比较计算法)。

$$F = F_{405\ nm} - \frac{F_{402\ nm} + F_{408\ nm}}{2}$$

$$c = \frac{MF_2}{F_1 V} \times R \tag{6.5}$$

式中　c——水样中 BaP 含量,μg/L;

M——标准 BaP 点样量，μg；

F_1，F_2——标准 BaP 和样品斑点的相对荧光强度；

V——水样体积，L；

R——环己烷萃取液总体积与浓缩时所取的环己烷萃取的体积之比。

6.2.6.6　注意事项

水样保存除应在玻璃瓶中避光外，并于当日用环己烷萃取。环己烷萃取液可放入冰箱中保存。对含油污水必须用二甲基亚砜（DMSO）去油后，才能在纸层析上分离。本方法适用于饮用水、地表水、生活污水、工业废水，最低检出浓度为 0.004 μg/L。BaP 是强致癌代表物，试验中必须戴抗有机溶剂的手套，操作应在搪瓷盘中进行。室内应避免阳光直接照射，通风良好。

6.3　毛细管电泳

6.3.1　基本原理

电泳亦叫电迁移，是指带电粒子在一定介质中因电场作用而发生定向运动。如氨基酸、蛋白质和核酸，都具有可电离的基团，在溶液中能够形成带电荷的阳离子或阴离子，不同离子在电场中有不同的迁移，由此可以进行分离分析。

由于一般情况下毛细管壁带负电，会吸附溶液中的正离子，使靠近毛细管的溶液带正电，在电场作用下，此溶液层会向阴极移动，溶液的泳动现象称为电渗。电渗速度一般是电泳速度的 5~7 倍，所以阳离子、中性分子和阴离子能够同时向一个方向（如阴极方向）产生差速迁移，阳离子向阴极既有电泳运动又有电渗运动，两运动方向相同，速度较快；中性分子只有向阴极的电渗流运动；阴离子的电泳运动和电渗运动方向相反，速度较慢。在一次毛细管电泳操作中，同时完成正、负离子和中性分子的分离分析。毛细管区带电泳是指溶质在毛细管内的背景电解质溶液中以不同速度迁移，而形成一个个独立的溶质带得到分离的方法。

6.3.2　应用

6.3.2.1　检测酚类化合物

酚是一类很弱的酸，其羟基上氢能发生解离游离出氢质子，因此呈弱酸性。酚的酸性强弱可用离解常数 K_a 表示

$$ROH + H_2O \rightleftharpoons RO^- + H_3O^+$$

$$K_a = [RO^-][H_3O^+]/[ROH]$$

在碱性环境下，解离增强，带负电荷的 RO^- 增多。K_a 越大，带负电荷的 RO^- 也就越多，电泳速度也就越快。由于在毛细管电泳中受到移向高压阴极电渗力和移向阳极电泳力的共同作用，最终不同阴离子到达阴极的时间不同。相对分子质量大，酸性弱的酚最早出峰。所以，4 个酚的出峰顺序依次为对苯二酚（$K_a = 4.5 \times 10^{-11}$）、邻苯二酚（$K_a = 6.30 \times 10^{-11}$）、苯酚（$K_a = 1.28 \times 10^{-10}$）和间苯二酚（$K_a = 1.55 \times 10^{-10}$）。

6.3.2.2　天然水中钙、镁离子的测定

EDTA 与 Ca^{2+}, Mg^{2+} 形成的络合物有较大的稳定常数,在 200 nm 处均有较大吸光强度,且两种离子在硼砂介质中迁移速度不同,能得到完全分离。因此,先将 1.5×10^{-2} mol/L 硼砂(pH 值 = 9.2)和 2×10^{-3} mol/L EDTA 的载体从阳极注入熔融石英毛细管(柱长 30 ~ 50 cm)3 min,使其清洁并使管内表面达到平衡,基线稳定后,以负压方式吸取试样 5 s,在电压为 20 kV、波长为 200 nm、恒温槽内温度为 30 ℃等优化条件下,利用紫外检测器进行测定。

其他毛细管电泳法还有毛细管胶束电动色谱、毛细管凝胶电泳、毛细管等电聚焦、毛细管等速电泳、毛细管电色谱等方法。毛细管胶束电动色谱是把电泳与色谱相结合,其分离原理是向载体中加入十二烷基磺酸钠等表面活性剂,在毛细管内形成胶束,被分析物受到电渗流和胶束相与水相分配的双重影响而分离,其特点是:只能分离中性化合物。毛细管凝胶法在电泳毛细管内填充凝胶或其他筛分介质,如交联或非交联的聚丙烯酰胺,大小不同的分子,在电场力的推动下,经凝胶聚合物构成的网状介质中电泳,其运动受到网状结构的不同阻碍,大分子受到的阻力大、迁移速度慢,小分子迁移速度快,从而分离。

6.4　超临界流体色谱法简介

通常气体都有一个临界温度,是指能被液化的最高温度,若气体的温度高于临界温度时,不论有多大压力都不能使之液化,只是随着压力的增加密度加大,处于超临界状态,因此亦称为高密度气体。气体也有一临界压力,是在临界温度下气体被液化的最低压力,如果压力小于这个值,无论温度如何降低,都不能液化。所谓超临界流体是指在高于临界温度和临界压力时的一种物质状态,介于气态和液态之间,兼有气体和液体的某些物理性状,即兼有气体的低黏度,液体的高密度以及介于气、液之间较高的扩散系数等特征。与液体相比,黏度约低 1 ~ 2 个数量级,扩散系数约高 1 ~ 2 个数量级,超临界流体的密度约为 0.2 ~ 0.9 g/cm³,接近于液体,其密度和溶解度与许多有机溶剂相当。传质阻力小,可以使用超临界流体作流动相进行毛细管色谱分析。

超临界流体色谱(SFC)是用超临界流体作流动相,以固体吸附剂(如硅胶)或键合在载体(或毛细管壁)上的有机高分子聚合物作固定相,利用高压流动相输送系统,将高压气体经压缩和热交换变为超临界流体,以一定的压力连续输送到色谱分离系统并进行检测的色谱分析法。常用流动相为超临界状态下的一氧化二氮、氨气、二氧化碳、乙烷、戊烷、二氯二氟甲烷等,其中应用最为广泛的是 CO_2 和戊烷。CO_2 的临界温度低(31 ℃)、临界压力适中(7.29 MPa)、无毒、便宜。因此,对于热稳定性差的物质,可以在较低温度下进行分析。但其缺点是:极性太低,对一些极性化合物的溶解能力较差,所以,通常要用另一台输液泵往流动相中添加 1% ~ 5% 的甲醇等极性有机改性剂。SFC 所用色谱柱既有液相色谱填充柱,又有气相色谱毛细管柱,但由于超临界流体的强溶解能力,所使用的毛细管填充柱的固定相必须进行交联。不锈钢液相填充柱,内径几毫米,填充 3 ~ 10 μm 的填料,毛细管柱内径为 50 ~ 100 μm,长约 2.5 ~ 20 m。

在临界点附近,压力和温度的微小变化,都会引起气体密度很大的变化,使其溶解能力有 100 ~ 1 000 倍的变化,所以可以通过改变超临界流体的密度或压力而改变其溶解性。超临界流体的密度越大,其溶解能力就越大,反之亦然。因此,毛细管超临界流体色谱(CSFC)

利用的升密度程序相当于 GC 中的程序升温和 LC 的梯度洗脱。

从理论上讲,SFC 既可以像液相色谱一样分析高沸点和难挥发样品,也可像气相色谱一样分析挥发性成分。因此,超临界流体色谱法中和了 GC 和 HPLC 的分离特点,还可以和 HPLC、GC 检测器匹配,使其在定性、定量检测中极为方便。

在农药分析中,由于超临界流体的高流动性和扩散能力,可以渗透进入样本基质内部和间隙,增加与农药接触的几率和速度,有助于所溶解的各成分之间的分离,农药的移动和分配,在超临界流体中均比在液体溶剂中进行快,利用升密度程序,使多种有机农药得以分离。又如,利用 150 mm×Φ1 mm,5 μCN 细径填充柱,在柱温为 70 ℃,FID 检测器(温度 300 ℃),CO_2 流动相,线性升压(14 MPa 开始以 0.4 MPa/min 的速度程序升压至 26 MPa)的条件下,可使氢尾油中的多环芳烃与饱和烃之间以及各种多环芳烃按极性顺序分离。

思考题及习题

1. 试述气固色谱和气液色谱的分离原理,并对它们进行简单的对比。

2. 气液色谱固定相由哪些部分组成? 它们各起什么作用? 决定色谱性能的核心部件是什么?

3. 怎样选择固定液?

4. 简单说明气相色谱分析的流程及气相色谱分析优缺点。

5. 柱温和汽化温度、载气种类和流速的选择应如何考虑?

6. 什么是程序升温? 什么情况下应采用程序升温? 它有什么优点?

7. 简述氢火焰离子化检测器、电子捕获检测器和火焰光度检测器的作用原理。

8. 谱峰保留值反映了组分在色谱柱中的分配情况,谱峰峰宽反映组分在色谱柱中运动情况,它们分别由什么因素控制?

9. 毛细管色谱柱的特点是什么? 试讨论之。

10. GC – MS 的特点是什么? 其主要由哪些部分组成?

11. 高效液相色谱法的特点是什么? 它和气相色谱法相比较,主要的不同点是什么?

12. 简要说明高效液相色谱分析的流程。

13. 什么是梯度洗脱? 它起什么作用? 说出载液的极性顺序?

14. 什么是正相和反相色谱? 说出常用的几种固定相,什么是离子对萃取和凝胶色谱?

15. 高效液相色谱常用哪几种检测器? 简要说明其作用原理。

16. 试述离子色谱法的分离和检测原理。

17. 简述毛细管区带电泳及其分离原理。

18. 超临界流体色谱法具有什么特点? 什么是升密度程序?

19. 简述 SFC 分离的原理。

20. 什么是纸色谱及分子荧光分析?

21. 测乙醇中微量水分,采用内标法。准确称取试样 1 500 mg,然后准确加入一定体积的纯甲醇(150 mg),摇匀后,取 5 μL 进样,在一定色谱条件下测得水及甲醇的色谱峰面积为 $A_水 = 80$ mm^2, $A_{甲醇} = 98$ mm^2,试验测得 $f'_{水/甲醇} = 0.87$,计算试样中水的含量。

第7章 其他分析方法

7.1 电分析化学方法

7.1.1 电位分析法

电位分析法包括直接电位法和电位滴定法。

7.1.1.1 直接电位法测定 pH 值

直接电位法是通过测量原电池的电动势直接求得有关离子活度(或浓度)的一种电化学方法。在分析中,把组成原电池的两个电极分别称为指示电极和参比电极。

活度是指有效浓度,用 a 表示,活度与浓度之间有如下关系

$$a = \gamma c \tag{7.1}$$

式中 γ ——活度系数,与溶液中各种离子的总浓度及离子电荷数有关。浓度值越大,电荷数越多,离子间力越大,γ 越小,活度与浓度偏差越大。

1.指示电极与参比电极

指示电极是能够指示溶液中待测离子浓度变化的一类电极。如 pH 值玻璃电极能够用来指示溶液中 H^+ 浓度变化,其组成有玻璃外套、Ag – AgCl 内参电极、内部缓冲溶液和玻璃膜,如图 7.1 所示。

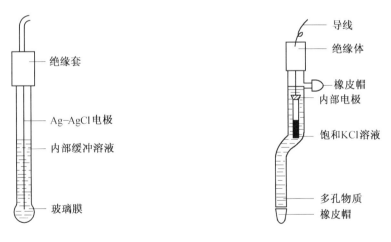

图 7.1 玻璃电极   图 7.2 饱和甘汞电极

玻璃电极电位产生的机理:pH 值电极有一敏感玻璃膜,插到蒸馏水中浸泡一定时间,在膜的表面形成一层水合硅胶层,膜中 Na^+ 能与纯水中 H^+ 发生交换,使得玻璃膜中的 H^+ 与测定液中的 H^+ 活度不同,进行离子迁移、扩散,产生膜电位,25 ℃时玻璃电极电位值与溶液

中 H$^+$ 活度 a_{H^+} 的关系为

$$\varphi = K + 0.059\lg a_{H^+}$$

玻璃电极电位与溶液中 H$^+$ 活度的对数有线性关系,这样的一类指示电极称为离子选择性电极。

参比电极:一般使用甘汞电极,组成如图 7.2 所示。电位产生是由于电子得失,根据能斯特关系式

$$\varphi = \varphi^\circ(Hg_2Cl_2/Hg) - 0.059\lg a_{Cl^-}$$

电位在一定温度和内参液 Cl$^-$ 浓度饱和时保持不变。因此,由指示电极和参比电极组成的电池电动势只与指示电极电位有关。

2.玻璃电极法测定溶液 pH 值

以玻璃电极为指示电极,饱和甘汞电极为参比电极,插入溶液中组成原电池(见图 7.3)或以玻璃电极为指示电极,Ag/AgCl 等为参比电极合在一起组成 pH 值复合电极,当 H$^+$ 浓度发生变化时,玻璃电极和甘汞电极之间的电动势也随着变化,利用电池或复合电极电动势随 H$^+$ 活度变化而发生偏移来测定水样 pH 值。在 25 ℃时,每单位 pH 值标度相当于 59.1 mV 电动势变化值,在仪器上直接以 pH 值的读数表示。在仪器上有温度差异补偿装置。

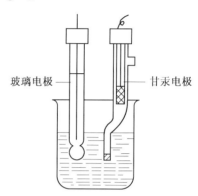

玻璃电极　　　　甘汞电极

图 7.3　用玻璃电极测定 pH 值的工作电池示意图

其电池表示式为

(−) Ag,AgCl|0.1 mol/L HCl|玻璃膜|试液 ‖ 饱和 KCl|Hg$_2$Cl$_2$,Hg(+)

25 ℃时电动势的表示式为

$$E = K + 0.059pH 值$$

测定 pH 值的装置称为 pH 值计。pH 值计均有温度补偿装置,用以校正温度对电极的影响。本方法选用直读法,常数项应事先由仪器来定位或校准求出。其方法是用标准缓冲溶液(见表 7.1)来校准,为了提高测定的准确度,校准仪器时选用标准缓冲溶液的 pH 值与水样的 pH 值接近。

表7.1　pH 值计常用的三种标准缓冲溶液配制方法

标准物质	pH 值(25 ℃)	每 1 000 mL 水溶液中所含试剂的质量(25 ℃)
邻苯二甲酸氢钾	4.008	10.12 g KHC$_8$H$_4$O$_4$
磷酸二氢钾 + 磷酸氢二钠	6.865	3.388 g KH$_2$PO$_4$(1) + 3.533 gNa$_2$HPO$_4$(1,2)
四硼酸钠	9.180	3.80 g Na$_2$B$_4$O$_7$·10H$_2$O(2)

注:①标准物质需在 100~130 ℃条件下烘干 2 h。

②用新煮沸过并冷却的无二氧化碳水配制。

3.pH 值测定

仪器:各种型号的 pH 值计、玻璃电极、甘汞电极或 Ag/AgCl 电极、磁力搅拌器、50 mL 聚乙烯或聚四氟乙烯杯。

标准缓冲溶液配制:用于校准仪器的标准缓冲溶液,按表 7.1 规定的数量称取试剂,溶于 25 ℃水中,在容量瓶内定容至 1 000 mL。水的电导率应低于 2 μS/cm,临用前煮沸数分钟,赶走二氧化碳,冷却。取 50 mL 冷却的水,加 1 滴饱和氯化钾溶液,测量 pH 值,如 pH 值在 6~7 之间,即可用于配制各种标准缓冲溶液。

玻璃电极在使用前应放入纯水中浸泡 24 h 以上。

仪器开启 30 min 后,按仪器使用说明书操作。

pH 值定位:按照仪器使用说明书准备,将水样与标准溶液调到同一温度,记录测定温度,把仪器温度补偿调至该温度处。选用与水样 pH 值相差不超过 2 个 pH 值单位的标准溶液校准仪器。从第一个标准缓冲溶液中取出电极,彻底冲洗,并用纸轻轻吸干。重复校准 1~2 次,再浸入第二个标准溶液中,其 pH 值约与前一个相差 3 个 pH 值单位。如测定值与第二个标准溶液 pH 值之差大于 0.1 个 pH 值单位时,就要检查仪器、电极或标准溶液是否有问题。当三者均无异常情况时方可测定水样。当水样 pH 值<7 时,使用苯二甲酸氢钾标准缓冲溶液定位,以另外两种标准缓冲溶液复定位;如果水样 pH 值>7 时,则用四硼酸钠标准缓冲溶液定位,以苯二甲酸或混合磷酸盐标准缓冲溶液复定位。如发现三种缓冲液的定位值不成线性,应检查玻璃电极的质量。

水样测定:先用蒸馏水仔细冲洗电极数次,再用水样冲洗 6~8 次,然后将电极浸入水样中,小心搅拌或摇动使其均匀,待读数稳定后记录 pH 值。

注意:玻璃电极用毕后应冲洗干净,浸泡在纯水中;盛水容器要防止灰尘落入和水分蒸发干涸;测定时,玻璃电极的球泡应全部浸入溶液中;玻璃电极的内电极与球泡之间不能存在气泡,以防断路;甘汞电极的饱和氯化钾液面必须高于汞体,并应有适量氯化钾晶体存在,以保证氯化钾溶液的饱和。使用前必须先拔掉上孔胶塞;为防止空气中二氧化碳溶入或水样中二氧化碳逸失,测定前不宜提前打开水样瓶塞;玻璃电极球泡受污染时,可用稀盐酸溶解无机盐污垢,用丙酮除去油污(但不能用乙醇)后再用纯水清洗干净;注意电极的出厂日期,存放时间过长的电极性能将变劣;由于复合电极构成各异,其浸泡方式会有所不同,有些电极要用蒸馏水浸泡,而有些电极则严禁用蒸馏水浸泡,须严格遵守操作手册,以免损伤电极。pH 值大于 9 的溶液,应使用高碱玻璃电极测定 pH 值。

7.1.1.2　氟离子选择电极法测定氟离子

氟化物(F^-)是人体必需的微量元素之一,缺氟易患龋齿病,饮水中含氟(F^-)的适宜浓度为 0.5~1.0 mg/L。当长期饮用含氟量高于 1~1.5 mg/L 的水时,则易患斑齿病,如水中含氟量高于 4 mg/L 时,则可导致氟骨病。

氟化物广泛存在于天然水体中。有色冶金、钢铁和铝加工、焦炭、玻璃、陶瓷、电子、电镀、化肥、农药厂的废水及含氟矿物的废水中常常都存在氟化物。

1.方法原理

氟电极是由氟化镧单晶片制成的固定膜电极,只对 F^- 有响应。膜的内表面与一个固定 F^- 浓度的溶液和内参比电极相接触,使用时与一个参比电极联用。工作电池可表示为

（ − ）Ag,AgCl｜Cl^-(0.33 mol/L)F^-(0.001 mol/L)｜LaF_3｜试液‖外参比电极（ + ）

水样和标样中加入一定浓度的 $NaNO_3$ 或 NaCl 溶液时,γ 可为定值,电池的电动势随溶液中 F^- 活度的变化服从下述关系式

$$E = K - 2.303RT/F\lg c_{F^-}$$

E 与 $\lg c_{F^-}$ 成线性关系,$2.303RT/F$ 为直线的斜率,可用标准曲线法定量。

铁、铝及 H^+ 可与 F^- 络合产生干扰,pH 值过高时氟电极的膜成分镧溶出,生成沉淀。通常,加入总离子强度调节剂以保持溶液的总离子强度,并配合干扰离子,保持溶液适当的 pH 值,直接进行测定。

2. 仪器与试剂

氟离子选择电极、饱和甘汞电极或氯化银电极、离子活度计或 pH 值计(精确到 0.1 mV)、磁力搅拌器、100 mL 或 150 mL 聚乙烯或聚四氟乙烯杯。

所用水为去离子水或无氟蒸馏水。

氟化钠标准贮备液:称取 0.221 0 g 基准氟化钠(预先于 105 ~ 110 ℃条件下干燥 2 h,或者于 500 ~ 600 ℃条件下干燥约 40 min,冷却),用水溶解后转入 1 000 mL 容量瓶中,稀释至标线,摇匀,马上移入干燥洁净的聚乙烯瓶中贮存。此溶液含 F^- 100 $\mu g/mL$。

氟化钠标准溶液:用无分度吸管吸取氟化钠标准贮备液 10.00 mL,注入 100 mL 容量瓶中,稀释至标线,摇匀。此溶液含 F^- 10 $\mu g/mL$。

盐酸溶液:2 mol/L 盐酸溶液;乙酸钠溶液:称取 15 g 乙酸钠(CH_3COONa)溶于水,并稀释至 100 mL。

总离子强度调节缓冲溶液(TISAB):0.2 mol/L 柠檬酸钠 – 1 mol/L 硝酸钠:称取 58.8 g 二水合柠檬酸钠和 85 g 硝酸钠,加水溶解,用盐酸调节 pH 值至 5 ~ 6,转入 1 000 mL 容量瓶中,稀释至标线,摇匀。

3. 测定步骤

为避免水样其他组分干扰,采用预蒸馏方法进行前处理。

(1)预蒸馏

预蒸馏有两种方法:直接蒸馏法和水蒸气蒸馏法。

水蒸气蒸馏法:水中氟化物在高氯酸(或硫酸)的溶液中,通入水蒸气,以氟硅酸或氢氟酸形式而被蒸出。蒸馏装置如图 7.4 所示,所用试剂为 70% ~ 72% 高氯酸。操作步骤:取 50 mL 水样(氟浓度高于 2.5 mg/L 时,可分取少量样品,用水稀释到 50 mL)于蒸馏瓶中,加 10 mL 高氯酸,摇匀。按图 7.4 连接好装置,加热,待蒸馏瓶内溶液温度升到约 130 ℃时,开始通入水蒸气,并维持温度在 130 ~ 140 ℃,蒸馏速度约为 5 ~ 6 mL/min。待接收瓶中馏出液体积约为 200 mL 时,停止蒸馏,并用水稀释至 200 mL,供测定用。当样品中有机物含量较高时,为避免

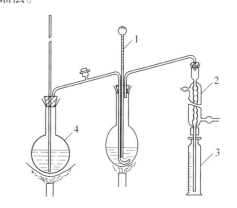

图 7.4　氟化物水蒸气蒸馏装置示意图
1—温度计;2—冷凝器;3—接收器;4—水蒸气

与高氯酸作用而发生爆炸,可用硫酸代替高氯酸(酸与样品的体积为 1∶1)进行蒸馏。控制温度在 145 ± 5 ℃。

直接蒸馏法:在沸点较高的酸溶液中,氟化物以氟硅酸或氢氟酸形式被蒸出,使与水中干扰物分离。直接蒸馏法蒸馏效率高,但温度控制较难,在蒸馏时易发生爆沸,不安全。水

蒸气法蒸馏温度控制较严格,不易爆沸。所用试剂为 $\rho = 1.84$ g/mL 的硫酸以及硫酸银。

当样品中氯化物含量过高时,可于蒸馏前加入适量固体硫酸银(每毫克氯化物可加入 5 mg硫酸银),再进行蒸馏。注意:应保证蒸馏装置连接处的密合性。

(2)仪器的准备

按测量仪器及电极的使用说明书进行,在测定前应使试液达到室温,并使试液和标准溶液的温度相同(温差不得超过 ±1 ℃)。

(3)绘制校准曲线

用无分度吸管分别取 1.00 mL、2.00 mL、5.00 mL、10.0 mL、20.00 mL 氟化物标准溶液,置于 50 mL 容量瓶中,加入 10 mL 总离子强度调节缓冲溶液,用水稀释至标线,摇匀。

分别移入 100 mL 聚乙烯杯中,各放入一只塑料搅拌器,以浓度由低到高的顺序分别依次插入电极,连续搅拌溶液,待电位稳定后,在继续搅拌下读取电位值(E)。在每一次测量之前,都要用水将电极冲洗干净,并用滤纸吸去水分。在半对数坐标纸上绘制 E(mV) – lgc_{F^-} 校准曲线。

(4)测定

用无分度吸管吸取适量试液,置于 50 mL 容量瓶中,用乙酸钠或盐酸溶液调节至近中性,加入 10 mL 总离子强度调节缓冲溶液,用水稀释至标线,摇匀,将其移入 100 mL 聚乙烯杯中。放入一只塑料搅拌器,插入电极,连续搅拌溶液待电位稳定后,在继续搅拌下读取电位值(Ex)。在每一次测量之前,都要用水充分洗涤电极,并用滤纸吸去水分。根据测得的毫伏数,由校准曲线上查得氟化物的含量。

7.1.1.3　氨气敏电极测定氨氮

氨气敏电极中,在紧贴 pH 值玻璃电极的敏感膜处有一层憎水性聚四氟乙烯透气膜,只允许被测定的气体——氨气通过而不允许溶液中的离子通过。进入透气膜的氨气引起中间溶液氯化铵的电离平衡发生移动,改变了 H^+ 浓度,使得指示的玻璃电极电位发生变化。电池电动势与氨浓度对数呈线性关系,进行定量。

7.1.1.4　离子选择性电极及其性能测试

把一定浓度范围内电动势与活度(或浓度)的对数成直线关系且斜率符合理论值的电极称为具有能斯特响应,电动势与浓度成直线关系的浓度范围称为线性范围。若一个 pH 值玻璃电极对 Na^+ 的选择性系数为 10^{-11},表示此电极对 H^+ 的响应是 Na^+ 响应的 10^{11} 倍。选择性系数越小,电极对待测离子选择性越高。电极浸在溶液中达到稳定电位所需时间称为电极响应速度,时间越短,响应越快。其他表示电极性能的指标还有检测限、灵敏度等。性能优良的电极应该具有能斯特响应、线性范围宽、选择性系数小、响应速度快、检测限低以及灵敏度高等优点。

7.1.1.5　电位滴定法测定耗氧量

电位滴定法是通过测量滴定过程中电池电动势的变化来确定终点的一种滴定分析法。对深色溶液和浑浊溶液等难于用指示剂判断终点的滴定分析有利。

自动电位滴定原理:当滴定剂滴入烧杯中时,被测溶液中离子浓度发生变化,浸在溶液中的一对电极两端的电位差 E 即发生变化。这个渐变的电位经调制放大器放大以后送入取样回路,在其中电极系统所测得的直流讯号 e 与按照滴定终点电位预先设定的电位相比较,其差值进入 $e-t$ 转换器。$e-t$ 转换器是一开关电路,它将该差值成比例地转换成短路脉冲,使电磁阀吸通。当距终点较远时,由于 e 和终点电位差值大,电磁阀吸通时间短,滴液流速快;当趋近终点时,差值逐渐减小,电磁阀吸通时间长,滴液流速逐渐减慢。仪器内还设有一组用以防止到达终点时出现过漏现象的电子延迟电路。若滴定到达预定终点后 10 s 左右(该时间是为了保证反应达到平衡)不再变化,则该延迟电路就会使电磁阀门永远关闭,即使有某种原因使电表指示值返离终点时,也不致再有溶液加入,这样可提高滴定分析的准确性。

耗氧量测定时先往水样中加入一定浓度的过量高锰酸钾溶液,加热反应后,再加入过量的草酸钠除去剩余的高锰酸钾,最后用高锰酸钾溶液来滴定剩余的草酸钠,滴定时采用自动滴定法。两者反应是氧化还原反应,反应完全时,达到一定的电位值,此电位值可作为滴定计预设电位。滴定过程中不断变化的电位值与之比较,控制滴定速度,到达终点时自动停止滴定。此装置可设计为自动在线监测。监测时先利用标准溶液标定仪器,标定好后将仪器置于测量挡待机。启动控制系统后,开始采集水样并启动仪器进行测定,给出测定结果。测定结束后,数据采集系统自动将测定数据读入,并贮存。中央控制系统可以通过卫星或电话线将测定结果下载或实时监控。电位滴定式耗氧量自动监测仪装置如图 7.5 所示。

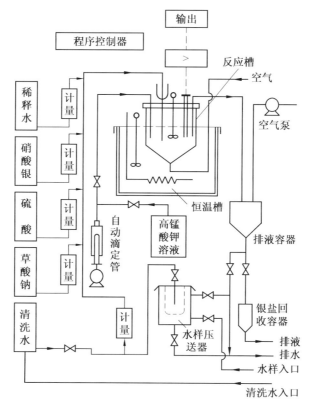

图 7.5　电位滴定式高锰酸盐指数自动监测仪工作原理

7.1.2　电解分析法

这里所说的电解分析法与电解重量法不同,根据方法在水质分析中的应用情况,把利用电解产生电流或电量分析的电化学方法称为电解分析法。

7.1.2.1　氧电极法测定溶解氧

1.方法原理

极谱型溶解氧电极由一个附有感应器的薄膜和一个温度测量及补偿的内置热敏电阻组成。电极的可渗透薄膜为选择性薄膜,把待测水样和感应器隔开,水和可溶性物质不能透过,只允许氧气通过。感应器是两个金属电极并充有电解质,当给感应器供应电压时,透过膜的氧在阴极得到电子被还原,产生微弱的扩散电流与通过膜的氧的传递速度成正比,因而与给定温度下水样中氧的分压成正比。通过测量电流值可测定溶解氧浓度。溶解氧阴极由黄金组成,阳极由银－氯化银组成,薄膜材料为聚四氟乙烯。

2.仪器与试剂

溶解氧测定仪;无水亚硫酸钠(Na_2SO_3)或七水合亚硫酸钠($Na_2SO_3 \cdot 7H_2O$);二价钴盐,($CoCl_2 \cdot 6H_2O$)。

3.测定步骤

电极准备和测量技术按照仪器制造厂的说明书进行。

(1)校准

结合下列步骤进行,但必须参照仪器制造厂的说明书。调节:调整仪器的电零点,有些仪器有补偿零点,则不必调整。检验零点:检验零点时,可将电极浸入每升已加入 1 g 亚硫酸钠和约 1 mg 钴盐的蒸馏水中,进行校零,10 min 内应得到稳定读数。接近饱和值的校准:在一定温度下,向水中曝气,使水中氧的含量达到饱和或接近饱和。在这个温度下保持15 min 再测定溶解氧的浓度,例如用碘量法测定。调整仪器:将电极浸没在瓶内,瓶中完全充满按上述步骤制备并标定好的样品。让探头在搅拌的溶液中稳定 10 min 以后,如果必要,调节仪器读数至样品已知的氧浓度。当仪器不能再校准,或仪器响应变得不稳定或较低时,应更换电解质或膜。

(2)测定

按照厂家说明书对水样进行测定。一般在电极浸入样品后,停留足够的时间,待电极与待测水温一致并使读数稳定。为进行精确的溶解氧测量,要求水样的最小流速为0.3 m/s,水流将会提供一个适当的循环,以保证消耗的氧持续不断地得到补充。当液体静止时,不能得到正确的结果。在实验室测量时,建议使用搅拌器,这样可将由空气中的氧气扩散到水样引起的误差减少到最小。

4.结果表示

溶解氧浓度用 mg/L 表示,测量样品时的温度一般不同于校准仪器时的温度,应对仪器读数给予相应校正。有些仪器可以自动进行补偿。

计算方法:可利用校准温度、校准温度下的溶解氧浓度、测量温度下的仪器读数和溶解氧理论浓度求出,即

$$实测值 = 理论值 \times 显示值/校准温度下的值$$

若 10 ℃时 DO 仪器显示值为 7.0 mg/L,10 ℃时 DO 的理论值为 11.3 mg/L。25 ℃为校

准温度,DO 值为 8.3 mg/L,则 DO 校正为校准温度下的值为

$$\frac{11.3}{8.3} \times 7.0 = 9.5 \text{ (mg/L)}$$

7.1.2.2 库仑滴定法测定 COD

1.测定原理

水样以重铬酸钾为氧化剂,在 10.2 mol/L 硫酸介质中回流氧化后,过量的重铬酸钾用电解产生的 Fe^{2+} 作为库仑滴定剂。根据电解产生 Fe^{2+} 所消耗的电量,按照法拉第定律进行计算,即

$$COD(O_2)/(\text{mg} \cdot \text{L}^{-1}) = \frac{Q_s - Q_m}{96\,487} \times \frac{8\,000}{V}$$

式中　Q_s——标定重铬酸钾时所消耗的电量;

Q_m——测定过量重铬酸钾所消耗的电量;

V——水样体积,mL。

2.测定方法

标定:在蒸馏水中加入重铬酸钾溶液和催化剂后,回流加热。冷却,稀释。加入硫酸铁溶液,继续冷却至室温。放入搅拌器,插入电极,搅拌。按下标定开关,电解产生 Fe^{2+} 进行库仑滴定。仪器自动控制终点,并显示重铬酸钾相对的 COD 标定值,存贮数据。

水样测定:步骤同上,仪器直接显示水样的 COD 值。

7.1.3　电导分析法

对于电解质溶液,其导电能力常用电导率 γ 来表示。电导率 γ 的大小决定于溶液中所存在离子的多少及其性质。纯水的电导率很小,电阻率很大,电流难以通过,但当水被污染而溶解各种盐类时,水中离子的种类和数量增多,使水的导电能力增加,即增加了水的电导率。通过电导率或电阻率测定,可以间接推测水中离子成分的总浓度以及评价水的纯度等。

电导率公式为

$$\gamma = \frac{1}{\rho} = \frac{L}{AR} = JG \tag{7.2}$$

式中　J——电导池常数,$J = \dfrac{L}{A}$,由已知的试验值电导率和电导可校正仪器求出 J,再利用 J 测定电导率。电导率随温度变化而变化,温度升高,电导率增大。

水的纯度检验:检验水的纯度时,应用电导法是最适宜的方法。精密仪器用超纯水电阻率在 18.2 MΩ·cm,国家一级试验用水电导率为 $0.01 \sim 0.1\ \mu S/cm$,新制备蒸馏水电导率为 $0.5 \sim 2\ \mu S/cm$,去离子水电导率为 $1\ \mu S/cm$。

判断水质状况:通过电导率测定,可初步判断天然水和工业废水被污染的状况。如饮用水电导率为 $50 \sim 150\ \mu S/cm$,天然水电导率为 $50 \sim 500\ \mu S/cm$,矿化水电导率为 $50 \sim 1\,000\ \mu S/cm$,某些工业废水电导率在 10 mS/cm 以上。

7.2　流动注射分析法

50 多年前,美国人第一次尝试把分析试样从传统的试管、烧杯等容器中转入管道中,试

样与试剂在连续流动过程中完成物理混合与化学反应。1975 年,由丹麦学者 Ruzicka 与 Hansen 采用把一定体积的试样注入到无空气间隔的流动试剂(载流)中的办法,保证混合过程与反应时间的高度合理性,并且在连续流动分析装置中去除了气泡,废除了空气隔断,在非平衡状态下高效率地完成了试样在线处理与测定,从而开发出分析手段的一个全新领域——流动注射分析技术(Flow Injection Analysis, FIA),将许多化学操作,如蒸馏、消解、萃取、加试剂、定容显色和测定,融为一体,使操作人员从繁琐的体力劳动中解脱出来。这种仪器多用于分析水中的酚、氰、洗涤剂等多种项目的检测,目前我国已有多家水质检测单位投入使用。

7.2.1　基本原理

流动注射法是一种基于把试样溶液直接以"试样塞"的形式间断注入到一个无气泡间隔的连续液流的封闭管道中,样品被载流推动进入反应管道。试样塞在向前运动过程中靠对流和扩散作用被分散成一个具有浓度梯度的试样带,试样带与载流中的试剂在反应盘管中混合并发生化学反应,形成某种可以检测的物质,检测器连续地记录由于样品通过流通池而引起吸光度、电极电位或其他物理量的变化。记录仪输出为一个峰,峰高、峰宽或峰面积都与被测物浓度相关,利用峰高或峰面积为读出值来绘制校正曲线,从而达到对未知组分的定性及定量检测。该方法不要求反应达到稳定状态,可在非平衡的动态条件下进行,从而提高了分析速度,一个设计合理的 FIA 应具有很快的响应。

7.2.2　基本装置及流路

最简单的 FIA 系统是由蠕动泵、进样阀、反应盘管、检测器、记录仪等组成。

蠕动泵:包括载流和试剂导入反应管道及检测器,通过改变泵速和选择泵管内径可以得到不同的流速,控制试剂组成来获得最佳的重现性。蠕动泵用的泵管有多种材质可供选择,聚氯乙烯泵管能满足一般试验要求,可用于水溶液、稀酸、稀碱及乙醇等溶液。在使用有机溶剂或浓度较高的强酸时,应选择改进的聚氯乙烯或氟橡胶材质的泵管,但泵管长时间使用会产生疲劳,泵管的耐磨性及抗有机溶剂和强酸强、碱的性能也有限,流动的脉动导致长期稳定性较差,流量改变,故要注意更换。

进样阀:其功能是采集一定体积的试样(或试剂)溶液,并以高度重现的方式将其注入到连续流动的载流中,FIA 系统进样阀功能多、自动或半自动、无渗漏,不影响流速和进样量,以保证检测结果重现性高。旋转阀可以预先置于定量试样的充满部位,使样品充满,随着阀的旋转将试样切入载流流路中。目前应用广泛的是十六孔八通道多功能旋转阀。

反应盘管(混合反应器):反应器的主要功能是实现经三通汇合的两个或多个液体的重现径向混合及混合液中化学反应的发生,最常用的反应器由一些能盘绕、打结或编织的聚四氟乙烯管或塑料管组成。采用这种几何形状的目的是减少试样带的分散,促进径向混合,减少试样的轴向分解。混合反应器的另一功能是实现试样的在线稀释,此时要求试样带与载流稀释剂之间实现轴向混合,为此采用的管道内径较大。

检测器:FIA 可根据不同的设计要求,选用不同的光学检测器和电学检测器。常用于流动注射分析的检测器有可见/紫外分光光度计、荧光光度计、原子吸收光谱仪及离子选择电极等。

　　仅由一条管道(泵管、后续反应盘管及连接管道等)组成的单道流路体系是最简单的FIA流路,注样阀设在泵与反应盘管之间,注样后含有试剂的载流把试样从注样阀中载入反应管道,经混合相反应后,流入流通式检测器进行检出。一个分析过程中往往要使用两种或多种试剂溶液,有些试剂可以预先混合,但也有的因为试剂或反应产物不能保存而必须以一定顺序加入,这就需要双道及多 FIA 流路体系。

　　FIA 应用已经越来越广泛。方法灵敏度高、分析速度快,省时、省力、操作简便。实现了溶液稀释、自动进样、在线溶剂萃取、在线消化、数据处理一体化,通过计算机程序控制形成全自动分析体系,是一种比较理想的自动在线监测与过程分析的手段。

7.2.3　在水质分析中的应用

7.2.3.1　FIA 法测定水中微量氰化物

　　1.方法选择

　　采用在线预处理,液体样品与磷酸混合,加热至 140 ℃蒸馏,紫外光裂解金属 – CN^- 有机复合物。气态的 HCN 从样品基体中释放,穿过 Teflon(扩散)膜,然后以氢氧化钠溶液吸收。CN^- 与吡啶 – 巴比妥酸发生化学反应,在 570 nm 处比色测定。标准和样品均在线蒸馏,蒸馏和扩散步骤符合 ISO/TC147/SC2 – N – 水质流动分析检测总氰和游离氰方法的描述。

　　2.仪器设备

　　玻璃器皿:A 级容量瓶和移液管,或者塑料容器。

　　进样阀、进样器,多通道比例进样泵;在线样品预处理模块:加热器和紫外灯;扩散池,带膜;反应单元和模块;10 mm 光程流通池和比色检测器;数据系统;PVC 泵管、脱气管、样品管线,磷酸管线,收集液管线,膜板管线,载液和废液管线。

　　3.试剂和标准

　　试验用水:10 MΩ·cm 去离子水;全部溶液都必须用氦除气,标准液除外。使用 140 kPa 的氦气通过除气管 1 min 除气。

　　蒸馏溶液:在 1 L 的容量瓶里,加入 700 mL 去离子水,然后再加入 45 mL 浓磷酸。用磁力搅拌器混匀并使溶液冷却。当溶液完全冷却后稀释至刻度,每月配制。

　　1 mol/L NaOH 贮备溶液:在 1 L 的容量瓶中,加入约 800 mL 去离子水,然后加入 40.0 g 氢氧化钠,稀释至刻度,磁力搅拌至完全溶解,转入塑料容器中保存,每月配制。

　　0.025 mol/L NaOH 载液,标准稀释液及收集溶液:在 5 L 的容量瓶中,加 4 875 mL 去离子水和 125 mL 1 mol/L 的 NaOH 贮备溶液,1 L 用于载液,1 L 用于收集溶液,3 L 用于标准及样品稀释,为了得到最佳的效果,需要采用同一批配制,磁力搅拌 5 min 后,用氦消除气泡,每天配制。

　　磷酸缓冲液:在 1 L 的容量瓶中,溶解 97.0 g 无水磷酸二氢钾(KH_2PO_4)于 800 mL 去离子水中,用去离子水稀释至刻度,磁力搅拌 2 h 左右至完全溶解,用氦消除气泡,每月配制。

　　氯胺 – T:在 500 mL 的容量瓶中,溶解 3.0 g 氯胺 – T($CH_3C_6H_4SO_2NClNa·H_2O$)于 500 mL 去离子水中,混匀,用氦除气,每天配制。氯胺 – T 对空气敏感,推荐试剂开盖 6 个月后,不再使用。

　　吡啶 – 巴比妥酸:在通风橱内,放 15.0 g 巴比妥酸于 1 L 烧杯内,再加入 100 mL 去离子水,冲洗掉烧杯壁上的巴比妥酸,搅拌时加入 75 mL 吡啶(C_5H_5N)。加入 15 mL 浓盐酸及 825 mL 去离子水,直到巴比妥酸完全溶解,每星期配制,推荐开盖一年后,不再使用。

1 000 mg/L CN 标准贮备液:在 1 L 容量瓶中,溶解 2.0 g 氢氧化钾于 800 mL 去离子水中,然后加入 2.503 g 氰化钾(KCN),用去离子水稀释至刻度。警告:KCN 有剧毒,避免尘土或与固体、溶液的接触。

50 mg CN/L 标准中间贮备液:加入 25.0 mL 标准贮备液于 500 mL 容量瓶中,再用 0.025 mol/L 的 NaOH 稀释液稀释至刻度,每星期配制。

500 μg CN/L 标准液:加入 2.5 mL 标准中间贮备液于 250 mL 容量瓶中,用 0.025 mol/L NaOH 稀释液稀释至刻度,每天配制。

6 个工作标准浓度见表 7.2,需要在线蒸馏。

表 7.2　校正标准液及浓度

校正标准液(每天配制)	A	B	C	D	E	F
浓度/(μg CN·L^{-1})	500	250	125	50	5	0

4. 样品的采集、保护和保存

样品应收集在塑料或玻璃容器中,所有的瓶子必须用试剂水冲洗干净,所收集的样品的体积既要有代表性,允许重复分析,又要把排放量控制到最低。

样品必须避免化学反应的干扰,如果样品不能马上进行分析,需加入 NaOH 调节 pH 值为 12～12.5,并置于密闭容器中(如果可能的话,尽量用深色瓶),贮存于阴暗及低温环境下。

5. 分析程序

样品预处理:样品和标准均需要在线蒸馏。

校准与测定:安装模板,如图 7.6 所示。把标准溶液管和(或)样品管放入自动进样器中,输入数据系统参数,如浓度、重复测量次数及质量控制方案,注入标准溶液校准设备,数据系统会使浓度与每种标准溶液的响应对应起来,输出测定结果。

6. 注意事项

启动仪器,需要大约 20～30 min 使样品预处理模块内的加热器温度达到 100 ℃以上,然后泵入去离子水。继续加热至 140 ℃,放所有试剂管线于相应的试剂瓶内,当模块达到 140 ℃且得到温度的基线后,再开始分析。

确认样品线泵是红 – 红,探头清洗管线泵去离子水到达探头清洗槽,如果水不能流到清洗槽,时间参数将受到不利影响。

在开始之前测试膜的厌水性:注入一个染料样品确认不可通过膜,因为正常的膜不允许染料通过,或者注入 SCN,响应值小于 1%。

关闭仪器:放所有试剂管线于去离子水中,调节在线模块加热器的温度至 125 ℃,当温度达到后,从去离子水中取出样品线、蒸馏试剂管线和接受溶液线,泵空气大约 30 min,维持加热温度在 125 ℃,从去离子水中取出其他管线,关闭仪器和泵,释放支持泵管的压紧杆,这些步骤将使分离块上的膜干燥,延长膜的寿命,如果膜是湿的,它将不再厌水,另外,由于样品的稀释,将产生信号的损失。

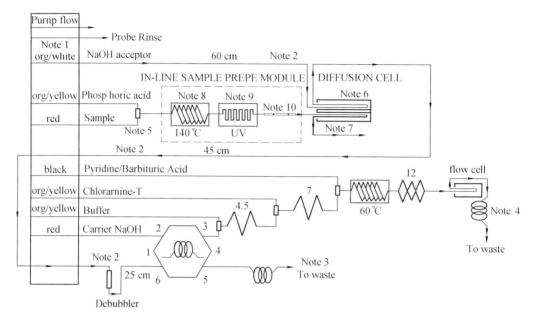

载液：0.025M NaOH（试剂3）；

模板管线：0.5 mm (0.022 in) 内径，容积 2.5 µL/cm；

AE 样品环：75 cm×0.5 cm (0.022 in) 内径，容积 2.5 µL/cm；

QC8000 样品环：75 cm×0.5 cm (0.022 in) 内径，容积 2.5 µL/cm；

滤光片：570 nm。

图 7.6　在线氰流程图

维护：必须注意泵管的磨损，消解一侧的磨损将导致时间的改变，尤其是降低了铁氰化物的回收（酸试剂不能可靠地泵入模板），何时更换取决于样品量，每天分析之前检查是否扭曲。如果精度下降，检查泵管，然后更换脱气管，一般注入高浓度标准溶液 3～4 次检查精度。在运行结束处的气泡或 SCN 能够被回收，表明膜已经失效，同时损失大部分信号。如果压力超过了膜本身的透气能力，液体被强制压过膜，也导致膜失效。

环保和安全：保护空气、水、土地是实验室的责任，首先减少产生的废物，所购买的化学药品的数量应该基于有效期内使用完毕；进行废物循环再利用；每种化学物质都应该被认为对人体健康存在潜在危害性，下列物质可能会有较大的毒性和致癌性：氰化氢气体、氰化钾、磷酸、吡啶、巴比妥酸、氢氧化钠，应该尽量减少对试剂的接触。

7.2.3.2　FIA 法测定环境废水中的总磷

1.方法选择

流动注射进样和聚焦微波装置联用，在线消解水样，采用磷钼蓝显色光度分析法测定废水中的总磷，极大地缩短了样品前处理和测定的时间。

2.试剂

磷标准贮备溶液 100.00 mg/L：准确称取 0.217 9 g 磷酸二氢钾（AR）溶于少量去离子水中，转移到 500 mL 容量瓶中，定容至刻度，用时根据需要稀释。

显色剂（R_1）：称取 5.00 g 钼酸铵（AR）溶于 500 mL 浓度为 0.5 mol/L 的硫酸溶液中。

还原剂（R_2）：称取 0.14 g 氯化亚锡（$SnCl_2 \cdot 2H_2O$）和 1.00 g 盐酸羟胺，溶于 500 mL 浓度

为 0.5 mol/L 的硫酸溶液中。

消解试剂:0.1 mol/L 的 $HClO_4$ 溶液。

3.仪器与试验条件

紫外可见分光光度计,流动注射进样系统,微波炉,程序控制器。微波功率为 90 W,试验选用内径 0.8 mm,长 5.0 m 的消解管道,进样体积为 200 μL。

4.分析步骤

按图 7.7 所示连接流路。泵速、采样和注样时间以及数据采集均由计算机完成,微波装置加热功率由程序控制器设定。分别吸取 0.0 mL、0.5 mL、1.0 mL、2.0 mL、3.0 mL、4.0 mL、5.0 mL 质量浓度为 50.00 mg/L 的磷标准使用液于 50 mL 容量瓶中,加水稀释至刻度,试剂流量按一般流动注射测定磷的方法进行优化固定后,直接进样测定。测定的吸光值对浓度绘制标准工作曲线。对于饮用水可直接进样测定,污水试样在采集后用酸调至 pH 值 = 1,用孔径为 0.45 μm 的滤膜除去悬浮物用于消解测定,根据标准曲线计算样品中总磷的含量。

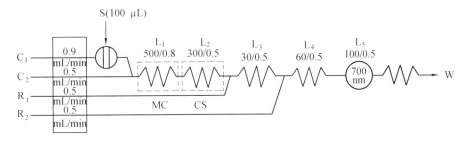

图 7.7　FIA 法测定水中的总磷流程图

C_1—去离子水载液;C_2—消解试剂;R_1—显色剂;R_2—还原剂;L_1—消解管路(5 m,0.8 mm);L_2—冷却管路;L_3—反应管路 1;L_4—反应管路 2(60 cm,0.5 mm);L_5—背压线圈(10 m,0.5 mm);S—试液;W—废液;MC—微波加热装置;CS—冷却装置

思考题

1. pH 值测定步骤有哪些? 测定前应做什么准备? pH 值玻璃电极产生电位的机理和 pH 值测定的原理是什么?

2. F^- 测定时电池的正负极和 pH 值计的正负极有什么不同? 离子选择性电极的性能指标有哪些? 氨气敏电极法测定原理是什么?

3. 试述自动电位滴定法、库仑滴定和溶解氧测量的方法及原理。

4. 试述流动注射分析法的原理。

第8章 供排水工程中常见的微生物及其检验

饮用水被人、动物粪便污染或流经供水管道系统后对健康最大的危险就是水中的微生物,微生物的实际风险比有毒有害物质高得多。由致病性细菌、病毒、原虫、寄生虫或其他生物来源引起的传染病是与饮用水有关的对健康最常见、最普遍的威胁。水源性疾病病原体或寄生虫都具有高度传染力,能在水中繁殖。据调查,肠道病的 35% 是由饮水而引起。因此,供水安全的破坏会引起大规模污染,并可能导致疾病暴发和流行。排水工程主要对废水进行处理去除废水中的各种污染物,其中生物处理法占有重要的地位。生物处理法的基本原理就是利用各种微生物的分解作用,对废水中的污染物进行降解和转化,使之矿化达到无害。因此,从事供排水工作需要了解水中微生物的类型、形态、生理生化及其有关指标的检验方法。

8.1 概　　述

8.1.1 水中常见的微生物类型

①病毒(包括噬菌体);
②原核生物界:细菌(放线菌在内)和蓝细菌(亦称蓝绿藻);
③真菌界:酵母菌和霉菌等;
④真核原生生物界:包括大部分藻类(蓝绿藻除外)和原生动物;
⑤动物界:微型原生动物。

8.1.2 原核微生物与真核微生物

1.原核微生物

原核细胞的细胞发育不完全,仅有一个核物质高度集中的核区(叫拟核结构),不具核膜,核物质裸露,与细胞质没有明显的界限,不具有分化的特异细胞器,只有膜体系的不规则泡沫结构。细胞分裂方式为二分裂,不进行有丝分裂,大小为 $1 \sim 10\ \mu m$。由原核细胞构成的微生物称为原核微生物。

2.真核微生物

凡是具有发育好的细胞核、核膜(使细胞核与细胞质具有明显的界限)、高度分化的特异细胞器(如线粒体、叶绿体、高尔基体等),大小为 $10 \sim 100\ \mu m$,进行有丝分裂的细胞称为真核细胞,由真核细胞构成的微生物称真核微生物。

8.2 细 菌

8.2.1 细菌的形态和结构

8.2.1.1 细菌的形态

细菌的基本形态有三种:球状、杆状和螺旋状,螺旋状的细菌包括弧菌。在自然界所存在的细菌中,杆菌最常见,球菌次之,而螺旋菌最少。其他形态有:三角形、方形和圆盘形等。几种常见的细菌形态如图 8.1 所示。

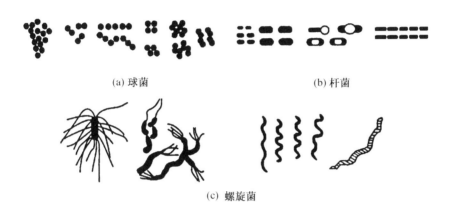

(a) 球菌　　　　　　　　　　　　　　　(b) 杆菌

(c) 螺旋菌

图 8.1　细菌的各种形态

8.2.1.2 细菌细胞的基本结构

细菌细胞的基本结构为细胞壁、细胞膜、细胞质及其内含物、核质和质粒。

1.细胞壁

细菌个体微小,且较透明,不容易观察,但由于细胞壁的结构和成分不同,可以根据革兰氏染色试验将细菌分为两大类,即 G 阳性(G^+)和 G 阴性(G^-)。

G^+ 细菌的细胞壁是厚约 20~80 nm 的肽聚糖,并含有少量蛋白质和脂类。G^- 细菌的细胞壁较薄,约 10 nm,分外壁层和肽聚糖层,外壁层主要含有脂蛋白和脂多糖等脂类物质,而肽聚糖层很薄,肽聚糖仅占细胞壁化学组成的 5%~10%。细胞壁的化学成分决定细菌的抗原性、致病性以及噬菌体的敏感性,细胞壁具有多孔性,可以允许水及一些物质通过,对大分子有阻挡作用,是有效的分子筛。

革兰氏染色的机理一般解释为:由于 G^+ 细菌细胞壁较厚,特别是肽聚糖含量较高,结构紧密,脂类含量又低,当被酒精脱色时,引起了细胞壁肽聚糖层网状结构孔径缩小以至关闭,从而阻止了不溶性结晶紫 - 碘复合物的浸出,故菌体仍呈深紫色;相反,G^- 细菌的细胞壁肽聚糖层较薄,含量较少,而脂类含量又高,当酒精脱色时,脂类物质溶解,细胞壁通透性增大,结晶紫 - 碘复合物也随之被抽提出来,故菌体呈复染液的红色。

2.细胞膜

细胞膜上特殊的渗透酶和载体蛋白能选择性地转运可溶性的小分子有机化合物及无机化合物,控制营养物、代谢物进出细胞,转运电子和磷酸化作用,排出水溶性的胞外酶(水解酶类),将大分子化合物水解为简单化合物,而后摄入细胞内。

3.细胞质及其内含物

细胞质内含有各种酶系统,使细菌细胞与其周围环境不断地进行新陈代谢。此外,细胞内还有各种不同的内含物。

核糖体:是合成蛋白质的部位,由65%的核糖核酸(RNA)和35%的蛋白质组成。

间体:间体的存在增大了细胞膜的面积,使酶含量增加。现在人们认为间体有多种功能。

内含颗粒:贮藏营养过剩的产物,包括:

①异染颗粒。当用蓝色染料染色后不呈蓝色而呈紫红色,故称异染颗粒,是磷源和能源的贮藏物,其化学成分为多聚偏磷酸盐。

②聚 β – 羟基丁酸盐碱地(PHB)。是细菌所特有的一种碳源和能源贮藏物。

③肝糖和淀粉粒。两者都是碳源和能源的贮藏物。

④硫粒。是元素硫的贮藏物,许多硫磺细菌都能在细胞内积累硫粒。

4.细胞核质和质粒

核质:核区内集中有与遗传变异密切相关的脱氧核糖核酸(DNA),称为染色质体或细菌染色体。由一条环状双链 DNA 分子高度折叠缠绕而成。细菌的核携带遗传信息。

质粒:是指独立于染色体外,存在于细胞质中,能自我复制,由共价闭合环状双螺旋 DNA 分子所构成的遗传因子。每个菌体内有一个或多个质粒。由于质粒可以独立于染色体而转移,通过遗传手段(接合、转化或转导)可使质粒转入另一菌体中,作为基因的运载工具,组建新菌珠,能够降解某些毒物及复杂的人工合成物质(即降解质粒),或者对重金属有抗性(抗性质粒)。

8.2.1.3 细菌的特殊结构

细菌的特殊结构有荚膜、芽孢和鞭毛三种。

1.荚膜及菌胶团

在细胞壁外常围绕一层黏液,厚薄不一。较薄时称黏液层,相当厚时便称为荚膜,是细菌在代谢过程中分泌出的物质。有些细菌的荚膜物质相融成一团块,内含许多细菌,称为菌胶团,如图 8.2 所示。菌胶团细菌包藏在胶体物质内,对动物的吞噬起保护作用,同时也增强了它对不良环境的抵抗能力。菌胶团具有较强的吸附和氧化有机物的能力,是活性污泥中细菌的主要存在形式,活性污泥是废水生物处理构筑物曝气池所形成的污泥,新生菌胶团颜色较浅,甚至无色透明,有旺盛的生命力,氧化分解有机物能力强。老化了的

图 8.2　菌胶团

菌胶团,由于吸附了许多杂质,颜色较深,看不到细菌单体,像一团烂泥,生命力较差。为了使废水处理达到较好的效果,要求菌胶团结构紧密,吸附、沉降性能良好,处理完后,能从水中分离出来。

2.芽孢

某些细菌细胞发育到某一生长阶段,在营养细胞内部形成一个圆形或椭圆形的,对不良

环境具有较强抗性的休眠体,称为芽孢。芽孢的位置可能在菌体的中央,也可能在菌体的一端,如图8.3所示。产芽孢的细菌均为 G^+ 菌,多为杆菌。芽孢细菌对化学药品、紫外线的抵抗能力强,含有耐热酶,在120～140 ℃时还能生存几小时。处理有毒废水时都有芽孢杆菌生长。

图8.3　芽孢杆菌

3.鞭毛

由细胞膜上的鞭毛基粒长出的,穿过细胞壁伸出菌体外的丝状物,是细菌的运动"器官",如图8.4所示。其运动速度每秒可达到自身长度的10倍或数十倍。有一些细菌有趋光性或趋化性(趋向化学物质)等。大部分杆菌和螺旋菌都有鞭毛。无鞭毛的细菌在液体中只能呈分子运动。

8.2.2　细菌的营养

8.2.2.1　细菌的营养物质

1.水分

细菌细胞中最重要的组分是水,约占细胞总重量的80%,所有物质都必须先溶于水,然后才能参与各种生化反应。水的比热高,又是热的良导体,能有效控制细胞内温度的变化。

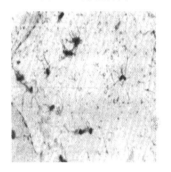

图8.4　鞭毛

2.矿物质

矿物元素构成细胞的组成成分;作为酶的组成部分,维持酶的活性;调节细胞内的渗透压、pH值和氧化还原电位;作为某些微生物的能源物质。矿物质根据含有量的多少可分为大量元素和微量元素,大量元素有硫、磷、钠、钾、钙、镁,微量元素有铜、锌、锰、钴、钼等,这些元素大都作为氨基酸、核酸的组成成分和酶活性的激活剂,但当环境中这些元素较多时,就会抑制微生物酶的活性,具有毒性作用,但某些认为具有毒性的重金属,当处于痕量时,对微生物有激活作用。

3.碳源

碳源的作用是提供细胞骨架和代谢物质中碳素的来源以及生命活动所需要的能量。简单有机物碳源有单糖、双糖和低级有机酸,复杂有机碳源有多糖、蛋白质、脂类,无机碳源有二氧化碳及碳酸盐。

4.氮源

氮是细胞中的一种主要组成元素,细胞所吸收的氮素营养用于合成细胞内各种氨基酸和碱基,从而合成蛋白质、核酸等细胞成分。氮源分为无机氮源(氯化铵和硝酸铵)和有机氮源(蛋白质、蛋白胨、氨基酸等),极端情况(如饥饿状态)下氮源也可为细胞提供生命活动所需的能量。

5.生长因子

某些细菌在含有碳源、氮源、磷源、硫源和矿物质等组分的一般培养基中培养时,生长极差或不能生长。但当加入某种细胞或组织的提取液时生长较好,亦即这些提取液中含有生长所必需的某种物质。把这种在细菌生长过程中不能自身合成的,同时又是生长所必需的由外界供给的营养物质,叫做"生长因子",生长因子需求很少,但在机体生长中必不可少。根据化学组分不同,生长因子可分为三类:氨基酸类、嘌呤或嘧啶碱基、维生素类。

各种细菌细胞的化学组成各不相同,在正常情况下,化学组成较稳定。一般可用下列试验式表示细胞内主要元素的含量,细菌为 $C_5H_7NO_2$ 或 $C_{60}H_{17}NO_6$。微生物细胞的化学组成是配制培养基的主要依据,在废水生物处理中,应考虑水中 $C:N:P$ 的比例。

8.2.2.2　细菌的营养类型

根据所需能量来源不同,细菌分为光能营养和化能营养两类,依靠光作为能源进行生长的细菌称为光能营养型,依靠物质氧化过程中放出的能量进行生长的细菌称为化能营养型。按所需碳源的不同,细菌可分为自养型和异养型细菌,能够以 CO_2 或碳酸盐作为唯一碳源进行生长的细菌称为自养型细菌,以含碳有机物作为碳源的细菌称为异养型细菌。因此,细菌可以分为下列四种类型。

1.光能自养

属于这一类的细菌都含有光合色素,能利用光作为能源,其碳源为 CO_2,以水和硫化氢作为供氢体,通过光合作用,合成细胞物质。

2.化能自养

细菌能氧化无机物而产生化学能,以 CO_2 为碳源,合成有机碳化物。如硝化细菌、铁细菌、某些硫磺细菌等,化能营养细菌的专性强,一种细菌只能氧化某一种无机物,亚硝酸细菌只能氧化铵盐为亚硝酸,这类细菌分布较光能营养细菌普遍,对于自然界中氮、硫、铁等物质的转化具有重要作用。

3.光能异养

细菌含有光合色素,以有机化合物作为碳源和供氢体,合成细胞物质。红色非硫细菌在含有有机物和缺氧条件下,能利用有机酸、醇等有机物。

4.化能异养

这类细菌以有机化合物作为碳源和能源。在许多情况下,同一有机化合物既是碳源又是能源,大部分细菌属于这种类型。在异养菌中,有很多能从死的有机残体中获得养料而存活,仅少数生活在活的生物体中,前者称为腐生细菌,后者称为寄生细菌。腐生细菌在自然界的物质转化和废水处理中起重要作用,如大多数细菌、放线菌和全部真菌对有机污染物的降解是利用有机物的营养来进行的。而许多寄生细菌则是人和动植物的病原细菌。寄生细菌有专性和兼性之分,专性只能在一定的寄主细菌内寄生生活,而兼性则既可寄生,又可腐生。

营养类型划分不是绝对的,如红色非硫细菌在暗处——好氧条件下为化能异养型,氢细菌是典型的兼性自养菌,它在完全无机的环境中利用氢的氧化获得能量,以 CO_2 为碳源,若环境中有有机物,便直接利用有机物而成为异养菌。

8.2.2.3　培养基

将细菌接种在培养基中,由单个细胞在局部位置以二分裂方式大量繁殖,形成肉眼可见的细菌群体,称为菌落,如图8.5所示。由于各种细菌在一定条件下,形成的菌落具有一定的稳定性和专一性特征,所以可用于辨认和鉴定菌种、衡量纯度。由人工配制、适合不同细菌生长繁殖或积累代谢产物的营养基质称为培养基。

1. 配制培养基的基本原则

根据不同细菌的营养需要配制不同的培养基:自养型细菌培养基不含有机物,培养细菌采用牛肉膏蛋白胨培养基,放线菌采用高氏一号培养基,酵母菌采用麦芽汁培养基等。

调配培养基在各种营养成分中比例:一般细菌细胞的 C:N 约为 5:1,真菌细胞的 C:N 为 10:1,所以细菌比真菌要求的氮源要多,矿物质元素中各种离子之间比例也要适当,避免金属盐离子产生毒害作用。在活性污泥法等生物处理废水技术中,进水要求 BOD:N:P 一般为 100:5:1,若氮严重缺乏,必须向废水中适当添加氮源。

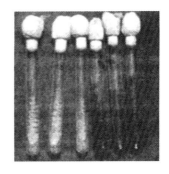

图 8.5　细菌在斜面培养基上的生长情况

2. 培养基类型

按照培养基组分类型,可分为天然培养基、合成培养基和半合成培养基。天然培养基采用动物、植物、微生物体或提取物制成培养基,如牛肉膏、蛋白胨、麦芽汁、玉米粉、马铃薯、牛奶、血清、酵母膏等为原料配制而成,其化学成分很不固定,也难以确定,但其优点是:配制方便,营养丰富,常被采用。牛肉膏是精牛肉煮汁,经浓缩去渣而得的胶状物,含有糖类、氮有机物、水溶性纤维素和无机盐等营养物质。蛋白胨是蛋白质水解产物,可以用牛奶、大豆等制作,也可以是肉食品加工厂、皮革厂副产品,主要为含氮有机物,也含有维生素、糖类等。合成培养基用高纯度化学试剂配制而成,其浓度和化学成分精确,重复性好,但价格较贵,配制较麻烦,微生物在这类培养基中生长缓慢。所以,一般在实验室范围内进行有关营养、代谢、分类、鉴定、生理生化和选育菌种等工作时采用。半合成培养基是在天然有机物的基础上适当加入已知成分的无机盐类,或在合成培养基中添加某些天然成分,使培养基更有效地满足微生物对营养物质的需求。

按照培养基的用途,可分为基本(基础)培养基、选择培养基、加富培养基和鉴别培养基。按照其基本营养成分配制成一种培养基,叫做基本培养基。牛肉膏蛋白胨培养基是最常用的基本培养基。选择培养基是根据某种微生物的营养要求,配制出适合它生长而不利于其他微生物生长的培养基,但用这种培养基分离出来的微生物并不是纯种,而仅是营养要求相同的微生物类群。实际应用时,还应配合其他培养条件,如对氧含量的需要、温度的要求等,使选择性提高。鉴别培养基是利用指示剂的显色反应来鉴别不同微生物的培养基。这种培养基使难于区分菌落的微生物呈现明显的差别,在较短时间内鉴别出某种微生物。如伊红美蓝培养基,利用伊红和美蓝碱性染料作为指示剂。加富培养基是在基础培养基中加入血、血清、动(植)物组织液或其他营养物质的一类营养丰富的培养基。样品中的微生物量少或对营养要求苛刻,不易培养时,用特殊物质使其生长速度加快。

按照培养基的物理状态,可分为固体培养基、液体培养基和半固体培养基。固体培养基中加入凝固剂,使培养基呈固体状态。常用的凝固剂是琼脂,由红藻提炼出来,化学成分是多聚半乳糖硫酸酯,其熔点为 96 ℃,凝点为 40 ℃,一般微生物不水解琼脂。培养自养型细菌时,采用硅胶为凝固剂。固体培养基用于微生物的分离、鉴定、计数和菌种保存等方面。液体培养基是不加凝固剂而呈液态的培养基,这种培养基的组分均匀,微生物能充分接触和利用培养基中的养料,适于做生理研究。在废水处理中,废水就是微生物的液体培养基。半固体培养基是在液体培养基中加入少量的(0.2% ~ 0.5%)琼脂制成的,可用于观察细菌的运动,进行菌种鉴定等。

细胞培养可用来诊断病毒。其方法是:把病毒接种到体外培养的活细胞上使其增殖而得到培养物,是一种特殊的培养方式。

8.2.2.4　环境因素对微生物的影响

微生物的生长除受营养因素的影响外,还受温度、pH 值、渗透压、氧以及 CO_2 浓度的影响。

温度:温度是微生物的重要生存因子。任何微生物都只能生活在一定的温度范围内。其中对应微生物生长繁殖最高速度的温度叫最适生长温度,范围的最低和最高界限分别叫做最低生长温度和最高生长温度。根据微生物的最适生长温度可将细菌分为嗜冷菌、嗜中温菌、嗜热菌和嗜超热菌。大多数细菌是嗜中温菌,见表 8.1。

表 8.1　低温、中温和高温细菌的生长温度范围

细菌	最低生长温度/℃	最适生长温度/℃	最高生长温度/℃
嗜冷菌	−5 ~ 0	5 ~ 10	20 ~ 30
嗜中温菌	5 ~ 10	25 ~ 40	45 ~ 50
嗜热菌	30	50 ~ 60	70 ~ 80
嗜超热菌	> 55	70 ~ 105	110 ~ 113

不同类微生物的最适温度差别很大,放线菌和真菌的最适温度一般为 23 ~ 37 ℃,藻类的最适温度为 28 ~ 30 ℃,原生动物的最适温度一般为 16 ~ 25 ℃。工业废水生物处理过程中,温度控制在 30 ℃左右。有的细菌喜欢高温,适宜的繁殖温度是 50 ~ 60 ℃,有机污泥的高温厌氧处理就是利用这一类细菌完成的。大多数细菌不耐高温,所以利用高温可以杀菌。许多没有芽孢的细菌在水中加热到 70 ℃经过 10 ~ 15 min 后死亡,有芽孢的细菌细胞由于其含水量较少,在 100 ℃沸水中需煮几十分钟,有时甚至 1 ~ 2 h 才会死去,而芽孢即使加热到 140 ℃,还需 2 ~ 3 h 才能被杀死。细菌细胞的基本组成是蛋白质,蛋白质对高温有不耐热性,而细菌营养与呼吸过程中必不可少的生物催化剂——酶也是蛋白质,也具有不耐热性。蛋白质一旦受到高温,其结构会受到严重破坏发生凝固,细菌死去。湿热时蛋白质含水量多,加热时容易凝固,而且湿热所用的水蒸气的传导力与穿透力都比较强,更容易破坏蛋白质,因此更容易杀死细菌。一般的细菌在温度低到零度时,也不致死亡,只有在频繁地、反复地结冰和解冻时,才会使细胞受到破坏而死亡。但低温能降低细菌的代谢活力,通常在 5 ℃以下,细菌只能维持生命而不发育,所以实验室常利用冰箱保存菌种,一般以 4 ℃左右为保存菌种的适宜温度。

干燥:水是生物生存的必要条件,细菌细胞含有大量水分,细菌基本是生活在水中的生物。因此,环境过于干燥,细菌就不能生长,一般没有荚膜、芽孢的细菌对环境的干燥比较敏感,细菌的芽孢和其他微生物的孢子耐旱性较强。

pH 值:pH 值与微生物的生命活动、物质代谢密切相关,其主要作用是改变生长环境中营养物质的可溶性以及有害物质的毒性;引起细胞电荷的变化,从而影响微生物对营养物质的吸收;影响微生物体内代谢过程中酶的活性。几种微生物生长的 pH 值范围和最适 pH 值见表 8.2。

表 8.2　几种微生物生长的 pH 值范围和最适 pH 值

微生物种类	pH 值		
	最低	最适	最高
氧化硫杆菌	1.0	2.0~2.8	6.0
黑曲霉	1.5	5.0~6.0	9.0
酵母菌	3.0	5.0~6.0	8.0
裸藻	3.0	6.6~6.7	9.9
大肠杆菌	4.5	7.2	9.0
放线菌	5.0	7.0~8.0	10.0
草履虫	5.3	6.7~6.8	8.0
轮虫	5.0	8.0~8.2	10.0
亚硝化细菌	7.0	7.8~8.6	9.4

　　污、废水生物处理过程中,为利于各类微生物协调生长,应调节 pH 值,使 pH 值维持在 7 左右。

　　氧气:根据微生物与氧的关系,可将微生物分为好氧微生物、兼性厌氧微生物和厌氧微生物三类。

　　好氧微生物:必须在氧气存在的环境中才能生长繁殖的微生物是好氧微生物。大多数细菌,如芽孢杆菌属、假单胞菌属、动胶菌属、黄杆菌属、微球菌属、无色菌属、根瘤菌、固氮菌属、硝化细菌、放线菌、原生动物和微型后生动物都是好氧微生物,贝日阿托氏菌、发硫菌、浮游球衣菌、游泳型纤毛虫和线虫等是微好氧微生物,在溶解氧为 0.5 mg/L 时生长最好。活性污泥系统要保持溶解氧在 2 mg/L 以上,通过曝气维持溶解氧。

　　兼性厌氧微生物:既能在无氧条件下,也能在有氧条件下生存的微生物是兼性厌氧微生物。如酵母菌、硝酸盐还原菌、肠道细菌等人和动物的致病菌、某些原生动物和微型后生动物、个别真菌等属于这类微生物。这些微生物在培养时对氧无特殊要求。

　　厌氧微生物:在没有氧的环境中才能生长繁殖的微生物是厌氧微生物。专性厌氧菌是在绝对无氧条件下才能生存,遇氧则死亡的微生物,如梭状芽孢杆菌属、拟杆菌属、梭杆菌属、脱硫弧菌属、所有产甲烷菌属。耐氧菌指不需要氧但有氧存在也不中毒的微生物,如乳酸菌,无论环境是否有氧,都能利用乳酸进行厌氧生活。

　　根据半固体培养基中生长的表现,可以判别微生物对氧要求的不同。

　　氧化还原电位:各种细菌生活时要求的氧化还原条件不同,氧化还原条件的高低可用氧化还原电位来表示。一般好氧菌要求氧化还原电位在 0.3~0.4 V 左右;厌氧细菌在 0.1 V 以下才能存活;对于兼性细菌来说,氧化还原电位在 0.1 V 以上,进行好氧呼吸,在 0.1 V 以下进行无氧呼吸;活性污泥系统氧化还原电位在 0.2~0.6 V,污泥厌氧消化氧化还原电位在 -0.1~-0.2 V。

　　渗透压:不同浓度的溶液用半透膜分隔时,稀溶液中的水分通过半透膜渗到浓溶液中,浓溶液一面的水面逐渐升高,但浓溶液中的水分也可以渗透到稀溶液中,当浓溶液液面升高到一定程度后,两边的水分子渗透速度相等,两边溶液达到了动态平衡,半透膜两边的液面高差就是这个溶液的渗透压。溶液的浓差越大,渗透压越大。当细菌生活在高渗透压溶液中,细菌细胞就要失水,影响细菌的生命活动,甚至死亡。培养细菌时,除了注意其必需的无机矿物质种类外,还要注意其浓度。稀释菌液时,一般用 0.85% 的 NaCl 溶液,培养细菌的培养基中无机盐的渗透压为 0.1 MPa,加入糖后可产生总的渗透压约为 0.35～0.7 MPa。

　　光照:光是藻类及能进行光合作用的微生物生存所必需的条件。光的强度、光照时间、光的波长都能影响微生物的代谢,从而影响它们的生长率和繁殖率。但一般细菌不喜欢光线,许多微生物在日光直接照射下容易死亡,特别是病原微生物。日光中具有杀菌作用的主要成分是紫外线。波长在 260 nm 左右杀菌力最强,细菌细胞吸收紫外线后,蛋白质和核酸发生变化而死亡。紫外线的杀菌力虽强,但穿透性很弱,只有表面杀菌能力,一般细菌在紫外线下照射 5 min 即能被杀死,芽孢则需 10 min。紫外线不能透过玻璃,一般紫外线常用于杀死空气中的微生物,如在无菌室或无菌箱中用得很多,灭菌方法是直接用 30 W 的紫外灯照射 20～30 min。

　　化学药剂:某些化学药剂对细菌生活的影响很大。强氧化剂可氧化细菌细胞物质而使细菌正常代谢受到阻碍,甚至死亡。如各种细菌对强氧化剂高锰酸钾的抵抗力基本相同,0.1% 的高锰酸钾溶液常用于公共用具消毒。漂白粉和液氯常用于饮用水或游泳池的消毒。生石灰也是一种杀菌效力较好的消毒剂,用于粪便和其他排泄物的消毒。过量的重金属是细菌的抑制剂或杀菌剂。某些有机物在一定浓度范围内对细菌是有毒害作用的,如浓度为0.1% 的苯酚溶液可大大抑制细菌生长,浓度为 3%～5% 的苯酚溶液几分钟内就可杀死细菌。来苏儿是甲酚和肥皂的混合物,浓度为 3%～6% 的来苏儿用来消毒器械。纯酒精没有杀菌能力,浓度为 60%～75% 的酒精杀菌能力最强,这是因为高浓度的酒精遇到细菌细胞时,会很快使细胞表面脱水而致硬化,阻止了酒精继续渗入细胞,因此蛋白质不会凝固。许多染料都有杀菌作用,一般碱性染料比酸性染料的杀菌力强,这是因为碱性染料带正电,而一般细菌细胞常带负电,碱性染料与细菌的蛋白质结合,起抑制作用。浓度为 1% 的龙胆紫溶液用作皮肤消毒剂。细菌染色用的染料浓度一般在 0.1%～5% 范围内。若缓慢提高有毒物质的浓度,使细菌等微生物逐渐适应,则它们都有可能承受比一般的允许浓度更高的浓度。

　　生物因素:不同生物共存时,一方可为另一方提供或创造有利的生活条件。如石油炼制厂的废水中含有硫、硫化氢、氨、酚等。利用分解酚的细菌处理时,水中的硫磺细菌可将硫化氢氧化分解为营养元素硫,消除了硫化氢对酚分解细菌的毒性。菌藻共生指藻类光合作用放出氧气供给好氧菌,好氧菌用氧分解氧化有机污染物,净化水质。一种微生物还可以产生不利于另一种微生物生存的代谢产物,这些代谢产物也可能是毒素或其他物质,能干扰其他生物的代谢作用。此外,一种微生物还可以是另一种微生物的食料,如动物性营养原生动物以细菌和真菌为食料。抗菌素中青霉素是真菌中的青霉菌的分泌物,分泌抗菌素是为了抑制或杀死其他微生物而自己得以优势发展。

8.2.2.5　营养物质的运输

　　营养物质需透过细胞膜才能被细菌吸收、分解或利用,代谢产物需要及时分泌于胞外排除,避免它们在胞内积累而对机体造成损害。

　　以被输送的物质在细胞内外的浓度梯度为动力,根据渗透压的大小由高浓度一侧向低浓度一侧扩散,称单纯扩散或被动扩散,如大肠杆菌吸收钠离子就是通过单纯扩散进行的。

利用膜上的蛋白质——载体蛋白(渗透酶)与营养物质可逆性结合,以浓度梯度为动力,把物质从膜一侧运至另一侧把营养物质释放,而本身不发生变化。某些单糖、氨基酸及维生素等的运输,常采取这种重要的促进扩散方式。

主动运输是不受运输物质浓度梯度的制约,在能量作用下,降低载体蛋白与被运输物质的亲和力,将被运输物质从另一侧释放出来。如大肠杆菌对许多单糖、氨基酸、核苷及 K⁺ 的运输通过这种方式,可使细胞内 K^+ 浓度高于细胞外 3 000 倍。主动运输将因能量的缺乏而停止。

在运输过程中需要能量参与,且被运输的物质发生化学变化的运输方式称基团转位,糖及其衍生物在运输过程中被磷酸转移酶系统酸化,继而这些磷酸化的糖进入细胞,使细胞内糖的浓度远远超过细胞外。葡萄糖、甘露糖和果糖就是利用基团转位方式被吸收和利用的。

8.2.3　细菌的代谢

细菌从环境中将营养物质吸收进来,进行分解代谢和合成代谢活动,这是生物的最基本特征之一。

将自身细胞物质和细胞内的营养物质分解的过程称为分解代谢,分解代谢是生物体内进行的一切分解作用,往往伴随着能量的释放、贮存和热散失,释放的能量用于合成代谢,合成代谢是从简单的物质转化为复杂物质的过程,需要能量。各种代谢活动过程虽然复杂,但都是在比较温和的条件下,由多酶体系催化生物化学反应的一系列过程,反应步骤虽然很多,但顺序性很强,并且有灵活的自动调节能力。

8.2.3.1　酶

微生物对环境中营养物质的吸收以及在体内的转化即代谢活动都必须有酶参与,在废水生物处理中,微生物对废水中污染物质的分解和转化过程实质上都是在酶的催化下完成的。酶是生物催化剂,其基本成分是蛋白质,催化效率比一般无机催化剂高很多;酶具有高度专一性,一种酶只能催化一种反应或一类相似的反应。

1.酶的命名

酶根据其作用性质或作用物(即基质)而命名。如促进水解作用的各种酶统称为水解酶,促进氧化还原作用的各种酶统称氧化还原酶,水解蛋白质的酶称为蛋白酶,但这种命名法缺乏系统性。系统命名法应明确标明酶的底物和催化反应的性质,因此它包括两部分,底物名称和反应类型,并用":"分开,如 L - 乳酸:NAD 氧化还原酶。大多数酶存在于细胞内,在细胞内起催化作用,这类酶称为胞内酶,存在于细胞外的酶称为胞外酶。大多数微生物的酶的产生与底物存在与否无关。这类微生物体内始终都存在着相当数量的酶,称为固有酶,在某些情况下,受到某种持续的物理、化学因素影响或某种生物存在,微生物会在体内产生出适应新环境的酶,这种酶称为诱导酶。

2.酶的分类

氧化还原酶类包括脱氢酶和氧化酶。脱氢酶使底物脱氢而氧化,氧化酶能催化底物脱氢,并氧化生成过氧化氢。转移酶能将一种化合物分子的基团转移到另一种化合物分子上。水解酶催化底物的水解作用及其逆反应。裂解酶类能催化有机物碳链的断裂。异构酶类催化同分异构化合物之间互相转化,即分子内部基团重新排列。合成酶能催化有三磷酸腺苷

(ATP)参加的合成反应,这类酶关系着许多重要生命物质的合成。每一大类酶可分为几个亚类,每一亚类又分为几个亚亚类,然后再把属于这一亚亚类的酶按顺序排列,便可将已知的酶分门别类地排成一个表,称酶表,如乳酸脱氢酶的编号为 EC1.1.1.27。其中 EC 表示酶学委员会,第一个 1 表示第一大类,即氧化还原酶类,第二个 1 表示第一亚类,被氧化基团为 CHOH,第三个 1 表示第一亚亚类,氢受体为 NAD,27 表示该酶在亚亚类中的顺序号。

3.酶的化学组成

酶按化学组成的不同可分为单纯酶和结合酶两种。单纯酶类完全由蛋白质组成,酶蛋白本身具有催化活性,这类酶大多可以分泌到细胞外,作为胞外酶,起催化水解作用。结合酶类由酶蛋白和非蛋白两部分构成,非蛋白部分又称为酶的辅因子。酶蛋白必须与酶的辅因子结合才具有催化活性。辅因子通常是对热稳定的金属离子或有机小分子(如维生素)。与酶蛋白结合较疏松的称为辅酶,结合较紧密的称为辅基。

4.酶的活性中心

酶的活性中心是指酶蛋白肽链中由少数几个氨基酸残基组成的、具有一定空间构象的与催化作用密切相关的区域。酶的活性中心分两个功能部位,结合基团和催化基团。结合基团与底物起结合作用,催化基团则催化化学反应,底物的键在此外被打断或形成新的键,从而发生化学变化。此外,还有活性中心以外的必需基团,这种基团起着维持活性中心构型的作用。酶活性中心是酶催化作用的关键部位,当酶的活性中心被非底物物质占据或空间构型被破坏,酶也就失去了催化活性。

5.酶促反应的影响因素

酶浓度对反应速度的影响:在一定条件下,当底物浓度足够大并为一定值,且酶浓度也相对较低时,酶浓度与反应速度成正比。

底物浓度对反应速度的影响:在低的底物浓度时,底物浓度增加,反应速度随之急剧增加,并成正比关系。当底物浓度较高时,增加底物浓度,反应速度增加的程度不再明显,并且不再成正比关系。当底物达到一定浓度后,若底物浓度再增加,则反应速度将趋于恒定,并不再受底物浓度的影响,此时,底物的浓度称为饱和浓度,此时酶的活性中心全部为底物所占据,酶分子已发挥了最大能力。

温度对反应速度的影响:酶反应速度在一定范围(0~40 ℃)内,随着温度升高而加快,酶是蛋白质,随着温度升高,酶变性速度加快。温度对酶促反应的影响是以上两种相反作用的综合结果。

pH 值对反应速度的影响:酶的成分是蛋白质,是具有离解基团的两性电解质,因此,酶只有在一定的 pH 值范围中才是稳定的,高于或低于这个 pH 值范围,酶就不稳定,易变性失活。此外,pH 值还能影响酶分子的活性中心上有关基团的解离或底物的解离,一般认为最适宜 pH 值时,酶分子上活性基团的解离状态最适合与底物结合。废水生物处理中应保持 pH 值在 6~9 之间,最适 pH 值为 6~8。

含汞、砷的有机物是含巯基活性基团巯基酶的不可逆抑制剂,它们与酶的某些基团以共价键方式结合,结合后不能自发分解而恢复酶活性。

琥珀酸脱氢酶可催化琥珀酸脱氢,当向反应体系中加入丙二酸时,可使琥珀酸的脱氢作用受到抑制,这是因为丙二酸与琥珀酸的分子结构很相似。这种由于相互竞争而引起的抵制作用称为竞争性抑制作用。丙二酸的竞争性抑制尽管可与酶活性中心结合,但不能受酶催化而发生反应。有些抑制剂不是与底物竞争同一酶的活性中心,而是与酶的其他部位进行可逆性结合,从而改变了酶活性中心的空间构型,使酶的活性受到抑制,称为非竞争性抑制作用。

8.2.3.2　化能异养微生物的产能代谢——呼吸与发酵

多数微生物(主要是化能异养型微生物)通过厌氧发酵或有氧及无氧呼吸进行分解代谢,产生能量,生成必要的中间产物,再合成细胞物质。

呼吸作用的本质,是细胞内物质以脱氢方式(同时失去电子)被氧化分解,释放化学能被贮存在 ATP 中或以热量形式散发掉。由于产能性氧化是核心,因此呼吸作用也被称为生物氧化。根据生物氧化最终受氢体(或最终电子受体)的不同,呼吸可分为有氧呼吸、无氧呼吸和发酵。

1.有氧呼吸

有氧呼吸是好氧微生物或兼性厌氧微生物在有氧条件下,对底物进行氧化,以分子氧为最终电子受体,生成 CO_2 和水,并产生 ATP 的过程,其产能效率最高,因而是最普遍和最重要的生物氧化方式。

以葡萄糖为例,在有氧呼吸过程中,葡萄糖的氧化分解分为三个阶段:葡萄糖经糖酵解(EMP)形成中间产物丙酮酸,并释放出 ATP 和 $NADH + H^+$,NAD 是许多脱氢酶的辅酶。糖酵解产生丙酮酸的过程见图 8.6,$2NADH + H^+$ 可以产生 6ATP。丙酮酸在丙酮酸脱氢酶的催化下生成乙酰 CoA(辅酶 A,通过其巯基的受酰与脱酰参与转酰基反应),并放出 CO_2 和 $NADH + H^+$;乙酰 CoA 进入三羧酸循环(亦称 TCA 循环或柠檬酸循环),产生 ATP,CO_2,$NADH + H^+$ 和 $FADH_2$。ATP 通过底物水平磷酸化而产生,所谓底物水平磷酸化是指底物被氧化过程中,在中间代谢产物分子上直接形成比高能焦磷酸键含能更高的高能键(如高能膦酸酯键、高能烯醇式磷酸键),并可直接将键能交给 ADP 使之磷酸化,生成 ATP 的这一过程。FAD 与 NAD 相似,能直接参与底物脱氢,但仅作为琥珀酸脱氢酶等少数酶的辅酶,参与琥珀酸等脱氢过程。有氧分解指丙酮酸被彻底氧化为 CO_2 和水的过程。

图 8.6　糖酵解

经丙酮酸进入三羧酸循环被彻底氧化,是糖类、脂肪、蛋白质的共同归宿,见图 8.7。由 NADH(或 $NADPH + H^+$)和 $FADH_2$ 经呼吸链形成高能膦酸酯键的这一过程称为呼吸链磷酸化,它是氧化磷酸化产能的另一种形式,NADH 氧化呼吸链(电子传递体系)见图 8.8。好氧原核微生物氧化分解 1 mol 葡萄糖分子可以生成 38 mol ATP,其中 34 mol ATP 通过呼吸链磷酸化产生,占总产能的 90%。有氧呼吸可分为外源性呼吸和内源性呼吸,在正常情况下,微生物主要利用外界供给的能源进行呼吸,同时细胞内有机质为了不断更新,亦进行部分新陈代谢,这种利用内部贮存的能源所进行的呼吸作用称为内源性呼吸,当外界缺乏或无能源供给时,微生物仅能利用自身内部贮存的能源进行呼吸,以提供细胞合成或有限的生命活动所需的能量。

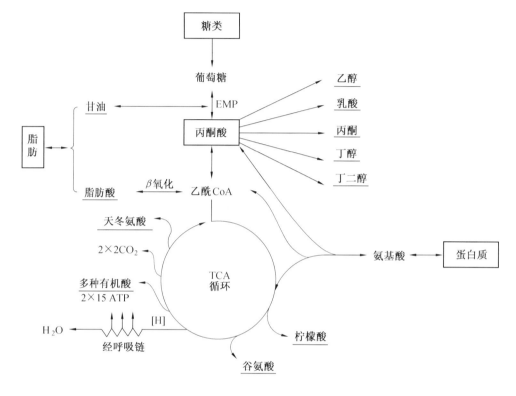

图 8.7　三羧酸循环

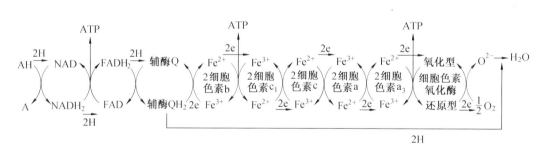

图 8.8　好氧呼吸中的电子传递体系

2. 无氧呼吸

进行无氧呼吸的厌氧微生物生活在河、湖、池塘底部淤泥等缺氧环境中,以 NO_3^-,SO_4^{2-},CO_3^{2-} 作为最终电子受体进行有机物的生物氧化。进行无氧呼吸的微生物细胞均含有还原酶。

硝酸盐呼吸:在缺氧条件下,有些细菌能以有机物为供氢体,以硝酸盐(NO_3^-)作为最终电子受体,这类细菌称硝酸盐还原菌。不同的硝酸盐还原菌将 NO_3^- 还原的末端产物不同,如 N_2(包括 N_2O,NO),NH_3 和 NO_2^-。通过硝酸盐进行反硝化作用的细菌称为反硝化细菌,主要有反硝化假单胞菌、铜绿假单胞菌、施氏假单胞菌、地衣芽孢杆菌、反硝化副球菌等,其中某些菌可兼性好氧。这些细菌可将有机底物彻底氧化为 CO_2,同时伴随脱氢,如

$$CH_3COOH + 2H_2O + 4NAD^+ \rightarrow 2CO_2 + 4NADH + H^+$$

$NADH + H^+$ 经电子传递体系将最终电子受体 NO_3^- 还原为 N_2,同时传承能量的产生。因而有

$$5CH_3COOH + 8NO_3^- \rightarrow 10CO_2 + 6H_2O + 4N_2 + 8OH^- + 能量$$

而大肠埃希氏菌(E.coli)将 NO_3^- 转化为 NH_3。

亚硝酸对细菌是有毒的,因而它的积累不利于细菌生长。但对于大多数细菌来说,亚硝酸盐还原酶是一个诱导酶,亚硝酸盐的产生将诱导产生亚硝酸盐还原酶,并迅速将亚硝酸盐还原产生相应的末端产物,如反硝化副球菌将 NO_2^- 转化为 N_2,在废水处理中,为降低水中含氮量所采取的生物脱氮法就是基于反硝化作用原理。

硫酸盐呼吸:在无氧条件下,主要有两类硫酸盐还原菌以 SO_4^{2-} 为最终电子受体,无芽孢的脱硫弧菌属和形成芽孢的脱硫肠状菌属均为专性厌氧。大多数硫酸盐还原菌不能利用葡萄糖作为能源,而是利用乳酸和丙酮酸等其他细菌的发酵产物。

碳酸盐呼吸:碳酸盐呼吸亦可称作产甲烷作用,过去人们常误称为甲烷发酵。进行碳酸盐还原的细菌称为产甲烷细菌。产甲烷菌专性厌氧,仅能以甲酸、甲醇、甲胺、乙酸和 H_2/CO_2 作为底物,产甲烷菌在厌氧呼吸时生成 CH_4 和 CO_2。在废水厌氧生物处理中常见的产甲烷菌有:产甲烷八叠球菌属、产甲烷杆菌属、产甲烷短杆菌属、产甲烷球菌属、产甲烷螺菌属及产甲烷丝菌属等。

3. 发酵

发酵是某些厌氧微生物在生长过程中获得能量的一种方式,在发酵过程中,可被利用的底物通常为单糖或某些双糖,亦可为氨基酸等。发酵的特点是:底物氧化不彻底,释放出部分能量,其余能量仍保留在未彻底氧化的底物中。以葡萄糖为例,其发酵过程如下:

糖酵解:经葡萄糖活化,分解生成中间产物,消耗 2 mol ATP,然后通过氧化还原反应,产生 4 mol ATP、2 mol/L NADH + H$^+$ 和 2 mol 丙酮酸。此过程净产 2 mol ATP,产能方式为底物水平磷酸化。糖酵解途径产生的能量作为各种发酵产物主要的甚至是唯一的能量来源。

丙酮酸进一步发酵,产生各种发酵产物,并可通过 $NADH + H^+$ 的氧化,使机体内 $NADH + H^+/NAD$ 含量保持在一定范围内,保证发酵的正常进行。根据发酵末端产物不同,发酵分为不同类型。如在酵母菌作用下发酵,末端产物为乙醇的乙醇发酵,在乳酸菌作用下的乳酸发酵,在丙酸杆菌属作用下的丙酸型发酵,在梭状芽孢杆菌作用下的丁酸型发酵以及在埃希氏菌属和志贺氏菌属作用下有许多种有机酸生成的混合酸发酵。乙醇型发酵主要终产物为乙醇、乙酸、氢气、二氧化碳、丁酸及极少量丙酸,末端产物极为理想,且很容易转化为产甲烷菌可利用的底物(乙酸,CO_2/H_2)。丁酸型发酵主要末端产物为丁酸、乙酸、氢气、二氧化碳及其少量丙酸,当运行不当时,丙酸含量显著增加。

大多数细菌为兼性微生物,有人统计,在活性污泥中 70% 左右,甚至 90% 以上微生物为兼性微生物。因而,对于好氧活性污泥法,即使处理构筑物短时甚至长时间呈现缺氧状态,亦不致造成大量微生物死亡。

8.2.3.3　化能自养型微生物的产能代谢

化能自养细菌氧化无机物氢、氨、亚硝酸、硫化氢、硫代硫酸盐等产生能量。氧化这些无

机物的细菌分别称为氢细菌、硝化细菌、硫细菌和铁细菌。

硝化细菌有两类,一类是将氨氧化为亚硝酸,常称为亚硝酸菌,如亚硝酸单胞菌属,另一类是将亚硝酸氧化为硝酸,常称为硝酸菌,如硝酸杆菌属,硝化细菌有很强的专一性,是专性好氧菌,革兰氏阴性、无芽孢球状或短杆状,适宜中性或碱性环境,对毒性物质敏感。硝化细菌大多为兼性化能异养型,因而,当水中有机营养较多时,这类细菌为获得较多的能量,常采取有机营养型(化能异养型),所以当废水中有机底物较少时才进行硝化作用。硫细菌存在于含硫、硫化氢、硫代硫酸盐丰富的环境中,氧化硫化氢时可形成元素硫,元素硫可形成硫粒作为体内贮藏物质,这些物质最后都可被氧化为硫酸。铁细菌能将细胞内所吸收的亚铁氧化为高铁,从而获得能量。为了产生更多的能量,必然要有大量铁不溶物沉淀下来,降低铁水管输水能力。

8.2.4　细菌的生长繁殖

当微生物吸收营养物质后,通过合成代谢作用,合成新的细胞成分,使菌体的重量增加(主要是原生质和其他组成成分有规律地增加),菌体体积增大,这种现象称为生长。细胞的生长是有限度的,当细胞增长到一定程度时就开始分裂,这种菌体数量增多的现象称为繁殖。繁殖以细胞群体重量的增加作为指标。

为研究某一微生物,必须把混杂的微生物类群分离开,以得到只含有一种微生物的培养。微生物学中将在实验室条件下,从一个细胞或一种细胞群繁殖得到后代的过程称为纯培养。

8.2.4.1　纯培养的分离方法

稀释倒平皿法:将待分离的材料作一系列的稀释,取不同稀释液各少许与已熔化并冷却至 45 ℃ 的琼脂培养基相混合,倾入灭过菌的培养皿中,待琼脂培养基凝固后,保温培养一定时间,即有菌落出现。如果稀释得当,平皿中出现分散的单个菌落便可能是由一个细菌繁殖所形成。挑取此单个菌落或再重复以上操作数次,可得到纯培养。

划线法:将熔化的琼脂培养基倾入无菌培养皿中,冷凝后,用接种环醮取少许待分离材料,在培养基表面连续划线,可作平行划线、扇形划线或其他形式连续划线,在划线的开始部分,细菌分散度小,形成菌落往往连在一起。但由于连续划线,细菌逐渐减少,划到最后常可形成单独孤立的菌落,这种单独的菌落可能是由单个细胞形成的,因而获得纯培养。

单细胞挑取法:把一滴细菌悬浮液置于载玻片上,用装于显微挑取器上的极细的毛细吸管,在显微镜下对准一个单独的细菌细胞挑取,再接种于培养基上培养而得纯培养。

利用选择培养基分离法:把培养基配制成适用于某种细菌生长而限制其他细菌生长的环境,这样的选择培养基可用来分离培养纯种。

根据平板分离得到的菌落,进行形态特征观察,找出不同形态特征的菌落,用接种环挑取单菌落,接种到斜面培养基上,进行培养。接种时应在菌落边缘挑取少量菌苔移入斜面,尽量不要带入原来的基质。将斜面培养的菌落再进一步纯化,其主要方法是平板划线法。从斜面培养基上挑取少量生长的菌,然后在事先制好的平板上划线(注意不要划破琼脂表面),划线时要在所划的范围内尽量划满,然后将接种环灼烧,再转动一定角度连接已划线的区域再划另一区,最后划满整个平皿。培养后得单菌落,将单菌落转接到斜面上,如此反复几次后便可获得菌珠,进行革兰氏染色、鞭毛染色、培养特征观察、生理生化反应等,进行细菌属鉴定或用来测定微生物的生长量。

8.2.4.2　微生物生长量的测定

直接计数法:在显微镜下,用特制的细菌计数器或血球计数器直接进行计数。这些计数器在载玻片上有小室,内有很多小格,测定中统计数个格中微生物,并取平均值,从而推算水样中微生物的数目,如果是细菌,应染色后测定。

比浊法:根据菌悬液中细胞数量与浊度成正比的原理,用比浊计和分光光度计测定培养液的浊度。

活菌计数法:将菌液稀释到一定程度,在固体培养基上培养,由培养皿中出现的菌落数计算原菌液中的细菌数。

测定细胞物质的重量:活性污泥中常采用干重法测定活性污泥的重量,以代表活性污泥中微生物的量,这一指标称为活性污泥浓度(MLSS),它表示每升活性污泥混合液中活性污泥的毫克数。

其他还有 DNA,ATP 含量测定方法等。

8.2.4.3　微生物的生长曲线

1.细菌纯培养生长曲线

在一定体积的液体培养基中接种少量细菌并保持一定的条件(如温度、pH 值、溶解氧等)进行培养,结果出现了细菌数量由少到多,并达到高峰,又由多变少的变化规律。以细菌数的对数为纵坐标,生长时间为横坐标,可得如图 8.9 所示的曲线。细菌的生长曲线可以分为四个时期。

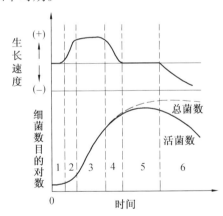

图 8.9　细菌生长曲线
1,2—迟缓期;3—对数期;4,5—稳定期;
6—衰亡期

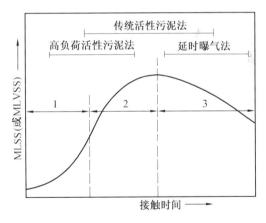

图 8.10　活性污泥增长曲线
1—对数生长期;2—减速生长期;3—内源呼吸期

(1)迟缓期

当菌种接种到新鲜培养基后,细菌并不立即生长繁殖,而要经过一段时间的调整和适应,以合成多种酶,并完善体内的酶系统和细胞的其他成分。在这个时期,细胞的代谢活力很强,蛋白质和 RNA 含量增加,菌体体积显著增大,在迟缓期末细菌的长度可达接种时的 6倍。迟缓期持续时间长短随菌种特性、接种量、菌龄与移种至新鲜培养基前后所处的环境条件是否相同等因素有关,短的只几分钟,长的可达几小时。

（2）对数期

迟缓期末,细胞开始出现分裂,培养液中的菌数增加,进入对数期。在此时期,细菌数的对数与培养时间作图则成一直线。对数期细菌按几何级数增加,$2^0 \rightarrow 2^1 \rightarrow 2^2 \rightarrow 2^3 \rightarrow \cdots \rightarrow 2^n$。每分裂一次为一个世代,每经过一个世代,群体数目增加一倍。可见,细菌的群体生长是按指数速率进行的,因而亦称指数增长。世代时间是由遗传性决定的,不同菌种对数期的世代时间不同,同一菌种世代时间受培养基组成及物理环境的影响也不同。如大肠杆菌在肉汤培养基 37 ℃时世代时间为 17 min。乳酸链球菌在牛乳培养基 37 ℃时世代时间为 23.5 ~ 36 min,有的细菌长达几百分钟。对数期细菌的生长速度达到高潮,世代时间最短,细胞的代谢活性比较稳定,酶的活力也高。

（3）稳定期

由于在生长过程中,营养物质不断被消耗,同时,某些有毒性的代谢产物不断积累,致使细菌分裂的速率降低,世代时间延长,细菌细胞活力减退。群体中细菌的繁殖速度和死亡速度近似相等,活菌数目保持稳定。处于稳定期的细胞开始积累体内贮藏物质,如肝糖粒、淀粉粒、异染颗粒等,此时菌胶团细菌大量分泌体外贮藏物质荚膜,所以更易形成菌胶团,大多数芽孢细菌在此时期开始产生芽孢。

（4）衰亡期

细胞的活力继续衰退,死亡率大于繁殖率,活菌数迅速减少。在衰亡期中细胞形状和大小很不一致,有些产生畸形细胞,细菌的生命活动主要依赖于内源呼吸,并呈现大量死亡。

2.连续培养

由于微生物在一个固定容积的培养基中生长,培养基中营养物质逐渐消耗,特别是代谢产物逐渐积累而产生酶的反馈抑制和阻遏作用,必然会使微生物的指数增长发生变化,生长速率降低。为克服这些缺点,可采用连续培养。连续培养是在一个恒定容积的反应器中,一方面以一定速度不断地加入新的培养基,另一方面又以相同的速度流出培养物(菌体和代谢产物),从而在流动系统中培养微生物。这种培养方法可使培养系统中的细胞数量和营养状态保持恒定。

3.活性污泥增长曲线

在废水生物处理中,为了描述活性污泥中微生物的生长,常采用间歇培养法获得如图8.10所示的曲线。活性污泥中的微生物种类繁多,不仅包括细菌,而且还含有原生动物和后生动物等微生物,因此,不是纯培养的生长曲线,但曲线形式与纯培养类似。活性污泥增长曲线可以分为三个时期:对数生长期、减速生长期和内源呼吸期。

（1）对数生长期

微生物以最大的速率氧化分解废水中的有机物,并合成新的细胞物质,因此,微生物迅速增长。这一时期相当于纯培养生长曲线中的对数期。在此期间,活性污泥微生物具有很高的能量水平,因而不能形成良好的活性污泥絮凝体。

（2）减速生长期

营养物质不再过剩,而且成为微生物进一步生长的限制因素。由于减速生长期的营养物质减少,微生物的活动能力降低,菌胶团细菌之间易于相互黏附,特别是此时菌胶团细菌的分泌物增多,因此活性污泥絮体开始形成。减速生长末期活性污泥不但具有一定氧化有机物的能力,而且还具有良好的沉降性能。

(3)内源呼吸期

营养物质耗尽,活性污泥微生物靠内源呼吸维持生命活动,并使活性污泥量减少。由于能量水平低,絮凝体形成速率增加,吸附有机物的能力显著,使污泥活性降低。

在废水生物处理过程中,如果维持微生物在对数期生长,则此时微生物繁殖速度很快,活力很强,处理废水的能力必然较高。但此时的处理效果并不一定最好,因为微生物活力强就不易凝聚和沉降,并且要使微生物处于对数期,则需有充足的营养物质。这就是说,废水中的有机物必须有较高的浓度,在这种情形下,处理过的废水中所含有机物浓度比较高,所以出水水质难以达到排放要求。如果维持微生物处在内源呼吸期末期,此时处理过的废水中所含有机物浓度相对较低,但由于微生物氧化分解有机物的能力很差,所需反应时间长,因此不可行。所以,为了获得既具有较强的氧化和吸附有机物的能力,又具有良好的沉降性能的活性污泥,在实际中常将活性污泥控制在减速生长末期和内源呼吸初期。而高负荷活性污泥处理法是利用微生物生长的对数期,延时曝气法是利用微生物生长的衰亡期,因有机物浓度低,故延长曝气时间,以增大进水流量达到提高有机负荷的目的。

8.3　水的细菌学检测

8.3.1　细菌学检测基本方法

8.3.1.1　灭菌

高压蒸汽灭菌、干热灭菌、间歇灭菌。间歇灭菌为高温灭菌,可引起细胞中的大分子物质如蛋白质、核酸和其他细胞组分的结构发生不可逆改变而丧失参与生化反应的功能,同时,高温使细胞内含物泄漏,导致微生物死亡。

紫外线灭菌:诱导同链 DNA 的相邻嘧啶形成嘧啶二聚体,减弱双链间氢键的作用,引起双链结构扭曲变形,影响 DNA 的复制和转录,从而引起突变或死亡。此外,紫外线辐射能使空气中的 O_2 变成 O_3 或 H_2O 氧化为 H_2O_2,由 O_2 和 H_2O_2 发挥灭菌作用。

1. 玻璃器皿的灭菌

玻璃器皿使用前必须灭菌,无论哪种方法灭菌都应预先将玻璃器皿包扎好,培养皿用纸包好,吸管要在顶端塞上少许棉花,再用纸包好,试管和三角瓶塞上棉塞后,也用纸包好。

制作棉塞时所用的棉花为市售的普通棉花,不宜用脱脂棉,因为脱脂棉易吸水而导致污染,棉塞的制作应按器皿口径大小进行,试管棉塞应为 3~4 cm 长。为了防止灭菌时受潮或进水,在棉塞外应用纸包好。

器皿的包扎:吸管在管口约 0.5 cm 以下的地方塞入长约 1.5 cm 的棉花少许,以防止微生物液吸入口中或口中细菌吹入吸管内。然后,将吸管尖端放在 4~5 cm 宽的长条纸的一端,约与纸条成 45°角,折叠纸条,包住吸管尖端,然后将吸管紧紧卷入纸条内,包好后等待灭菌。培养皿可按 7 套或 9 套为一叠,用纸包装好。

灭菌方法:灭菌是指采用物理和化学的方法杀死或除去培养基内和所用器皿中的一切微生物。玻璃器皿的灭菌一般采用干热灭菌,也可以采用高压蒸汽灭菌法,干热灭菌用烘箱,通常于 160~170 ℃条件下灭菌 2 h,温度不宜过高,超过 180 ℃时,棉塞和纸张易烤焦起火。器皿在烘箱内不宜装得太满,以免影响温度的均匀上升,灭菌器皿必须是干燥的,避免升温引起玻璃的破碎。灭菌后,逐步降温,待降到 60 ℃ 以下时方可打开门,否则玻璃可能因突然遇冷而破碎。如果采用高压蒸汽灭菌,可在 121.5 MPa 高压下灭菌 20～30 min。高压蒸汽灭菌后的容器如不立即使用,应于 60 ℃ 温度下将瓶内冷凝水烘干,灭菌后的容器应在 2 周内使用。接种环、镊子等金属用具可在火焰上灼烧灭菌。

2.培养基的灭菌

配制完的培养基要分装,如图 8.11 所示,但不宜超过容器容量的 2/3。斜面培养基灭菌后凝固前将试管斜放在木棒或玻璃棒上冷却,即成斜面,如图 8.12 所示。制平板培养基是将培养基分装在大试管或三角瓶中,灭菌后未凝固之前,将培养基在无菌室中倒入培养皿中,冷却后凝固成平板,如图 8.13 所示。分装培养基的三角瓶可用纸将棉塞及瓶口包好,用线绳扎起来。

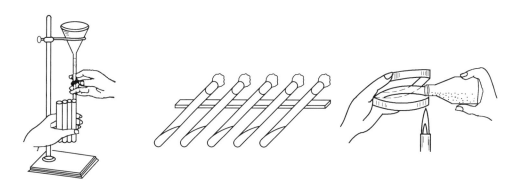

图 8.11　培养基的分装　　　　图 8.12　斜面培养基的摆法　　　　图 8.13　平板培养基的制法

培养基的灭菌可采用湿热灭菌(高压蒸汽灭菌和常压灭菌)或间歇灭菌法,高压蒸汽灭菌是最常用的方法之一。

高压蒸汽灭菌在高压蒸汽灭菌器内进行,其原理是在密闭的高压灭菌器内,加热使水成为蒸汽,并由蒸汽将灭菌器内的冷空气全部驱出。随着压力的升高,温度亦上升,从而提高了蒸汽灭菌的效力。在使用高压蒸汽灭菌时,先加入适量的水(至最高水位的标示高度),水过少,有蒸干而烧坏灭菌器甚至发生炸裂的危险,水过多,会延长沸腾时间,一般是水刚没过灭菌锅内的垫圈为宜。把要灭菌的物品放入锅内(不要放得太紧或紧靠锅壁,以免影响蒸汽流通和冷凝水顺壁流入灭菌物品),关闭灭菌锅,对角式拧紧螺栓,打开排气阀,关闭安全阀。通电加热,不断有水蒸气从排气阀泄出,等锅内水沸腾后,再保持 3～5 min 排气时间后关闭排气阀,此时蒸汽已将灭菌锅内冷空气排尽,否则将达不到实际所需要的压力温度,从而影响灭菌效果,继续加热至所需压力后计算灭菌时间,并通过调节热源来保持压力不变。达到灭菌时间后,停止加热,待压力降到零时,打开排气阀,开盖取出物品。压力高于零时,切勿开盖,否则有爆炸危险。高压蒸汽灭菌时,应注意灭菌器内物品装的不要太满,以免影响灭菌效果;同时,排除器内空气,否则即使达到所需压力,也达不到应有的温度;最后一点就是灭菌后,不要立即开盖,否则将使培养基等溅出。

间歇灭菌法适合于不耐高压的培养基灭菌。将待灭菌的培养基在 80～100 ℃ 下条件下蒸煮 15～60 min,以杀死其中的微生物营养细胞,然后置室温或 37 ℃ 下过夜后,诱导芽孢发芽,第二天再以同样的方法蒸煮和保温过夜,如此连续重复 3 次,即可以在 100 ℃ 以下达到彻底灭菌的效果。

8.3.1.2 显微镜的使用

在微生物学中,必不可少的工具是显微镜,用以观察微生物的形态、大小等。显微镜的种类很多,有普通光学显微镜,还有较高级的相差显微镜、荧光显微镜、暗视野显微镜、高级的电子显微镜(有透射的和扫描的)和原子力显微镜。但这些显微镜的基本原理都是相同的。

1.显微镜的结构

显微镜由机械装置和光学系统两大部分组成,如图 8.14 所示。机械装置包括镜座、镜臂、镜筒、物镜转换器、载物台、调焦装置(粗调节器和细调节器)。镜座是显微镜的基座,使显微镜能平稳地放置在桌子上。镜臂用以支撑镜筒,也是搬动显微镜时手握的部位。镜筒是连接目镜和物镜的金属筒,上端插入目镜,下端与物镜转换器相接。物镜转换器安装在镜筒的下端,其上装有 3~4 个不同放大倍数的物镜,可以通过转动物镜转换器选用合适的物镜。载物台是放置标本的地方。镜台上有压片夹用以固定被检标本,较好的显微镜则有标本移动器,转动螺

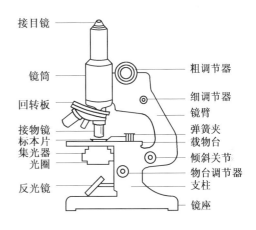

图 8.14 显微镜的结构

旋可使标本前后和左右移动。有的标本移动器带有游标尺,可定位标本所在位置。调焦装置安装在镜臂的基部,是调节物镜与被检标本之间距离的装置,通过转动粗调节器和细调节器便可清晰地观察到标本。光学系统是显微镜最主要的部分,起分辨和放大标本的作用。其组成包括:接目镜、接物镜、集光器、反光镜、光圈、光源(有自然光源和电光源)。物镜是显微镜中很重要的光学部件,根据物镜的放大倍数和使用方法不同,分为低倍物镜、高倍物镜和油镜三种,常用的放大倍数为低倍物镜 10×、高倍物镜 40×、油镜 100×。目镜是把接物镜放大的实像再放大一次,并把物像映入观察者的眼中,通常有 5×、10× 等规格。集光器装在载物台下,能将平行的光线聚焦于标本上增强照明度。集光器可升降,升时光强增强,反之减弱。虹彩光圈附于集光器内部,可开大或缩小,以调节进入镜头的光线强弱。反光镜是普通光学显微镜的取光设备,使光线射向集光镜,分平、凹两面,使用低倍镜和高倍镜均用平面镜;凹面镜聚光力强,适合于光线较弱时,一般在使用油镜时用凹面镜。内光源是较好的光学显微镜,自身带有的照明装置,安装在镜座内部,由强光灯泡发出的光线通过安装在镜座的集光镜射入,其强弱可进行调节。

2.普通显微镜的使用

从显微镜箱内取出显微镜时应一手提镜臂,另一手托镜座,让显微镜直立,以防目镜从镜筒中脱落。显微镜应直立于桌上,离桌缘 3 cm,检查各部件是否良好,镜身、镜头必须清洁。

标本放置:用粗调节器下降载物台,使物镜远离载物台,把标本玻片置于载物台上,用标本夹夹住,移动推进器使观察对象处在物镜的正下方。

使用原则:先低倍后高倍,镜检细菌需用油浸接物镜,使用这种物镜时,需要有较强的

光。

　　调节光源:若采用自然光源,需旋转反光镜,使光线照射在反光镜中央,然后升降集光器或开闭虹彩光圈,使视野内得到均匀、柔和、明亮的光线。转到高倍物镜时无须再动反光镜,只用升降集光器或开闭虹彩光圈调节即可。若是采用电光源,可以通过开关调整光亮度。

　　镜检:观察细菌前,应在有标本的载玻片上滴一滴香柏油(注意:油滴中不可有气泡,若有气泡须用烧热的针刺掉或擦去重新加油),并缓缓将油镜浸于香柏油中,但不要使镜头压及标本,以免损坏镜头。然后,从接目镜注视视野,同时,缓缓用粗调节器使油浸镜慢慢离开标本,当视野中出现模糊影像时,再用细调节器调焦距,使影像清晰。观察着色深的标本宜采用较强的光,着色浅或未染色的标本可用略暗的光,物像的清晰程度取决于接物镜的分辨率。因此,若物像不清晰并不能改用放大倍数高的接目镜的办法解决。通常情况下,可用 10～15 倍的接目镜进行观察。使用完毕后,用粗调节器使物镜远离玻片,取下载玻片。用新的擦镜纸擦去香柏油,再用滴有一滴二甲苯的擦镜纸擦 1～2 下,然后用第三张擦镜纸将可能残留的二甲苯擦净,以防止二甲苯浸入物镜,损坏镜头。用擦镜纸清洁其他物镜及目镜,用绸布轻拭显微镜的金属部件。在观察菌胶团、微型动物、藻类等微生物时,可视具体情况采用低倍镜或高倍镜,其操作过程较使用油镜简单,在物像清晰后,旋转回转板,在高倍镜下观察。

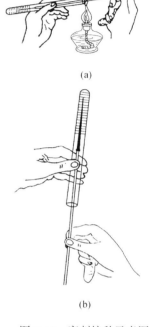

图 8.15　穿刺接种示意图

8.3.1.3　无菌操作

　　无菌操作是采用焚烧灭菌及应用已灭菌的器具、药物、培养基,使微生物在接种分离、稀释等过程中不致染菌,有助于试验目的实现。试验过程在无菌室或超净工作台中进行。

8.3.1.4　接种

　　接种是指在无菌条件下,用接种环或接种针等把微生物转移到培养基或其他基质上的过程。几种接种方式如图 8.15,8.16 和 8.17 所示。

8.3.1.5　革兰氏染色

　　细菌个体微小,菌体透明,必须通过染色使其着色后,才能较好地在光学显微镜下观察其个体形态和部分结构。

　　革兰氏染色是细菌学中的一个重要的鉴别方法。由于用结晶紫和沙黄两种不同性质的染料进行染色,故又称复染法。根据细菌对此种染色法的反应不同,

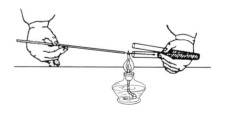

图 8.16　斜面划线接种示意图

可将细菌分为两大类,菌体呈紫色者为革兰氏阳性菌,呈红色者为革兰氏阴性菌。

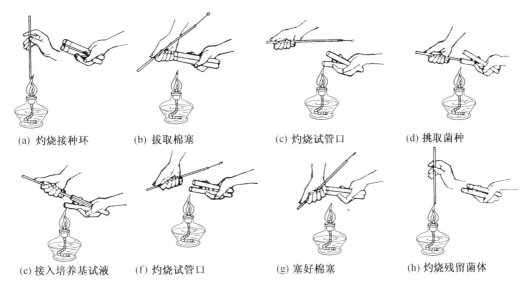

(a) 灼烧接种环　　　(b) 拔取棉塞　　　(c) 灼烧试管口　　　(d) 挑取菌种

(e) 接入培养基试液　(f) 灼烧试管口　　(g) 塞好棉塞　　　　(h) 灼烧残留菌体

图 8.17　斜面液体接种操作

1. 革兰氏染色染色剂

(1) 结晶紫染色液

结晶紫 (1 g)、95% 乙醇 (20 mL)、10 g/L 草酸铵水溶液 (80 mL)。

将结晶紫溶于乙醇中，然后与草酸铵溶液混合。注：结晶紫不可用龙胆紫代替，前者是纯品，后者不是单一成分，易出现假阳性。结晶紫溶液放置过久会产生沉淀，不能再用。

(2) 革兰氏碘液

碘 (1.0 g)、碘化钾 (2.0 g)、蒸馏水 (300 mL)。

将碘和碘化钾行进行混合，加入蒸馏水少许，充分振摇，待完全溶解后，再加蒸馏水。

(3) 脱色剂

95% 的乙醇。

(4) 沙黄复染液

沙黄 (0.25 g)、95% 乙醇 (10 mL)、蒸馏水 (90 mL)。

制法：将沙黄溶解于乙醇中，待完全溶解后加入蒸馏水。

2. 其他试液

石蜡溶液、二甲苯。

3. 试验器材

显微镜、擦镜纸、吸水纸、载玻片、接种针、酒精灯。

4. 操作步骤

操作步骤如图 8.18 所示。

① 涂片：取洁净载玻片一块将其一面在火焰上微微加热，除去油脂，冷却。在载玻片中央滴加一小滴无菌水，用烧灼冷却后的接种针从培养皿上刮取少许放置 18~24 h 的培养物和玻片上的水滴混匀，涂布成一均匀的薄层即可，接种针用完后必须再次烧灼灭菌。涂片时要使菌体薄而均匀，否则菌体群集会呈现假阳性。

② 干燥和固定：自然风干或微热使其干燥，将已干燥的涂片正面朝上，通过火焰 3 次，以热而不烫手为宜。固定的作用是杀死细菌，可使蛋白质凝固，并使细菌黏附在玻片上，染色

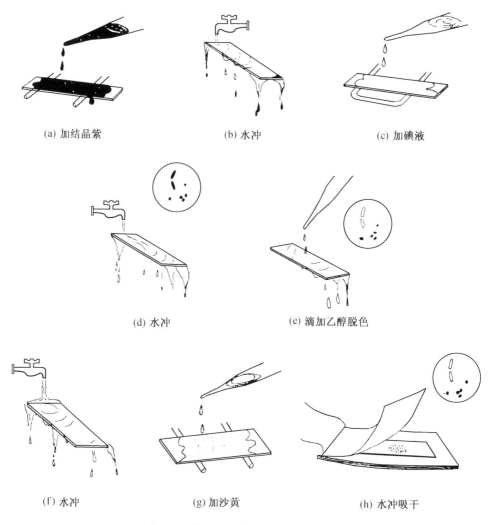

(a) 加结晶紫　　　　　　　(b) 水冲　　　　　　　　(c) 加碘液

(d) 水冲　　　　　　　　(e) 滴加乙醇脱色

(f) 水冲　　　　　　　(g) 加沙黄　　　　　　(h) 水冲吸干

图 8.18　革兰氏染色操作示意图

时不被染液或水冲掉,增加菌体对染料的结合力,使涂片易着色。

③滴加结晶紫染色液,染 1 min,水洗。

④滴加革兰氏碘液,作用 1 min,水洗。

⑤滴加脱色剂,摇动玻片,直至无紫色脱落为止,约 30 s,水洗。

⑥滴加复染剂,复染 1 min,水洗,待干,镜检。

⑦镜检:将干燥后的染色标本,先用低倍镜找到目的物,将低倍镜移开,滴加石蜡溶液于涂片处,用油镜观察单独分散的菌体,菌体呈蓝紫者为 G^+,红色者为 G^-。观察完毕后,用擦镜纸蘸两滴二甲苯溶液清洗镜头。

8.3.2　菌落总数测定

菌落总数测定是进行水质检验的必要项目之一。菌落总数是水样在营养琼脂上有氧条件下,在 37 ℃温度下培养 48 h 后,所得 1 mL 水样所含菌落的总数,是应用平皿计数技术进行测定的,利用一个菌落代表一个细胞的原理来计数。水中的细菌总数可以作为水体卫生状况和污染程度的指标。由于不同种类的细菌对营养和其他条件的要求差别很大，所以不可能找到一种培养基，在一定条件下使水体中的细菌全部培养出来，因此，这是一种近似的方法。

8.3.2.1　器材及培养基的准备

器材：高压蒸汽灭菌器、干热灭菌箱、培养箱(36 ± 1 ℃)、电炉、天平、放大镜或菌落计数器、pH 值计或精密 pH 值试纸、灭菌试管、平皿(9 cm)、灭菌的刻度吸管(10 mL、1.0 mL)、采样瓶等。

营养琼脂培养基：牛肉膏(3 g)、蛋白胨(10 g)、氯化钠(5 g)、琼脂(10 ~ 20 g)、蒸馏水(1 000 mL)。

制法：将上述成分混合后，加热溶解，调整 pH 值为 7.4 ~ 7.6，分装于玻璃容器中(如用含杂质较多的琼脂时，应先过滤)，经 103.43 kPa(121.5 ℃，15 lbf/in^2)高压灭菌 20 min，贮存于冷暗处备用。营养琼脂培养基呈橙色，冷却后凝固，此培养基为固体培养基。

8.3.2.2　操作

生活饮用水：以无菌操作方法用灭菌吸管吸取 1 mL，充分混匀水样，注入灭菌器皿中，倾注约 15 mL 已融化并冷却到 45 ℃左右的营养琼脂培养基，并立即旋摇平皿，使水样与培养基充分混匀，另外检验时应做一平行接种，同时另用一个平皿倾注营养琼脂培养基作空白对照。使冷却凝固后，翻转平皿，使底面向上，置于 36 ± 1 ℃培养箱内培养 48 h，进行菌落计数，即为水样 1 mL 中的菌落总数。

水源水：以无菌操作方法吸取 1 mL 充分混匀的水样，注入盛有 9 mL 灭菌生理盐水的试管中，混匀成 1∶10 稀释液。吸取 1∶10 的稀释液 1 mL 注入盛有 9 mL 灭菌生理盐水的试管中，混匀成 1∶100 稀释液。按此法依次稀释成 1∶1 000、1∶10 000 稀释液等备用，如此递增，稀释一次必须更换一支 1 mL 灭菌吸管。用灭菌吸管取未稀释的水样和 2 ~ 3 个适宜稀释度的水样 1 mL，分别注入灭菌平皿内，以下操作同生活饮用水的检验步骤。

8.3.2.3　菌落计数及报告方法

作平皿菌落计数时，可用眼睛直接观察，必要时用放大镜检查，以防遗漏，在记下各平皿的菌落数后，应求出同稀释度的平均菌落数，供下一步计算时应用。在求同稀释度的平均数时，若其中一个平皿有较大片状菌落生长时，则不宜采用，而应以无片状菌落生长的平皿作为该稀释度的平均菌落数。若片状菌落不到平皿的一半，而其余一半中菌落分布又很均匀，则可将此半皿计数后乘以 2 代表全皿菌落数，然后再求该稀释度的平均菌落数。

对那些看来相似，距离相近但却不相触的菌落，只要它们之间的距离不小于最小菌落的直径，便应一一予以计数。那些紧密接触而外观(例如形态或颜色)相异的菌落，也应该一一予以计数。

若由于稀释过程中有杂菌污染，或者对照平皿显示出培养基或其他材料染有杂菌，以至平皿无法计数，则应报告"试验事故"。

8.3.2.4　不同稀释度的选择及报告方法

当只有一个稀释度的平均菌落数在 30 ~ 300 之间时，即以该稀释度的平均菌落数乘以稀释倍数报告之(见表 8.3 实例 1)。

当有两个稀释度，其生长的菌落数均在 30 ~ 300 之间时，若两者比值小于 2，应报告两者的平均数;若大于2及等于2,则报告其中稀释度较小的菌落总数(见表8.3实例2、3、4)。

若所有稀释度的平均菌落数均大于300,则应按稀释倍数最大的平均菌落数乘其稀释倍数报告(见表8.3实例5)。

若所有稀释度的平均菌落数均小于30,则应按稀释倍数最小的平均菌落数乘其稀释倍数报告(见表8.3实例6)。

若所有稀释度的平均菌落数均不在30~300之间,则取最接近300或30的平均菌落数乘其稀释倍数报告(见表8.3实例7)。

若所有稀释度的平板上均无菌落生长,则以"未检出"报告之。若所有平板上都菌落密布,不要用"多不可计"报告,而应在稀释度最大的平板上,任意数其中2个平板1 cm² 中的菌落数,除2求出每平方厘米内平均菌落数,乘以皿底面积63.6 cm²,再乘其稀释倍数作报告。

菌落数在100以内时按实有数报告;大于100时,采用二位有效数字,在两位有效数字后面的数值,以四舍五入方法计算。为了缩短数字后面的零位也可用10的指数来表示。

8.3　稀释度选择及菌落总数报告方式

例次	不同稀释度的平均菌落数			两个稀释度之比	菌落总数/(个·mL⁻¹)	报告方式/(个·mL⁻¹)	备注
	10^{-1}	10^{-2}	10^{-3}				
1	1 365	164	20	—	16 400	1.6×10^4	
2	2 760	295	46	1.6	37 750	3.8×10^4	
3	2 890	271	60	2.2	27 100	2.7×10^4	
4	150	30	8	2	1 500	1.5×10^3	
5	多不可计	1 650	513	—	513 000	5.1×10^5	
6	27	11	5	—	270	2.7×10^2	
7	多不可计	305	12	—	30 500	3.1×10^4	

8.3.3　总大肠菌群测定

总大肠菌群指一群在37 ℃条件下培养24 h能发酵乳糖、产酸产气、需氧和兼性厌氧的革兰氏阴性无芽孢杆菌。主要包括:埃希氏菌属、柠檬酸菌属、肠杆菌属、克雷伯氏菌属等,属化能异养型。在好氧条件下,进行呼吸代谢,在厌氧条件下进行混合酸发酵,产酸产气,最适温度为37 ℃,最适 pH 值为7,在品红亚硫酸钠或伊红美蓝固体培养基上形成紫红色带金属光泽的菌落,直径为1~3 mm,广泛分布于水、土壤以及动物和人的肠道内。大肠杆菌是肠道的正常寄生菌,能合成维生素 B 和 K,产生大肠菌素,对人的机体是有利的,粪便中存在大量的大肠菌群细菌。但当抵抗力下降或大肠杆菌侵入肠外组织或器官时,则又是条件致病菌,或引起肠外感染,如产生毒血症、膀胱炎及其他感染。大肠菌群在水体中存活的时间和对氯的抵抗力等与肠道致病菌,如沙门氏菌、志贺氏菌等相似,大肠菌群一旦在水体中出现,便意味着直接或间接地被粪便污染,有被病原菌污染的可能性。因此将总大肠菌群作为水体受粪便污染的指示菌,检测饮水、牛乳或食品的卫生指标。

粪便污染指示菌是微生物方面质量验证的重要参数,粪便污染指示菌应当符合一定的标准,其结果才有意义。这些指示菌应该普遍大量存在于人类和其他温血动物的粪便中,用简单的方法就能检测,而且它们不能在天然水中生长繁殖。由于某些水质条件下,大肠菌群细菌在水中能自行繁殖,这是大肠菌群作为指示菌的不利之处。

大肠菌群的检验方法主要包括多管发酵法和滤膜法。前者可适用于各种水样(包括底泥),但操作时间较长。后者主要适用于杂质较少的水样,如饮用水,操作简单快速。

8.3.3.1　多管发酵法

这里介绍的多管发酵法根据大肠菌群发酵乳糖、产酸产气以及具备革兰氏阴性、无芽孢、呈杆状等有关特性,通过三个步骤进行检验,求得水样中的大肠菌群数。适用于生活饮用水及其水源水中总大肠菌群的测定。

1.培养基制备

(1)乳糖蛋白胨培养液

蛋白胨(10 g)、牛肉膏(3 g)、乳糖(5 g)、氯化钠(5 g)、溴甲酚紫乙醇溶液(16 g/L,1 mL)、蒸馏水(1 000 mL)。

将蛋白胨、牛肉膏、乳糖及氯化钠溶于蒸馏水中,调节 pH 值为 7.2 ~ 7.4,再加入 1 mL(16 g/L)溴甲酚紫乙醇溶液,充分混匀,分装于装有倒管的试管中,每试管 10 mL,塞好棉塞。于 68.95 kPa (115 ℃,10 lbf/in²)高压下灭菌 20 min,贮存于冷暗处备用。乳糖蛋白胨培养基呈紫色,此培养基为液体培养基。

(2)二倍浓缩乳糖蛋白胨培养液

按上述乳糖蛋白胨培养液,除蒸馏水外,其他成分量加倍。

(3)伊红美蓝培养基(EMB 培养基)

蛋白胨(10 g)、乳糖(10 g)、磷酸氢二钾(2.0 g)、琼脂(20 ~ 30 g)、蒸馏水(1 000 mL)、伊红(曙红 eosio)水溶液(20 g/L,20 mL)、美蓝(亚甲蓝 methylene bluem)水溶液(5 g/L,13 mL)。

将蛋白胨、磷酸盐和琼脂溶解于蒸馏水中,校正 pH 值为 7.2。加入乳糖,混匀后分装,以 68.95 kPa(115 ℃,10 lbf/in²)高压灭菌 20 min,临用时加热融化琼脂,冷至 50 ~ 55 ℃,加入伊红和美蓝溶液,混匀,倾注平皿。

2.仪器

培养箱 36 ± 1 ℃,冰箱 0 ~ 4 ℃,天平、显微镜、平皿(直径为 9 cm)、试管,分度吸管(1 mL、10 mL)、锥形瓶、小倒管、载玻片。

3.检验步骤

(1)乳糖发酵试验

取 10 mL 水样接种到 10 mL 双料乳糖蛋白胨培养液中,取 1 mL 水样接种到 10 mL 单料乳糖蛋白胨培养液中,另取 1 mL 水样注入到 9 mL 灭菌生理盐水中,混匀后吸取 1 mL(即 0.1 mL水样)注入到 10 mL 单料乳糖蛋白胨培养液中,每一稀释度接种5管。

对已处理过的出厂自来水需经常检验或每天检验一次的,可直接接种 5 份 10 mL 水样双料培养基,每份接种 10 mL 水样。

检验水源水时,如污染较严重,应加大稀释度,可接种 1 mL、0.1 mL、0.01 mL,其至 0.1 mL、0.01 mL、0.001 mL,每个稀释度接种 5 管,每个水样共接种 15 管,接种 1 mL 以下水样时,必须作 10 倍递增稀释后,取 1 mL 接种,每递增稀释一次,换用 1 mL 灭菌刻度吸管。

将接种管置 36 ± 1 ℃培养箱内,培养 24 ± 2 h,如所有乳糖蛋白胨培养管都不产酸产气,则可报告为总大肠菌群阴性,如有产酸产气者,则按下列步骤进行。

(2)分离培养

将产酸产气的发酵管分别转种在伊红美蓝琼脂平板上,于 36 ± 1 ℃培养箱内培养 18 ~ 24 h,观察菌落形态。挑取符合下列特征的菌落作革兰氏染色,镜检和证实试验。

深紫黑色,具有金属光泽的菌落;紫黑色,不带或略带金属光泽的菌落;淡紫红色,中心较深的菌落。

(3)证实试验

经上述染色镜检为革兰氏阴性无芽孢杆菌,同时接种乳糖蛋白胨培养液,置 36 ± 1 ℃培养箱中培养 24 ± 2 h,有产酸产气者即证实有总大肠菌群存在。

4.结果报告

根据证实为总大肠菌群阳性管数,查 MPN(Most Probable Number,最可能数)检索表,报告每 100 mL 水样中的总大肠菌群最可能数(MPN)值,5 管法见表 8.4,15 管法见表 8.5。稀释样品查表后所得结果应乘稀释倍数,如所有乳糖发酵管均为阴性时,可报告总大肠菌群未检出。

表 8.4　用 5 份 10 mL 水样时各种阳性和阴性结果组合时的最可能数(MPN)

5 个 10 mL 管中阳性管数	最可能数(MPN)
0	< 2.2
1	2.2
2	5.1
3	9.2
4	16.0
5	> 16.0

表 8.5　总大肠菌群 MPN 检索表

出现阳性管数			总大肠菌群/	出现阳性管数			总大肠菌群/
10 mL 管	1 mL 管	0.1 mL 管	(MPN·100 mL^{-1})	10 mL 管	1 mL 管	0.1 mL 管	(MPN·100 mL^{-1})
0	0	0	< 2	0	1	0	2
0	0	1	2	0	1	1	4
0	0	2	4	0	1	2	6
0	0	3	5	0	1	3	7
0	0	4	7	0	1	4	9
0	0	5	9	0	1	5	11
0	2	0	4	0	3	0	6
0	2	1	6	0	3	1	7
0	2	2	7	0	3	2	9
0	2	3	9	0	3	3	11
0	2	4	11	0	3	4	13
0	2	5	13	0	3	5	15
0	4	0	8	0	5	0	9
0	4	1	9	0	5	1	11
0	4	2	11	0	5	2	13
0	4	3	13	0	5	3	15

续表 8.5

出现阳性管数			总大肠菌群/	出现阳性管数			总大肠菌群/
10 mL 管	1 mL 管	0.1 mL 管	$(MPN \cdot 100\ mL^{-1})$	10 mL 管	1 mL 管	0.1 mL 管	$(MPN \cdot 100\ mL^{-1})$
0	4	4	15	0	5	4	17
0	4	5	17	0	5	5	19
1	0	0	2	1	1	0	4
1	0	1	4	1	1	1	6
1	0	2	6	1	1	2	8
1	0	3	8	1	1	3	10
1	0	4	10	1	1	4	12
1	0	5	12	1	1	5	14
1	2	0	6	1	3	0	8
1	2	1	8	1	3	1	10
1	2	2	10	1	3	2	12
1	2	3	12	1	3	3	15
1	2	4	15	1	3	4	17
1	2	5	17	1	3	5	19
1	4	0	11	1	5	0	13
1	4	1	13	1	5	1	15
1	4	2	15	1	5	2	17
1	4	3	17	1	5	3	19
1	4	4	19	1	5	4	22
1	4	5	22	1	5	5	24
2	0	0	5	2	1	0	7
2	0	1	7	2	1	1	9
2	0	2	9	2	1	2	12
2	0	3	12	2	1	3	14
2	0	4	14	2	1	4	17
2	0	5	16	2	1	5	19
2	2	0	9	2	3	0	12
2	2	1	12	2	3	1	14
2	2	2	14	2	3	2	17
2	2	3	17	2	3	3	20

续表 8.5

出现阳性管数			总大肠菌群/	出现阳性管数			总大肠菌群/
10 mL 管	1 mL 管	0.1 mL 管	(MPN·100 mL^{-1})	10 mL 管	1 mL 管	0.1 mL 管	(MPN·100 mL^{-1})
2	2	4	19	2	3	4	22
2	2	5	22	2	3	5	25
2	4	0	15	2	5	0	17
2	4	1	17	2	5	1	20
2	4	2	20	2	5	2	23
2	4	3	23	2	5	3	26
2	4	4	25	2	5	4	29
2	4	5	28	2	5	5	32
3	0	0	8	3	1	0	11
3	0	1	11	3	1	1	14
3	0	2	13	3	1	2	17
3	0	3	16	3	1	3	20
3	0	4	20	3	1	4	23
3	0	5	23	3	1	5	27
3	2	0	14	3	3	0	17
3	2	1	17	3	3	1	21
3	2	2	20	3	3	2	24
3	2	3	24	3	3	3	28
3	2	4	27	3	3	4	32
3	2	5	31	3	3	5	36
3	4	0	21	3	5	0	25
3	4	1	24	3	5	1	29
3	4	2	28	3	5	2	32
3	4	3	32	3	5	3	37
3	4	4	36	3	5	4	41
3	4	5	40	3	5	5	45
4	0	0	13	4	1	0	17
4	0	1	17	4	1	1	21
4	0	2	21	4	1	2	26
4	0	3	25	4	1	3	31

续表 8.5

出现阳性管数			总大肠菌群/	出现阳性管数			总大肠菌群/
10 mL 管	1 mL 管	0.1 mL 管	(MPN·100 mL^{-1})	10 mL 管	1 mL 管	0.1 mL 管	(MPN·100 mL^{-1})
4	0	4	30	4	1	4	36
4	0	5	36	4	1	5	42
4	2	0	22	4	3	0	27
4	2	1	26	4	3	1	33
4	2	2	32	4	3	2	39
4	2	3	38	4	3	3	45
4	2	4	44	4	3	4	52
4	2	5	50	4	3	5	59
4	4	0	34	4	5	0	41
4	4	1	40	4	5	1	48
4	4	2	47	4	5	2	56
4	4	3	54	4	5	3	64
4	4	4	62	4	5	4	72
4	4	5	69	4	5	5	81
5	0	0	23	5	1	0	33
5	0	1	31	5	1	1	46
5	0	2	43	5	1	2	63
5	0	3	58	5	1	3	84
5	0	4	76	5	1	4	110
5	0	5	95	5	1	5	130
5	2	0	49	5	3	0	79
5	2	1	70	5	3	1	110
5	2	2	94	5	3	2	140
5	2	3	120	5	3	3	180
5	2	4	150	5	3	4	210
5	2	5	180	5	3	5	250
5	4	0	130	5	5	0	240
5	4	1	170	5	5	1	350
5	4	2	220	5	5	2	540
5	4	3	280	5	5	3	920
5	4	4	350	5	5	4	1 600
5	4	5	430	5	5	5	> 1 600

注:总接种量 55.5 mL,其中 5 份 10 mL 水样,5 份 1 mL 水样,5 份 0.1 mL 水样。

8.3.3.2 总大肠菌群滤膜法

总大肠菌群滤膜法是指用孔径为 0.45 μm 的微孔滤膜过滤水样,将滤膜贴在加乳糖的选择性培养基上,在 37 ℃条件下培养 24 h,能形成特征性菌落的需氧和兼性厌氧的革兰氏阴性无芽孢杆菌以检测水中总大肠菌群的方法。

滤膜是一种微孔性薄膜,将水样注入已灭菌的放有滤膜(孔径为 0.45 μm)的滤器中,经过抽滤,细菌即被截留在膜上,然后将滤膜贴于品红亚硫酸钠培养基上,进行培养。因大肠菌群细菌可发酵乳糖,在滤膜上出现紫红色具有金属光泽的菌落,根据计数滤膜上生长的此特性的菌落数,计算出每 1 L 水样中含有总大肠菌群数。如有必要,对可疑菌落应进行涂片染色镜检,并再接种乳糖发酵管做进一步鉴定。

滤膜法具有高度的再现性,可用于检验体积较大的水样,能比多管发酵技术更快地获得肯定的结果。不过在检验浑浊度高、非大肠杆菌类细菌密度大的水样时,有其局限性。多管发酵法和滤膜法的结果作统计学比较,可显示出后者较为精密。虽然从这两种技术所得到的数据都提供了基本相同的水质情况,但检验结果的数值不同。在做水源水的检验时,可以预期约有 80% 的滤膜试验的数据落在多管发酵试验数据 95% 的置信界限内。

1. 培养基与试剂

(1)品红亚硫酸钠培养基

蛋白胨(10 g)、牛肉膏(5 g)、酵母浸膏(5 g)、乳糖(10 g)、琼脂(15 ~ 20 g)、磷酸氢二钾(3.5 g)、蒸馏水(1 000 mL)、无水亚硫酸钠(5 g)、碱性品红乙醇溶液(50 g/L 20 mL)。

先将琼脂加到 500 mL 蒸馏水中,煮沸溶解,于另 500 mL 蒸馏水中加入磷酸氢二钾,蛋白胨、酵母浸膏和牛肉膏,加热溶解,倒入已溶解的琼脂,补足蒸馏水至 1 000 mL,混匀后调 pH 值为 7.2 ~ 7.4,再加入乳糖,分装,68.95 kPa(115 ℃,10 lbf/in^2)高压下灭菌 20 min,储存于冷暗处备用。本培养基也可不加琼脂,制成液体培养基,使用时加 2 ~ 3 mL 于灭菌吸收垫上,再将滤膜置于培养垫上培养。

将上述贮备培养基加热融化,用灭菌吸管吸取一定量的 50 g/L 的碱性品红乙醇溶液置于灭菌空试管中,再按比例称取所需的无水亚硫酸钠置于另一灭菌空试管内,加灭菌水少许使其溶解后,置于沸水浴中煮沸 10 min 灭菌。用灭菌吸管吸取已灭菌的亚硫酸钠溶液,滴加于碱性品红乙醇溶液内至深红色褪成淡红色为止(不宜多加)。将此混合液全部加入已融化的贮备培养基内,并充分混匀(防止产生气泡)。立即将适量(约 15 mL)此种培养基倾入已灭菌的空皿内,待其冷却凝固后,倒置冰箱内备用。此种已制成的培养基于冰箱内保存不宜超过两周,如培养基已由淡红色变成深红色,则不能再用。

(2)乳糖蛋白胨培养液

同多管发酵法。

2. 仪器

滤器、滤膜(孔径为 0.45 μm)、抽滤设备、无齿镊子、其他仪器同多管发酵法。

3. 检验步骤

(1)准备工作

滤膜灭菌:将滤膜放入烧杯中,加入蒸馏水,置于沸水浴中煮沸灭菌 3 次,每次 15 min。前两次煮沸后更换水洗涤 2 ~ 3 次,以除去残留溶液。

滤器灭菌:用点燃的酒精棉球火焰灭菌。也可用蒸汽灭菌器在 103.43 kPa(121 ℃,15 lbf/in²)高压蒸汽下灭菌 20 min。

(2)过滤水样

水样量的选择:待过滤水样量是根据所预测的细菌密度而定的(对总大肠菌群做滤膜试验应过滤水样的参考体积见表 8.6)。一个理想的水样体积,可以产生大约 50 个大肠菌群细菌菌落,而全部类别的菌落数则不超过 200 个。当过滤水样(稀释的或未稀释的)体积少于20 mL 时,应在过滤之前加少量的无菌稀释水至过滤漏斗中,以便水量的增加有助于悬浮的细菌均匀分布在整个过滤表面。

用无菌镊子夹取灭菌滤膜边缘,将粗糙面向上,贴放在已灭菌的滤床上,稳妥地固定好滤器,将 100 mL 水样(如水样含菌数较多,可减少过滤水样量或将水样稀释)注入滤器中,打开滤器阀门,在 -5.07×10^4 Pa(负 0.5 个大气压)下抽滤。

(3)培养

水样抽滤完全,再抽约 5 s,关上滤器阀门取下滤器,用灭菌镊子夹取滤膜边缘部分,移放在品红亚硫酸钠培养基上,滤膜截留细菌面朝上,滤膜应与培养基完全贴紧,两者间不得留有气泡,然后将平皿倒置,放入 37 ℃恒温箱内培养 24 ± 2 h。培养期间,保持充足的湿度(大约 90%相对湿度)。

(4)结果观察和报告

挑取符合下列特征的菌落进行革兰氏染色、镜检。

紫红色,具有金属光泽的菌落;深红色,不带或略带金属光泽的菌落;淡红色,中心色较深的菌落。

凡系革兰氏阴性无芽孢杆菌,需再接种于乳糖蛋白胨培养液或乳糖蛋白半固体培养基(接种前应将此培养基放入水浴中煮沸排气,冷却凝固后方能使用),经 37 ℃条件下培养24 h,有产酸产气者,则判定为总大肠菌群阳性。

计数滤膜上生长的大肠菌群菌落总数,以每 100 mL 水样中的总大肠菌群数(CFU/100 mL)报告,即

$$总大肠菌群数/(CFU \cdot 100 \ mL^{-1}) = \frac{数出的总大肠菌群菌落数 \times 100}{过滤的水样体积}$$

表 8.6　对大肠菌群做滤膜试验时应过滤水样的参考体积

水样种类	过滤体积/mL							
	100	50	10	1	0.1	0.01	0.001	0.000 1
饮用水	×							
游泳池	×							
井水、泉水	×	×	×					
湖泊、水库	×	×	×					
供水进水			×	×	×			
沙滩浴场			×	×	×			
河水				×	×	×	×	
加氯的污水				×	×	×		
原污水					×	×	×	×

8.3.4　水中粪大肠菌群(耐热大肠菌群)的测定

耐热大肠菌群是总大肠菌群的一部分,我国习惯将耐热大肠菌群称为"粪大肠菌群",事实上,耐热大肠菌群中许多种类并非粪便来源,"粪大肠菌群"一词并不合适,容易产生误导,以为检测出的耐热大肠菌群都是来源于粪便的。耐热大肠菌群是在温度为 44.5 ℃下仍能生长并发酵乳糖产气的大肠菌群。

通常情况下,耐热大肠菌群与总大肠菌群相比,在人和动物粪便中所占的比例较大,而且由于在自然界容易死亡等原因,耐热大肠菌群的存在可认为水体近期直接或间接地受到了粪便污染。因而,与总大肠菌群相比,耐热大肠菌群在水体中的检出,说明水体更为不清洁,存在肠道致病菌和食物中毒菌的可能性更大。WHO 也指出,对农村供水来说,总大肠菌群不能作为粪便污染指示物,特别是在热带地区,很多没有卫生学意义的细菌都可出现在供水中,所以必须有其他更准确的粪便污染指示物。而耐热大肠菌群比总大肠菌群更能准确地反映水体受人和动物粪便污染的程度,且其检测方法比埃希氏大肠杆菌简单得多,易于用一步法检测。因此,耐热大肠菌群指标与总大肠菌群指标并不矛盾,它在水处理各个工艺中担任着重要的指示粪源菌去除效率的作用,也用于评估不同质量的水所必须处理的程度以及细菌去除率目标的确定。

耐热大肠菌群在配水系统中再繁殖是不可能的,除非管网中有充足的营养物质(生化需氧量超过 10 mg/L)或者不合适的物质接触到处理后的水,水温超过 15 ℃,以及管网中没有游离余氯。所以,耐热大肠菌群用来作为粪便污染指示菌更有利。

耐热大肠菌群测定可以用多管发酵法或滤膜法。

8.3.4.1　多管发酵法

1.培养基

EC 培养液:胰蛋白胨(20 g)、乳糖(5 g)、胆盐三号(1.5 g)、磷酸氢二钾(4 g)、磷酸二氢钾(1.5 g)、氯化钠(5 g)、蒸馏水(1 000 mL)。

将上述成分加热溶解,然后分装于带有倒管的试管中,置高压蒸汽灭菌器中,68.95 kPa(115 ℃,10 lbf/in²)灭菌 20 min。最终 pH 值应为 6.9±0.2。

伊红美蓝琼脂:同总大肠菌群中的培养基。

2.仪器

恒温水浴:44.5±0.5 ℃或隔水式恒温培养箱,其他同总大肠菌群多管发酵法。

3.检验步骤

自总大肠菌群乳糖发酵试验中的阳性管(产酸产气)中取 1 滴转种于 EC 培养基中,置 44.5 ℃水浴箱或隔水式恒温培养箱内(水浴箱的水面应高于试管中培养基液面),培养 24±2 h,如所有管均不产气,则可报告为阴性,如有产气者,则转种于伊红美蓝琼脂平板上,置 44.5 ℃培养 18~24 h,凡平板上有典型菌落者,则证实为耐热大肠菌群阳性。

如检测未经氯化消毒的水,且只想检测耐热大肠菌群时,或调查水源水的耐热大肠菌群污染时,可用直接多管耐热大肠菌群方法,即在第一步乳糖发酵试验时按总大肠菌群接种于乳糖蛋白胨培养液在 44.5±0.5 ℃水浴中培养,以下步骤同上。

4.结果报告

根据证实为耐热大肠菌群的阳性管数,查最可能数(MPN)检索表,报告每 100 mL 水样中耐热大肠菌群的最可能数(MPN)值。

8.3.4.2　滤膜法

耐热大肠菌群滤膜法是指用孔径为 0.45 μm 的滤膜过滤水样,细菌被阻留在膜上,将滤膜贴在添加乳糖的选择性培养基上,44.5 ℃条件下培养 24 h 能形成特征性菌落以此来检测水中耐热大肠菌群的方法。

1.培养基与试剂

(1)MFC 培养基

胰胨(10 g)、蛋白胨(5 g)、酵母浸膏(3.0 g)、氯化钠(5.0 g)、乳糖(12.5 g)、胆盐三号(1.5 g)、琼脂(15 g)、苯胺蓝(0.2 g)、蒸馏水(1 000 mL)。

在 1 000 mL 蒸馏水中先加入含玫红酸(10 g/L)的 0.2 mol/L 氢氧化钠溶液 10 mL,混匀后,取 500 mL 加入琼脂煮沸溶解,于另外 500 mL 蒸馏水中,加入除苯胺蓝以外的其他试剂,加热溶解,倒入已溶解的琼脂,混匀调 pH 值为 7.4,加入苯胺蓝煮沸,迅速离开热源,待冷却至 60 ℃左右制成平板,不可高压灭菌。制好的培养基应存放于 2 ~ 10 ℃条件下,不超过96 h。本培养基也可不加琼脂,制成液体培养基,使用时加 2 ~ 3 mL 于灭菌吸收垫上,再将滤膜置于培养垫上培养。

(2)EC 培养基

同多管发酵法。

2.仪器

隔水式恒温培养箱或恒温水浴、玻璃或塑料培养皿 60 mm × 15 mm 或 50 mm × 12 mm,其他仪器同大肠菌群滤膜法。

3.测定步骤

(1)水样过滤

水样量的选择:水样量的选择根据细菌受检验的特征和水样中预测的细菌密度而定。如未知水样中耐热大肠菌群的密度就应按表 8.7 所列体积过滤水样,以得知水样的耐热大肠菌群。先估计出适合在滤膜上计数所应使用的体积,然后再取这个体积的 1/10 和 10 倍,分别过滤。理想的水样体积是一片滤膜上生长 20 ~ 60 个耐热大肠菌群菌落,总菌落数不得超过 200 个。

表 8.7　使用的水样量

水样种类	检测方法	接种量/mL								
		100	50	10	1	0.1	10^{-2}	10^{-3}	10^{-4}	10^{-5}
较清洁湖水	滤膜法	×	×	×						
井水	多管发酵			×	×	×				
一般江水	滤膜法		×	×	×					
河水、塘水	多管发酵				×	×	×			
城市内河水	滤膜法				×	×	×			
湖水、塘水	多管发酵						×	×	×	
城市原污水	滤膜法						×	×	×	
	多管发酵							×	×	×

按总大肠菌群滤膜法水样过滤的步骤和注意事项进行过滤。

(2)培养

水样滤完后,再抽气约 5 s,关上滤器阀门,取下滤器,用灭菌镊子夹取滤膜边缘部分,移放在 MFC 培养基上。滤膜截留细菌面向上,滤膜应与培养基完全贴紧,两者不得留有气泡,然后将皿倒置,放入 44.5 ℃隔水式培养箱内培养 24 ± 2 h。若用恒温水浴培养,则需用塑料平皿,将皿盖紧,或用防水胶带贴封每个平皿,将培养皿成叠封入塑料袋内,浸没在 44.5 ± 0.5 ℃恒温水浴中,培养 24 ± 2 h。耐热大肠菌群在此培养基上菌落为蓝色,非耐热大肠菌群菌落为灰色至奶油色。

对可疑菌落转种 EC 培养基,44.5 ℃条件下培养 24 ± 2 h,如产气则证实为耐热大肠菌群。

4.结果报告

计数被证实的耐热大肠菌落数,水中耐热大肠菌群数是以 100 mL 水样中耐热大肠菌群菌落形成单位(CFU)表示,即

$$耐热大肠菌群菌落数/(CFU \cdot 100\ mL^{-1}) = \frac{所计得的耐热大肠菌菌落数 \times 100}{过滤水样体积}$$

8.3.5　大肠埃希氏菌

8.3.5.1　多管发酵法

大肠埃希氏菌多管发酵法是指多管发酵法总大肠菌群阳性,在含有荧光底物的培养基上,在 44.5 ℃条件下培养 24 h 产生 β – 葡萄糖醛酸酶,分解荧光底物释放出荧光产物,使培养基在紫外光下产生特征性荧光的细菌,以此来检测水中大肠埃希氏菌的方法。

埃希氏大肠杆菌是最准确和专一的粪便污染指示菌,但检测方法较为复杂,而在大多数情况下耐热性大肠菌群在水中的浓度直接和埃希氏大肠杆菌的浓度相关,所以尽管前者比后者用于指示粪便污染的可靠性相对较差,但前者应用于水质检测被认为是可接受的,许多情况下耐热性大肠菌群可作为埃希氏大肠杆菌的替代菌用于检测。如果必要,耐热大肠菌群的分离菌可进一步验证是否为推定埃希氏大肠杆菌。这些粪源生物或推定埃希氏大肠杆菌的检出和确认,为近期粪便污染提供了强有力的证据,而且应立即进行调查。在未检出埃希氏大肠杆菌的处理后的饮用水中,可能存在对正常环境条件或常规处理技术有较强抵抗力的病原体。水源性疾病暴发的回顾性研究结果和有关水中病原体特性判定的最新进展资料显示,继续依赖于有无大肠杆菌的假设已不能对水的安全性作出最佳判断。

1.培养基与试剂

EC – MUG 培养基:胰蛋白胨(20.0 g)、乳糖(5.0 g)、胆盐三号(1.5 g)、磷酸氢二钾(4.0 g)、磷酸二氢钾(1.5 g)、氯化钠(5.0 g)、4 – 甲基伞形酮 – β – D – 葡萄糖醛酸苷(MUG,0.05 g)。

制法:将干燥成分加入水中,充分混匀,加热溶解,在 366 nm 紫外光下检查无自发荧光后分装于试管中,68.95 kPa(115 ℃,10 lbf/in²)高压下灭菌 20 min,最终 pH 值为 6.9 ± 0.2。

2.仪器

紫外光灯(6 W,366 nm),培养箱(44.5 ± 0.5 ℃),天平、平皿、试管、分度吸管、锥形瓶、小倒管、金属接种环、冰箱 0 ~ 4 ℃。

3.检验步骤

接种:将总大肠菌群多管发酵法初发酵或产气的管进行大肠埃希氏菌检测,用烧灼灭菌的金属接种环或无菌棉签将上述试管中液体接种到 EC – MUG 管中。

培养:将已接种的 EC – MUG 管在 44.5 ± 0.5 ℃条件下培养 24 ± 2 h,如使用恒温水浴,在接种后 30 min 内进行培养,使水浴的液面超过 EC – MUG 管的液面。

4.结果观察与报告

将培养后的 EC – MUG 管在暗处用波长为 366 nm、功率为 6 W 的紫外灯照射,如果有蓝色荧光产生则表示水样中含有大肠埃希氏菌。计算 EC – MUG 阳性管数,查对应的最可能数(MPN)表得出大肠埃希氏菌的最可能数,结果以 MPN/100 mL 报告。

8.3.5.2　大肠埃希氏滤膜法

大肠埃希氏滤膜法是指在检测水样后,将总大肠菌群阳性的滤膜在含有荧光底物的培养基上培养,能产生 β – 葡萄糖醛酸酶分解荧光底物释放出荧光产物,使菌落能够在紫外光下产生特征性荧光,以此来检测水中大肠埃希氏菌的方法。

1.培养基与试剂

MUG 营养琼脂培养基(NA – MUG):蛋白胨(5.0 g)、牛肉浸膏(3.0 g)、琼脂(15.0 g)、4 – 甲基伞形酮 – β – D – 葡萄糖醛酸苷(MUG,0.1 g)、蒸馏水(1 000 mL)。

制法:将干燥成分加入水中,充分混匀,加热溶解,103.43 kPa(121 ℃,15 lbf/in^2)高压下灭菌15 min,最终 pH 值为 6.8 ± 0.2。在无菌操作条件下倾倒 50 mm 平板备用。倾倒好的平板在 4 ℃条件下可保存两周。本培养基也可不加琼脂,制成液体培养基,使用时加 2 ~ 3 mL 于灭菌吸收垫上,再将滤膜置于培养垫上培养。

2.仪器

紫外光灯(6 W、波长 366 nm),其他仪器同总大肠菌群滤膜法。

3.检验步骤

接种:将总大肠菌群滤膜法有典型菌落生长的滤膜进行大肠埃希氏菌检测。在无菌操作条件下将滤膜转移至 NA – MUG 平板上,细菌截留面朝上,进行培养。

培养:将已接种的 NA – MUG 平板在 44.5 ± 0.5 ℃条件下培养 24 h。

4.结果观察与报告

将培养后的 NA – MUG 平板在暗处用波长为 366 nm、功率为 6 W 的紫外光灯照射,如果菌落边缘或菌落有蓝色荧光产生则表示水样中含有大肠埃希氏菌。记录有蓝色荧光产生的菌落并报告,报告格式同总大肠菌群滤膜法格式。

8.3.6　水中粪链球菌

人和温血动物的粪便都存在有不少的链球菌,通称为粪链球菌。粪链球菌是革兰氏阳性、过氧化酶阴性、呈短链状的球菌。粪链球菌进入水体后,在水中不再自行繁殖,因此可以作为粪便污染的指示菌。由于人粪便中耐热大肠菌群数多于粪链球菌,动物粪便中粪链球菌多于耐热大肠菌群,因此在水质检验时根据这两种菌菌数的比值(FC/FS)的不同可以推测粪便污染的来源。根据对每个动物个体所产生的耐热大肠菌群和粪链球菌的数量估计,可以得出 FC/FS 的比值。

如果比值大于或等于 4,则认为污染主要来自人类的粪便;比值小于或等于 0.7,则认为污染主要来自温血动物的粪便;比值小于 4 而大于 2,则为混合污染但以人类粪便为主;比值小于 1 而大于 0.7,则为混合污染但以温血动物粪便为主;比值小于或等于 2 而大于或等于 1,则难以判定污染来源。为尽量减少对比值错误的解释,要注意以下几点:要测量水样的 pH 值,因为水中的 pH 值在 9.0 以上或 4.0 以下时,粪链球菌的密度会有急剧改变;尽可能靠近污染源采集水样,因为粪链球菌一离开动物寄主后存活时间不长;有时要调查污染的确切来源;当粪链球菌的计数低于 100 个/100 mL 时,不要使用比值法。

多管发酵法:适用于较浑浊的水样,或含有有害化学物质(特别是金属物质)或杂菌数过多的水样,但不适用于海水样品。测定步骤是将水样接种于叠氮化钠葡萄糖培养液中,叠氮化钠可抑制一般革兰氏阴性细菌的生长,能在此种培养液中生长可认为是粪链球菌推测试验阳性。自推测试验阳性管用接种环接种三环至有叠氮化钠和乙基紫两种抑制剂的培养液中,如能在此种培养基中生长,表示粪链球菌的证实试验为阳性。根据证实试验阳性的管数,查 MPN 表,即可得 100 mL 水样中的粪链球菌数。

滤膜法:滤膜法用的 KF 链球菌培养基中含有叠氮化钠,可抑制革兰氏阴性细菌的生长,含有的 2,3,5 - 三苯基四唑化氯(TTC)可进入链球菌菌体被还原成为红色,使滤膜上的粪链球菌落呈现红色或粉红色。计数该滤膜上的红色菌落即可推算出水中粪链球菌的数量。每一滤膜上以生长 20～100 个粪链球菌菌落最适于计数。滤膜上生长的红色或粉红色菌落一般皆为粪链球菌,必要时可选取一些菌落加以证实。即粪链球菌过氧化氢酶试验阴性,能在 44.5 ℃条件下生长,水解七叶苷。滤膜法对含菌稀少的水样检测最为适合。

倾注平板培养法:如水样过于浑浊或经氯消毒处理的污水样,不适宜用上述滤膜法检验时,可用此法计数生长在培养基内部或表面的典型菌落。但如水样中粪链球菌数过少,则不宜用此法检测。测定方法与测定水中细菌总数基本相同,用菌落计数器或低倍双目解剖显微镜(放大 10～15 倍)观察计数培养基内部与表面大小不等的红色或粉红色菌落(其他色泽不计数),以计算出每 100 mL 水样中的粪链球菌数。

8.4　其他微生物

8.4.1　放线菌和丝状细菌

放线菌:放线菌因菌落呈放射状而得名,是介于细菌与丝状真菌之间而又接近于细菌的一类丝状原核微生物。单细胞而有细长分枝。菌落表面常呈粉末状或皱褶状,正面和背面颜色往往不同,不易用接种环挑起。最近发现,某些放线菌能氧化分解氰化物,对于含氰废水处理有重要意义。

丝状细菌:细菌的菌丝外面包着一个圆筒状的黏性皮鞘,相当于普通细菌的荚膜,菌体细胞能相连而形成丝状。铁细菌和硫磺细菌都是丝状菌,铁细菌可使亚铁氧化为高铁沉淀,降低水管的输水能力,硫磺细菌在水管中大量繁殖时,有强酸产生,对管道有腐蚀作用。一定数量的丝状球衣细菌对有机物去除有利,但大量繁殖后,会使污泥结构松散,引起污泥膨胀,影响出水水质。

8.4.2　真菌

包括单细胞的酵母菌和呈丝状的多细胞霉菌。

酵母菌:酵母菌可形成圆形菌落,菌落大小约与细菌相同,其表面湿润有光泽,酵母菌能分解碳水化合物,称为发酵型酵母菌,人们正在研究对废水有氧化分解能力的氧化型酵母菌,用于染料工业的废水生物处理。

霉菌:经过一定时间的培养,在固体培养基上长出绒毛状或絮状的圆形菌落,比其他微生物大,有的可无限制地扩展。霉菌代谢能力强,特别是对纤维素、木质素等有很强的分解能力。

在活性污泥法的废水处理构筑物内,真菌的种类和数目一般没有细菌和原生动物多,其菌丝能用肉眼看到,黏着在沟渠或水池的内壁。在生物滤池的生物膜内,真菌形成广大的网状物,可能起着结合生物膜的作用。在活性污泥中,若繁殖了大量的霉菌,也会引起污泥膨胀。

8.4.3　微型藻类

蓝藻含有藻蓝素,呈蓝绿色,能适应的温度范围很广。蓝藻是引起水体富营养化的主要藻类之一,蓝藻是原核生物,与其他藻类不同。有些蓝藻大量繁殖时,对牲畜有毒害作用。

绿藻也是引起水体富营养化的主要藻类之一,其细胞中的色素以叶绿素为主。大部分绿藻在春夏之交和秋季生长得最旺盛。

硅藻细胞壁中含有大量的硅质,适宜在较低温度中生长。少数种类可引起海洋赤潮。

其他藻类,如裸藻、金藻、甲藻和隐藻门等在大量繁殖时也会引起水华或赤潮。

藻类对给水工程有一定的危害性。当它们在水库、湖泊大量繁殖时,使水带有臭味和颜色,还可能影响水厂的过滤工作。

在排水工程中可利用藻类光合作用放出的氧气被好氧微生物利用,氧化分解水中的有机污染物,废水处理中使用的氧化塘是利用菌 – 藻共生净化污水的。

8.4.4　原生动物

水处理中常见的原生动物有三类:肉足类、鞭毛类和纤毛类。

8.4.4.1　肉足类

细胞质可伸缩变动而形成伪足,作为运动和摄食的胞器,以细菌、藻类、有机颗粒和比它本身小的原生动物为食物。主要有变形虫、太阳虫(见图 8.19)等,中污带水体、污水和废水处理构筑物中都有肉足虫。

8.4.4.2　鞭毛类

鞭毛类分为植物性和动物性鞭毛虫,鞭毛是运动器官。

植物性鞭毛虫:如绿眼虫(见图 8.19),在多污带水体和 α – 中污性水体中较多,在活性污泥和生物滤池的生物膜中均有发现。

动物性鞭毛虫:在自然界中,动物性鞭毛虫生活在腐化有机物较多的水体内,在废水处理厂曝气池运行的初期阶段,往往出现动物性鞭毛虫。

8.4.4.3 纤毛类

纤毛类以纤毛作为行动或摄食的工具。纤毛虫是原生动物中构造最复杂的,如游泳形纤毛虫——草履虫、固着形纤毛虫——钟虫(见图8.19)等。钟虫经常出现于活性污泥和生物膜中,可作为处理效果较好的指示生物。纤毛虫能大量吞食细菌,特别是游离细菌,在活性污泥法中,纤毛虫可促进生物絮凝作用在二次沉淀池中沉降得更好,因此可改善生物处理法出水的水质。

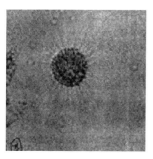

太阳虫

绿眼虫

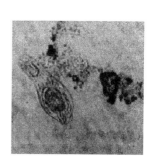

草履虫

标注:纤毛、伸缩泡、小核、大核、胞口、食物泡

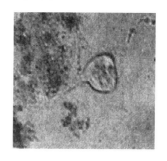

钟虫

图8.19 几种原生动物和轮虫

其他还有吸管虫、孢子类原生动物等。吸管是用来诱捕食物,孢子虫是寄生的,其生活史较复杂,能产生孢子,在卫生医疗方面有重要意义。

对废水生物处理起作用的主要是细菌,其数量多、分解有机物能力强。其次,则是原生动物,常占微型动物总数的95%以上,并且也有一定的净化能力,可作为指示生物,用以反映活性污泥和生物膜的质量以及废水净化程度。在氧化塘一类的构筑物中,藻类的作用则比原生动物更重要,当然细菌还是起最主要的作用。

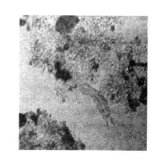

图8.20 轮虫

一般情况下,在活性污泥的培养和驯化阶段中,原生动物种类的出现和数量的变化往往按一定的顺序进行。在运行初期曝气池中常出现鞭毛虫和肉足虫子。若钟虫出现且数量较多,则说明活性污泥已成熟,充氧正常。除原生动物的种类和数量外,还应注意各种群的代

谢活力。当观察到纤毛虫活动力差、钟虫类伸缩泡很大、畸形、有大量孢囊形成等现象时,即使钟虫较多,也说明处理效果不好。

8.4.5　后生动物

在水处理工作中常见的后生动物主要是多细胞的无脊椎动物,包括轮虫、甲壳类和昆虫及其幼虫等。

8.4.5.1　轮虫

轮虫身体前端有一个头冠,头冠上有纤毛,轮虫是因为其纤毛环摆动时形状如旋转的轮盘而得名,如图 8.20 所示。轮虫也以细菌、小的原生动物和有机颗粒为食物,所以在废水的生物处理中有一定的净化作用。当活性污泥出现轮虫时,往往表明处理效果良好,但如果数量太多,则有可能破坏污泥结构,使污泥松散而上浮。轮虫在水源水中大量繁殖时,有可能阻塞水厂的砂滤池。

8.4.5.2　甲壳类动物

这类生物的主要特点是具有坚硬的甲壳。在给排水工程中常见的甲壳类动物有水蚤和剑水蚤。它们以细菌和藻类为食料。若大量繁殖,可能影响水厂滤池的正常运行。在水中被发现的小虫或其幼虫还有线虫、水熊、红斑瓢体虫、摇蚊幼虫、颤蚯蚓等,如图 8.21 所示。

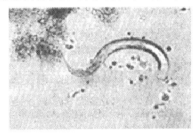 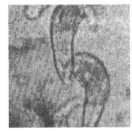 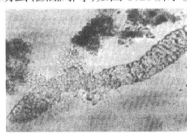

线虫　　　　　　　　　　水熊　　　　　　　　　　红斑瓢体虫

图 8.21　水中其他后生动物

根据以上叙述可知,在废水生物处理厂中应对生物进行长期的显微镜观察,以掌握水厂正常运转时常见且数量较多的种类。然后根据日常的镜检结果,就可对废水处理的效果进行判断,如果发现偶然见到的种类突然猛增或其他不正常现象,就说明运转出现了问题,应及时采取补救措施,以保证处理工作的正常运行。

8.4.6　活性污泥性质测定

8.4.6.1　污泥沉降比(SV30%)

污泥沉降比是指曝气池混合液在 100 mL 量筒中静置沉淀 30 min 后,沉淀污泥与混合液之体积比(%),当沉降比小时,表明污泥数量不足,应设法补充,正常的活性污泥沉降比应在 15% ~ 30% 之间。

8.4.6.2　污泥浓度(MLSS)

MLSS 即混合液悬浮固体,是指曝气池中污水和活性污泥混合后的混合液悬浮固体数量,即单位体积曝气池混合水样中所含污泥的干重,单位为 g/L。测定时,将定量滤纸放于

105 ℃烘箱或水分快速测定仪中干燥至恒重,将已知重量的滤纸折好后放在布氏漏斗上,再把已知污泥体积的 100 mL 量筒内的污泥全部倾入漏斗中,黏附于量筒壁上的污泥用蒸馏水冲洗,也一并倾入漏斗,过滤完毕后,将载有污泥的滤纸移入烘箱中烘至恒重,或移入水分快速测定仪中干燥至恒重,按下式计算

$$MLSS/(g \cdot L^{-1}) = [(滤纸重 + 污泥干重) - 滤纸重] \times 10$$

8.4.6.3 污泥灰分和挥发性污泥(MLVSS)

将测过污泥干重的滤纸(定量无灰分滤纸)及干污泥,放入已知恒重的坩埚内,先在普通电炉上加热碳化,再放入马福炉内,恒温 600 ℃,灼烧 40 min,用坩埚钳子将坩埚取出放入干燥器中冷却,称重,通过下式计算

$$污泥灰分/\% = \frac{灰分重量}{干污泥重量} \times 100$$

$$灰分重量 = (坩埚重 + 灰分重) - 坩埚重$$

$$挥发性污泥/(g \cdot L^{-1}) = \frac{干污泥重量 - 灰分重量}{100} \times 1\,000$$

8.4.6.4 污泥指数(SVI)

污泥指数全称为污泥容积指数,指曝气池出口混合液经 30 min 静沉后,1 g 污泥所占容积,以 mL 计。

$$SVI = \frac{混合液 30 \text{ min 静沉后污泥容积}}{污泥干重} = \frac{SV \times 10}{MLSS}$$

8.4.7 活性污泥和生物膜生物相观察

8.4.7.1 仪器与菌种

菌种:活性污泥(取自污水处理厂曝气池)。

仪器:100 mL 量筒、载玻片、盖玻片、玻璃小吸管、乳胶头、镊子、显微镜、计数尺、目测微尺。

8.4.7.2 步骤

1.肉眼观察

取曝气池混合液 100 mL 置于 100 mL 量筒内,观察活性污泥在量筒中呈现的絮绒体外观及沉降性能,记录沉降 30 min 时的污泥体积,此为污泥沉降比。

2.制片

取曝气池混合液 1~2 滴,放在洁净载玻片中央(如混合液较稀,可等其沉淀后,取沉淀区的污泥)。加盖玻片时注意不要在片内形成气泡,以免影响观察。在制作生物膜标本时,可用镊子从填料上刮取一小块生物膜,用蒸馏水稀释,制成菌液,以下步骤与活性污泥标本的制备方法相同。

3.镜检污泥性状及生物组成

在显微镜的低倍或高倍镜下观察生物相。将载玻片放于载物台,用标本夹夹住,移动推进器使观察对象处在物镜的正下方,之后调节显微镜使观察对象成像,观察。污泥中的生物相比较复杂,以细菌、原生动物为主,还有真菌、微型后生动物等。在正常的成熟的活性污泥

中,细菌大多集中在菌胶团絮粒中,絮粒具有一定的形状,结构稠密、折光率强,沉降性能好。

污泥絮粒:观察生物相的全貌,要注意污泥结构松紧程度,并加以记录和作出必要的描述。

形状:近似圆形的絮粒称为圆形絮粒,与圆形截然不同的称为不规则絮粒。

结构:絮粒中网状空隙与絮粒外面悬液相连的称为开放结构;无开放空隙的称为封闭结构。

紧密度:絮粒中菌胶团细菌排列致密,絮粒边缘与外部悬液有清晰界限的称为紧密絮粒,絮粒边缘界线模糊的称为疏松絮粒。

实践证明圆形、封闭、紧密的絮粒,相互之间易于凝聚、浓缩、沉降性能良好,反之沉降性能差。

污泥絮粒大小按平均直径可分为三等:直径大于 500 μm 的为大粒污泥;直径在 150~500 μm 的为中性污泥;直径小于 150 μm 的为细小污泥。絮粒大的污泥沉降快。

丝状微生物:活性污泥中的丝状细菌数量是影响污泥沉降性能最重要的因素。当污泥中丝状菌占优势时,会由絮粒中向外伸展,阻碍絮粒间的浓缩,使污泥的 SV 值和 SVI 值偏高,造成活性污泥膨胀。根据污泥中丝状菌与菌胶团细菌的比例,可将丝状菌分为 5 个等级:0 级,污泥中几乎无丝状菌;± 级,污泥中存在少量丝状菌;+ 级,污泥中存在中等数量的丝状菌,总量少于菌胶团细菌;+ + 级,污泥中存在大量丝状菌,总量与菌胶团细菌大致相当;+ + + 级,污泥絮粒以丝状菌为骨架,数量超过菌胶团细菌而成为优势菌。活性污泥中常见的丝状微生物有球衣细菌、贝氏硫菌、发硫菌和霉菌等。

微型动物:微型动物包括单细胞的原生动物和多细胞的微型后生动物,镜检时要注意观察它们的种类、形态、结构、数量。原生动物常作为污水净化指标,当固着型纤毛虫占优势时,可以认为生物处理运转正常;当活性污泥中出现轮虫时,说明处理效果良好,但数量过多,表明污泥极度老化,净化效果差。

4.动物的计数

计数步骤如下:取活性污泥曝气池混合液盛于烧杯内,用玻璃棒轻轻搅匀,如混合液较浓,可稀释一倍后观察。吸取搅匀的混合液,加到计数板的中央方格内,然后加上一块洁净的大号盖玻片,使其四周正好搁在计数板四周凸起的边框上。用低倍镜进行计数,把小方格按顺序一行行计算即可,若是群体,则需将群体和群体上的个体分别计数。另外,为避免动物游动而影响计数,可用接种环加一环氯化汞饱和溶液以杀死动物。

计算:根据计数板容积计算每毫升活性污泥混合液中微型动物数。

5.实验报告

按表 8.8 填写活性污泥观测结果。

表 8.8　活性污泥观测结果

活性污泥来源_____采样日期_____

	絮体			丝状菌数量	游离细菌	微型动物名称及状态		动物数/(个·mL^{-1})
	形态	结构	紧密度			优势种	其他动物种	
污泥沉降比/%								

6.绘图

绘出所见原生动物和微型后生动物形态图。

8.4.8　活性污泥活性测定

8.4.8.1　耗氧速率测定

活性污泥耗氧速率(OUR)是评价污泥微生物代谢活性的一个重要指标。OUR 若大大高于正常值,往往指示活性污泥负荷过高,出水水质较差,残留有机物较多。OUR 长期低于正常值时,出水中残存有机物数量较少,分解较完善,但若长期运行,也会使污泥因缺乏营养而解絮。当处理系统遭受毒物冲击时,会导致活性污泥中毒,OUR 突然下降。测定时取不同部位的水样调节温度至 20 ℃,并充氧至饱和。将水样转移至内装搅拌棒的 BOD 测定瓶中,塞上安装有溶解氧测定仪电极探头的橡皮塞,注意瓶内不应产生气泡。将 BOD 测定瓶置于20 ℃恒温水浴中,开动电磁搅拌器,待稳定后记录溶解氧值,一般每 1 min 读数一次,控制在10 ~ 30 min 内为宜。活性污泥(MLVSS)耗氧速率为

$$OUR/(g(g \cdot h)^{-1}) = \frac{DO_0 - DO_t}{t \times MLVSS}$$

式中　　DO$_0$——初始 DO 值;

　　　　DO$_t$——测定结束时 DO 值。

8.4.8.2　脱氢酶活性测定

脱氢酶是一类氧化还原酶类,它的作用是催化氢从被氧化的基质上转移到受氢体上。活性污泥中脱氢酶的活性与水中营养物浓度成正比,在污水处理过程,活性污泥脱氢酶活性的降低,直接说明了废水中可利用物质营养浓度的降低,此外,污水中有毒物质存在时,会使酶失活,造成污泥活性下降。为了定量测定脱氢酶的活性,常通过指示剂的还原变色速度,来确定脱氢过程的强度,常用的指示剂有 2,3,5 – 三苯基四唑氯化物(TTC)或亚甲兰,接受脱氢酶活化的氢而被还原时具有稳定的颜色,通过比色的方法,测定反应后颜色的深度,来推测脱氢酶的活性。

8.4.8.3　生物传感器测定微生物活性

通常认为,对于一定 BOD 浓度的污水,当活性污泥活性较高时,单位质量的活性污泥在单位时间内所分解的 BOD 就较多,测试结束时被测试样中残留的 BOD 值就低;反之,活性污泥活性较差,则污水中残留的 BOD 量仍然较高。对不同的污水,在相同的时间内用生物传感器测定各自 BOD 的变化,就可以比较被测污水中活性污泥的活性大小。固定化微生物膜电极测定 BOD 法的原理为:取适宜的一块微孔纤维膜,将事先预备好的湿菌适量地、均匀地涂布在膜上,稍待片刻,将它紧贴于氧电极聚四氟乙烯膜表面,使菌体夹于两层膜之间。当膜电极浸入到氧饱和溶液时,溶解氧向微生物膜和氧电极扩散,由于溶液保持恒温和氧饱和状态,所以溶解氧向氧电极扩散的速度是一定的,因而氧电极相应输出电位也是一定的。如果将含有有机物的样品加入到氧饱和溶液中,则有机物分子也向微生物膜扩散,就会发生微生物对有机物的降解作用,同时微生物呼吸作用消耗了扩散到膜上的氧,导致了电极电位的降低,但几分钟内可重新达到稳定值。当试验条件一定,加入的有机物浓度范围也一定时,电极输出电位的降低值与溶液中的有机物浓度之间成线性关系。根据电位在标准有机

物溶液和废水样中输出电位的降低值,以及标准有机物葡萄糖溶液浓度和其 BOD 之间的对应关系得出废水样的 BOD 值。

8.4.8.4　活性污泥泥龄测定及其控制

活性污泥龄表示微生物曝气池中平均培养时间,也即曝气池内活性污泥平均更新一遍所需要的时间。是活性污泥中不同菌属微生物在系统内的平均停留时间,虽然它并不能直接代表各种微生物的繁殖更新时间,但与各种微生物的世代期存在着密切的关系。在活性污泥中能保留下来的微生物,其世代期必然短于或等于污泥泥龄,否则就会从系统中逐渐消失。一般泥龄越长,活性污泥中微生物种群的数量也越多,因此泥龄的变化必然引起活性污泥微生物组成的变化。

测定方法:污泥龄为

$$\theta_c = \frac{X_a V}{Q_w X'_a} \tag{8.1}$$

式中　　V——曝气池容积,m^3;

　　　　Q_w——剩余污泥排放量,可用测流量方法确定,m^3/d;

　　　　X_a,X_a'——分别为曝气池混合液及二沉池排放污泥质量浓度,以 MLVSS 计,mg/L。

通过改变剩余污泥的排放量可控制泥龄,传统活性污泥法处理生活污水时,θ_c 一般控制在 $3 \sim 4$ d。为使溶解性有机物有最大的去除率,可选用较小的 θ_c 值,为使活性污泥具有较好的絮凝沉淀性,宜选用中等大小的 θ_c 值,但曝气池运行费用将较高。

8.4.8.5　废水可生化性及毒性测定

有的废水毒性很强,对活性污泥中微生物有强烈的毒害或抑制作用。废水中一些有机物尽管对微生物没有直接毒害作用,但在一定的水力停留时间条件下,很难被活性污泥微生物降解。一种废水是否适宜于生物处理,需要通过对其可生化性和毒性测定来判断。测定时,首先对活性污泥进行驯化:取城市污水处理厂活性污泥,停止曝气 30 min 后,弃去上清液,再以待测工业废水补足,然后继续曝气,用以上方法每天换水曝气 3 次,持续 $15 \sim 60$ d 左右。对难降解废水或有毒工业废水驯化,驯化时间往往取上限,驯化时应注意使活性污泥浓度有明显下降,若出现此现象,应减少换水量,必要时可适量增补些 N,P 营养。离心洗涤后测定污泥的内源呼吸耗氧速率和污泥的废水耗氧速率,废水耗氧速率同污泥的内源呼吸耗氧速率相比较,数值越高,该废水可生化性越好。对有毒废水或有毒物质,可稀释成不同浓度,测定相对耗氧速率。

其他检测微生物活性项目的方法还有很多种。如利用生物荧光检测仪测量生化反应产生的 ATP(三磷酸腺苷酶素)的含量来间接确定微生物活性度。利用水中微生物显微镜电视图像处理装置,直接观察反应全过程,从而计算微生物活性度等等。该装置可输出信号,在线化程度高,是实现活性污泥法工艺自动化的有力工具。

8.4.9　用 Ames 试验法检测环境中的致癌物

近 20 年来对水中化学物质致突变性的检验方法已接近 100 多种,但经常用于环境污染检测致突变性的方法约 20 多种,"2000 年规划"中规定采用 Ames 试验法,其方法的检验结果在致突变与致癌变的一致率上还有一定差距,但由于其操作快速易行,目前仍列为首选的方法。

试验原理:利用鼠伤寒沙门氏菌的组氨酸缺陷型菌株发生回复突变的性能来检测被检物质是否具有致突变性。常用的组氨酸缺陷型沙门氏菌有五种:TA98、TA100、TA1535、TA1537、TA1538,它们均含有控制组氨酸合成的基因,所以,当培养基中不含组氨酸时,它们便不能生长。然而,当被检物质具有致突变性时,可使细菌 DNA 的特定部位发生基因突变而使缺陷型菌株回复到野生菌株状态,此时的菌株就又能在无组氨酸的培养基中生长了,只要其中有任何一株发生回复,即属阳性结果。根据培养基上生长菌落多少,就可以判断被检物质的致突变性的强弱。

8.5　水中病原微生物

以大肠菌群、耐热大肠菌群细菌指标作为水质检测指标,只能间接反映生活饮用水被肠道病原菌感染的情况,但是不能反映水中是否有传染性病毒及肠道病原菌以外的其他病原菌。虽然水中的大肠菌群数量与水中致病微生物数量间有大致的定性相关关系,但检验大肠菌群的方法对水中是否存在致病病毒和水传染疾病病原菌等并无直接关系。另外,由于致病病毒、水传染疾病病原菌和原生动物的孢囊是与细菌类不同的有机体,它们在水中的反应也不一样,大肠菌安全不等于病毒安全,更不等于寄生虫安全。对水源水,如无大肠菌可理解为未受粪便污染。但对出厂水,大肠菌符合标准不等于病毒和寄生虫是安全的。因而就不能完全从概率角度出发对它们的消失程度和大肠菌群类的消失程度进行简单的类比。原虫和某些肠道病毒对包括氯在内的许多消毒剂有较强的抵抗性,二者在消毒后的饮用水中仍有活力(并有致病性)。其他一些生物体可能更适合作为持久性微生物危害的指示菌,但应当对这些微生物是否符合当地的具体情况、是否有科学依据等进行评价,方可选作附加的指示菌。

表 8.9 是对已发表的资料进行汇总后,列出的不同类型的地表水和地下水中高浓度肠道病原体和微生物性标志物的估计值。

表 8.9 中的数据为了解各种水源中肠道病原体和指示性微生物污染水平提供了有用的指导,但这些数据有许多不确定性。如采样点信息、检测方法的灵敏度问题、隐孢子虫卵囊、鞭毛虫孢囊和病毒生存能力以及人类传染性资料等。

表 8.9　不同水源(每升)中肠道病原体和粪便指示性生物的高污染水平

病原体或指示性菌群	湖泊和水库	易受污染的河流和小溪	荒野中的河流和小溪	地下水
空肠弯曲杆菌	20 ~ 500	90 ~ 2 500	0 ~ 1 100	0 ~ 10
沙门氏菌	—	3 ~ 58 000	1 ~ 4	—
埃希氏大肠菌属	10 000 ~ 1 000 000	30 000 ~ 1 000 000	6 000 ~ 30 000	0 ~ 1 000
病毒	1 ~ 10	30 ~ 60	0 ~ 3	0 ~ 2
隐孢子虫	4 ~ 290	2 ~ 480	2 ~ 240	0 ~ 1
贾第虫	2 ~ 30	1 ~ 470	1 ~ 2	0 ~ 1

8.5.1　水传疾病病原菌

霍乱弧菌、伤寒沙门菌、志贺菌等都是水中所关注的病原菌。志贺氏属菌可导致严重疾病。生物降解产生相对高浓度的有机碳,加上适宜的温度和低残留氯,却能让某些微生物在地表水及供水系统中得以生长,如军团菌、霍乱弧菌、福氏耐格里阿米巴、棘阿米巴和其他一些有害生物军团菌。军团菌常见于地表水、水体管道、被热废水污染的湖水和河水中,尤其常生存于中央空调系统和淋浴设施中,是引起军团病的致病因子。该病初期表现为厌食、肌痛、头痛,而后腹泻,出现肺炎,甚至呼吸衰竭,具有高度爆发性和流行性。嗜肺军团菌是通过呼吸道的接触而传染的,其他病原菌则通过消化道的接触传染疾病。通过在建筑物内实施水质管理措施,或者通过维持管道配水系统中余留消毒剂水平可有效控制军团菌。

8.5.2　水中的病毒

病毒的尺寸约为 $10 \sim 300$ nm,这样小的生物体的存在是在电镜问世后才得到证实的。侵染细菌的病毒称为噬菌体。现已确认的传染性肝炎、脊髓灰质炎是由病毒引起的,由于常规饮水消毒的标准往往不能保证杀灭水中病毒,病毒可通过饮用水进行传播。如污水一级处理主要是沉淀,可除去部分病毒,最多时达 50%。二级处理为活性污泥或其他的生物处理方法,此过程去除的病毒较多,可达到 60% ~ 99%。污泥在低温或中温厌氧消化三周或三周以上可以灭活肠道病毒,但少量病毒得以逃脱。堆肥处理污泥产生的高温可杀灭病毒,但此法可能会有肠道细菌再繁殖。最有效的去除病毒的方法是加温杀灭活病毒,如巴斯德灭菌及其他热处理,温度升高会使病毒蛋白质及核酸变性失活或使其易被氧化致死。病毒对低温的抵抗力较强,在 -20 ℃条件下一般可存活数月甚至更长时间。紫外线照射可使病毒核酸受损,造成病毒死亡。高 pH 值对病毒不利,加石灰提高 pH 值可以杀死病毒。一般病毒对高锰酸钾、过氧化氢、二氧化氯、碘化物、臭氧等氧化剂都很敏感,甲醛、苯酚、来苏尔、新洁尔灭也常用于灭活某些病毒,但病毒对漂白粉、液氯的抵抗力较强。给水强化处理如超滤、消毒等也不能 100% 去除病毒。

人类肠道病毒多为动物性病毒,其专性寄生性很强。病毒没有独立的代谢系统,没有完整的酶系统,只能在活的宿主细胞中利用宿主细胞的代谢系统以核酸复制的方式进行繁殖。因此,传统的检验方法是根据宿主细胞的病变,采用组织培养法检出病毒的存在与数量。所选择的组织细胞必须适宜于此类病毒的分离、生长和检验。目前,水质检测中最常用的是蚀斑检验法。

水样中若有肠道病毒,病毒就会破坏组织细胞,增殖的病毒紧接着破坏相邻细胞。在 $24 \sim 48$ h 内,肉眼即可观察到这种效果。病毒群体形成的斑点称为蚀斑,试验表明,蚀斑数和水样中病毒浓度间具有线性关系,根据接种水样体积即可求出病毒的浓度。每升水中有 0 个病毒蚀斑,饮用水才安全。

近几年,聚合酶链式反应(PCR)及其相关技术的发展为病原菌和病毒的检测提供了快速、敏感的方法。

8.5.3　水中病原原生动物及其检测

传染阿米巴痢疾的痢疾内变形虫是发现最早的病原原生动物。痢疾内变形虫与贾第虫是通过孢囊传染疾病的,小隐孢子虫则通过卵囊传染疾病。内变形虫孢囊为 $10 \sim 20~\mu m$ 的球形,贾第虫孢囊为卵形到椭圆形,尺寸为 $(8 \sim 12)~\mu m \times (7 \sim 10)~\mu m$,小隐孢子虫的卵囊最小,为球形或微呈卵形,平均直径为 $4 \sim 5~\mu m$。

蓝氏贾第鞭毛虫(Giardia)和隐孢子虫(Cryptosporidium)是一种在水中或其他介质中发现的原虫类寄生虫,贾第虫有 2 个种,它们的宿主是人和鼠类。隐孢子虫有 6 个种,且它们可能的宿主是哺乳动物,包括人类、鸟类、鼠类、爬行类和鱼类。

蓝氏贾第鞭毛虫、隐孢子虫、寄生虫病遍及全世界,在人类传染病中占有重要地位,饮用不清洁的水,是寄生虫传播的主要途径。目前对隐孢子虫病还没有特效药治疗,因此对患者构成严重威胁。1993 年 4 月,美国密尔沃基市供水中含有隐孢子虫,致使该市超过 150 万人受感染,40.3 万人患病,4 400 人住院,近百人死亡,该事件引起极大震惊。美国最近引发一系列水致疾病是在经过完全处理(过滤消毒),水质完全符合当时水质标准情况下发生的(如上述密尔沃基市发生隐孢子虫事故时,美国的水质标准对隐孢子虫尚无要求)。据美国自来水协会统计,美国发生隐孢子虫事故 10 次,英国 21 次,加拿大 4 次,日本则发生 1 次。1998 年,悉尼市报道自来水中检测出贾第虫,并号召市民饮用开水。

各种消毒剂对病原原生动物有不同的去除率。隐孢子虫用通常的消毒方法难以灭活,欲灭活 90%,需要质量浓度 80 mg/L 的氯接触 90 min;但水加热到 72.4 ℃,只要 1 min 以上即能灭活 99%。为了降低免疫力较差人群的风险,美国又制订了《对免疫力差的人用水准则》,劝他们喝烧开的水或质量好的瓶装水。之后的《安全用水法》重点从长期的致癌风险调整到急性的微生物风险,美国环保局(USEPA)建议新的饮用水标准的污染物名单中包括 13 种微生物,提出《加强地表水处理规则》及《加强地表水处理规则暂行条例》,目的是要把主要微生物的风险降到每年万分之一。欲达到该风险目标,水中贾第鞭毛虫仅允许为 0.000 9 个/100 L,隐孢子虫为 0.003 个/100 L。前述美国密尔沃基市供水系统发生隐孢子虫事故后,他们采用的对策是加强臭氧氧化消毒。荷兰政府为控制隐孢子虫的风险到每年万分之一,临时准则要求隐孢子虫小于 0.026 个/L。我国卫生部门也有相关报道,特别是近年艾滋病蔓延,患者免疫力下降,传染上隐孢子虫病,将构成患者死亡的原因之一,但在直饮水较普遍的情况下,要避免美国曾在出水水质符合标准时所发生的严重水质事故,最好定期检测原水和出厂水中该贾第鞭毛虫和隐孢子虫的情况,定期冲洗以降低管网水中色、铁、锰、浊度、某些微生物和其他杂质,控制出水浊度,强化水源防护,坚持饮用熟水,是防止隐孢子虫病在我国爆发的主要对策。

对于浊度很低的处理水在很大程度上去除了原水中的颗粒污染物,病原微生物也同样被大部分去除,但经常可在饮用水中检测到少数具有抗药性的贾第虫和隐孢子虫等。由于它们直径在几个微米,对于含有一定胶质颗粒物质的水,它们将不会对浊度产生较大的影响,所以非常低的浊度可能不意味着处理后的水不存在这样的微生物,低浊度也许不是饮水卫生安全性的可靠保证,即使浊度很低的饮用水,也不能确保其中不存在一定数量的原生动物病原体。

隐孢子虫是寄生于哺乳动物、鸟类及鱼类的胃肠道及呼吸道内的原生动物,能在不利环境下生存,在有利环境下可生存数月。隐孢子虫的感染是由于摄入了其感染阶段——卵囊而引起的,感染 1 ～ 100 个卵囊可能发生隐孢子虫病,受感染的人一天可排出 109 个卵囊。一般症状为腹泻、恶心、呕吐、发烧、头疼、脱水和胃口不好,腹泻通常是水泻并伴有腹部疼挛。贾第鞭毛虫和隐孢子虫相似,寄生在人和动物体内。感染贾第鞭毛虫的症状可能是急性的、亚急性的或慢性的,如不诊断和治疗,病情可能持续数月。通常报道的症状包括腹泻、胃气胀、疲劳、食欲不振、恶心、体重减轻、呕吐。儿童感染会影响其生长和正常发育。

隐孢子虫和贾第鞭毛虫的检测目前主要利用"US-EPA Methods 1622/1623"免疫磁分离荧光抗体法进行检测。"EPA1623 方法"是由美国国家环保局制定的用于测定水中隐孢子虫和贾第鞭毛虫的标准方法。概括地说,该方法分为三部分,第一,对水样进行过滤,收集水中的卵囊和孢囊;第二,利用免疫磁分离来纯化过滤样品;第三,对纯化的样品通过免疫荧光显微镜法来检测"贾第鞭毛虫和隐孢子虫"的数量。这里主要介绍 Evirocheck 方法。

8.5.3.1 仪器与试剂

采样仪器:蠕动泵;泵管;Evirocheck 滤囊(醚砜滤膜,有效过滤面积 1 300 cm^2,孔径为 1.0 μm);夹子;水表;流量控制阀;过滤管;塑料连接。

淘洗/浓缩/纯化仪器:过滤夹,带臂水平振荡装置,臂有垂直安装的过滤夹,最大频率为 100 r/min;175 mL 锥形离心管;离心机,容量 175 mL 刻度锥形离心管和能达到 1 500g 加速度的离心机;旋涡搅拌器;塑料吸耳球;10 mL,50 mL 移液管;100 mL 有刻度的量筒;一侧平面试管(125 mm × 16 mm),带管塞,一侧为 60 mm × 10 mm 平面;用于一侧平面试管的磁颗粒浓缩器(MPC-M);锥形具塞 5 mL 微量离心管;巴斯德移液管。

染色仪器:三通真空泵;湿度孵化盒;显微镜玻璃井形载玻片(井的直径为 9 mm),容积 100 μL;玻璃盖玻片;37 ℃培养箱;荧光显微镜;450~480 nm 的蓝色滤光片;330~385 nm 的紫外光滤光片;20 倍、40 倍、100 倍的目镜;测微计;5~20 μL、20~200 μL、200~1 000 μL 的可调微量移液管。

接种仪器:小口塑料瓶(20 L);Mallasez 或修改的 Neubauer 血球计数器。所有玻璃器皿和塑料管都必须在使用后及洗涤前经高压消毒,用热的浓洗涤剂溶液清洁器材,然后将它们放到质量浓度最小为 50 g/L 的次氯酸钠溶液中,至少在室温下浸泡 30 min,用蒸馏水冲洗器材,然后将其放到没有卵囊的环境中干燥,尽可能使用一次性物品。

超纯水;150 mmol/L PBS 溶液(磷酸缓冲盐):氯化钠 8.5 g;磷酸氢二钠 1.07 g;二水磷酸氢二钠 0.39 g;加超纯水至 1 000 mL;用氢氧化钠将 pH 值调到 7.2±0.1,在 4 ℃条件下可贮存 1 周。

贾第鞭毛虫/隐孢子虫免疫磁分离(IMS)试剂盒:抗隐孢子虫单克隆抗体磁微粒;抗贾第鞭毛虫单克隆抗体磁微粒;10SL 缓冲液 A(15 mL),透明无色;10SLTM 缓冲液 B(10 mL),品红色,免疫磁分离(IMS)试剂盒,4 ℃条件下贮存。

免疫荧光试剂盒:抗隐孢子虫/贾第鞭毛虫单克隆抗体-异硫氰酸盐荧光试剂盒(5 mL),于 4 ℃条件下贮存。

封固剂:2% DABCO/甘油,甘油/PBS 缓冲盐溶液(60% 或 40%)100 mL;DABCO$_2$,室温条件下贮存 12 个月。

1 mol/L Tris,pH 值为 7.4:在 1 000 mL 超纯水中溶解 132.2 g 的 Tris 盐酸,然后再加 19.4 g 的 Tris 碱。用盐酸或氢氧化钠溶液将 pH 值调到 7.4±0.1,用孔径为 0.2 μm 的滤膜将它过滤灭菌后,移到一个无菌的塑料容器中,室温条件下贮存 6 个月。

0.5 mol/L Na$_2$-EDTA,pH 值为 8.0:将 37.22 g 乙二胺四乙酸二钠盐(Na$_2$-EDTA)二水化合物溶解到 200 mL 的超纯水中,然后用盐酸或氢氧化钠溶液将 pH 值调到 8.0±0.1,室温条件下贮存 6 个月。

淘洗缓冲液:月桂醇聚醚 – 12(Laureth – 12)4 g;1 mol/L Tris 40 mL，pH 值为 7.4;0.5 mol/L Na₂ – EDTA 8 mL，pH 值为 8.0;A 型止泡剂 600 μL，加超纯水至 4 000 mL。称取月桂醇聚醚 – 12 到玻璃烧杯中，然后加 100 mL 超纯水，用电炉或微波炉将烧杯加热，用月桂醇聚醚 – 12 溶解，然后再将其转移到 1 000 mL 有刻度的量筒中。用超纯水将烧杯冲洗几次，确保所有的洗涤剂都转移到量筒中，加 10 mL pH 值为 7.4 的 Tris 溶液，2 mL pH 值为 8.0 的 Na₂ – EDTA 溶液和 150 μLA 型止泡剂。最后用超纯水稀释到 1 000 mL，室温条件下贮存 1 个月。

0.1 mol/L 盐酸溶液;1 mol/L 氢氧化钠溶液;纯甲醇;DAPI 贮存溶液:在一个含有 1 mg 4,6 – 二氨基 – 2 – 苯基吲哚(DAPI)的烧瓶中，注入 500 μL 的纯甲醇(2 mg/L)，4 ℃暗处贮存 15 d,DAPI 染色溶液:用 50 mL PBS 稀释 10 μL DAPI 母液，每日配制并将它贮存在暗的 4 ℃环境中。50 g/L 的次氯酸钠溶液;碱性洗涤剂。

纯的 *Giardia lamblia* 孢囊:浓度为 100 个孢囊/mL，能在 4 ℃条件下贮存 2 个月;纯的 *Cryptosporidium parvum* 卵囊:浓度为 100 个卵囊/mL，能在 4 ℃条件下贮存 2 个月。对于贮存了 2 个月以上的卵囊存贮液，可以在对其浓度和荧光的强度检查之后继续使用。

8.5.3.2 分析步骤

1.采样/淘洗/浓缩

因水样中的卵囊数量很少，因此需要浓缩较大体积的水样，采样的体积取决于水样的类型，原水 20 L;处理水 100 L。

(1)采样系统的组成

一次性使用孔径为 1 μm 褶聚醚砜滤纸的滤囊;压力标定在 0.21 MPa 的控制阀(对于处理水来说是可任意选择的);连接在滤囊出口的水表，能控制过滤水样的体积;流量能达到 2 L/min。

(2)采样

连接滤囊以外的采样系统，打开蠕动泵的开关，并将流量调到 2 L/min。在作业线上安装滤囊，用适当的夹子将滤囊的进口和出口固牢。记录水表上指示的体积，将采样系统连接到自来水龙头或其他水源上;通过滤囊过滤适当体积的水样，在过滤结束的时候，记录滤囊过滤的水样体积。将连接在水源上的采样系统取下，打开泵，尽快把滤囊放空，过滤后，要将滤囊放到 4 ℃的暗处存放，一般不超过 72 h。

(3)淘洗

取下滤囊进水口的乙烯栓，用量筒加 110 mL 左右的淘洗缓冲液到每个滤囊的外腔中，将滤囊插到带臂水平振荡器的夹钳上，滤囊的出水阀在 12 点钟的位置。打开振荡器的开关，将速度设在最大速度的 80%,然后将样本振荡 10 min。将滤囊中的淘洗液倾注到 175 mL 的锥形离心管中，再用 110 mL 的淘洗缓冲液将滤囊的外腔再充满。将过滤器插到振荡器的夹钳上，这次出水阀的位置是它原来位置沿着它的轴方向转 90°角，在 80% 的功率下，再摇 10 min，重复操作步骤。将乙烯帽小心取下，将滤囊中的淘洗液倾注到 175 mL 的锥形离心管中。

(4)浓缩

　　将装有淘洗液样本的 175 mL 离心管置 1 500 g 加速度的离心机离心 15 min,自然减速,以免扰乱沉淀物。用移液管小心地将上清液吸掉,使上清液刚好到沉淀物的上面为止(不要扰乱沉淀物)。如果压实的沉淀物体积小于或等于 0.5 mL,就要加试剂水到离心管中,使其总体积为 10 mL,将试管置于旋转式搅拌器 10 ~ 15 s,以便使沉淀物再悬浮;如果压实的沉淀物体积大于 0.5 mL,就要用公式计算,即

$$总需要体积/mL = 沉淀物体积 × 10/0.5$$

　　确定在离心管中需要的总体积,以便将再悬浮的沉淀物调整到一个 0.5 mL。相同压实的沉淀物体积,加试剂水到离心管中,使其总体积达到上面计算的水平。将试管旋转搅拌10 ~ 15 s,以便使沉淀物再悬浮,记录这个再悬浮的体积。

　　2. 免疫磁分离.

　　(1)试剂制备

　　由 10 × SL – A 型缓冲液配制稀释的 1 × SL – A 型缓冲液。用试剂水作为稀释剂,每个样品制备 1 mL 的 1 × SL – A 型缓冲液。加 1 mL 10 × SL – A 型缓冲液和 1 mL 10 × SL – B 型缓冲液到一侧平面试管中。

　　(2)卵囊捕获

　　定量转移 10 mL 水样浓缩物到含有 SL – 缓冲液的一侧平面试管中,将抗隐孢子虫抗体和抗贾第鞭毛虫的磁微粒原液置于旋涡混合器上搅拌,以便使珠粒悬浮,通过倒置试管的方法保证珠粒再悬浮,并确定底部没有残留的小团。在含有水样浓缩物和 SL – 缓冲液样品的一侧试管中各加 100 μL 上述悬浮的微粒。将样品试管固定到旋转式的搅拌器上,在大约25 r/min 的条件下至少旋转 1 h。将试管从搅拌器上取下,然后再将其放在磁粒浓缩器(MPC– 1)上,并将试管有平面的一边朝向磁铁。用手柔和地大约按 90°角头尾相连地摇动试管,使试管的盖顶和基底轮流上下倾斜,以每秒大约倾斜一次的频率持续 2 min。如果让 MPC –1 中的样品静置 10 s 以上,就要在进行下一个步骤之前,重复前一个步骤。立即打开顶端的盖,同时将保持在 MPC – 1 上的试管中的所有上清液倒入一个适当的容器中,做这一步骤时,不要摇动试管,也不要将试管从 MPC – 1 上取下。将试管从 MPC – 1 上取下,加 1 mL 1 ×SL – A 型缓冲液,非常柔和地将试管中的所有物质再悬浮,不要形成漩涡。将样品试管中的所有液体定量转移到有标签的 1.5 mL 微量离心管中,将微量离心管放到另一磁粒子浓缩器(MPC – M)中,MPC – M 在放微量离心管的位置有一根磁条。用手按 180°角轻轻地摇动试管,每秒大约摇动一个 180°角的频率,持续大约 1 min,在这一步结束时,珠粒和卵囊会在试管的背面形成一个褐色圆点。立即从留在 MPC – M 上的试管和顶盖中的上清液吸出,如果同时处理一个以上的样品,就要在吸去每个试管的上清液之前,进行 3 个 180°角的摇动或滚动的动作。小心不要扰乱与磁铁邻近管壁上的附着物,不要摇动试管。当进行这些步骤时,不要将试管从 MPC – M 上取下。

　　(3)磁珠与孢(卵囊)复合物的分离

　　将磁条从 MPC – M 上取下,加 50 μL 0.1 mol/L 的盐酸至上述微量离心管中,用涡旋混合 10 s。将试管放在 MPC – M 上,然后让它在室温下垂直静止 10 min,用力涡旋 5 ~ 10 s,保证所有样品都在试管的底部,然后将微量离心管放在 Dynay MPC – M 上。再将磁条放到MPC – M 上,然后大约按 90°角头尾相连地轻轻摇动试管,使试管的盖顶和基底轮流上下倾斜,以每秒大约倾斜一次的频率持续 30 s。准备一个井型载玻片,然后加 5 μL 1 mol/L 的氢

氧化钠溶液至样本井中。不要将微量离心管从 MPC – M 上取下,将所有样品从 MPC – M 上的微量离心管中转移到有氢氧化钠的样品中,不要扰乱试管背壁上的珠粒。重复前面所有的分离步骤,然后将样品转移到相同的井形载玻片上。

3. 染色和镜检

(1)染色

将有样品的井形载玻片放到 42 ℃培养箱中,蒸发干。在每一含有干样品的井中加一滴(50 μL)纯甲醇,然后让它空干 3 ~ 5 min。用试管准备所需体积(每井 50 μL)的抗隐孢子虫抗体和抗贾第鞭毛虫单克隆抗体异硫氰酸荧光素(FITC)工作稀释液(Cellabs/PBS)。加 50 μL 上述异硫氰酸荧光素(FITC)单克隆抗体工作稀释液至含样本井中,将载玻片放到湿室中于 37 ℃条件下培养 30 min 左右。30 min 后,取出载玻片,然后用一个干净的顶端带有真空源的巴斯德移液管轻轻地从每个井边吸掉过量的荧光素标记单克隆抗体。在每个井中加 70 μL 的 PBS,静止 1 ~ 2 min 后,吸掉多余的 PBS。加 50 μ LDAPI 溶液(使用时配制,即加 10 μL 2 mg/mL 溶于纯甲醇中的 PBS 中)到每个井中,然后让它在室温下静止 2 min 左右。吸掉过量的 DAPI 溶液,加 70 μL 的 PBS 到每个井中,静止 1 ~ 2 min 后,吸掉多余的 PBS。加 70 μL 的试剂水到每个井中,静止 1 min 后,吸掉多余的试剂水。让载玻片在暗处干燥后,加一滴含防荧光减弱的封固剂到每个井的中心,在井形载玻片上盖上盖玻片,然后将它存放在干燥的暗盒中,备查。

(2)镜检

打开显微镜和汞灯,预热 10 min 后,在 200 倍的荧光显微镜下检查,在 400 倍的荧光显微镜下进一步证实,并将全井进行记数。贾第鞭毛虫的孢囊是椭圆形的,它们的长度为 8 ~ 14 μm,宽度为 7 ~ 10 μm。孢囊壁会发出苹果绿的荧光,在紫外光下,DAPI 阳性孢囊会出现 4 个亮蓝色的核。隐孢子虫的卵囊为稍微椭圆的圆形,它们的直径为 2 ~ 6 μm。卵囊壁会发出苹果绿的荧光,在紫外光下,DAPI 阳性卵囊会出现 4 个亮蓝色的核。计数整个井面,呈现出表 8.10 所示特征的就是孢(卵)囊。

表 8.10　贾第鞭毛虫与隐孢子虫的特征

标准	重要性	备注
染了绿色的膜	+ + +	染色的强度是容易变的
大小	+ + +	
膜与细胞质的对照	+ +	膜的荧光强些
形状	+ +	贾第鞭毛虫,卵圆形,隐孢子虫,球形
孢囊壁的完整性	+	孢囊会失去形状

注:①DAPI 染色是为了帮助计数,因为假的孢囊(亮苹果绿物体)呈 DAPI 阴性(无 4 个天蓝色核,只有亮蓝色胞浆),出现 4 个亮蓝色核和亮蓝色胞浆为 DAPI 阳性,为真孢囊。

②DIC 装置用于了解孢囊的内在结构,当荧光和 DAPI 两种都不清楚的时候可以使用 DIC 装置。

③如结构清楚,有利于真孢囊计数,如结构不清楚而只有苹果绿色荧光时,可能是空的孢囊,或带有无定形结构的孢囊,也可能是有内部结构的孢囊。

4. 结果的计算、报告和检测限

(1)每升样本中的孢(卵)囊数

$$Y = (X \times V)/(V_1 \times V_2)$$

(2)检测限

$$D = V/(V_1 \times V_2)$$

式中　　Y——每升水中孢囊或卵囊的数目；

　　　　X——计数样本的体积中孢囊或卵囊的数目；

　　　　V——离心后再悬浮的体积，mL；

　　　　V_1——计数样本的体积，mL；

　　　　V_2——过滤后水的体积，mL；

　　　　D——每升孢囊或卵囊的检测限。

8.5.4　微囊藻毒素及其检测

8.5.4.1　概述

藻毒素是藻类死亡过程中释放的次级代谢产物，目前已发现的藻类中约80%以上均能产生毒素。其中蓝绿藻是淡水藻类中毒性最强、污染范围最广、最具有代表性的一类，产生的毒素有40多种。蓝藻毒素中研究较多的有微囊藻属，如铜绿微囊藻、绿色微囊藻等。微囊藻毒素经常包含在细胞内，因此可以通过过滤予以清除，但毒性生物碱和神经毒素也可被释放到水体中，并能通过过滤系统。微囊藻毒素的主要靶器官是肝脏，对生物体主要表现为肝脏毒性和神经毒性，此外对肾、肾上腺、肺及胃等也有不同程度的损害。蓝藻毒素可以经食物链而生物富集，从而对自然生态系统和公众健康造成危害。产生赤潮藻类毒素是海洋中的微藻或海洋细菌，如甲藻和硅藻。由于这些毒素是通过海洋贝类或鱼类等生物媒介造成人类中毒，因此这些毒素常被称为贝毒或鱼毒。

微囊藻毒素是细胞内毒素，在细胞内合成，细胞破损后释放出来并表现出毒性。其产生可能是由于遗传决定或环境因子影响。毒蓝藻水华形成的一般条件是：强光照、平静或静止不动的水体、pH值为6~10、中高浓度的 N 和 P、水温在15~30 ℃之间。铜绿微囊藻的最适温度为28.8~30.5 ℃，微囊藻毒素性质稳定、水溶性强、能溶于甲醇和丙酮，在水中是中性或带负电荷的分子基团，含有羧基、氨基和酰氨基。能耐高温，煮沸后不失活、不挥发，抗pH值变化，加热煮沸不能将毒素破坏，采用常规的饮水消毒处理也不能完全消除，但可以在紫外线(238~245 nm)下光解，水中有机物也能促进藻毒素的降解。

各国已有饮用水的藻毒素指标，世界卫生组织规定饮用水中的 MC – LR(亮氨酸藻毒素)不得高于 1.0 μg/L。根据我国 GB 3838—2002 地表水环境质量标准中集中式生活饮用水地表水源地特定监测项目、生活饮用水水质规范和城市供水水质标准(CJ/T 206—2005)中非常规检验项目，MC – LR 的标准限值为 0.001 mg/L。MC – LR 是目前研究中急性毒性最强的藻毒素的一种。利用排阻色谱、离子交换色谱、薄层色谱、快速色谱和超滤、^{18}C 硅胶柱、甲醇洗脱固相萃取技术等可以分离提纯藻毒素。

8.5.4.2　生活饮用水中及其水源水中微囊藻毒素 HPLC 检测

1.原理

水样过滤后，滤液(水样)经反相硅胶柱富集萃取浓缩，藻细胞(膜样)经冻融萃取，反相硅胶柱富集浓缩后，分别用高压液相色谱分析。

2.试剂

ODS 硅胶柱(^{18}C 固相萃取小柱)。

微囊藻毒素标样:微囊藻毒素 – RR(20%甲醇溶液),10 μg/mL;微囊藻毒素 – LR(20%甲醇溶液),10 μg/mL。

乙腈;甲醇;三氟乙酸;高纯氮(99.999%)。

3.仪器

高压液相色谱仪、配二极管阵列检测器和 3D 色谱工作站、ODS(5 ^{18}C – MSⅡ 4.6 × 250 mm)、微量注射器:25 μL。

4.分析步骤

(1)样品处理

每个样品取水样 5 L,GF/C 过滤,滤液(水样)和藻细胞(膜样)分别进行不同的处理。

水样处理:滤液→过 5 g ODS 柱→依次用 50 mL 去离子水、50 mL 25%甲醇淋洗杂质→50 mL 80%甲醇洗脱→洗脱液在水浴中用氮气流挥发至干燥,残渣溶于 10 mL 20%甲醇→过 ^{18}C 柱→10 mL 100%甲醇洗脱→洗脱液在水浴中用氮气流挥发至干燥,残渣溶于 1 mL 色谱纯甲醇→ – 20 ℃条件下保存,待测。

膜样处理:藻细胞→冻融三次→100 mL 1.5%乙酸萃取 30 min→以 4 000 r/min 离心 10 min,重复三次,合并上清液→上清液过 500 mg ODS 柱→用 15 mL 100%甲醇洗脱→洗脱液在水浴中用氮气流挥发至干燥,残渣溶于 10 mL 20%甲醇→过 ^{18}C 柱→10 mL 100%甲醇洗脱→洗脱液在水浴中用氮气流挥发至干燥,残渣溶于 1 mL 色谱纯甲醇→ – 20 ℃条件下保存,待测。

上述 5 g ODS 柱用 50 mL 100%甲醇与 50 mL 去离子水预活化;^{18}C 柱用 20 mL 100%甲醇与 20 mL 20%甲醇预活化;500 mg ODS 柱用 6 mL 100%甲醇与 6 mL 去离子水预活化。

饮用水中的 MC – RR、MC – LR 的量是上述水样处理和膜样处理测定结果之和。

(2)仪器调整

色谱柱:ODSC184.6 mm × 250 mm;流动相乙腈 + 水 + 三氟乙酸 = 38 + 62 + 0.04;流速为 0.70 mL/min;检测波长为 238 nm;柱温为 35 ℃。

(3)校准

校准方法:外标法,推荐采用每月绘制一次标准曲线,每次测试时选择一个浓度定标进行质量控制。

液相色谱法中使用标准样品的条件:标准样品与试样尽可能同时分析;标准样品与试样的进样体积相同。

标准曲线的绘制:配制成 0.30 μg/mL、0.50 μg/mL、1.00 μg/mL、2.00 μg/mL、5.00 μg/mLMC – RR 和 MC – LR 标准使用液,分别取 20 μL 注入高压液相色谱仪,测得各浓度峰面积,以峰面积为纵坐标,浓度为横坐标,绘制标准曲线。

试验:直接进样 20 μL,以标样核对,记录色谱峰的保留时间及对应的化合物,组分出峰顺序:MC – RR5.611 min、MC – LR12.289 min。通过色谱峰面积或峰高,在标准曲线上查出萃取液中目标物质量浓度,计算水样中微囊藻毒素的质量浓度

$$\rho(MCs) = \frac{\rho_1 \times V_1}{0.6 \times V}$$

式中　$\rho(MCs)$——水样中微囊藻毒素的质量浓度(包括水样和藻细胞)，$\mu g/L$；

　　　ρ_1——水样及藻细胞萃取液中微囊藻毒素的质量浓度和，$\mu g/mL$；

　　　V_1——萃取液体积，mL；

　　　V——水样体积，L。

细胞毒性检测：利用小鼠神经瘤细胞系易被毒素阻断 Na^+ 通道的特性来检测毒素。当加入通道活化剂后，Na^+ 过度内流，造成细胞肿胀甚至死亡。但加入拮抗剂毒素后，可使细胞存活，确定毒素的存在，对毒素进行精确定量。

思考题

1. 什么是原核微生物和真核微生物，二者有何区别？

2. 什么是细菌细胞的基本结构和特殊结构？

3. 试述革兰氏染色的主要过程和机理。

4. 什么是菌胶团？菌胶团的功能有哪些？

5. 细菌有哪几种营养类型？它们的划分依据是什么？

6. 什么是菌落和培养基？

7. 配制培养基应遵循哪些原则？按照培养基的用途可分为哪几种培养基？

8. 环境因素对微生物有怎样的影响？

9. 微生物运输营养物质的方式有哪几种？

10. 什么是分解代谢？有何特点？

11. 酶分为哪几类？单纯酶和结合酶有怎样的化学组成？什么是酶的活性中心？

12. 影响酶促反应速度的因素有哪些？

13. 化能异养型微生物产能代谢的方式有哪些？它们之间的根本区别是什么？

14. 试述糖类、脂类、蛋白质有氧代谢的途径。

15. 硝酸盐呼吸、硫酸盐呼吸、碳酸盐呼吸的底物和产物分别是什么？

16. 硝化细菌和硫细菌获得能量的方式是怎样的？

17. 微生物纯培养的方式有哪些？

18. 怎样获得细菌纯培养的生长曲线？分析生长曲线各时期的特点。

19. 活性污泥法处理有机废水应将污泥控制在哪个时期？为什么？

20. 怎样用发酵法和滤膜法测定水中总大肠菌群、耐热大肠菌群和埃希氏大肠杆菌？

21. 简述总大肠菌群、耐热大肠菌群和埃希氏大肠杆菌概念及检测的意义。

22. 原生动物怎样随有机物浓度的改变而演替？

23. 水中的病原微生物有哪些？怎样检测？

第9章　水质在线监测与便携式水质分析仪

9.1　污水处理主要工艺参数在线监测

污水成分复杂,对人们生活及生态环境影响极大。所以,在对水质分析仪表的品种和质量方面有较严格的要求。

美国在20世纪70年代中期开始实施污水处理厂的自动控制,随着我国工业化进程的迅速发展,借鉴国内外先进的计算机软硬件技术、控制理论和算法,一些污水处理厂已经实现了工艺流程中主要参数在线自动监测和智能控制,及时了解和掌握污水厂处理过程的运行工况及工艺参数的变化和大小,优化了各工艺流程的运行。通过声光报警,数据溢出时自动暂停设备等方式作出调整对策,保证出水水质,降低处理成本,节省能耗,提高运行管理和控制水平,取得最佳效益。

9.1.1　在线监测系统

在线监测系统由采水、配水、预处理、测试、数据采集与传输、数据库管理和控制以及监测房等8个工作系统组成。系统以在线分析仪表为核心,综合运用自动控制、计算机、网络通信、专业技术软件等先进技术高度集成。

某污水处理厂进、出水口处均设立了在线监测器,以实时反映污水处理厂的运行情况。监控显示屏上,显示污水处理厂每天运行每2 h进出水口水质、水量及处理前和处理后水中的氨氮,TN,TP,COD,BOD和SS等6项污染物指标,在线监测的数据瞬时反映了污水处理厂的运行情况,对保证污水处理厂正常运行,防止超标排放有积极意义。配合每天24 h一次的人工综合水样实验室检测,确保城市污水处理厂水质检测的准确性,达到科学监管的目的。

9.1.2　主要污染指标在线分析仪

9.1.2.1　COD在线分析仪

COD在线分析仪体现了经典重铬酸钾氧化与全新测试技术的有机统一。其工作原理为水样、重铬酸钾、硫酸银和浓硫酸的混合液在消解池中被加热到175 ℃,在此期间铬离子作为氧化剂从6价被还原成3价而改变了颜色,颜色的改变度与样品中有机化合物的含量成对应关系,仪器通过比色换算直接将样品的COD显示出来。采用强氧化剂和高温(175 ℃)进行COD消解,可根据水质实际情况调节反应时间以保证100%氧化,测试可靠。其他无机物如亚硝酸盐、硫化物和Fe^{2+}将使测试结果增大,将其需氧量作为水样COD值的一部分。COD在线分析仪的结构科学,仪器的电气系统与液体管路系统完全隔离,使电气系统最大可能地免受潮气及其他因素的影响,从而有效地提高了系统的可靠性。COD测试仪内置三挡量程,当测试数值超过某一量程时,仪器自动调用下一量程的校正数据进行校准以确保测试数值的准确。样品流经的所有管路都采用热酸进行清洗。全新的活塞泵技术避免了传统蠕动泵的所有弊端,仪器维护量减少,可靠性得到了大幅提升。

9.1.2.2　BOD 快速测定仪

用微生物电极法快速测定 BOD,无须培养 5 d。将微生物膜紧固于隔膜式氧电极上即组成微生物电极。仪器采用流通测量方式,由流通测量池组件固定微生物膜。由于氧电极的输出电流与溶解氧的含量成正比,当不含任何有机物的液体(缓冲溶液)通过流通池时,微生物的分解作用很小,因而流经微生物膜的溶解氧几乎没有减少。当含有有机物的溶液通过流通池时,微生物的分解作用变得异常活跃,消耗更多的溶解氧,于是导致流经微生物膜的溶解氧量减少,这种溶解氧含量的变化,直接使氧电极的输出发生同比变化,即输出电流变化值与样品有机物的含量成正比的关系,就此计算出 BOD 值。

干式微生物膜,可长期保存且更换方便,安全性高,所用菌种对人体无害。恒温装置能使被测样品的温度恒定,实现恒温测量。大屏幕 LCD 显示面板,直接显示仪器的各种工作状态及测量结果,自备微型打印机。适用于各类地表水、生活污水、工业废水测定。

9.1.2.3　Bio100 型 BOD 在线自动监测仪

Bio100 型 BOD 在线自动监测仪,可用来监测污水有机物的生物需氧量。利用从处理厂提取的污泥或从污泥回收系统回收的污泥,分解污水中的有机物,测得此过程的需氧量。Bio100 有 4 个分解槽,当污水、活性污泥和空气以一定的体积被抽进 4 个分解槽后,活性污泥中的生物将分解污水中的有机物,同时消耗污水中的含氧量,溶氧探头上将有电流变化,电流变化的大小与污水中的 BOD 值成正比,通过校正可计算出污水中有机物 BOD。计算BOD 最准确的方法是测量完全分解时所需氧的总量,而不是氧的短期吸收率。Bio100 的4 个分解槽可以完全有效地分解有机化合物,所耗的氧气可在 34 min 内测得,而且难分解的物质也可在恒温的分解槽中连续地分解,最后在第 4 个分解槽中测得需氧量。市政污水处理厂中一定流速的有效污泥样品被蠕动泵抽到 Bio100 内进行测量,可以在最短时间里检测到 BOD 的变化。Bio100 的检测速度甚至比 BOD 的变化速度还快,因此能立即提供给操作者准确的信息进行操作,如充气量、进流量、预处理或者增加活性污泥的浓度,从而使污水处理厂在节约能源的同时,其处理效率也达到最佳状态。因为测量的是有机物完全降解后需氧量,因此其测量结果与实验室 5 d 的 BOD_5 测量结果具有较好的一致性。

采用溶解氧测量可连续监测 BOD 和污泥活性,适用于地表水、工业及市政污水处理工业。

9.1.2.4　HACH 在线 TOC 分析仪

在线总有机碳分析仪是监测工业废水/市政污水中 TOC 含量的新型仪器。该仪器采用具有专利技术的大体积燃烧炉,防止了高负荷污染物对管道的堵塞,铂催化剂为氧化反应提供了较大的比表面积,降低了运行成本。新颖的样品注入系统避免了传统多通道进样阀的复杂机械结构,从而降低了故障率。传统高温 TOC 分析仪使用机械注入的多通道进样阀,因为通道狭窄、部件磨损、密封不好,而容易发生故障。在线 TOC 分析仪则通过蠕动泵向燃烧室连续进样,从而使进样简单易行,便于操作,大幅度降低了维护费用。该仪器允许用户在现场采集样品,随机进行测量。

9.1.2.5 总氮、总磷、COD 自动监测仪

TN 用过硫酸钾做氧化剂,在 120 ℃条件下加温消解 30 min,最后用紫外光吸光光度法检测,TP 用过硫酸钾做氧化剂,在 120 ℃条件下加温消解 30 min,最后用钼蓝法吸光光度法检测。COD 用 254 nm 紫外光照射,检测吸光度。测量范围分别为:TN,0 ~ 200 mg/L;TP,0 ~ 20 mg/L;COD(UV),0 ~ 500 mg/L。仪器用于市政污水、工业污水、环保领域的在线仪器监测。

9.1.2.6 氨氮在线分析仪

AMTAX inter 2 是为测量污水、过程用水、地表水中 NH_4^+ 浓度而专门设计的在线氨氮分析仪。仪器采用水杨酸 – 次氯酸测量原理,通过双光束、双滤光片光度计测量水中 NH_4^+ 浓度。通过参比光束的测量,消除了样品浊度、电源波动以及元器件老化等因素对测量结果的干扰,从而提高了测量精度。含有悬浮固体的样品进入氨氮分析仪之前,需要经过样品前处理。

9.1.2.7 Amtax Compact 氨氮分析仪

Amtax Compact 氨氮分析仪能够在线检测废水处理过程中污水中氨氮的浓度,也可以检测工业污水排放口、地表水以及污水厂进水、曝气池出水各控制点等处水中氨氮的浓度。仪器运用全新的气、液传输技术逐出,并利用高性能的比色方法测定存在于样品中的氨氮浓度,可以取代现有的、以电化学原理为基础的、高维护率氨氮分析仪。

9.1.2.8 Nitratax UV 硝氮分析仪

分析仪主要应用于废水、饮用水、地表水、湖泊水和灌溉用水测定。

Nitratax UV 硝氮分析仪采用了先进的双波长紫外光吸收技术,测量水中亚硝酸盐和硝酸盐含量。分析仪通过一个浸没式探头,直接测量水中的硝氮浓度,并将结果传输到控制仪表上。仪表可以以 $NO_3^- - N$ 或者 NO_3^- 的形式显示测量结果。Nitratax UV 硝氮分析仪是现有硝氮分析仪中消耗最低的仪器。该分析仪可以接入哈希最新的 SC100 或 SC1000 数字化通用控制器中。测定范围为:1 ~ 50 mg/L $NO_2^- - N + NO_3^- - N$;自动补偿浊度和有机物干扰;带刮片式自清洗装置。

9.1.2.9 总磷在线分析仪

总磷在线分析仪是专门为测量总磷和正磷酸盐浓度而设计的在线分析仪,它能安全可靠地应用于总磷的连续测量过程。当应用于工艺自动控制时,可以降低运行成本,提高经济效益。

1. 化学反应原理

多磷酸盐和一些含磷的化合物在高温、高压的酸性环境中水解,生成正磷酸根,剩余稳定的磷化物被强氧化剂——过硫酸钠氧化成正磷酸根。正磷酸根离子在含钼酸盐的强酸溶液中,能和锑形成一种化合物,此化合物又被抗坏血酸还原成磷钼酸盐,并呈现出蓝色。在测定范围内,其颜色强度和样品中正磷酸根离子浓度成正比,因此,通过测量颜色变化的程度,可以测量样品中总磷的浓度。

2. 仪器工作原理

在测量模式下,仪器首先用样品冲洗比色池,然后在比色池内加入试剂 A 和经过预处

理的样品。两者混合后,在高温、高压下进行反应,然后立即被冷却。为了测量经过反应而得到的所有正磷酸盐的浓度,试剂泵同时向比色池内加入试剂 C 和 D,并混合均匀。反应结束后,LED 光度计测量溶液的吸光度,并且和反应前测量得到的结果进行比较,从而计算出总磷的浓度值。

在比色池内加入试剂 A。经过加热,氧化剂被破坏,转化成硫酸。冷却后,蠕动泵再往比色池内加入样品、试剂 C 和试剂 D。样品和试剂经过混合、反应后,由 LED 光度计测量生成溶液的吸光度,并与反应前测得的结果进行比较,从而计算出正磷酸盐的浓度。

在总磷在线分析仪的面板前方,特意设置一块安全防爆玻璃,该玻璃通过 3 个支撑螺栓固定,只有当反应器内部处于常温、常压、没有样品时,该防爆玻璃才能通过服务菜单打开,操作人员的安全得到了有效保护。

9.1.2.10　UV 有机物分析仪

依据有机物对紫外光的吸收作用,用紫外光照射水样,光束通过一个由平面镜和透镜组成的光学系统传送到一个光接受器内。参考光用于补偿浊度的影响,测量过程准确可靠。光谱吸收值(SAC)对可溶有机物含量是个重要的测量参数,它与常规的 COD,BOD 和 TOC 测量值具有相关性。因此,可以测定并显示 COD,BOD 和 TOC。

在监测仪表处采取样品,进行 COD 测量,核对其仪表读值。通过对有机物的连续测量优化过程控制。

9.1.2.11　LDO 荧光法无膜溶解氧分析仪在线分析系统

LDO 传感器被一种荧光材料所覆盖,从 LED 光源发出的蓝光被传输到传感器表面,蓝光激发荧光材料,使它发出红光,存在的氧气越多,红光被释放出来所用的时间就越短,从发出蓝光到释放出红光的这段时间被记录下来,这个时间被关联成氧的浓度。

因为该仪器没有膜,膜的清洁和更换已经成为过去,没有电解质溶液污染,也无需补充。内置的标准会对该仪器的每一个读数进行校准,能够在更长的一段时间内提供更稳定、准确的测量。只要将分析仪打开,在不到 30 s 的时间内就能给出读数,即使当有机物聚集在传感器上时,也能提供准确的读数。

9.1.2.12　油分测定仪

微电脑红外油分快速测定仪采用非分散红外分光光度计溶剂萃取法进行测量。微处理控制的自动分析系统,只需要加入样品和溶剂,仪器自动完成其他所有步骤。三氯三氟乙烷做萃取溶剂,可在 3 ~ 20 min 内得出分析结果。在分析最后,仪器面板上的 3 位数码显示器直接显示碳氢化合物含量(即油分值),直到再次按"Auto – start"键,分析结果才被刷新。在分析过程中,无论处于何种状态,按"Stop"键均可中断测量。萃取后溶剂和水分开排出,使用相应的回收装置可循环使用溶剂。

9.1.3　污水处理主要工艺参数在线检测与水质控制

利用 PLC 总线控制,自动化控制能够真正实现智能化。系统包括中央控制室监控设备、可编程控制器(PLC)、检测仪表、避雷、闭路监控。

9.1.3.1　曝气池溶解氧与鼓风曝气自动控制

南宁市琅东污水处理厂采用的是传统活性污泥法的改良工艺,在 4 个圆形曝气池内圈好氧区,分别安装了测量范围为 0.05 ~ 10 mg/L 的溶解氧计,实时监控溶解氧浓度,并传输到 PLC 及上位机。当实测浓度小于设定浓度时,自动控制系统启动鼓风机,给曝气池充氧;相反地,当氧气充足时,就会停止运行鼓风机。通过溶解氧计的控制鼓风机可以精确地根据好氧菌群对溶解氧的需求控制鼓风机的启动和停止,在保证了菌群良好生化能力的同时,节约了能耗、保护了设备、增强了好氧菌群的分解能力。控制器安装到控制系统操作面板上,PLC 接收到溶解氧检测仪的模拟量信号,信号经过转换后,与设定值相比较,如果污水中氧的质量浓度小于 0.5 mg/L,则电动蝶阀打开,鼓风机开动,开始曝气;污水中氧的质量浓度大于 2.5 mg/L 时,鼓风机停止曝气,电动蝶阀关闭。溶解氧检测仪可以接入 PLC 的模拟量输入模块。鼓风曝气总量控制回路由溶解氧传感器、综合参数流量控制器和变频调速器构成。通过调节风机转速控制鼓风总量的大小,在满足曝气池供氧量的前提下,降低鼓风机电耗。

9.1.3.2　曝气池好氧段与缺氧段的氧化还原电位控制

在水处理工艺中,通过测定氧化还原电位,确定水中微生物好氧及厌氧的程度。在每个曝气池外圈的好氧区与缺氧区的临界面都安装了测量范围为 – 500 ~ 500 mV 的氧化还原电位计(ORP 仪),通过测量氧化还原电位可以控制鼓风机的高速运行,给外圈供氧,形成强好氧曝气阶段和缺氧阶段的交替,进而提高处理工艺中脱氮除磷的能力。如果没有安装氧化还原电位计,那么鼓风机的运行只能通过时间控制而不是智能控制,这样一来就会明显降低了脱氮除磷的效果。

将 ORP 作为 SBR 反应器有机物降解程度间接指标的研究结果表明,无论是在很大范围内改变曝气量或者改变 MLSS 浓度,还是使反应初始 COD 在 230 ~ 2 180 mg/L 之间逐渐变化或突然变化,当 COD 达到难降解浓度时,ORP 都迅速、大幅度地升高,随后又很快趋于平稳,并在某一特定范围内稳定下来。因此,可以用 ORP 作为 SBR 法反应时间的计算机控制参数,实现计算机在线自动控制。

但这些方法也存在一些问题,例如控制污水处理厂硝化 – 反硝化过程所使用的 ORP 就很难判定,因此绝大多数基于 ORP 控制的污水处理厂也执行时间控制,作为当控制器无法找到 ORP 特征点时的应急控制,这样就导致许多污水处理系统实际上仍然采用的是按时间控制整个处理过程。

9.1.3.3　曝气池混合液浓度与污泥回流自动控制

活性污泥法污水处理过程是一种生化反应过程,它对控制系统的要求是使混合液浓度保持在一定的范围内。

方法一:曝气池的污泥浓度是一个重要工艺参数。南宁市琅东污水处理厂在每个曝气池上都安装了一个测量范围为 0.5 ~ 10 g/L 在线污泥质量浓度测量计,及时进行回流污泥和剩余污泥量的工艺调整,随时根据精确测量的污泥浓度,适时地调整曝气池的工艺,同时减轻了实验室工作人员的劳动强度。

方法二:控制系统由 4 个串级控制回路组成,每个回路中包括混合液浓度传感器和控制器、回流污泥流量传感器和控制器以及电动调节阀等,为使回流污泥调节阀的动作不至太频繁,控制方式模拟人工控制的方式进行,控制器每隔一段时间采样检测一次混合液浓度,将该值与前一次监测值进行比较,得到在区间内的变化量,再根据当前混合液浓度与混合液浓度控制范围的中值差,计算出主控制器对从控制器的给定流量。

9.1.3.4　出水 TOC 在线监测与控制

英国 PPM 公司是一家专业生产 TOC 分析仪器的公司。其生产的 PROTOC 在线 TOC(COD)分析仪已广泛在世界各地应用于地表水、排放口和污水的实时检测和控制。

9.1.3.5　二沉池泥水界面检测及排泥自动控制

该系统由泥水界面计、无线数据传输装置和工业控制机组成。采集的二沉池泥水界面值通过无线发射模块送到无线接收模块,再通过总线传输到中控室的工业控制机,该机对泥水界面的数字信号纠错处理后,利用工厂控制网络将实时的泥水界面交给 DeltaV 系统。排泥控制系统中的 DeltaV 系统,污泥回流泵变频器,排泥电动阀等作为系统的控制和执行单元,完成对二沉池泥水界面值的控制。

9.1.3.6　污泥脱水工序生产过程自动控制

利用控制单元可以根据污泥量、污泥浓度调节絮凝剂的投入量,使污泥脱水过程在最佳絮凝状态下运行,实现污泥脱水工序生产过程的自动控制。污泥投配泵根据流量控制。加药装置自带控制器,控制加药泵及搅拌机。加药泵根据流量控制,搅拌机的运行根据时间控制。

系统采用总线式的分布式结构,设立现场控制器,所有检测设备及电机均直接挂接在各自的现场控制器上,并由总线连接构成系统。这样可降低系统成本,并且现场施工也变得极为简单。

由于季节变化、污水量少、水质浓度的变化,处理效果需要通过调整周期内时间配置来调节。如出水氨氮过高,则需延长曝气时间,出水 NO_x – N 过高则需增加反硝化时间等,一般可以在 PLC 内预先设置几套周期配置模式,以便根据实际水量、水质、水温等因素,在一段时间内选用一种周期模式,或昼夜用不同的周期模式。

以浊度脉动监测仪为核心,开发出可靠、实用、精度高的高浊度水和含油污水投药自控系统,首次解决了高浊度水药剂准确投加这一国内外均未解决的难题,是特种工业污水处理系统絮凝投药自动控制技术的一次重大突破。目前已有多套浊度脉动监测仪表用于实际生产的水质检测和处理工艺过程控制中,取得了良好的经济效益和社会效益。

污水处理自动控制有别于其他控制系统,它需要对大量阀门、泵、鼓风机、吸(刮)泥机、搅拌器等机械设备进行控制,常常要根据一定时间或逻辑顺序定时开/停,然而目前我国生产的阀门质量存在一些问题,如果从国外进口价格又很昂贵,一般污水处理厂很难承受。另外,仪器设备维护难度大,如溶解氧计、氧化还原电位计、pH 值计、污泥浓度计、泥位计等仪器均有严格的使用维护要求,包括接触探头的定期清洗、标定、设备损耗维修等。

9.2　给水处理运行监测

运行监测就是按计划开展观察或测量,以评定对饮用水系统的控制措施是否操作适当。有必要设定控制措施的限定值并进行监测,一旦发现测得的值偏离设定值,则应在饮用水变得不安全之前采取补救行动。如过滤后的浑浊度应低于一定数值,水厂消毒的余氯在输配水系统的终端应高于设定值等。

运行监测所进行的频度因控制措施的性质差异而有很大不同。如浑浊度可在线检查或频繁测定,消毒剂残余剂量可每天多点检查或在线连续检查。如监测显示不符合相应的限定值时,表示水安全已受到威胁或变得不安全。在合理采样计划的基础上,对控制措施及时监测,是为了防止输送有潜在不安全因素的饮用水。

运行监测大多采用简单、快速的观察或测试,而不采用复杂的微生物或化学物监测。较为复杂的监测一般用于证实和验证,进行验证不仅能确保水供应链运转良好,而且要确认水质正在保持或已达到要求。

9.2.1　运行监测参数

水源水监测参数主要有:浑浊度、紫外吸光度、藻类生长、流量和滞留时间、色度、电导率和当地气象条件等。

水处理参数:消毒剂浓度和接触时间、紫外线强度、pH 值、光吸收度、膜完整性、浑浊度和色度等。

是否存在粪便指示菌是一个常用的运行监测参数。然而有些病原体对氯消毒的抵抗力比最通常的指示菌大肠埃希氏菌或耐热大肠菌要强,所以,用抵抗力更强的粪便指示菌,如肠球菌、产气荚膜杆菌芽孢或大肠杆菌噬菌体作为运行监测参数可能更合适。

管道配水系统:监测余氯可快速指示原来由直接测量微生物参数所反映的问题,在原本余氯稳定的水中,如果余氯突然消失,可能指示有污染物侵入。当发现输水系统中某处很难保持余氯,或者余氯逐渐消失,可以指示水或管道已经因细菌生长而对氧化剂的需求增加。氧化还原电位测定也可用于对消毒效力的运行监测。可以界定一个最小 ORP 水平确保有效消毒,该值必须根据个案来确定,不能推荐通用值。

进入输配水系统的水必须在微生物方面是安全的。饮用水进入输配水系统可能含有非寄生的阿米巴原虫、各种异养菌以及真菌。异氧菌在供水中存在可能是一个有用的变化指标,如增加了微生物生长的可能,增加了生物膜活性,延长了滞留时间,或者系统的完整性已被破坏。在适宜条件下,阿米巴原虫和异养菌,包括柠檬酸杆菌、肠杆菌和克雷伯杆菌,可能在输配水系统中生长并形成生物膜。异养菌在供水中存在的数量可能反映处理系统中有很大的接触表面。通常通过测定水样中异养菌平皿计数(HPC)的增加来反映饮用水经处理后又出现微生物的生长(再生)的情况,HPC 增加多见于内部停滞不流动的管道输配水系统、家用管件、瓶装水以及一些管道装置,如水软化器、碳过滤器以及售水机内。现在还不能证明在生物膜上的大多数微生物会通过饮用水对一般人群的健康产生不良作用,但也可能对严重免疫系统受损的人来说是例外。所以保持整个输配水系统中有消毒剂残留,可以防止污染。已证明加入氯胺能有效控制长距离管线的沉积物和水中的阿米巴原虫,并可能减少建筑物内军团菌生长。但输配水系统中残留消毒剂时,应该考虑如何使产生的消毒副产物减至最低,所以对管网系统余氯等消毒剂残余量及消毒副产物进行检测。管网中应该维持足够的消毒剂的残留量,同时应防止管道材料腐蚀和预防形成沉积物。生产低浊度的水,压力和浑浊度也是管道配水系统有用的运行监测指标。除去铁和锰,尽量减少混凝剂残留物和溶解性有机物,特别是容易生物降解的有机碳,它可为微生物提供营养物质。

目前国内的城市供水管网水质在线监测技术刚刚起步,管网监测点的布点、指标参数的选择、水质仪器选型、数据传输等技术问题还处于摸索阶段,城市供水管网在线监测的技术难点在于如何调节管网压力波动,维持进样流量稳定,获得真实、可靠的水质数据,并进行实时、稳定和安全的传输。

用于监测控制措施的运行监测参数举例见表9.1。

表 9.1　运行监测参数

运行指标	原水	混凝	沉淀	过滤	消毒	配水系统
pH 值		√	√		√	√
浑浊度	√	√	√	√	√	√
溪河流量	√					
雨量	√					
色度	√					
电导率						
溶解性总固体	√					
有机碳	√		√			
藻类						
(藻毒素和代谢类)						
化学剂量		√			√	
流速		√	√	√	√	
净负荷		√				
流量		√				
水头损失				√		
消毒剂浓度×消毒时间					√	
消毒剂残留物					√	√
ORP					√	
消毒副产物					√	√
水压						√

9.2.2　现场与在线监测系统

在线监测系统由预处理系统、现场数据采集与控制系统、在线分析仪、数据传输、中心控制系统等部分组成。

9.2.2.1　采样预处理系统——Filtrax 采样预处理系统

采用能过滤 0.15 μm 颗粒的超滤膜,两个蠕动泵,轮流交替抽取样品。采样管可以加热,保证在任何天气条件下均可以在户外使用。系统还可以自动监测样品的流速并进行自动清洗,将清洗工作减到最少。

工作原理:由特殊高分子材料制成的过滤膜 A 和过滤膜 B,被安放在同一个不锈钢容器中,并被直接浸入到采样水中。过滤膜 A 和过滤膜 B 由各自的样品吸入传输管,与控制器中的蠕动泵 A 和蠕动泵 B 相连。两个蠕动泵轮流交替工作,在某一蠕动泵工作期间,样品经过相应滤膜的过滤,被抽提到控制器中,进而被传输到后续的水质在线分析仪中。在样品预处理系统的整个工作过程中,控制器内部的空气压缩机连续不断地工作,产生的压缩空气经过两根空气传输管,被传送到每个滤膜底部的排气孔处,在其中一个蠕动泵停止工作期间,吸附在相应滤膜表面上的悬浮颗粒从滤膜表面上被清除掉,从而保证样品预处理系统可以连续不断地工作。

9.2.2.2　现场数据采集与控制系统

组成:由一个显示控制模块和一个或多个探头模块组成。

探头模块:如每个 SC1000 的探头模块能连接 8 个数字化传感器。探头模块可以构建成网络以连接更多的传感器,如溶解氧、pH 值、ORP、电导、浊度、悬浮固体、硝氮等,它们之间可以随意匹配。只需更换探头而无需更换控制器。探头模块可以根据需要增加或减少,采用快速接头/即插即用的连接方式。

显示控制模块:SC1000 显示模块拥有彩色的触摸屏。一个显示模块既可以控制单个的探头模块,也可以控制数字化网络连接的一系列探头模块。显示模块是便携的,可以断开并在网络内随意移动,即插即用操作。

SC1000 控制器与其连接的传感器之间的数字信号能确保数据的整体性,并且不受信号干扰的影响。SC1000 的数字信号输出使其很容易与现存的网络中的控制器集成在一起。SC1000 控制器的通信或继电器根据测站的需要进行配置。控制方式有继电器控制及远程控制显示方式。

9.2.2.3　在线与便携式分析仪

1.Solitax sc 浊度/污泥浓度在线分析仪

Solitax sc 悬浮固体/浊度分析仪可以方便地监测不同阶段的污泥浓度,评价活性污泥质量和整个生物处理过程,分析净化处理后排放的废水,应用于自来水厂中滤池反冲洗水浊度测量、原水及沉淀池出水浊度测量,工业生产过程和循环冷却水的水质情况评价。

工作原理:采用双光束红外和散射光光度计检测技术,在仪器测量探头内部,位于 45°角有一个内置的 LED 光源,可以向样品发射 880 nm 的近红外光,该光束经过样品中悬浮颗粒的散射后,经位于与入射光成 90°角的散射光检测器检测,并经过计算,从而得到样品的浊度。当测量污泥浓度时,经位于与入射光成 140°角的散射光后检测器检测,仪器通过计算前、后检测器检测到的信号强度,从而给出污泥浓度。LED 发出的是 880 nm 的近红外光,自动补偿因流量变化、每年气候波动或其他原因造成活性污泥颜色变化而引起的干扰,能给出连续、准确的测量结果。此分析仪已经可以接入新的 SC100 或 SC1000 数字化通用控制器中。浊度测量范围:0 ~ 1 000 NTU。

2.1720E 低量程浊度仪

浊度监测系统包括一个浊度传感器及一个控制器,传感器只需插入控制器无需另行配置即可运行。浊度计实时连续监测 0.001 ~ 100 NTU 范围内的浊度,符合 USEPA 180.1 标准,同时可选配方便的校准/服务模块进行在线维护。

3.激光浊度 FilterTrak660 仪

　　FilterTrak 技术不被任何理论上可检测颗粒干扰,使用先进的激光光学技术和信号处理,对过滤后饮用水在很低的浊度进行测量,范围为 0～1 NTU (0～1 000 mNTU),可测至 mNTU,5 mNTU 的低浊度同样能给出可信的数据,比普通浊度仪精度高出 150 倍。

　　由于仪器用于检测在其他仪器上无法检测的超微小粒径的颗粒的存在,所以能对过滤器饱和过程提供更准确的结果,FilterTrak 在过滤器将要饱和时提前报警。

　　4. CL17 在线余氯仪在线监测

　　DPD 指示剂被游离氯气所氧化,品红根据氯气浓度水平而变色。色度仪对颜色强度进行测量,并立刻计算出游离氯气浓度或剩余氯气浓度。CL17 在线余氯仪可快速、准确地利用 DPD 色度测量计算出游离氯气量和剩余氯气量,是测量游离氯气和剩余氯气的可靠方法。测量仪能连续运行,因此能确保有效的消毒浓度。CL17 在线余氯仪每 2.5 min 监测一次样品,指示剂和缓冲剂的月度用量均小于 475 mL。

　　5. 9187 二氧化氯分析仪

　　使用电极法,选择性的渗透膜只允许通过二氧化氯,拒绝氯的干扰。安培计的测量技术中的探头主要构成有金电极(反应电极)、银电极、电解液和多孔渗透膜。探头放在隔离的电化学流通池中保证了二氧化氯的彻底扩散。二氧化氯分子通过膜进入膜和电极之间的电解液,从而在两电极之间形成一定的电流,把电流参数通过转换得到一定值,再根据温度参数修正,从而得到二氧化氯的浓度。其特点是用选择性渗透膜消除了与氯的冲突。

　　6. 余臭氧分析仪

　　O53 型余臭氧分析仪主要用来测量水中溶解的臭氧量,用于确定臭氧接触时间和有效控制臭氧的发生。该分析仪配的传感器的大阳极和白金护圈使得读数稳定、重复性好。

　　7. MoniSpec – AD 型传感器

　　采用双通道吸收法来检测液体的颜色。使用这种传感器时,需要用 Messenger 型传送器。系统设计用于长期连续运行。由测量通道和参考通道之差提供颜色信号,即(颜色 + 浊度) – 浊度 = 颜色。传感器可安装在各种管道上,适用于饮用水、废水、化学工业、造纸业、石油化工及生物技术中液体色度变化的测量。

　　8. DR/850 便携式水质实验室

　　根据哈希新的 DR/850 现场比色计及便携式浊度分析系统,设计分析世界卫生组织规定的超过 12 种参数。每个手提箱里装有仪器、预制的试剂和器械,监测氨、余氯、总氯、色度、总大肠杆菌、E.coil 杆菌、硝酸盐、亚硝酸盐、pH 值、活性磷酸盐、硫化物、TDS 和浊度。具有自动波长选择和自动波长校正功能,可测量多个参数,大屏幕直接显示测量结果。安瓿瓶、预装管(TNT 管)及不同包装的预制试剂,可大大缩短样品分析时间,记录 99 组数据,并可通过 HachLinkTM 软件将实验数据直接下载至计算机,便于数据的存储与管理。

　　DR/850 储存 50 条标准曲线,各种型号皆有防尘、防化学腐蚀、防水等功能。测定波长:520 nm、610 nm。读数模式:透过率、吸光度、浓度。电池电源:4 节 5 号碱性电池。环境要求:0～50 ℃,90% 的相对湿度,无冷凝现象。

　　9. cel/890 饮用水测试实验室

　　哈希公司 cel/890 先进的饮用水测试实验室适用于野外分析,配置的仪器及实验方法能对每个重要的饮用水质参数进行测量,其中包括:碱度、铝离子、一氯胺、余氯、二氧化氯、色度、电导率、铜、溶解氧、氟离子、硬度、总铁、锰、硝酸盐、亚硝酸盐、pH 值、磷酸盐、硫酸盐、硫化物、温度等,如图 9.1 所示。

10. MEL 微生物系列便携式分析实验室

MEL 微生物系列便携式分析实验室是哈希公司提供用来测定和计算总大肠杆菌和粪大肠杆菌及其他微生物的测试系统,在 24 h 内能同时检测总大肠杆菌和 E.coli 。其特点是简单、可靠、速度快。这些系统包括一整套的生长培养基和器具,用于最大可能数法(MPN),膜过滤法(MF),有/无法(P/A)及混合营养板计算法(HPC)等。

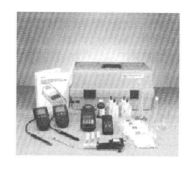

图 9.1　cel/890 饮用水测试实验室

MEL /MF(膜过滤法)用来每日测定大的样品体积或进行大量的总大肠杆菌测试。可分析的物质有饮用水、废水、地表水、地下水、娱乐用水及盐水。MEL/MF 包括便携式培养箱、带照明灯的放大镜、野外用过滤器、预制的 m – Endo 汤剂。方法重新定义了大肠杆菌的检测,可以在 24 h 内一个培养皿中确认总大肠杆菌和 E. coli,进行应急监测和日常测试,灵敏度高,可分析至 1 CFU/100 mL。非大肠菌类细菌形成的本底最小,无需特定的设备和紫外灯。新的 m – ColiBlue24 小瓶装试剂能准确监测饮用水、瓶装水、饮料、地表水和井水、超纯水、化学过程水和制药过程用水中的总大肠菌和 E.coli。此种营养培养基能最大限度地促进大肠杆菌的生长率并可以使挤压后损伤的有机体恢复。但培养基不包括阻止被挤压的大肠菌生长的成分。在介质里特定的阻止剂将有效地减少非大肠菌类的生长。MEL/MPN(最大可能数法)可用来同时监测总大肠杆菌及 E.coli。MEL P/A(有/无法)安全饮用水实验室能提供快速、方便的饮用水测试。

11. 便携式气相色谱仪 GCS 2

GCS 2 能够在现场快速、准确地分析水和空气中的污染物。GCS 2 可在要求最苛刻的工作条件下进行化合物的分析。对于远离实验室的现场检测可以迅速得到结果,在面对可能引起灾难性后果的时候得到实验室级的分析结果。检测浓度范围在 μg/L 到 mg/L 之间,几分钟就可以精确地输出检测报告。

该仪器根据吹气捕集方式等新技术生产的探极能够快速分析水中的挥发性有机物(VOCs)的含量。对于样品来说,不需要泵、阀和检测池,样品不经过滤和预处理就可以直接注入加热口,而完全不影响仪器的性能。GCS 2 现场监测简单、可靠、维护量小,监测结果可显示、存储或生成文件,进行移动式多点监测或多种在线分析。四种检测器可以使仪器实现多功能化。MAID 检测器(Micro Argon Ionization Detector)对有机化合物的检测非常灵敏,如卤代甲烷和卤代乙烷。ECD 检测器(Electron Capture Detector)可有选择性地检测卤代碳氢化合物、多氯联苯(PCBs)、杀虫剂和硝基化合物。TCD 检测器(Thermal Conductivity Detector)基本上用于检测天然气体的浓度。PID 检测器(Photo Ionization Detector)使用紫外线灯来电离和检测碳氢化合物。

在线检测设备对设定水质参数进行连续或间断自动检测,并将测得数据作必要处理,接受中心站的指令,将监测数据作短期贮存,并按中心站的调令,通过无线电传输系统将数据发回中心站。

9.2.3　给水处理主要工艺过程在线监测

水源水的高浑浊度妨碍水处理过程,从而使肠道病原体得以进入处理过的水和输配水系统中,过滤器反冲洗后的过滤不当,也会将病原体引入输配水系统。同时,在处理过程中可能引入有害物,包括用于处理水的化学添加剂或与饮水接触的产物。所以对化学处理剂的投加、滤池反冲洗、浊度监测、消毒剂浓度和接触时间等进行实时控制以保证饮用水供应安全。

水处理设施采用自动控制,不但可以减轻水处理操作人员的劳动强度,减少操作人员人数,实现减员增效,更主要的是可以确保水处理后的水质,还可以确保设备的安全运行,延长设备的使用寿命,从而降低生产成本。为保证供水系统的安全可靠运行,达到优质供水节能降耗的目的,推进城镇供水事业的现代化进程,引进先进的自动控制系统,使水厂自动化程度达到国内领先水平。水厂自动控制系统由计算机和可编程逻辑控制器组成。

中控室:在厂部中心控制室配置两台运算速度高、存储量大的多媒体电脑。通过网络适配器与 PLC 的工业网联网,把 PLC 采集到的实时工况、过程变量、水质指标、工艺参数、生产数据实现动态彩色画面显示,故障声光报警和数据处理;打印管理生产报表、故障实时报表;制作浊度、余氯、pH 值、压力、水位、流量等的历史变化趋势曲线;提供充分方便的人机界面,起到集中管理的作用;并通过鼠标或键盘下达各种调度指令,进行工艺参数的设定。

加药加氯子站设 PLC 站一个,采用 TSX – P5720 型 CPU,配一个 12 槽机架,完成加药、加氯设备的自动控制和故障保护,实现源水水质监测,氯气源自动切换,矾液池自动切换,漏氯报警等功能。

加药自控系统采用多参数复合环控制方式,即根据源水流量、浊度、温度和 pH 值进行前馈控制,同时又根据滤后水浊度(微絮凝直接过滤工艺)复合环控制。这样既能迅速响应源水的变化,快速调整投药量,又能自动跟踪滤后水浊度进行适当调整,从而保证滤后水浊度指标达标,并节约药耗。

加氯自控系统采用全套加氯设备,分为前加氯、后加氯。前加氯是 PLC 根据采集到的源水流量和设定的投加率成比例地去控制加氯机的执行机构。源水若采用水库水,含有较多藻类物质,将投加率设置成可调型,可以根据由季节变化而引起的藻类数量变化情况相应修改投加率的设定值,以取得最佳效果。后加氯采用复合环加氯控制,将后加氯设在滤池的出水管通过一段管道混合后,在充分混合处用取样泵取样至余氯分析仪,测量余氯值并将余氯值信号反馈给 PLC,PLC 计算出这个余氯值与设定余氯值的差值,对这个差值 PID 运算后,得出相对应的控制增量,去控制加氯机的投加装置,使得余氯值始终向设定值逼近。

V 型滤池子站包括滤池 2 # PLC 及 6 个滤格 PLC。滤池 2 # PLC 主要完成冲洗泵、鼓风机及其阀门的联动控制及故障保护,它还担负着与滤格 PLC 交换数据,管理滤格自动冲洗的任务。滤格 PLC 主要完成滤格的自动冲洗、恒水位控制以及故障保护。

滤池的控制运行方式分为自动、中控、手动三种。在自动状态下,PLC 根据滤层阻塞程度和冲洗周期判断滤池是否满足冲洗条件。如冲洗条件满足,PLC 就自动完成滤池的气水反冲洗全过程,并对鼓风机、冲洗泵、阀门等被控设备进行故障保护控制。在中控状态下,PLC 接受中控室计算机下达的控制命令,完成滤格的顺序控制(启用、停用、冲洗控制),并对设备进行故障保护控制。在手动状态下,PLC 处于“监测”运行,设备保留原有现场手动开关操作。

思考题

1. 在线监测系统由哪些部分组成？

2. 简述 COD, BOD, TOC, TN, TP, NH$_3$ – N, NO$_x$ – N, DO, UV 有机物及油分在线测定仪表的测定原理。

3. 对污水处理主要工艺参数怎样进行在线监测及水质控制？

4. 简述给水处理主要运行监测参数。

5. 简述 SOLITAX sc 浊度/污泥浓度、CL17 在线余氯仪、9187 二氧化氯分析仪、便携式气相色谱仪 GCS 2 的工作原理。

6. 谈谈几种便携式水质实验室的功能。

7. 对给水处理主要工艺过程怎样进行在线监测？

附　　录

附录1　城镇污水处理厂污染物排放标准(GB 18918—2002)

表1　基本控制项目最高允许排放浓度(日均值)

单位:mg/L(特别注明和 pH 值除外)

序号	基本控制项目	一级标准		二级标准	三级标准
		A 标准	B 标准		
1	化学需氧量(COD)	50	60	100	120[①]
2	生化需氧量(BOD$_5$)	10	20	30	60[①]
3	悬浮物(SS)	10	20	30	50
4	动植物油	1	3	5	20
5	石油类	1	3	5	15
6	阴离子表面活性剂	0.5	1	2	5
7	总氮(以 N 计)	15	20	—	—
8	氨氮(以 N 计)[②]	5(8)	8(15)	25(30)	—
9	总磷(以 P 计) 2005 年 12 月 31 日前建设的	1	1.5	3	5
	2006 年 1 月 1 日起建设的	0.5	1	3	5
10	色度(稀释倍数)	30	30	40	50
11	pH 值	6~9	6~9	6~9	6~9
12	粪大肠菌群数/(个·L^{-1})	10^3	10^4	10^4	—

注:①下列情况下按去除率指标执行:当进水 COD 大于 350 mg/L 时,去除率应大于 60%;BOD 大于 160 mg/L 时,去除率应大于 50%。

②括号外数值为水温大于 12 ℃时的控制指标,括号内数值为水温小于等于 12 ℃时的控制指标。

表2　部分一类污染物最高允许排放浓度(日均值)

单位:mg/L

序号	项目	标准值
1	总汞	0.001
2	烷基汞	不得检出
3	总镉	0.01
4	总铬	0.1
5	六价铬	0.05
6	总砷	0.1
7	总铅	0.1

表3 选择控制项目最高允许排放浓度(日均值) 单位:mg/L

序号	选择控制项目	标准值	序号	选择控制项目	标准值
1	总镍	0.05	23	三氯乙烯	0.3
2	总铍	0.002	24	四氯乙烯	0.1
3	总银	0.1	25	苯	0.1
4	总铜	0.5	26	甲苯	0.1
5	总锌	1.0	27	邻二甲苯	0.4
6	总锰	2.0	28	对二甲苯	0.4
7	总硒	0.1	29	间二甲苯	0.4
8	苯并[a]芘	0.000 03	30	乙苯	0.4
9	挥发酚	0.5	31	氯苯	0.3
10	总氰化物	0.5	32	1,4-二氯苯	0.4
11	硫化物	1.0	33	1,2-二氯苯	1.0
12	甲醛	1.0	34	对硝基氯苯	0.5
13	苯胺类	0.5	35	2,4-二硝基氯苯	0.5
14	总硝基化合物	2.0	36	苯酚	0.3
15	有机磷农药(以P计)	0.5	37	间-甲酚	0.1
16	马拉硫磷	1.0	38	2,4-二氯酚	0.6
17	乐果	0.5	39	2,4,6-三氯酚	0.6
18	对硫磷	0.05	40	邻苯二甲酸二丁酯	0.1
19	甲基对硫磷	0.2	41	邻苯二甲酸二辛酯	0.1
20	五氯酚	0.5	42	丙烯腈	2.0
21	三氯甲烷	0.3	43	可吸附有机卤化物 (AOX以Cl计)	1.0
22	四氯化碳	0.03			

附录2 城市污水再生利用 城市杂用水水质
(GB/T 18920—2002)

表1 城市杂用水水质标准

单位:mg/L(特别注明和pH值除外)

序号	项目	冲厕	道路清扫、消防	城市绿化	车辆冲洗	建筑施工
1	pH值			6.0~9.0		
2	色/度 ≤			30		
3	臭			无不快感		

续表1

序号	项目	冲厕	道路清扫、消防	城市绿化	车辆冲洗	建筑施工
4	浊度/NTU ≤	5	10	10	5	20
5	溶解性总固体 ≤	1 500	1 500	1 000	1 000	—
6	五日生化需氧量（BOD₅） ≤	10	15	20	10	15
7	氨氮≤	10	10	20	10	20
8	阴离子表面活性剂	1.0	1.0	1.0	0.5	1.0
9	铁 ≤	0.3	—	—	0.3	
10	锰 ≤	0.1	—	—	0.1	
11	溶解氧 ≥	1.0				
12	总余氯	接触30 min后≥1.0,管网末端≥0.2				
13	总大肠菌群/（个·L⁻¹） ≤	3				

表2　城市杂用水采样检测频率

序号	项目	采样检测频率
1	pH 值	每日1次
2	色度	每日1次
3	浊度	每日2次
4	臭	每日1次
5	溶解性总固体	每周1次
6	五日生化需氧量（BOD₅）	每周1次
7	氨氮	每周1次
8	阴离子表面活性剂	每周1次
9	铁	每周1次
10	锰	每周1次
11	溶解氧	每日1次
12	总余氯	每日2次
13	总大肠菌群	每周3次

附录3　城市污水再生利用　景观环境用水水质(GB/T 18921—2002)

表1　景观环境用水的再生水水质指标

单位:mg/L(特别注明和 pH 值除外)

序号	项目	观赏性景观环境用水			娱乐性景观环境用水		
		河道类	湖泊类	水景类	河道类	湖泊类	水景类
1	基本要求	无飘浮物,无令人不愉快的嗅和味					
2	pH 值(无量纲)	6 ~ 9					
3	五日生化需氧量(BOD$_5$)≤	10	6		6		
4	悬浮物(SS)≤	20	10		—^{a}		
5	浊度(NTU)≤	—^{a}			5.0		
6	溶解氧≥	1.5			2.0		
7	总磷(以 P 计)≤	1.0	0.5		1.0	0.5	
8	总氮≤	15					
9	氨氮(以 N 计)≤	5					
10	粪大肠菌群/(个·L^{-1})≤	10 000	2 000		500		不得检出
11	余氯^b≥	0.05					
12	色度(度)≤	30					
13	石油类≤	1.0					
14	阴离子表面活性剂≤	0.5					

注:a"—"表示对此项无要求。

　　b 氯接触时间不应低于 30 min 的余氯。对于非加氯消毒方式无此项要求。

附录4　地面水环境质量标准（GB 3838—2002）

表1　地表水环境质量标准基本项目标准限值

单位:mg/L(特别注明和 pH 值除外)

序号 \ 分类 \ 项目	I	II	III	IV	V
1　水温/℃	人为造成的环境水温变化应限制在: 周平均最大温升≤1,周平均最大温降≤2				
2　pH 值	6 ~ 9				
3　溶解氧 ≥	饱和率90% （或7.5）	6	5	3	2
4　高锰酸盐指数 ≤	2	4	6	10	15
5　化学需氧量(COD) ≤	15	15	20	30	40
6　五日生化需氧(BOD$_5$) ≤	3	3	4	6	10
7　氨氮(NH$_3$-N) ≤	0.15	0.5	1.0	1.5	2.0

续表1

序号	分类 项目	I	II	III	IV	V
8	总磷(以 P 计) ≤	0.02(湖、库 0.01)	0.1(湖、库 0.025)	0.2(湖、库 0.050)	0.3(湖、库 0.1)	0.4(湖、库 0.2)
9	总氮（湖、库以 N 计） ≤	0.2	0.5	1.0	1.5	2.0
10	铜 ≤	0.01	1.0	1.0	1.0	1.0
11	锌 ≤	0.05	1.0	1.0	2.0	2.0
12	氟化物(以 F⁻计) ≤	1.0	1.0	1.0	1.5	1.5
13	硒 ≤	0.01	0.01	0.01	0.02	0.02
14	砷 ≤	0.05	0.05	0.05	0.1	0.1
15	汞 ≤	0.000 05	0.000 05	0.000 1	0.001	0.001
16	镉 ≤	0.001	0.005	0.005	0.005	0.01
17	铬 ≤	0.01	0.05	0.05	0.05	0.1
18	铅 ≤	0.01	0.01	0.05	0.05	0.1
19	氰化物 ≤	0.005	0.05	0.05	0.2	0.2
20	挥发酚 ≤	0.002	0.002	0.005	0.01	0.01
21	石油类 ≤	0.05	0.05	0.05	0.5	1.0
22	阴离子表面活性剂 ≤	0.2	0.2	0.2	0.3	0.3
23	硫化物 ≤	0.05	0.1	0.2	0.5	1.0
24	粪大肠菌群 ≤	200	2 000	10 000	20 000	40 000

表2　集中式生活饮用水地表水源地补充项目标准限值　　　　单位:mg/L

序号	项目	标准值
1	硫酸盐(以 SO_4^{2-} 计)	250
2	氯化物(以 Cl⁻计)	250
3	硝酸盐(以 N 计)	10
4	铁	0.3
5	锰	0.1

表3　集中式生活饮用水地表水源地特定项目标准限值　　　　单位:mg/L

序号	项目	标准值	序号	项目	标准值
1	三氯甲烷	0.06	41	丙烯酰胺	0.000 5
2	四氯化碳	0.002	42	丙烯腈	0.1

续表3

序号	项目	标准值	序号	项目	标准值
3	三溴甲烷	0.1	43	邻苯二甲酸二丁酯	0.003
4	二氯甲烷	0.02	44	邻苯二甲苯二(2-乙基己基)脂	0.008
5	1,2-二氯甲烷	0.03	45	水合肼	0.01
6	环氧氯丙烷	0.02	46	四乙基铅	0.000 1
7	氯乙烯	0.005	47	吡啶	0.2
8	1,1-二氯乙烯	0.03	48	松节油	0.2
9	1,2-二氯乙烯	0.05	49	苦味酸	0.5
10	三氯乙烯	0.07	50	丁基黄原酸	0.005
11	四氯乙烯	0.04	51	活性氯	0.01
12	氯丁二烯	0.002	52	滴滴涕	0.001
13	六氯丁二烯	0.000 6	53	林丹	0.002
14	苯乙烯	0.02	54	环氧七氯	0.000 2
15	甲醛	0.9	55	对硫磷	0.003
16	乙醛	0.05	56	甲基对硫磷	0.002
17	丙烯醛	0.1	57	马拉硫磷	0.05
18	三氯乙醛	0.01	58	乐果	0.08
19	苯	0.01	59	敌敌畏	0.05
20	甲苯	0.7	60	敌百虫	0.05
21	乙苯	0.3	61	内吸磷	0.03
22	二甲苯①	0.5	62	百菌清	0.01
23	异丙苯	0.25	63	甲萘威	0.05
24	氯苯	0.3	64	溴氰菊酯	0.02
25	1,2-二氯苯	1.0	65	阿特拉津	0.003
26	1,4-二氯苯	0.3	66	苯并[a]芘	2.8×10^{-6}
27	三氯苯②	0.02	67	甲基汞	1.0×10^{-6}
28	四氯苯③	0.02	68	多氯联苯⑥	2.0×10^{-6}
29	六氯苯	0.05	69	微囊藻毒素-LR	0.001
30	硝基苯	0.017	70	黄磷	0.003
31	二硝基苯④	0.5	71	钼	0.07
32	2,4-二硝甲苯	0.000 3	72	钴	1.0
33	2,4,6-三硝基甲苯⑤	0.5	73	铍	0.002

续表3

序号	项目	标准值	序号	项目	标准值
34	硝基氯苯⑤	0.05	74	硼	0.5
35	2,4-二硝基氯苯	0.5	75	锑	0.005
36	2,4-二氯苯酚	0.093	76	镍	0.02
37	2,4,6-三氯苯酚	0.20	77	钡	0.7
38	五氯酚	0.009	78	钒	0.05
39	苯胺	0.1	79	钛	0.1
40	联苯胺	0.000 2	80	铊	0.000 1

注:①二甲苯指对二甲苯、间二甲苯、邻二甲苯。

②三氯苯指1,2,3-三氯苯、1,2,4-三氯苯和1,3,5-三氯苯。

③四氯苯指1,2,3,4-四氯苯、1,2,3,5-四氯苯和1,2,4,5-四氯苯。

④二硝基苯指对二硝基苯、间二硝基苯和邻二硝基苯。

⑤硝基氯苯指对硝基氯苯、间硝基氯苯和邻硝基氯苯。

⑥多氯联苯指 PCB-1016、PCB-1221、PCB-1242、PCB-1248、PCB-1254 和 PCB-1260。

附录5　城市供水水质标准(CJ/T 206—2005)

表1　城市供水水质常规检验项目及限值

序号		项目	限值
1	微生物学指标	细菌总数	≤80 CFU/mL
		总大肠菌群	每100 mL水样中不得检出
		耐热大肠菌群	每100 mL水样中不得检出
		余氯(加氯消毒时测定)	与水接触30 min后出厂游离氯≥0.3 mg/L; 或与水接触120 min后出水总氯≥0.5 mg/L; 管网末梢水总氯≥0.2 mg/L
		二氧化氯(使用二氧化氯消毒时测定)	与水接触30 min后出厂游离氯≥0.1 mg/L; 管网末梢水总氯≥0.05 mg/L; 或二氧化氯余量≥0.02 mg/L

续表1

序号		项 目	限 值
2	感官性状指标和一般化学指标	色度	15 度
		臭和味	无异臭异味,用户可接受
		浑浊度	1 NTU(特殊情≤3 NTU)①
		肉眼可见物	无
		氯化物	250 mg/L
		铝	0.2 mg/L
		铜	1 mg/L
		总硬度(以 CaCO₃ 计)	450 mg/L
		铁	0.3 mg/L
		锰	0.1 mg/L
		pH 值	6.5 ~ 8.5
		硫酸盐	250 mg/L
		溶解性总固体	1 000 mg/L
		锌	1.0 mg/L
		挥发酚(以苯酚计)	0.002 mg/L
		阴离子合成洗涤剂	0.3 mg/L
		耗氧量(COD_{Mn},以 O₂ 计)	3 mg/L(特殊情况≤5 mg/L)②
		砷	0.01 mg/L
		镉	0.003 mg/L
		铬(六价)	0.05 mg/L
		氰化物	0.05 mg/L
		氟化物	1.0 mg/L
		铅	0.01 mg/L
		汞	0.001 mg/L
		硝酸盐(以 N 计)	10 mg/L(特殊情况≤20 mg/L)③
		硒	0.01 mg/L

续表1

序号		项　目	限　值
3	毒理学指标	四氯化碳	0.002 mg/L
		三氯甲烷	0.06 mg/L
		敌敌畏(包括敌百虫)	0.001 mg/L
		林丹	0.002 mg/L
		滴滴涕	0.001 mg/L
		丙烯酰胺(使用聚丙烯酰胺时测定)	0.000 5 mg/L
		亚氯酸盐(使用 ClO_2 时测定)	0.7 mg/L
		溴酸盐(使用 O_3 时测定)	0.01 mg/L
		甲醛(使用 O_3 时测定)	0.9 mg/L
4	放射性指标	总 α 放射性	0.1 Bq/L
		总 β 放射性	1.0 Bq/L

注:①特殊情况指水源水质和净水技术限制等。
　　②特殊情况指水源水质超过Ⅲ类,即耗氧量>6 mg/L。
　　③特殊情况指水源限制,如采地下水等。

表2　城市供水水质非常规检验项目及限值

序号		项　目	限　值
1	微生物学指标	粪型链球菌群	每100 mL 水样不得检出
		蓝氏贾第鞭毛虫（Giardia lamblio）	<1 个/10 L[①]
		隐孢子虫（Cryptosporidium）	<1 个/10 L[②]
2	感官性状和一般化学指标	氨氮	0.5 mg/L
		硫化物	0.02 mg/L
		钠	200 mg/L

续表 2

序号		项 目	限 值
		银	0.05 mg/L
3	毒理学指标	锑	0.005 mg/L
		钡	0.7 mg/L
		铍	0.002 mg/L
		硼	0.5 mg/L
		镍	0.02 mg/L
		钼	0.07 mg/L
		铊	0.000 1 mg/L
		苯	0.01 mg/L
		甲苯	0.7 mg/L
		乙苯	0.3 mg/L
		二甲苯	0.5 mg/L
		苯乙烯	0.02 mg/L
		1,2-二氯乙烷	0.005 mg/L
		三氯乙烯	0.005 mg/L
		四氯乙烯	0.005 mg/L
		1,2-二氯乙烯	0.05 mg/L
		1,1-二氯乙烯	0.007 mg/L
		三卤甲烷(总量)	0.1 mg/L[5]
		氯酚(总量)	0.010 mg/L[6]
		2,4,6-三氯酚	0.010 mg/L
		TOC	无异常变化(试行)
		五氯酚	0.009 mg/L
		乐果	0.02 mg/L
		甲基对硫磷	0.01 mg/L
		对硫磷	0.003 mg/L
		甲胺磷	0.001 mg/L(暂定)
		2,4-滴	0.03 mg/L
		溴氰菊酯	0.02 mg/L
		二氯甲烷	0.00 mg/L
		1,1,1-三氯乙烷	0.20 mg/L

续表2

序号		项　目	限　值
		1,1,2-三氯乙烷	0.005 mg/L
		氯乙烯	0.005 mg/L
		一氯苯	0.3 mg/L
		1,2-二氯苯	1.0 mg/L
		1,4-二氯苯	0.075 mg/L
		三氯苯(总量)	0.02 mg/L[7]
		多环芳烃(总量)	0.002 mg/L[8]
		苯并[a]芘	0.000 01 mg/L
		二(2-乙基己基)邻苯二甲酸酯	0.08 mg/L
		环氧氯丙烷	0.000 4 mg/L
		微囊藻毒素-LR	0.001 mg/L[3]
		卤乙酸(总量)	0.06 mg/L[4][9]
		莠去津(阿特拉津)	0.002 mg/L
		六氯苯	0.001 mg/L

注:[1]、[2]、[3]、[4]从2006年6月起检验。

　　[5]三卤甲烷(总量)包括三氯甲烷、一氯二溴甲烷、二氯一溴甲烷、三溴甲烷。

　　[6]氯酚(总量)包括2-氯酚、2,4-二氯酚、2,4,6-三氯酚三个消毒副产物,不含农药五氯酚。

　　[7]三氯苯(总量)包括1,2,4-三氯苯、1,2,3-三氯苯、1,3,5-三氯苯。

　　[8]多环芳烃(总量)包括苯并[a]芘、苯并[g,h,i]芘、苯并[b]荧蒽、苯并[k]荧蒽、荧蒽、茚并[1,2,3-c,d]芘。

　　[9]卤乙酸(总量)包括二氯乙酸、三氯乙酸。

表3　水质检验项目和检验频率

水样类别	检验项目	检验频率
水源水	浑浊度、色度、臭和味、肉眼可见物、耗氧量、氨氮、细菌总数、总大肠菌群、耐热大肠菌群	每日不少于一次
	GB 3838中有关水质检验基本项目和补充项目共29项	每月不少于一次
出厂水	浑浊度、色度、臭和味、肉眼可见物、余氯、细菌总数、总大肠菌群、耐热大肠菌群、耗氧量	每日不少于一次
	表1全部项目,表2中可能含有的有害物质	每月不少于一次
	表2全部项目	以地表水为水源,每半年检测一次,以地下水为水源,每一年检测一次
管网水	浑浊度、色度、臭和味、余氯、细菌总数、总大肠菌群、耗氧量(管网末梢点)	每月不少于两次
管网末梢水	表1全部项目,表2中可能含有的有害物质	每月不少于一次

表4　水质检验项目合格率

水样检验项目出厂水或管网水	综合	出厂水	管网水	表1项目	表2项目
合格率/%	95	95	95	95	95

附录6　生活饮用水卫生标准(GB 5749—2006)

表1　水质常规检验项目及限值

项　目	限　值
1.微生物指标[①]	
总大肠菌群	不得检出(MPN/100 mL 或 CFU/100 mL)
耐热大肠菌群	不得检出(MPN/100 mL 或 CFU/100 mL)
大肠埃希氏菌	不得检出(MPN/100 mL 或 CFU/100 mL)
菌落总数	100CFU/mL
2.毒理指标	
砷	0.01 mg/L
镉	0.005 mg/L
铬(六价)	0.05 mg/L
铅	0.01 mg/L
汞	0.001 mg/L
硒	0.01 mg/L
氰化物	0.05 mg/L
氟化物	1.0 mg/L
硝酸盐(以 N 计)	10 mg/L,地下水源限制时 20 mg/L
三氯甲烷	0.06 mg/L
四氯化碳	0.002 mg/L
溴酸盐(使用 O_3 时)	0.01 mg/L
甲醛(使用 O_3 时)	0.9 mg/L
亚氯酸盐(使用二氧化氯消毒时)	0.7 mg/L
氯酸盐(使用复合二氧化氯消毒时)	0.7 mg/L
3.感官性状和一般化学指标	
色度	15(铂钴色度单位)
浑浊度	1 NTU,水源与净水技术条件 限制时为 3 NTU(NTU 为散射浊度单位)
臭和味	无异臭、异味

续表1

项　目	限　值
肉眼可见物	无
pH 值	大于6.5;小于8.5(pH 值单位)
溶解性总固体	1 000 mg/L
总硬度(以 CaCO$_3$ 计)	450 mg/L
耗氧量(COD$_{Mn}$法,以 O$_2$ 计)	水源限制,原水>6 mg/L 时为 5 mg/L
挥发酚类(以苯酚计)	0.002 mg/L
阴离子合成洗涤剂	0.3 mg/L
铝	0.2 mg/L
铁	0.3 mg/L
锰	0.1 mg/L
铜	1.0 mg/L
锌	1.0 mg/L
氯化物	250 mg/L
硫酸盐	250 mg/L
4. 放射性物质[2]	
总 α 放射性	0.5 Bq/L
总 β 放射性	1 Bq/L

注:①MPN 为最大可能数;CFU 为菌落形成单位。当水样检出总大肠菌群时,应进一步检验大肠埃希氏菌或耐热大肠菌群;水样未检出总大肠菌群,不必检验大肠埃希氏菌或耐热大肠菌群。水样中检出大肠埃希氏菌或耐热大肠菌群表示该水体已受到人或动物粪便污染。

②放射性指标超过指导值,应进行核素分析,判定能否饮用。

表2　饮用水中消毒剂常规指标及要求

消毒剂名称	与水接触时间/min	出厂水中限值 /(mg·L^{-1})	出厂水中余量	管网末梢水中余量
氯气及游离氯制剂(游离氯)	≥30	4	≥0.3	≥0.05
一氯胺 (总氯)	≥120	3	≥0.5	≥0.05
臭氧 (O$_3$)	≥12	0.3	—	0.021 如加氯,总氯≥0.05
二氧化氯 (ClO$_2$)	≥30	0.8	≥0.1	≥0.02

表3　水质非常规指标及限值

项　目	限　值
1. 微生物指标	
贾第鞭毛虫	<1 个/10L
隐孢子虫	<1 个/10L
2. 毒理指标	
锑	0.005 mg/L
钡	0.7 mg/L
铍	0.002 mg/L
硼	0.5 mg/L
钼	0.07 mg/L
镍	0.02 mg/L
银	0.05 mg/L
铊	0.000 1 mg/L
氯化氰（以 CN⁻ 计）	0.07 mg/L
三卤甲烷(三氯甲烷、一氯二溴甲烷、二氯一溴甲烷、三溴甲烷之总和)	该类化合物中每种化合物的实测浓度与其各自限值的比值之和不超过 1
一氯二溴甲烷	0.1 mg/L
二氯一溴甲烷	0.06 mg/L
三溴甲烷	0.1 mg/L
二氯甲烷	0.02 mg/L
1,2-二氯乙烷	0.03 mg/L
1,1,1-三氯乙烷	2 mg/L
环氧氯丙烷	0.000 4 mg/L
氯乙烯	0.005 mg/L
1,1-二氯乙烯	0.03 mg/L
1,2-二氯乙烯	0.05 mg/L
三氯乙烯	0.07 mg/L
四氯乙烯	0.04 mg/L
六氯丁二烯	0.000 6 mg/L
二氯乙酸	0.05 mg/L
三氯乙酸	0.1 mg/L
三氯乙醛（水合氯醛）	0.01 mg/L
苯	0.01 mg/L

续表 3

项　目	限　值
甲苯	0.7 mg/L
二甲苯	0.5 mg/L
乙苯	0.3 mg/L
苯乙烯	0.02 mg/L
2,4,6-三氯酚	0.2 mg/L
苯并[a]芘	0.000 01 mg/L
氯苯	0.3 mg/L
1,2-二氯苯	1 mg/L
1,4-二氯苯	0.3 mg/L
三氯苯(总量)	0.02 mg/L
邻苯二甲酸二(2-乙基己基)酯	0.008 mg/L
丙烯酰胺	0.000 5 mg/L
微囊藻毒素-LR	0.001 mg/L
灭草松	0.3 mg/L
百菌清	0.01 mg/L
滴滴涕	0.001 mg/L
溴氰菊酯	0.02 mg/L
乐果	0.08 mg/L
2,4-滴	0.03 mg/L
七氯	0.000 4 mg/L
六氯苯	0.001 mg/L
六六六(总量)	0.005 mg/L
林丹	0.002 mg/L
马拉硫磷	0.25 mg/L
对硫磷	0.003 mg/L
甲基对硫磷	0.02 mg/L
五氯酚	0.009 mg/L
莠去津	0.002 mg/L
呋喃丹	0.007 mg/L
毒死稗	0.03 mg/L
敌敌畏(含敌百虫)	0.001 mg/L

续表 3

项 目	限 值
草甘膦	0.7 mg/L
3. 感官性状和一般化学指标	
氨氮（以 N 计）	0.5 mg/L
硫化物	0.02 mg/L
钠	200 mg/L

表 4　小型集中式供水和分散式供水部分水质指标及限值

项 目	限 值
1. 微生物指标	
菌落总数	500 CFU/mL
2. 毒理指标	
砷	0.05 mg/L
氟化物	1.2 mg/L
硝酸盐（以 N 计）	20 mg/L
3. 感官性状和一般化学指标	
色度	20（铂钴色度单位）
浑浊度	3 NTU，水源与净水技术条件限制时为 5 NTU（NTU 为散射浊度单位）
臭和味	用户可接受
肉眼可见物	用户可接受
pH 值	不小于 6.5 且不大于 9.5
溶解性总固体	1 500 mg/L
总硬度（以 $CaCO_3$ 计）	550 mg/L
耗氧量（COD_{Mn} 法，以 O_2 计）	5 mg/L
铁	0.5 mg/L
锰	0.3 mg/L
氯化物	300 mg/L
硫酸盐	300 mg/L

表5　生活饮用水水质参考指标及限值

名　称	限　值
肠球菌	0 CFU/100 mL
产气荚膜梭状芽孢杆菌	0 CFU/100 mL
β-萘酚	0.4 mg/L
2-甲基异莰醇	0.000 01 mg/L
二(2-乙基己基)己二酸酯	0.4 mg/L
二溴乙烯	0.000 05 mg/L
二噁英(2,3,7,8-TCDD)	0.000 000 03 mg/L
土臭素(二甲基萘烷醇)	0.01 mg/L
五氯丙烷	0.03 mg/L
双酚A	0.01 mg/L
丙烯腈	0.1 mg/L
丙烯酸	0.5 mg/L
丙烯醛	0.1 mg/L
四乙基铅	0.001 mg/L
戊二醛	0.07 mg/L
石油类(总量)	0.3 mg/L
石棉(>10 μm)	700 万个/L
亚硝酸盐	3 mg/L,短期
	0.2 mg/L,长期
多环芳烃(总量)	2 mg/L
多氯联苯(总量)	0.5 mg/L
邻苯二甲酸二乙酯	0.3 mg/L
邻苯二甲酸二丁酯	0.003 mg/L
环烷酸	1.0 mg/L
苯甲醚	0.05 mg/L
总有机碳(TOC)	5 mg/L
硝基苯	0.017 mg/L
镭^{226}和镭^{228}	5 pCi/L
黄原酸丁酯	0.001 mg/L
氯化乙基汞	0.1 mg/L

附录7　饮用净水水质标准(CJ 94—2005)

表1　饮用净水水质标准

序号	项目	标准
1.感官性状	色	5 度
	浑浊度(度)	1 NTU
	臭和味	无
	肉眼可见物	无
2.一般化学指标	pH 值	6.0～8.5
	硬度(以 $CaCO_3$ 计)	300 mg/L
	铁	0.2 mg/L
	锰	0.05 mg/L
	铜	1.0 mg/L
	锌	1.0 mg/L
	铝	0.2 mg/L
	挥发性酚类	0.002 mg/L
	阴离子合成洗涤剂	0.20 mg/L
	硫酸盐	100 mg/L
	氯化物	250 mg/L
	溶解性总固体	500 mg/L
	高锰酸钾消耗量(COD_{Mn} 以氧计)	2 mg/L
	总有机碳(TOC)	4 mg/L
3.毒理学指标	氟化物	1.0 mg/L
	氰化物	0.05 mg/L
	硝酸盐(以氮计)	10 mg/L
	砷	0.01 mg/L
	硒	0.01 mg/L
	汞	0.001 mg/L
	镉	0.01 mg/L
	铬(6 价)	0.05 mg/L
	铅	0.01 mg/L
	银	0.05 mg/L
	氯仿	30 μg/L

续表1

项目		标准
	四氯化碳	2 μg/L
	滴滴滴(DDT)	0.5 μg/L
	六六六	2.5 μg/L
	苯并[a]芘	0.01 μg/L
4.细菌学指标	细菌总数	50 CFU/mL
	总大肠菌群	0 CFU/100 mL
	粪大肠菌群	0 CFU/100 mL
	游离余氯(管网末梢水) (如用其他消毒法则可不列入)	≥0.05 mg/L
5.放射性指标	总 α 放射性	0.1 Bq/L
	总 β 放射性	1.0 Bq/L

附录8　世界卫生组织《饮用水水质准则》第三版简介

表1　用于饮用水的微生物质量验证准则值[①]

微生物	准则值
各种直接饮用水 埃希氏大肠杆菌或耐热大肠菌群[②③]	100 mL 水样中不得检出
即将进入供水系统的已处理过的水 埃希氏大肠杆菌或耐热大肠菌群[②]	100 mL 水样中不得检出
供水系统中已处理过的水 埃希氏大肠杆菌或耐热大肠菌群[②]	100 mL 水样中不得检出

注:①如果检出埃希氏大肠杆菌,应立即进行调查。

②虽然埃希氏大肠杆菌是一种表示粪便污染的较准确的指示菌,但耐热大肠菌群是一种比较理想的替代方法,必要时进行适当的确证试验。大肠菌群总数不适宜作为供水卫生质量的指标,特别是在热带地区,几乎所有未经处理的供水中均存在大量无卫生学意义的细菌。

③在大多数农村地区,特别是在发展中国家的农村,供水被粪便污染的现象非常普遍,在这种情况下,应该设定渐进性提高供水质量的中期目标。

④表中的单个数值不能直接使用,应当和准则及其他支持性文件中的信息、资料配套使用并加以解释。

表 2　未制定准则值的天然化学物

化学物	不制定准则值的理由	备注
氯化物	在饮用水中的浓度大大低于可引起毒性反应的浓度	可影响对饮用水的接受程度
硬度	在饮用水中的浓度大大低于可引起毒性反应的浓度	可影响对饮用水的接受程度
硫化氢	在饮用水中的浓度大大低于可引起毒性反应的浓度	可影响对饮用水的接受程度
pH 值	在饮用水中的浓度大大低于可引起毒性反应的浓度	一个重要的可操作的水质量指标
钠	在饮用水中的浓度大大低于可引起毒性反应的浓度	可影响对饮用水的接受程度
硫酸盐	在饮用水中的浓度大大低于可引起毒性反应的浓度	可影响对饮用水的接受程度
溶解性总固体(TDS)	在饮用水中的浓度大大低于可引起毒性反应的浓度	可影响对饮用水的接受程度

表 3　饮用水中对健康有影响的天然化学物的准则值

化学物	准则值/($mg \cdot L^{-1}$)	备注
砷	0.01(P)	
钡	0.7	
硼	0.5(T)	
铬	0.05(P)	总铬
氟化物	1.5	制定国家标准时要考虑摄入的水量及取自其他来源的摄入量
锰	0.4(C)	
钼	0.07	
硒	0.01	
铀	0.015(P,T)	只考虑铀的化学方面

表 4　来自工业源和居民点的未制定准则值的化学物

化学物	排除的理由
铍	不太可能在饮用水中出现

表5　来自工业源和居民点的未制定准则值的化学物

化学物	不制定准则值的理由
1,3-二氯苯	毒理学数据不足,不能推导出基于健康的准则值
1,1-二氯乙烷	关于毒性和致癌性的数据有限
1,1-二氯乙烯	饮用水中可能存在的浓度远低于会产生毒性作用的浓度
二(2-乙基己基)己二酸酯	出现在饮用水中的浓度大大低于可能出现毒性反应的浓度
六氯苯	出现在饮用水中的浓度大大低于可能出现毒性反应的浓度
甲基叔丁基醚(MTBE)	毒理学的数据非常有限,任何推导出来的准则值的浓度都会大大高于其嗅觉阀
一氯苯	出现在饮用水中的浓度大大低于可能出现毒性反应的浓度,其基于健康的数值将极大地超过所报道的味觉和气味的阀限值
石油产品	饮用水中的浓度低于影响到健康的浓度,特别是短期暴露,在大多数情况下,能够通过味觉和嗅觉测试到
三氯苯类(总量)	出现在饮用水中的浓度大大低于可能出现毒性反应的浓度,其基于健康的数值将极大地超过所报道的气味阀限值
1,1,1-三氯乙烷	出现在饮用水中的浓度大大低于可能出现毒性反应的浓度

表6　来自工业源和居民点对健康有影响的化学物的准则值

无机物	准则值/$(mg \cdot L^{-1})$	备注
镉	0.003	
氰化物	0.07	
汞	0.006	无机汞

有机物	准则值/$(\mu g \cdot L^{-1})$	备注
苯	10[b]	
四氯化碳	4	
二(2-乙基己基)邻苯二甲酸酯	8	
1,2-二氯苯	1 000(C)	
1,4-二氯苯	300(C)	
1,2-二氯乙烷	30[b]	
1,2-二氯乙烯	50	
二氯甲烷	20	
1,4-二恶烷	50[b]	
EDTA	600	用于游离酸
乙基苯	300(C)	
六氯丁二烯	0.6	
次氨基三乙酸	200	
五氯酚	9[b](P)	

续表6

有机物	准则值/(μg·L^{-1})	备注
苯乙烯	20(C)	
四氯乙烯	40	
甲苯	700(C)	
三氯乙烯	20(P)	
二甲苯类	500(C)	

表7　不制定准则值的农用化学物

化学物	排除的理由
双甲脒	在环境中迅速分解,在饮用水供应源内不能期望有可测定的浓度
乙酯杀螨醇	饮用水中不会出现
百菌清	饮用水中不会出现
氯氰菊酯	饮用水中不会出现
溴氰菊酯	饮用水中不会出现
地嗪磷	饮用水中不会出现
地乐酚	饮用水中不会出现
乙烯硫脲(ETU)	饮用水中不会出现
苯线磷	饮用水中不会出现
安硫磷	饮用水中不会出现
六六六类(异构体混合物)	饮用水中不会出现
2-甲基-4-氯苯氧基丁酸	饮用水中不会出现
甲胺磷	饮用水中不会出现
灭多威	饮用水中不会出现
灭蚁灵	饮用水中不会出现
久效磷	已在很多国家废除使用,饮用水中不会出现
杀线威	饮用水中不会出现
甲拌磷	饮用水中不会出现
残杀威	饮用水中不会出现
哒草特	不稳定,极少见于饮用水中
五氯硝基苯	饮用水中不会出现
毒杀酚	饮用水中不会出现
三唑磷	饮用水中不会出现
三丁基锡氧化物	饮用水中不会出现
敌百虫	饮用水中不会出现

表8　未制定准则值的农用化学物

化学物	不制定准则值的理由
氨	出现在饮用水中的浓度大大低于可能出现毒性反应的浓度
灭草松	出现在饮用水中的浓度大大低于可能出现毒性反应的浓度
1,3-二氯丙烷	用已有资料不足以得到基于健康的准则值
敌草快	很少见于饮用水,但有可能作为水中除草剂用以监控池塘、湖和灌溉渠中自由漂浮的水草或生长于水下的水草
硫丹	出现在饮用水中的浓度大大低于可能出现毒性反应的浓度
杀螟硫磷	出现在饮用水中的浓度大大低于可能出现毒性反应的浓度
草甘磷与其代谢物 AMPA	出现在饮用水中的浓度大大低于可能出现毒性反应的浓度
七氯和七氯环氧化物	出现在饮用水中的浓度大大低于可能出现毒性反应的浓度
马拉硫磷	出现在饮用水中的浓度大大低于可能出现毒性反应的浓度
甲基对硫磷	出现在饮用水中的浓度大大低于可能出现毒性反应的浓度
氯菊酯	出现在饮用水中的浓度大大低于可能出现毒性反应的浓度
2-苯基苯酚及其盐	出现在饮用水中的浓度大大低于可能出现毒性反应的浓度
敌稗	迅速转化为毒性更高的代谢物,不适宜制定母体化合物的准则值,而为代谢物制定准则值则又资料不足

表9　饮用水中对健康有重要意义的农用化学物的准则值

农业上使用的农药	准则值/(mg·L^{-1})	备注
硝酸盐(以 NO_3^- 表示)	50	短时间暴露
亚硝酸盐(以 NO_2^- 表示)	3	短时间暴露
	0.2(P)	长时间暴露

农业上使用的农药	准则值/(μg·L^{-1})	备注
甲草胺	20[b]	
涕灭威	10	适用于涕灭威亚砜和涕灭威砜
艾氏剂和狄氏剂	0.03	艾氏剂加狄氏剂的联合
莠去津	2	
克百威	7	
氯丹	0.2	
绿麦隆	30	
氰草津	0.6	
2,4-D(2,4-二氯苯氧乙酸)	30	用于游离酸
2,4-DB(2,4-滴丁酯)	90	
1,2-二溴-3-氯丙烷	1[b]	

续表9

农业上使用的农药	准则值/(μg·L⁻¹)	备注
1,2-二溴乙烷	0.4ᵇ(P)	
1,2-二氯丙烷(1,2-DCP)	40(P)	
1,3-二氯丙烯	20ᵇ	
2,4-滴丙酸	100	
乐果	6	
异狄氏剂	0.6	
2,4,5-涕丙酸	9	
异丙隆	9	
林丹	2	
2-甲基-4-氯苯氧乙酸	2	
2-甲基-4-氯丙酸	10	
甲氧滴滴涕	20	
异丙甲草胺	10	
禾草特	6	
二甲戊乐灵	20	
西玛津	2	
2,4,5-T	9	
特丁津	7	
氟乐灵	20	
呋喃丹	7	

表10　水处理用的化学物和各种接触饮用水材料产生的化学物(未制定准则值)

化学物	不制定准则值的理由
消毒剂	
二氧化氯	二氧化氯迅速分解,而且亚氯酸盐的暂行准则值对预防二氧化氯的可能毒性有保护作用
二氯胺	用已有资料不足以得到基于健康的准则值
碘	用已有资料不足以得到基于健康的准则值,而且因水消毒而终身接触碘也不可能
银	用已有资料不足以得到基于健康的准则值
消毒副产品	
溴氯乙酸	用已有资料不足以得到基于健康的准则值
溴氯乙腈	用已有资料不足以得到基于健康的准则值
水合氯醛(三氯乙醛)	饮水中存在的浓度远低于产生毒性作用的浓度

续表10

化学物	不制定准则值的理由
氯丙酮类	对于任何一种氯丙酮来说,已有资料都不适于得到基于健康的准则值
2-氯酚	用已有资料不足以得到基于健康的准则值
氯化苦	用已有资料不足以得到基于健康的准则值
二溴醋酸	用已有资料不足以得到基于健康的准则值
2,4-二氯酚	用已有资料不足以得到基于健康的准则值
甲醛	饮水中可能存在的浓度远低于会产生毒性作用的浓度
一溴醋酸	用已有资料不足以得到基于健康的准则值
MX	出现在饮用水中的浓度大大低于可能出现毒性作用的浓度
三氯乙腈	用已有资料不足以得到基于健康的准则值
水处理用化学物中所含的污染物	
铝	由于缺乏作为人模型的动物资料和有关人群资料的不确定必不能得到基于健康的准则值;但却推导出了实际应用浓度,这是在使用含铝凝聚剂的饮用水设备中以达到最佳凝聚效应为基础的;大型水处理设备,0.1 mg/L 或更少;小型设备,0.2 mg/L 或更少
铁	饮用水中常见的浓度对健康并无影响,但即使浓度低于基于健康的数值时仍可影响水的口感和外观
水管和零配件带来的污染物	
石棉	没有始终一致的证据表明摄入石棉能危害健康
二烃基锡类	对任何一种二烃基锡来说,已有的资料都不足以得到基于健康的准则值
荧蒽	出现在饮用水中的浓度大大低于可能出现毒性反应的浓度
无机锡	出现在饮用水中的浓度大大低于可能出现毒性反应的浓度
锌	饮用水常见的浓度对健康并无影响,但可影响饮用水质量的接受程度

表 11　对健康有影响的水处理用化学物和各种与饮用水接触的材料(准则值)

消毒剂	准则值/(mg · L^{-1})	备注
氯	5(C)	为达到有效消毒,在至少为 30 min 的接触时间(pH 值<8.0)后,水中游离余氯的浓度大于 0.5 mg/L
氯胺	3	
消毒副产品	准则值/(μg · L^{-1})	备注
溴酸盐	10^{b}(A, T)	

续表 11

消毒副产品	准则值/(μg·L⁻¹)	备注
一溴二氯甲烷	60^b	
溴仿	100	
氯酸盐	700(D)	
亚氯酸盐	700(D)	
氯仿	300	
氯化氰	70	作为氰化物总计
二溴乙腈	70	
二溴一氯甲烷	100	
二氯醋酸	50^b(T,D)	
二氯乙腈	20(P)	
一氯醋酸	20	
三氯醋酸	200	
2,4,6-三氯苯酚	200^b(C)	
三卤甲烷		其中各个化合物的浓度与其相应的准则值之比的总和应小于1
水处理用化学物的污染物	准则值/(μg·L⁻¹)	备注
丙烯酰胺	0.5^b	
环氧氯丙烷	0.4(P)	
来自水管和零配件的污染物	准则值/(μg·L⁻¹)	备注
锑	20	
苯并[a]芘	0.7^b	
铜	2 000	常在准则值以下发生所洗衣物或卫生用器具染色
铅	10	
镍	70	
氯乙烯	0.3^b	

表 12　加入水中用于公共卫生目的并对饮用水的卫生有影响的农药(准则值)

加入水中用于公共卫生目的的农药	准则值/(μg·L^{-1})
毒死稗	30
DDT 及其代谢物	1
氯菊酯	300
吡丙醚	300

表 13　饮用水中对健康有重要影响的藻毒素准则值

项目	准则值/(μg·L^{-1})	备注
微囊藻毒素–LR	1(P)	全部微囊藻毒素(细胞的+游离的)

注:P 指暂行准则值,证据表明有危害,但现有关于健康效应的信息不足;

　　b 指考虑作为致癌物,其准则值是指在一般寿命的上限值期间发生癌症危险为 10^{-5} 时饮水中致癌物(每 100 000 人口饮用准则值浓度的水在 70 年间增加 1 例癌症)的浓度。危险为 10^{-4} 或 10^{-6} 时的浓度值可通过将该准则值乘以 10 或除以 10 计算获得;

　　A 指暂行准则值,因为计算的准则值低于实际定量测定的浓度;

　　T 指暂行准则值,因为计算的准则值低于用实际处理方法和水源保护等方法所能达到的水平;

　　C 指化学物的浓度相当于或低于基于健康的准则值,但仍能影响水的外观、口感或气味,导致消费者投诉;

　　D 指暂行准则值,因为消毒很可能导致其浓度超过准则值;

　　只有吡丙醚是 WHO 推荐可加入水中用于公共卫生目的。WHO 并不推荐氯菊酯用于此目的,因为作为其政策的一部分,要排除将任何一种拟除虫菊酯作为杀幼虫剂用于传播人类疾病的蚊子。这一政策的基础是考虑到传病媒介可能会加快发展对合成拟除虫菊酯的抗性,而目前在全球抗疟疾策略中合成拟除虫菊酯作为杀虫剂用于处理蚊子是非常重要的。

　　本准则还有放射性指标,可接受性等。

　　如:测得总 α 活度≤0.5 Bq/litre 和总 β 活度≤1 Bq/litre,则饮用水符合标准,不需要采取进一步行动。若 α 活度>0.5 Bq/litre 或总 β 活度>1 Bq/litre,则测定单个放射性核素活度并与指导水平作比较,剂量≤0.1 mSv,饮用水符合标准不需要采取进一步行动;若剂量>0.1 mSv,则进行正当性判断和采取补救行动降低剂量。

　　如果公用水供应系统中饮用水的氡浓度超过 100 Bq/L 时,应采取控制措施。

　　饮用水的可接受性主要从味、嗅和外观方面来评价,没有制订准则值。

附录 9　美国现行饮用水水质标准(2001)

表 1　国家一级饮用水法规

污染物	MCLG[1]/(mg·L^{-1})[2]	MCL[1]或 TT/(mg·L^{-1})[2]	从水中摄入后对健康的潜在影响	饮用水中污染物的来源
I 微生物指标				
隐性孢子虫	0(2002-1-1 实施)	TT(2002-1-1 实施)	肠胃疾病(如痢疾、呕吐、腹部绞痛)	人类和动物粪便
蓝氏甲第鞭毛虫	0	TT[3]	肠胃疾病(如痢疾、呕吐、腹部绞痛)	人类和动物粪便
异氧菌总数	未定(n/a)	TT[3]	对健康无害,但能指示在控制微生物中处理的效果	自然存在于外界的细菌中
军团菌	0	TT[3]	军团菌病,通常为肺炎	水中常见,温度高时繁殖快

续表 1

污染物	MCLG① /(mg·L⁻¹)②	MCL①或 TT /(mg·L⁻¹)②	从水中摄入后对健康的潜在影响	饮用水中污染物的来源
总大肠菌群（包括粪型大肠杆菌和埃希氏大肠杆菌）	0	5.0%④	用于指示其他潜在的有害细菌⑤	大肠杆菌自然存在于外界环境中；粪型大肠杆菌和埃希氏大肠杆菌来源于人类和动物粪便
浊度	未定(n/a)	TT③	浊度是衡量水浑浊的尺度。它通常用于指示水质和过滤效果的好坏（如是否有致病生物存在）。高浊度通常与高浓度的致病微生物（如病毒、寄生虫和一些细菌）相关联。这些生物会导致呕吐、腹泻、腹部绞痛和头痛等症状	土壤冲刷
病毒	0	TT③	肠胃疾病（如痢疾、呕吐、腹部绞痛）	人类和动物粪便
Ⅱ 消毒剂和消毒副产物				
溴酸盐	0（2002-1-1 实施）	0.010（2002-1-1 实施）	可致癌	饮用水消毒副产物
氯	MRDLG = 4①（2002-1-1 实施）	MRDL = 4①（2002-1-1 实施）	刺激眼鼻；胃不适	水中用于控制微生物的添加剂
氯胺	MRDLG = 4①（2002-1-1 实施）	MRDL = 4①（2002-1-1 实施）	刺激眼鼻；胃不适，贫血	水中用于控制微生物的添加剂
二氧化氯	MRDLG = 0.8①（2002-1-1 实施）	MRDL = 0.8①（2002-1-1 实施）	贫血，影响婴儿和幼儿的神经系统	水中用于控制微生物的添加剂
亚氯酸盐	0.8（2002-1-1 实施）	1.0（2002-1-1 实施）	贫血，影响婴儿和幼儿的神经系统	饮用水消毒副产物

续表1

污染物	MCLG[①]/(mg·L^{-1})[②]	MCL[①]或TT/(mg·L^{-1})[②]	从水中摄入后对健康的潜在影响	饮用水中污染物的来源
卤乙酸	未定[⑥]（2002-1-1实施）	0.06（2002-1-1实施）	可致癌	饮用水消毒副产物
总三卤甲烷（TTHMs）	0 未定[⑥]（2002-1-1实施）	0.1 0.08（2002-1-1实施）	肝脏、肾和中枢神经系统问题；可致癌	饮用水消毒副产物
Ⅲ 无机化学物指标				
锑	0.006	0.006	增加血液胆固醇，减少血液中葡萄糖含量	从炼油厂、阻燃剂、电子、陶器、焊料工业中排放出
砷	0[⑦]	0.05	伤害皮肤，血液循环问题，可致癌	天然矿物溶蚀；水从玻璃或电子制造工业废物中流出
石棉（>10 μm纤维）	7×10^7 光纤/L	7×10^7 光纤/L	导致良性肠息肉	输水管道中石棉水泥的损坏；天然矿物溶蚀
钡	2	2	血液升高	钻井排放；金属冶炼厂排放；天然矿物溶蚀
铍	0.004	0.004	肠道功能受损	金属冶炼厂，焦化厂，电子、航空、国防工业的排放
镉	0.005	0.005	肾脏功能受损	镀锌管道腐蚀，金属冶炼厂排放；水从废电池和废油漆中流出
总铬	0.1	0.1 无机物指标	多年使用铬含量过高的水会致过敏性皮炎	钢铁厂、纸浆厂排放，天然矿物溶蚀
氰化物（以CN$^-$计）	0.2	0.2	神经系统损伤，甲状腺功能障碍	炼钢厂、金属加工厂、塑料厂及化肥厂排放

续表 1

污染物	MCLG[①] /(mg·L^{-1})[②]	MCL[①]或 TT /(mg·L^{-1})[②]	从水中摄入后对健康的潜在影响	饮用水中污染物的来源
铜	1.3	TT[⑧]处理界限值=1.3	短期接触使肠胃疼痛,长期接触使肝或肾损伤,有肝豆状核变性的病人,在水中铜浓度超过作用浓度时,应遵医嘱	家庭管道系统腐蚀,天然矿物溶蚀,木材防腐剂淋溶
氟化物	4.0	4.0	骨骼疾病(疼痛和脆弱),儿童得齿斑病	为保护牙齿,向水中添加氟,天然矿物溶蚀,化肥厂及铝厂排放
铅	0	TT[⑧]处理界限值=0.015	婴儿和儿童:身体和智力发育迟缓;成年人:肾脏问题,高血压	家庭管道腐蚀,天然矿物溶蚀
无机汞	0.002	0.002	肾脏功能受损	天然矿物溶蚀,炼油厂和工厂排出;从垃圾填埋厂或耕地流出
硝酸盐(以 N 计)	10	10	"蓝婴儿综合症"(6个月以下的婴儿受到影响未能及时治疗),症状:婴儿身体呈蓝色,呼吸短促	化肥溢出,化粪池或污水渗漏,天然矿物溶蚀
亚硝酸盐(以 N 计)	1	1	"蓝婴儿综合症"(6个月以下的婴儿受到影响未能及时治疗),症状:婴儿身体呈蓝色,呼吸短促	化肥溢出,化粪池或污水渗漏,天然矿物溶蚀
硒	0.05	0.05	头发或指甲脱落,指甲和脚趾麻木,血液循环问题	炼油厂排放,天然矿物溶蚀,矿场排放

续表1

污染物	MCLG[①]/(mg·L⁻¹)[②]	MCL[①]或TT/(mg·L⁻¹)[②]	从水中摄入后对健康的潜在影响	饮用水中污染物的来源
铊	0.000 5	0.000 5	头发脱落;血液成分变化,肾、肠、肝问题	从矿砂处理场滤出,电子、玻璃制造厂,制药厂排出
Ⅳ有机物指标				
丙烯酰胺	0	TT[⑨]	可导致神经系统及血液疾病,可致癌	在污泥或废水处理过程中加入
草不绿	0	0.002	眼睛、肝、肾、脾功能受损,贫血症,可致癌	庄稼除莠剂流出
阿里特拉津	0.003	0.003	心血管系统功能受损,再生繁殖障碍	庄稼除莠剂流出
苯	0	0.005	贫血症,血小板减少,可致癌	工厂排放,气体储罐及废渣回堆淋溶
苯并[a]芘	0	0.000 2	再生繁殖障碍,可致癌	储水槽,管道涂层淋溶
呋喃丹	0.04	0.04	血液及神经系统功能受损,再生繁殖障碍	用于稻子与苜宿的熏蒸剂的淋溶
四氯化碳	0	0.005	肝脏功能受损,可致癌	化工厂和其他企业排放
氯丹	0	0.002	肝脏功能与神经系统受损,可致癌	禁止用的杀白蚁药物的残留物
氯苯	0.1	0.1	肝、肾功能受损	化工厂及农药厂排放
2,4-二氯苯氧基乙酸	0.07	0.07	肾、肝、肾上腺功能受损	庄稼上除莠剂流出

续表1

污染物	MCLG[①] /(mg·L⁻¹)[②]	MCL[①]或TT /(mg·L⁻¹)[②]	从水中摄入后对健康的潜在影响	饮用水中污染物的来源
苎草枯	0.2	0.2	肾有微弱变化	公路抗莠剂流出
1,2-二溴-三氯丙烷	0	0.000 02	再生繁殖障碍,可致癌	大豆、棉花、菠萝及果园土壤熏蒸剂流出或溶出
邻二氯苯	0.6	0.6	肝、肾或循环系统功能受损	化工厂排放
对二氯苯	0.075	0.075	贫血症,肝、肾或脾受损,血液变化	化工厂排放
1,2-二氯乙烷	0	0.005	可致癌	化工厂排放
1,1-二氯乙烯	0.007	0.007	肝功能受损	化工厂排放
顺1,2-二氯乙烯	0.07	0.07	肝功能受损	化工厂排放
反1,2-二氯乙烯	0.1	0.1	肝功能受损	化工厂排放
二氯甲烷	0	0.005	肝功能受损,可致癌	化工厂排放和制药厂排放
1,2-二氯丙烷	0	0.005	可致癌	化工厂排放
二(2-乙基己基)己二酸	0.4	0.4	一般毒性或再生繁殖障碍	PVC管道系统溶出,化工厂排出
二(2-乙基己基)邻苯二甲酸酯	0	0.006	再生繁殖障碍,肝功能受损,可致癌	橡胶厂和化工厂排放
地乐酚	0.007	0.007	再生繁殖障碍	大豆和蔬菜抗莠剂的流出
二噁英(2,3,7,8-TCDD)	0	3×10⁻⁸	再生繁殖障碍,可致癌	废物焚烧或其他物质焚烧时散布,化工厂排放
敌草快	0.02	0.02	生白内障	施用抗莠剂的流出

续表1

污染物	MCLG[①] /(mg·L⁻¹)[②]	MCL[①]或 TT /(mg·L⁻¹)[②]	从水中摄入后对健康的潜在影响	饮用水中污染物的来源
草藻灭	0.1	0.1	胃、肠功能受损	施用抗莠剂的流出
异狄氏剂	0.002	0.002	影响神经系统	禁用杀虫剂残留
熏杀环	0	TT[⑨]	胃功能受损,再生繁殖障碍,可致癌	化工厂排出,水处理过程中加入
乙基苯	0.7	0.7	肝、肾功能受损	炼油厂排放
二溴化乙烯	0	0.000 05	胃功能受损,再生繁殖障碍	炼油厂排放
草甘膦	0.7	0.7	胃功能受损,再生繁殖障碍	用抗莠剂时溶出
七氯	0	0.000 4	肝损伤,可致癌	禁用杀白蚁药残留
环氧七氯	0	0.000 2	肝损伤,再生繁殖障碍,可致癌	七氯降解
六氯苯	0	0.001	肝、肾功能受损,可致癌	冶金厂,农药厂排放
六氧环戊二烯	0.05	0.05	肾、胃功能受损	化工厂排出
林丹	0.000 2	0.000 2	肾、肝功能受损	畜牧、木材、花园所使用杀虫剂流出或溶出
甲氧滴滴涕	0.04	0.04	再生繁殖障碍	用于水果、蔬菜、苜宿、家禽杀虫剂流出或溶出
草氨酰	0.2	0.2	对神经系统有轻微影响	用于苹果、土豆、番茄杀虫剂流出
多氯联苯	0	0.000 5	皮肤起变化,胸腺功能受损,免疫力降低,再生繁殖或神经系统障碍,可致癌	废渣回填土溶出,废弃化学药品的排放
五氯酚	0	0.001	肝、肾功能受损,可致癌	木材防腐工厂排出

续表1

污染物	MCLG① /(mg · L⁻¹)②	MCL①或TT /(mg · L⁻¹)②	从水中摄入后对健康的潜在影响	饮用水中污染物的来源
毒莠定	0.5	0.5	肝功能受损	除莠剂流出
西玛津	0.004	0.004	血液功能受损	除莠剂流出
苯乙烯	0.1	0.1	肝、肾、血液循环功能受损	
四氯乙烯	0	0.005	肝功能受损,可致癌	从PVC管流出,工厂及干洗工场排放
甲苯	1	1	神经系统,肾、肝功能受损	炼油厂排放
毒杀酚	0	0.003	肾、肝、甲状腺受损	棉花、牲畜杀虫剂流出,溶出
2,4,5-涕	0.05	0.05	肝功能受损	禁用抗莠剂的残留
1,2,4-三氯苯	0.07	0.07	肾上腺变化	纺织厂排放
1,1,1-三氯乙烷	0.2	0.2	肝、神经系统、血液循环系统功能受损	金属除脂场地或其他工厂排放
1,1,2-三氯乙烷	0.003	0.005	肝、肾免疫系统功能受损	化工厂排放
三氯乙烯	0	0.005	肝脏功能受损,可致癌	炼油厂排出
氯乙烯	0	0.002	可致癌	PVC管道溶出,塑料厂排放
总二甲苯	10	10	神经系统受损	石油厂、化工厂排出
V 放射性指标				
总α放射性	无⑦ 0(2003-8-12实施)	15微微居里/L	可致癌	天然矿物侵蚀
β粒子和光子	无⑦ 0(2003-8-12实施)	4毫雷姆/L	可致癌	天然和人造矿物衰变
镭²²⁶,镭²²⁸	无⑦ 0(2003-8-12实施)	5微微居里/L	可致癌	天然矿物侵蚀
铀	0(2003-8-12实施)	30 μg/L (2003-8-12实施)	可致癌;肾毒性	天然矿物侵蚀

注:①术语:

最大污染物浓度指标值(MCLG)——饮用水中污染物不会对人体健康产生未知或不利影响的最大浓度,MCLG 是非强制性指标。

最大污染物浓度(MCL)——公共供水系统的用户水中污染物的最大允许浓度。MCLG 中的安全极限要确保检测值略超过 MCL 不会对公共健康产生重大危害。MCL 是强制性标准。

最大剩余消毒剂浓度指标值(MRDLG)——饮用水中消毒剂对人体健康产生未知或不利影响的最大浓度。MRDLG 没有反映消毒剂在控制微生物污染作用的优势。

最大剩余消毒剂浓度(MRDL)——饮用水中消毒剂的最大允许浓度。保持一定多余的消毒剂对控制微生物污染是必要的。

②除特别指明外,一般单位为 mg/L。

③处理技术(TT)——公共供水系统必须遵循的强制性处理方法,以保证对污染物的控制。

地表水处理规则要求采用地表水或受地表水直接影响的地下水的给水系统,一是进行消毒;二是进行水过滤,以满足下述污染物能控制到要求浓度:隐孢子虫(2002 年 1 月 1 日实施)99% 去除或灭活;蓝氏贾第鞭毛虫:99.9% 去除或灭活;病毒:99.99% 去除或灭活;军团菌:未限定,但 EPA 认为,若贾第虫和病毒被去除或灭活,军团菌也能被控制;浊度:任何时候浊度不超过 5 NTU,采用过滤的供水系统确保浊度不大于 1 NTU,(采用常规过滤或直接过滤则不大于 0.5 NTU),任何一个月中,每天的水样合格率至少大于 95%。到 2002 年 1 月 1 日,则要求任何时候浊度不超过1 NTU,任何一个月中 95% 的每日所取水样的浊度不超过 0.3 NTU;HPC:每毫升不大于 500 个细菌群。

④每月总大肠杆菌阳性水样不超过 5%,每月例行检查检测总大肠杆菌的样品少于 40 只的给水系统,总大肠杆菌阳性水样不得超过 1 个。含有总大肠杆菌的水样,要分析类型大肠杆菌,类型大肠杆菌和埃希氏大肠杆菌不允许存在。

⑤类型大肠杆菌和埃希氏大肠杆菌的存在能指示水体受到人类和动物粪便的污染,这些排泄物中的致病菌(病原体)可引起腹泻、痉挛、呕吐、头痛或其他症状。这些病原体特别是对婴儿、儿童和免疫系统有障碍的病人的身体健康造成威胁。

⑥虽然对这类污染物未定 MCLG,但对一些单独的污染物有单独的最高污染物浓度指标值:

三卤甲烷:溴二氯甲烷(0);溴仿(0);二溴氯甲烷(0.06 mg/L)。

卤乙酸:三氯乙酸(0);三氯乙酸(0.3 mg/L)。

⑦1986 年安全饮用水法修正案通过前,未建立 MCLG 指标,所以,此污染物无 MCLG 值。

⑧在水处理技术中规定,含铅和铜的管要注意防腐。若超过 10% 的自来水水样中两者浓度大于处理界限值(铜的处理界限值为 1.3 mg/L,铅为 0.015 mg/L),则需立即采取解决措施。

⑨每个供水系统必须书面向政府保证,在饮用水系统中使用丙烯酰胺和熏杀环(1−氯−2,3 环氧丙烷)时,聚合体投加量和单体浓度不应超过以下规定:

丙烯酰胺=0.05%,剂量为 1 mg/L 时(或相当量);

熏杀环=0.01%,剂量为 20 mg/L(或相当量)。

表2 国家二级饮用水法规

污染物	二级标准	污染物	二级标准
铝	0.05 ~ 0.2 mg/L	氯化物	250 mg/L
色度	15(色度单位)	铜	1.0 mg/L
腐蚀性	无腐蚀性	氟化物	2.0 mg/L
发泡剂	0.5 mg/L	铁	0.3 mg/L
锰	0.05 mg/L	臭	臭阀值为3
pH 值	6.5 ~ 8.5	银	0.1 mg/L
硫酸盐	250 mg/L	总溶解固体	500 mg/L
锌	5 mg/L		

附录10 《欧盟饮用水水质指令》98/83/EC

表1 微生物学参数

指标	指标值/($个 \cdot mL^{-1}$)
埃希氏大肠杆菌	0
肠道球菌	0

以下指标用于瓶装或桶装饮用水

指标	指标值/($个 \cdot mL^{-1}$)
埃希氏大肠杆菌	0 ~ 250
肠道球菌	0 ~ 250
铜绿假单胞菌	0 ~ 250
细菌总数(22 ℃)	100
细菌总数(37 ℃)	20

表2 化学物质参数

指标	指标值/($\mu g \cdot L^{-1}$)	备注
丙烯酰胺	0.10	注①
锑	5.0	
砷	10	
苯	1.0	
苯并[a]芘	0.010	
硼	1.0	

续表2　化学物质参数

指标	指标值/($\mu g \cdot L^{-1}$)	备注
溴酸盐	10	注②
镉	5.0	
铬	50	
铜	2.0	注③
氰化物	50	
1,2-二氯乙烷	3.0	
环氧氯丙烷	0.10	注①
氟化物	1.5	
铅	10	注③和注④
汞	1.0	
镍	20	注③
硝酸盐	50	注⑤
亚硝酸盐	0.50	注⑤
农药	0.10	注⑥和⑦
农药(总)	0.50	注⑥和⑧
多环芳烃	0.10	特殊化合物的总浓度,注⑨
硒	10	
四氯乙烯和三氯乙烯	10	特殊指标的总浓度
三卤甲烷(总)	100	特殊化合物的总浓度,注⑩
氯乙烯	0.50	注①

注:①参数值是指水中的剩余单体浓度,并根据相应聚合体与水接触后所能释放出的最大量计算。

②如果可能,在不影响消毒效果的前提下,成员国应尽力降低该值。

③该值适用于由用户水嘴处所取水样,且水样应能代表用户1周用水的平均水质。成员国必须考虑到可能会影响人体健康的峰值出现情况。

④该指令生效后5～15年,铅的参数值为25 $\mu g/L$。

⑤成员国应确保[硝酸根]/50+[亚硝酸根]/3≤1,方括号中为以 mg/L 为单位计的硝酸根和亚硝酸根浓度,且出厂水亚硝酸盐含量要小于0.1 mg/L。

⑥农药是指:有机杀虫剂、有机除草剂、有机杀菌剂、有机杀线虫剂、有机杀螨剂、有机除藻剂、有机杀鼠剂、有机杀黏菌剂和相关产品及其代谢副产物、降解和反应产物。

⑦参数值适用于每种农药,对艾氏剂、狄氏剂、七氯和环氧七氯,参数值为0.030 $\mu g/L$。

⑧农药总量是指所有能检测出和定量的单项农药的总和。

⑨具体的化合物包括:苯并[b]呋喃、苯并[k]呋喃、苯并[g,h,i]芘、茚并[1,2,3-cd]芘。

⑩如果可能,在不影响消毒效果的前提下,成员国应尽力降低下列化合物值:氯仿、溴仿、二溴一氯甲烷和一溴二氯甲烷,该指令生效后5～15年,总三卤甲烷的参数值为150 $\mu g/L$。

表 3 指示参数

指标	指导值	单位	备注
色度	用户可以接受且无异味		
浊度	用户可以接受且无异常		注⑦
臭	用户可以接受且无异常		
味	用户可以接受且无异常		
H$^+$浓度	6.5 ~ 9.5	pH 值单位	注①和③
电导率	2 500	μS/cm(20 ℃)	注①
氯化物	250	mg/L	注①
硫酸盐	250	mg/L	注①
钠	200	mg/L	
耗氧量	5.0	mgO$_2$/L	注④
氨	0.50	mg/L	
TOC	无异常变化		注⑥
铁	200	μg/L	
锰	50	μg/L	
铝	200	μg/L	
细菌总数(22 ℃)	无异常变化		
产气荚膜梭菌	0	个/100 mL	注②
大肠杆菌	0	个/100 mL	注⑤
放射性参数　氚	100	Bq/L	
总指示用量	0.10	mSv/年	

注:①不应具有腐蚀性。

　②如果原水不是来自地表水或没有受地表水影响,则不需要测定该参数。

　③若为瓶装或桶装的静止水,最小值可降至4.5 个 pH 值单位,若为瓶装或桶装水,因其天然富含或人工充入二氧化碳,最小值可降至更低。

　④如果测定 TOC 参数值,则不需要测定该值。

　⑤对瓶装或桶装的水,单位为:个/250 mL。

　⑥对于供水量小于是 10 000 m³/d 的水厂,不需要测定该值。

　⑦对地表水处理厂,成员国应尽力保证出厂水的浊度不超过 1.0 NTU。

附录11　几种分析仪器的操作及维护

1. Analyst 200 型 AAS 仪器测定铜操作步骤

①灯箱门电源 POWER 开关置"ON"状态,仪器开始自检。

②触摸屏显示"启动"对话框,在开机诊断下方的"口"方框中出现"√"表示仪器所有系统正常。

③选择火焰类型,点"火焰"按"确定"。

④触摸屏显示灯安装页面,在灯安装页面,信号框选择"背景校正 AA",将待测元素空心阴极灯插入灯室(注意要轻轻插入),插好连接线,点"安装灯",屏幕显示"安装灯"对话框,按"开/关"下方的"口"框中出现"√"后,点"元素",选择测定铜元素,按"确定",点灯类型选择"HCL",按"确定",设置灯电流 15 mA,按"确定",安装灯各项参数选择完成后,按"确定",此时空心阴极灯点燃。

⑤按"设置仪器",仪器自动搜索波长峰值及狭缝。

⑥在火焰页面下设置:氧化剂流量 11.0 L/min;乙炔流量 2.0 L/min。

⑦在参数页面下,光谱仪集成时间 1.0 L/min;重复测定 3 次;读数延迟 5 s;试样处理:手动数据显示;标准:标准方程式;线性:计算截距;小数点后的位数:3;单位: mg/L;标准曲线浓度:1#输入 1.0,按"确定";2#输入 2.0,按"确定";3#输入 3.0,按"确定";4#输入4.0,按"确定"。

⑧返回火焰页面点火,吸入空白样,按"自动调零"。

⑨在分析页面下,测定空白水样,按"空白分析";按照输入标准顺序测定标准样品,并按"标准分析";测定待测试样,并按"分析样品",记录测定结果。

⑩在火焰页面下,关闭火焰,按"安装灯"对话框,按"开/关"下方的"口"方框中出现"×"后,按"确定",此时空心阴极灯熄灭。

⑪在灯安装页面信号板选择"原子吸收",按"确定",电源 POWER 开关置于"OFF"状态。

⑫注意:在一般情况下,不要按仪器左上角"红色开关",遇到紧急燃烧器回火,立即关闭仪器左上角的"红色开关"并关闭乙炔钢瓶总气阀。

2. 5300DV 型 ICP-AES 仪器操作和日常维护

①打开排风、空压机、氩气和循环冷却水,如有要求打开吹扫气,检查各气体输出压力是否正常(600~800 kPa),检查冷却循环水位、温度设定是否正常。

②打开主机电源,通常该开关维持打开,避免仪器待机时间,关闭样品进样门及等离子体门;装好蠕动泵管,打开计算机,打开 ICPWinlab32 操作软件,待联机正常后进入分析界面。

③打开"Plasma Control"窗口,按"Pump"钮,打开蠕动泵,检查是否正常工作,如有需要调整管路的张力,旋紧调整杆直到液体流速平缓无气泡,并注意是否有废液排出。按"Plasma on"自动点火,点火时会有约 72 s 的氩气充填时间,当等离子体打开时,等离子体状态钮会显示等离子体已打开。通过观察窗观察等离子炬是否稳定,若等离子体不稳定,在等离子体钮处按"OFF",关闭等离子体或按仪器面板上紧急关闭钮。

④在工具栏内点击"method"调动分析方法,在"manual control"窗口下方"Results set"空格内,输入测定数据将要存入的文件名称及位置,边吸空白溶液边点击"manual control"窗口中的"Analyze Blank"按钮,吸标准溶液并点击标准图标"Analyzer standard"相应标准溶液作标准曲线,得到标准曲线。

⑤在手动分析控制窗口"ID"栏中输入样品名称,边吸样品溶液边点击"Analyze Sample"按钮,此时被击图标绿灯亮直至分析结束,如要停止当前样分析,再击一次图标。

⑥样品分析结束后,可用稀酸冲洗 3 min,再用去离子水冲洗 5 min,从溶液中取出毛细管。关闭"Plasma",打开泵排空废液,断续通气至炬管冷却,关闭泵,松开泵管。关闭循环水、气体及空压机,打开排气阀放空空压机内余气和冷凝水,关闭排风、主机电源,退出 ICP winlab32 操作软件,关闭计算机及总电源开关。

日常维护:根据样品量,定期检查喷射管和炬管是否有样品残留或碳沉积,如有需要用 5% HNO_3 浸泡清洗。石英材质的附件和宝石喷嘴可以用 5% HNO_3 浸泡清洗,O 形环等有机材质可以用肥皂水和蒸馏水清洗。如使用十字交叉雾化器时,需要定期清洗宝石喷嘴和 O 形环。定期检查冷却循环水是否有明显减少需要补充或更换,一般半年检查一次。在检查雾化器压力时,如比平时值高 10 以上时,应检查进样系统堵塞情况,可以用 2% HNO_3 进样冲洗 5 min。

3. Agilent 6890N GC 仪操作规程

①确认仪器周围环境清洁卫生,确认市电供电正常,确认各电源插座插头连接稳固,载气(高纯氮或氦)气源充足。

②首先打开载气,检查气瓶供气正常且气路系统不漏气。

③开启计算机,确认启动正常并完成。

④开启气相色谱主机电源,仪器自检,通过后在其前面板液晶视窗显示仪器状态信息。

⑤在计算机桌面点击"INSTRUMENT#1(ONLINE)"进入 Agilent 化学工作站,可以看到气相色谱液晶视窗显示信息变化,计算机与气相色谱之间建立通信联系。

⑥在分析样品之前,必须建立一个分析方法,即设定分析过程中进样口温度、压力、进样模式(手动或自动、分流或不分流)、色谱柱箱温度(恒温或程序升温)、柱流量、检测器温度、补充气流量等。

⑦若使用 FID,需要打开空气、氢气钢瓶总阀,并点击"方法完成"自动点火。

⑧在工作菜单中输入样品信息及采集数据存储的文件夹及文件名。

⑨在菜单中点击"RUN METHOD"启动分析方法,在色谱主机面板上按"PRERUN",等待"NOT READY"红灯灭后注样并按一下色谱前面板上"START"键,仪器开始采集并记录数据。样品测试完成后,会按照方法中设定的格式给出检测报告。

⑩若气相色谱仪处于开机状态,Agilent 化学工作站处于"INSTRUMENT#(ONLINE)"状态,在"View"菜单下选择"DATA ANALYSIS"进入数据处理状态。在计算机桌面点击"IN-STRUMENT#1(OFFLINE)"进入 Agilent 化学工作站数据脱机分析界面(需要输入密码);在"FILE"菜单中调用前面测试完并保存的数据文件;谱图打印或复制粘贴成 txt 或 rtf 格式的电子文件。

使用安全规程:在使用 ECD 时,应将检测器尾气引至室外;由于 ECD 内有放射源,不能擅自拆 CD;使用 FID 时,应先开空气再开氢气,并检查气路是否有泄漏;使用 FID 时,应随时检查火焰是否正常。关机时,先关闭氢气,再关闭空气,最后关闭载气。更换进样垫时,一定要戴上保护手套以防烫伤。应设置各部件(如色谱柱、检测器、进样口等)最高使用极限温度,以免烧坏仪器。关机时,一定要等各部件温度降至100℃以下方可关闭仪器和载气。

4. Agilent 6890N-5973N GC-MS 联用仪操作规程

①确认仪器周围环境清洁卫生;确认市电及 UPS 不间断电源供电正常,确认各电源插座插头连接稳固,载气(高纯氮)气源充足。

②开机:打开载气气瓶总阀,调节输出压力,检查并确认气路系统不漏气。

③首先开启计算机(需输入密码),启动完成后可以在计算机桌面任务栏内看到"BootP"窗口,将其最大化。按下质谱主机电源,听到前级真空泵启动并运转,开始发出较大抽气声响。用双手谨慎按压真空腔侧面板对角处螺丝,使真空腔体密闭,可以听到前级真空泵抽气声逐渐变小(此过程应小于1 min);若前级真空泵启动正常,可以从质谱主机液晶视窗中看到高真空涡轮分子泵启动的信息,将"BootP"窗口最小化(注意"BootP"窗口不能关闭,只能最小化)。

④开启气相色谱主机电源,仪器自检,通过后在其前面板液晶视窗显示仪器状态信息。

⑤在计算机桌面点击"INSTRUMENT#1(ONLINE)"进入 Agilent 化学工作站,可以看到气相色谱液晶视窗显示信息变化,计算机与色谱、质谱之间建立通信联系。

⑥样品测试:在测试样品之前,必须建立一个分析方法文件,即设定分析过程中进样口温度、压力、进样模式(手动或自动、分流或不分流)、色谱柱箱温度(恒温或程序升温)、柱流量、接口(传输线)温度、离子源温度、四极杆温度、灯丝开启时间(如 Solvent delay)、数据采集方式(全扫描 SCAN 或选择离子监测 SIM)及相关参数,报告格式及输出形式等。

⑦在工作菜单中输入样品信息及采集数据存储的文件夹及文件名。在菜单中点击"RUN METHOD"启动分析方法,在色谱主机面板上按"PRERUN",等待 NOT READY 红灯灭后注样并按一下色谱前面板上"START"键,仪器开始采集并记录数据。样品测试完成后,会按照方法中设定的格式给出检测报告。

⑧数据处理:在计算机桌面点击"INSRUMENT#1(OFFLINE)"进入 Agilent 化学工作站数据脱机分析界面(需要输入密码);在"FILE"菜单中调用前面测试完并保存的数据文件;进行质谱谱库检索,手动或自动,谱图打印或复制粘贴 txt 或 rtf 构成的电子文件。

安全规程:注意载气钢瓶的安全操作,不能用氢气作载气。经常检查 UPS 不间断电源电池是否发热、异常。开机和关机时必须严格按照开机关机操作规程进行。应设置各部件(如色谱柱、进样口等)最高使用极限温度,以免烧坏仪器。

5. TOC 测定步骤

①开启载气钢瓶阀门,调节减压阀至0.4 MPa 压力。

②打开主机前右下方电源开关。打开计算机电源,进入"TOC-controlV"系统,双击"Sample Table Editor",输入用户名和密码,然后点击小框内选择"Sample Run",确定进入,最后,点击"Connect",点击"operation setting send",使 TOC 与计算机连机。

③打开主机门,调节"pressure"旋钮,使压力表指示200 kPa,调节"carrier gas"旋钮,使流量表指示130 mL/min。等待大约30 min,TOC 门上绿灯不亮,表示主机未就绪,可在"Instrument"菜单下的 Background Monitor 观察仪器状态,如 TC FURNACE TEMP(总碳电炉温度)、DEHUMIDIFIER TEMP(去湿气温度)、BASELINE POSITION(基线位置)、BASELINE

FLUCTUATION(基线波动),BASELINE NOISE(基线噪声)情况,如果都出现"√"符号说明仪器准备好了。

④标准样测定:在"Insert"菜单中选择"Sample 1",如果做过 Method 可以选用,一般选"Calibration curve",然后调出文件,点击下一步。输入样品名和 ID 号,点击下一步,确认使用的校正曲线,点击下一步。输入单位、进样次数、SD、CV 等参数,点击下一步,至点击完成。点击"Start",开始测样品。根据对话框提示,依次测量,直至样品全部完成。

⑤TOC 测定:建立 Method,点"New",在对话框中选择"Method",在 Analysis 中点"▼"符号,选择 TOC(也可选 TC,IC,NPOC),输入文件名。选择 TC,IC 校正曲线,点击下一步,至点击完成,然后,在"Method"一栏中选择设置好的 Method 文件,下面的 Calibration 不用选择,点"Next"。在测样时,仪器先做 TC,再做 IC,最后给出 TOC 结果。关机,在"Instrument"菜单中选择"Standby",然后再选择"shot down power",点"close",仪器在 30 min 后自动关电源,关闭气钢瓶阀门。

参考文献

[1] 国家环保局《水和废水分析方法》编委会. 水和废水监测分析方法[M]. 4 版. 北京：中国环境科学出版社, 2003.

[2] 费学宁. 现代水质监测分析技术[M]. 北京：化学工业出版社, 2005.

[3] 仇雁翎, 陈玲, 赵建夫. 饮用水水质监测与分析[M]. 北京：化学工业出版社, 2005.

[4] 王萍. 水分析技术[M]. 北京：中国建筑工业出版社, 2003.

[5] 辛仁轩. 等离子体发射光谱分析[M]. 北京：化学工业出版社, 2005.

[6] 许金钧, 王尊本. 荧光分析法[M]. 北京：科学出版社, 2006.

[7] 朱明华. 仪器分析[M]. 北京：高等教育出版社, 2003.

[8] 华东理工大学化学系, 四川大学化工学院. 分析化学[M]. 5 版. 北京：高等教育出版社, 2004.

[9] 郭英凯. 仪器分析[M]. 北京：化学工业出版社, 2006.

[10] 陈立春. 仪器分析[M]. 北京：中国轻工业出版社, 2006.

[11] 殷永林. 分析化学[M]. 武汉：武汉工业大学出版社, 1990.

[12] 任南琪, 马放. 污染控制微生物学[M]. 哈尔滨：哈尔滨工业大学出版社, 2004.

[13] 马放, 任南琪, 杨基先. 污染控制微生物学实验[M]. 哈尔滨：哈尔滨工业大学出版社, 2002.

[14] 孙丽欣. 水处理工程应用实验[M]. 哈尔滨：哈尔滨工业大学出版社, 2002.

[15] 深圳市自来水(集团)有限公司. 国际饮用水水质标准汇编[M]. 北京：中国建筑工业出版社, 2001.

[16] 建设部人事教育司. 污水化验监测工[M]. 北京：中国建筑工业出版社, 2005.

[17] 崔玉川, 刘振江. 饮水·水质·健康[M]. 北京：中国建筑工业出版社, 2006.

[18] 陈剑虹. 环境工程微生物学[M]. 武汉：武汉理工大学出版社, 2003.

[19] 国家环境保护局《指南》编写组. 环境监测机构计量认证和创建优质实验室指南[M]. 北京：中国环境科学出版社, 1994.

[20] 吴景峰. 环境监测机构管理实务[M]. 北京：中国环境科学出版社, 2000.

[21] 吴邦灿. 环境监测管理[M]. 2 版. 北京：中国环境科学出版社, 1990.

[22] 中国环境监测总站《环境水质监测质量保证手册》编写组. 环境水质监测质量保证手册[M]. 北京：化学工业出版社, 1984.

[23] 王英健, 杨永红. 环境监测[M]. 北京：化学工业出版社, 2003.

[24] 梁红主. 环境监测[M]. 武汉：武汉理工大学出版社, 2004.

[25] 顾夏声, 李献文, 竺建荣. 水处理微生物学[M]. 3 版. 北京：中国建筑工业出版社, 1997.

[26] 张自杰. 排水工程[M]. 4 版. 北京：中国建筑工业出版社, 2000.